鲁龙光教授心理疏导疗法系列丛书

心理疏导疗法解读

鲁龙光　著

东南大学出版社
SOUTHEAST UNIVERSITY PRESS

内容提要

本书分上下两篇，上篇为理论篇，主要介绍疏导疗法的基础理论；下篇为应用篇，分别介绍了示范性集体疏导治疗及强迫症、恐怖症、适应障碍和抑郁性疾病、性功能障碍、性偏离障碍、精神障碍恢复期等的疏导治疗。

本书适合临床心理工作者参考，也适合各类心理障碍者阅读。

图书在版编目(CIP)数据

心理疏导疗法解读/鲁龙光著. —南京：东南大学出版社，2017.5（2020.5 重印）

（鲁龙光教授心理疏导疗法系列丛书/鲁龙光主编）

ISBN 978－7－5641－7054－7

Ⅰ. ①心… Ⅱ. ①鲁… Ⅲ. ①心理疏导 Ⅳ. ①B846

中国版本图书馆 CIP 数据核字(2017)第 044871 号

心理疏导疗法解读

出版发行	东南大学出版社
社　　址	南京市四牌楼 2 号(邮编：210096)
出 版 人	江建中
经　　销	全国各地新华书店
印　　刷	南京玉河印刷厂
开　　本	700mm×1 000mm　1/16
印　　张	20
字　　数	403 千字
版　　次	2017 年 5 月第 1 版
印　　次	2020 年 5 月第 2 次印刷
书　　号	ISBN 978－7－5641－7054－7
定　　价	58.00 元

本社图书若有印装质量问题，请直接与营销部联系，电话：025－83791830。

实践的力量

（代丛书总序）

心理疏导疗法是荣获国家科技成果奖的、具有中国特色的心理治疗方法。心理疏导疗法以辨证施治为原则，以传统文化为主导，以系统论、控制论、信息论为基础。数十年来，我们用心理疏导疗法治疗各种心理障碍及心身疾病上万例，经部分鉴定，痊愈及显著进步率为85.7%。有些被疾病缠身几十年的患者，甚至不少被判为“不治之症”的患者，经短时间的心理疏导治疗，便奇迹般地恢复了健康。

心理疏导疗法作为创新理论及临床实践第一次成书，是1989年在上海科学技术出版社出版的《疏导心理疗法》。之后，由我所著的《心理疏导疗法》先后在江苏科学技术出版社和人民卫生出版社出版，由我和我的学生黄爱国合著以及由他独著的《心理障碍自我疏导治疗》《强迫症心理疏导治疗》《打开心灵枷锁——强迫及焦虑的疏导整合疗法》等先后在人民卫生出版社出版，累计发行近十万册，受到了有关专家、学者和广大读者的一致好评。

2012年初，东南大学出版社有关领导以独特的远见出版了《鲁龙光教授心理疏导疗法系列丛书》，得到了广大读者的欢迎。转眼之间，5年过去了，结合广大读者新的需求，我们重新编辑出版了这套新的系列丛书。

疏导疗法从患者中来，到患者中去。多年来，我一直坚持临床实践，避免闭门造车。本套丛书，从疏导疗法的基本理论，到集体疏导治疗的实况转载，再到典型案例的长期随访，最后是社交焦虑的专题研究，均来自于临床实践。书中大量的案例，均为患者（求助者）的真实材料，保证原汁原味，利于读者理解，也为困惑者提供示范。虽然心理问题的解决最终还需要靠个人的实践和体验，但前人开路，后人受益，希望这些案例能帮助大家少走弯路。其中，《心理疏导疗法解读》一书，分上下两篇，分别介绍了心理疏导疗法的理论与实践，详细介绍了疏导疗法的基本理论和实践操作。《强迫症疏导治疗及长期随访案例》一书，通过对14个个案的长期随访，详细介绍了他们由病到愈的过程，个案资料丰富，认识和实践的反馈材料翔实，能为读者提供较好的示范作用。《心理障碍的疏导自助》一书，"现场直播"了一次集体疏导治疗的全程内容，广大读者可以以现场参与者的视角，自我认识和实践，也能有现场参与者的收获与进步。基于"三论"的疏导治疗系统具有强大的整合功能，凡是有用的理念和方法，均可以整合到疏导治疗系统之中，这是疏导疗法生命力的保证。在这方面，黄老师结合临床常见的社交恐怖症，进行了有益的探索。这几年来，他一直在学习各种心理治疗理论，也在尝试将精神分析的理论与实践融入疏导治疗系统之中，《社交焦虑的疏导整合疗法》是他临床实践的最新成果。

虽然疏导疗法创立至今已30余年，但中国本土化疗法的前进之路总是步履蹒跚。作为心理治疗理论，疏导疗法仍然算是新生事物，很多方面还有不足，希望大家能够批评指正，将其逐步完善。

东南大学出版社各级领导对本套丛书的出版给予了大力支持，尤其是马伟编辑，为了这套丛书，费尽心力，在此特表谢意。

鲁龙光
2016年12月

前言 Preface

心理疏导疗法是本土化的心理治疗方法,1984 年创立命名,1987 年荣获部委级科技进步奖,1988 年被评为国家科委科技研究成果,是新中国成立以来唯一获得国家奖项的心理治疗方法。近三十年来,我们根据心理疏导治疗原理,对各类心理障碍及心身疾病等进行心理疏导及治疗,效果显著。

《疏导心理疗法》和《心理疏导疗法》曾先后在上海科技出版社、江苏科技出版社及人民卫生出版社出版,累积发行达 10 万余册。1999 年,江苏科技出版社出版的《心理疏导疗法》荣获华东地区优秀科技图书二等奖。2008 年起,我的学生黄爱国与我一起出版了《心理障碍自我疏导治疗》《强迫症疏导治疗纪实》等书籍,他还单独出版了《强迫症心理疏导治疗》《打开心灵枷锁——强迫与焦虑的疏导整合疗法》等著作。这些书籍帮助了大批求助者。本疗法问世以来,深得广大专家、学者及读者的欢迎,认为其方法简便,通俗实用,适应性广,效果显著。目前,"心理疏导"已经普遍用于医疗、教育等社会各领域。广大读者对"心理疏导疗法"也有较为强烈的要求与热望,但目前相关资料十分缺乏,很多读者来信来电询问,希望能够继续出版相关读物。为此,我们修订并出版了本书,希望能够满足广大读者的要求。

本书分为上下两篇。其中,上篇为理论篇,以当代边缘学科"控制论、信息论、系统论"为重点,介绍了疏导疗法的理论基础。此"三论"三位一体,目标是取得"最优化"。"三论"内容深奥,我了解甚少,只能根据自学内容结合心理疏导疗法的实践进行应用、摸索和提高。三十年来的实践证明,"三论"对于心理疏导疗法的理论探索与疗效提高具有很大的指导作用。其中,有两点值得说明:第一,"三论"是心理疏导治疗系统的主导和基础,吸收多学科的、先进的学术思想,使心理疏导及治疗系统的理论与临床应用更加卓有成效。第二,根据"三论"的原则,心理疏导治疗系统归纳出了一个信息和控制的基本模型,即从个案的整体出发,主要以信息转换及反馈等,帮助患者达到最优化,实现最佳的控制,取得最好的效果。下篇为应用篇,主要以心理疾病的集体疏导治疗示范,介绍疏导疗法的具体操作。在各类心理障碍的疏导疗法部分，分别介绍了强迫症、恐怖症、适应障碍及抑郁性疾病、性功能障碍、性偏离障碍以及精神障碍恢复期等心理疏导治疗的具体操作方式。

虽然已经创立 30 多年了，但心理疏导疗法仍然是一个新生事物，很多方面还不成熟，有待提高。希望广大同行和读者能够提出批评意见，以进一步完善心理疏导疗法。

鲁龙光

2016 年 11 月

目录 Contents

上　篇

下　篇

第一章　心理疏导疗法概述

第一节　心理疏导疗法的概述

一、概念

心理疏导疗法是医生在与患者诊疗交往过程中产生良性影响，对患者阻塞的病理心理状态进行疏通引导，使之畅通无阻，从而达到治疗和预防疾病，促进心身健康的目的的一种治疗方法。

心理疏导疗法的基本工具是语言，针对患者不同的病症和病情阶段，以准确、鲜明、生动、灵活、亲切、适当、合理的语言分析疾病产生的根源和形成的过程，疾病的本质和特点，教以战胜疾病的武器和方法，激励鼓舞患者增强同疾病作斗争的勇气和信心，充分调动患者治疗的能动性，逐步培养激发患者自我领悟、自我认识和自我矫正的能力，促进患者自身心理病理的转化，减轻、缓解、消除症状，并帮助他们认清疾病的运动规律，改造性格缺陷，提高主动应付心理应激反应的能力，巩固疗效。

所谓“疏导”，即“疏通”与“引导”。

“疏通”是指医患之间广开信息交流之路，通过信息收集与信息反馈，有序地把患者心理阻塞的症结、心灵深处的隐情等充分表达出来。实现从不愿合作到愿意合作，从不愿接受治疗到主动迫切要求治疗，从消极情绪到积极情绪，从逃避现实到面对现实的心理转化过程。

“引导”即在系统了解的基础上，抓住主线，循循善诱，提高患者的认识，把各种不正确的认识及病理心理引向科学、正确、健康的轨道，这也是病理心理到生理心理的转化过程。

“疏通”与“引导”是辩证统一的关系。“疏通”是为了正确的引导，它是引导的前提。如果疏通不好，不能广开信息交流之路，就无从正确地加以引导。“引导”是“疏通”的目标，是疏通的继续。不引导只疏通就会停止不前，放任自流，只有疏通与引导达到统一，才能使治疗沿着正确、健康的方向发展。

人不是一般的生命体，而是有着高度发达的心理系统并在其统一指挥下精密协调的有机体。人体的各个部分是互相联系、互相影响、互相制约的。人和自然界的关系十分密切，人天天和自然界打交道，日月星辰金木水火土，无不对人施以影响。更重要的是人具有社会性，就其本质来说，人是一切社会关系的总和。人与人之间的关系至为复杂微妙。而人、自然界、人类社会以及它们之间的相互关系又处在不断的运动、变化、发展之中，所有这一切反映在人的心理上必然呈现出难以名状的复杂情况。因此，心理疏导疗法要求用联系的、发展的、全面的观点分析和解决问题，反对形而上学，反对简单化地对待人类的心理问题，认为必须采取十分审慎的态度，进行周密的调查研究，考虑各方面的因素，在治疗过程中贯穿辩证法的思想。

心理疏导疗法在临床诊疗过程中，反对有意无意地把患者当成“一架损坏了的机器”去进行“修理”，强调在整个诊疗过程中都要尽可能充分调动患者的治疗能动性，树立自信心，引导其自己解决自己的问题。

心理障碍和心身疾病患者情况复杂，个体差异大，心理疏导疗法反对依葫芦画瓢，“如法炮制”，主张采用“一把钥匙开一把锁”的因人而异的方法。

由于心理—社会因素众多，病状繁杂，患者及家属的陈述有时又使人不得要领，因此心理疏导疗法要求经过认真地调查和分析，抓住主要的矛盾和矛盾的主要方面加以疏导，使之迎刃而解，切忌不分轻重缓急、“眉毛胡子一把抓”的做法。

心理疏导疗法严忌信息失真，必须竭尽全力，采取各种方法，调动各种积极因素，用以准确了解患者的病因、病情和特点，然后对症治疗，不可一知半解、浅尝辄止和想当然。

心理疏导疗法要求医生不论对何种疾病患者都应强调一个“爱”字，对他们要满腔热情、体贴入微、关心备至，要千方百计地把他们从痛苦中解放出来，让他们幸福地生活。

二、基本理论

心理疏导疗法的理论是根据辩证施治的原则，以中国传统文化和古代心理疏导的思想和方法为主导，在控制论、信息论、系统论等理论基础上形成的。它的主要内容为：

1. 以辩证施治为原则。心理疏导疗法是经过多年的学习研究、社会调查和临床实践逐步形成起来的一种心理疗法。它吸收了国内外现代医学和心理、社会、教育、文史、哲学以及其他有价值的、先进的学术思想的丰富营养，使之在临床应用中更加卓有成效。

心理疏导疗法坚持实事求是，从个案的实际出发，详细地占有资料，具体地进行分析，反映历史的真实，通过临床实践，不断地总结上升为理论，反过来再运用于临床治疗，使之接受实践的检验，不断地完善理论，使理论和实践密切地结合起来，逐步分析和解决临床实践中的新问题。

心理疏导疗法断然否定心理疾病等不可知、不可治的唯心的无所作为的观点。心理疾病等与世上一切事物一样都是可以认识的，因而是可以治愈的。问题是要努力创造条件，不断有所前进，使之对各类疾病的治疗方法逐步臻于完善。

2. 以中国传统文化和古代心理疏导的思想与方法为主导。如"清静""无为""抱一""守中""人之情，莫不恶死而乐生；告之以其败，语之以其善，导之以其所便，开之以其所苦，虽有无道之人，恶有不听者乎！"等，我国古代思想家、医学家在心理治疗方面作出过了不起的成就，非常强调在诊疗过程中把医患双方的精神状态作为整个医疗工作的一部分，并认为任何诊疗工作都应与心理治疗相结合，特别强调耐心说服、解释，争取患者的合作与信任等等。同时，吸取国内外现代心理治疗的先进技术和经验，使之与心理疏导疗法融为一体，重视"古为今用""洋为中用"，目的是为了建立适合我国国情的崭新的心理治疗方法。

3. 以控制论、信息论、系统论为基础。控制论、信息论、系统论是心理疏导治疗系统的"三位一体"的支柱。心理疏导治疗系统在理论上可以归纳出一个信息和控制科学的模型。它从整体出发，始终着眼于心理与躯体、机体与环境、整体与部分等之间的相互作用。它植根于当代自然与社会科学的沃土之中，吸取多种学科的先进理论和方法，进行本系统的设计、实验、研究、创造、应用、检验等等，使之获得强大的生命力，形成一个综合工程。心理疏导系统主要由医生、信息和患者三个要素构成，以社会信息——语言作为治疗的基本工具，其治疗控制原则主要是信息的转换和反馈原理。整个治疗过程就是通过语言等信息的传递，达到改善患者心理状态的过程。在制定治疗准则的条件下，依靠疏导治疗反馈的作用，可以实现最优的控制，取得最大的效果。

三、心理疏导治疗模式

1. 治疗程序及操作要点

心理疏导与治疗主要通过医患互动实现治疗信息与反馈信息转换，达到患者认知结构的改变、优化的目的。

1）治疗程序

（1）患者输出信息。提供真实、翔实的自传性病情材料。

（2）医生根据患者的材料进行分析，作出初步诊断。

（3）医生治疗信息输出。讲述所诊断疾病的可能原因、本质、特点和治疗方法，取得患者配合，树立信心。

(4) 患者接受治疗信息,争取做到认识与实践一致,并写出反馈(体会)材料。

(5) 医生根据不断变化的反馈信息,输出新的治疗信息。

(6) 整个治疗按下图循环往复进行,由浅入深,消除症状,完善性格,巩固疗效。

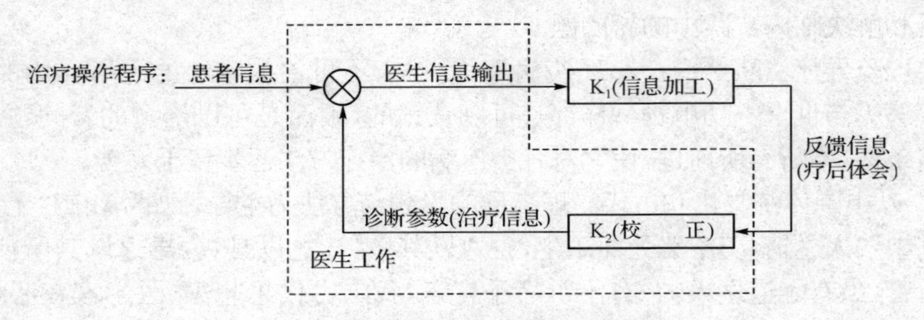

心理疏导及治疗程序示意图

K_1——患者对治疗信息变换(加工处理):① 理解内容,即把接受的信息理解深入、透彻;② 联系自己,即在对输入信息理解的基础上,结合自己广泛联系,举一反三,提高认识;③ 转化处理,即在联系自己的过程中,深化认识,不断转化自己的认知结构;④ 反思总结,即把自己的理解、联系及认识转化过程进行总结,记录下来,巩固新的认知结构,巩固疗效。

K_2——医生对患者的反馈信息变换(校正):设计新的方案,预输出新的治疗信息。

⊗——综合器:提取诊断参数,预计新的治疗信息输出。

以上治疗程序反复循环,不断提高、优化认知结构,直至痊愈。

2) 操作要点

(1) 心理疏导及治疗医生必须经过专门的训练,掌握疏导治疗的操作规则和治疗程序,具备疏导医生条件及疏导技能后,才能完成疏导治疗工作任务。否则,就很难达到"最优化"的治疗目的。

(2) 必须掌握患者足够的、可控制的真实信息及反馈信息,才能使信息加工处理操作活动朝着预期疏导目标前进。

(3) 心理疏导及治疗必须按照图解程序规范化操作,但具体疏导内容应随时根据患者的反馈信息进行调整。

(4) 疏导内容要科学、通俗易懂,结合实际,应有针对性、灵活性和多样性,忌生搬硬套,可用载体,多讲实例,引用故事、成语等,以帮助其深化认识。

(5) 多提问题,启发患者联系自身。

2. 疏导治疗模式

心理疏导及治疗模式是:不知→知→实践→认识→效果→再实践→再认识→效果巩固。这种治疗是一个循环往复、逐步深入的认知改变过程。所以,其效果不仅仅是求得症状的消失,而是以远期效果的巩固为最终目标。在此模式实施中,要求患者做到:"善":善于设疑(提问);"精":精于理解(内容);"巧":巧于联系(自己);"勇":勇于实践(付诸);"贵":贵于检验(结果);"少":少想多做(认识与实践同步)。

3. 心理障碍"树"的模型

心理疏导疗法将心理障碍的产生、发展形象地比作一棵树，这棵"树"分根、干、冠(枝叶)三个部分。树冠代表各种症状，树干代表"怕"字，树根则代表性格缺陷，"树"成长的土壤代表个人所处的社会和自然环境。在长期不良的培养下(包括部分遗传因素)，使得成长起来的性格具有一定缺陷。在遇到不可避免的困难、挫折和应激时，难以适应，从而产生心理障碍，滋生出千奇百怪、不现实的"怕"字，进而表现出各种各样的症状。

因此，要治愈心理障碍，就必须除去这棵"树"。具体程序及操作见第五章"心理疾病的集体疏导治疗示范"。

四、特点

心理疏导疗法与其他心理疗法相比，它的特点是综合性强，适应性广，以自我认识为主，实与虚密切结合。其具体特点如下：

1. 心理疏导是多学科的交叉。它具有严格的科学性和很强的逻辑性。心理疏导疗法理论走的是"综合科学"的道路，以系统方法论的观点，把临床医学、基础医学、心理学、社会学、教育学、人文学、行为科学、伦理学以及其他许多当代社会科学的理论、方法，引入心理疏导疗法领域，丰富和发展了心理疏导疗法的理论与实践。

2. 适应性广。心理疏导疗法是从临床实践中总结出来的，因此，它的应用性强，适应性广，改变了一般心理治疗中的教条、单调、被动的状况。它的主导思想是以"治病救人"为目标，着眼于"完善自我""提高素质""虚实同步""发展潜能"，实质上就是提高心理素质，保障心身健康，将心理疏导工作融入"治病救人"这一总目标之中。

3. 强调患者的自我认识、自我完善、自我保护。心理疏导要求患者能够正确地认识自己、剖析自己的心理素质，揭示心理疾病的形成规律，消除心理疾病与心理治疗的神秘性，不断促进自我性格改造，保障心身健康。

4. 信息的转换、学科的交叉与知识综合运用的功能。医生和患者一起商讨疏导中的信息交流问题，目的是双方均承担义务，以保证疏导质量。要鼓励患者积极配合，发挥其主观能动性，学会自己动手解决问题。根据患者的特征和事件，重点解决其心理逆流，必要时，动员其家庭和社会给予支持。

5. 治疗目标是长期的，是持续不断的"实践——认识——再实践——再认识"。

6. 以最少的信息，实现最优的控制，达到最佳的效果，即疗程短、疗效好、效果巩固。

7. 疏导过程是提高认识水平、技能，更新、补充、完善自我的过程。

第二节　心理疏导的任务、作用、范围、内容及方式

一、任务

心理疏导的基本任务是提高人们的心理素质和心理应激的适应能力。当前的社会特点是科学文化频繁更新，信息成了社会的重要资源，因此，心理医生应该把面对现实问题作为研究的中心。通过对一系列重大的心理—社会紧张刺激因素的分析，帮助那些心理上处于逆境的人们，从心理疏导的角度论证事件的可行与否，解答“为什么”“怎么办”等疑问，帮助人们在社会活动中有意识、有计划、有目的地应付各种外来的不良信息的刺激，强化心理防御机能，保持良好的情绪，预防疾病的发生和发展。同时，普及心理卫生知识，提高公众的心身健康水平，从而保证在快节奏的社会活动中愉快地生活。此外，帮助心理危机的患者，培养心理疏导人才等等，也是心理疏导工作的任务。

这些任务的完成，取决于工作人员的良好心理素质。从心理疏导的角度讲，就是给患者提供几个实事求是的方案，再给予一定量的信息，让患者根据自己的经验作出选择，解决疑惑的问题，使其阻塞的心理得以疏通，从逆境中走出来，沿着最佳路线一步步地走向光明的前程。

心理疏导在个体心理素质的提高和适应不断变化的生活环境等各个方面，都可能产生重大的影响，因而它必须吸取多学科的有益成果，在较大程度上摆脱传统心理治疗理论的框架，而成为应用范围较广的一个系统工程。

二、作用

心理疏导具有多学科综合的、多层次网络式的结构，其内容包括民族文化、传统习惯、社会风尚、意识形态及个体社会背景等诸方面，以及这些因素的改变对个体心身健康的影响等。随着社会的进步和发展，个体生存和竞争的调整频率加剧。在此情况下，心理疏导工作便成为人们保持心身平衡的心理—社会结构中各复杂因素的一个聚焦点。人们的内在心身素质与人际关系和其所处的环境等外界社会因素息息相关，这些因素通过本人不适当的主观评价，就可能导致心理障碍。所以，在十分复杂的矛盾群体中，探索个体心理活动系统在整个社会结构中的作用，说明各种心理障碍在社会进化过程中的演变趋向，便是心理疏导系统研究的思路。

以控制论、信息论、系统论为基础，为研究心理疏导系统的结构提供了方法论原则。当人们的心身受到内外刺激时，人们为维持内部心身平衡而产生的种种生理现象，叫做“守恒系统”。人的每个“守恒系统”的结构、功能、作用等都不是简单的算术

相加的结果，而是在一定外部条件影响下，心身内部各种因素和成分之间多项联系的、有规律的运动的结果。

剖析心身障碍发生的原因、表现的症状以及可能的发展趋势，从整体上去认识，才能有效地调控心理疏导，使之向合理的方向发展，从而提高其功效。

临床上常见的来访者有以下几个层次：

A 级层次的来访者，希望通过心理疏导来提高其某些方面的心理素质。

B 级来访者，因困惑不解或心理障碍，想从心理疏导中找到出路，得到启发。

C 级来访者，多是由于心理疾病而寻求解脱。

D 级来访者，则是因心理危机而濒临绝境，需要立即采取抢救措施。

从政治、经济、历史、伦理、生理等各个角度出发协助患者进行自我认识，是心理疏导(咨询)的基本途径。心理—社会因素不仅错综复杂，而且瞬息万变。一些在心理健康的人看来是微不足道的事情，而在那些心理素质不完备的个体看来，却具有极特殊的意义，甚至获得完全不同于事件本身的特殊体验。心理疏导的目的，就是根据来访者的心理特征，找出其心理冲突的主线，然后进行引导，使其体会到求得解脱的迫切感，启迪其良性的联想和逻辑思维，在潜在力量的驱使下，对于客观的现实生活采用一种新的逻辑思维方式，从而有效地抵御各种不利的心理—社会因素的刺激。

整个心理疏导过程，是一个破坏旧的心理不平衡，建立新的心理平衡的过程，借此帮助患者培养心理上辨别真伪的能力。

三、范围

1. 日常心理问题：包括儿童教养、伤残儿童、青春期心理卫生指导，恋爱、婚姻、婚前心理指导，性问题、性功能障碍、性生活指导，以及家庭、人际关系、子女教育问题、不良习惯的矫正等。

2. 心身疾病防治问题：心身疾病是指以躯体症状为主要临床表现，而心理因素在疾病的发生、发展、防治、转归等方面起主导作用的一组疾病。这些疾病广泛地存在于内、外、妇、儿、五官、神经等临床各科。

3. 精神神经专业所涉及的疾病的预防、治疗、康复、就业、防复发、家庭护理、精神药物的功能和使用，以及精神病后的婚姻、生育等问题。

4. 情绪危机急诊：凡是能对人构成威胁性心理创伤的境遇，如无心理准备的各种重大意外事件，均可造成人的情绪危机。疏导急诊可以解除当事者的情绪危机，防止自杀、杀人、伤人、毁物等激情下意外事件的发生，帮助其重建新的人际关系，摆脱或减轻情感的羁绊。

5. 更年期及老年心理卫生指导。

6. 承担全部心理治疗工作任务。

四、内容

心理疏导的主体以揭示人们的心理实质，实现心理转化为轴心，形成有利于启迪人们的智能，净化心理，促进心身健康，治病育人的情境，使之有利于性格的改造及人生价值的取向。它的主要内容有如下几点：

1. 向患者提供有关知识，如提高心理素质，以更好地适应社会环境，保障心身健康，以及提高患者的防御机能等。

2. 帮助患者认识心理治疗，使其在治疗中与医生积极合作。提供翔实的信息，方便医生作出及时、确切的判断。

3. 帮助患者及家属正确处理有关心理障碍的一系列问题。

4. 帮助解决由于遗传疾病而造成的后果，并妥善处理一系列由此而引发的实际问题。

五、方式

1. 开设心理疏导门诊，接待来访者。
2. 书面或网络回答咨询信。
3. 利用报纸杂志、网络等解答各种具有共性的心理障碍疑难问题。
4. 深入调查，提出改善心理卫生条件的合理建议。
5. 开展心理卫生常识和防治心理疾病的知识的宣传工作。
6. 深入工矿企业、机关学校，指导正常健康人生活、学习、工作中的心理调节问题。

第三节　心理疏导的方法

一、科学的疏导

心理卫生工作方法应当是科学的疏导，“寓理于教”“寓教于善”。“善”是指被人们普遍用来自我修身、衡量人生和服务社会的综合价值标准，也是人生的最高准则和目标。患者在疏导过程中得到不同程度的教益，逐渐改变自己的心理状态。这种效益的获得充分表明了疏导（咨询）工作的巨大作用，它和空洞的说教有着本质的区别。

要“寓理于心”“寓心于变”。这个“变”，就是通过心理疏导，将有益于心理健康的科学知识、哲理性的意见以及解决心理矛盾的方法，教给患者。应当指出，疏导过程是一个矛盾的统一体，不能孤立地强调某一方面而偏废另一方面。脱离科学内容的单纯说教、训斥或一味地顺应迁就，不仅达不到病理心理的“变”，而且可能因庸俗化而产生副作用乃至反作用；相反，虽有科学的内容，却不根据患者的实际，未能采用通俗易懂的语言和乐于接受的形式，就会使患者感到深奥不解，如闻天书，难以达到预期的效果。因此，要发挥心理疏导的“寓心于变”的作用，必须具体问题具体分析，有针对性地运用各种启示，把哲理和情感、内容和语言方式以及各种生动的实例等，融合到疏导工作中去，尽力发挥疏导的诱导力，提高疏导工作的效益。

二、精湛的语言技巧

心理疏导工作中，信息的传递是借助于语言来完成的。可见，语言在心理疏导工作中的作用相当于外科治疗中的手术刀。

在疏导工作中，解答心理—社会因素与心理冲突或心理卫生等问题，均存在着语言艺术性的问题。同时，使用语言的方式也是多样的，如对话、问答、自述等。将各种方式按一定的主线连在一起，以完整地表达各种需要解答的主题思想。

疏导还受到时间的限制。要在短时间内解决心理障碍，掌握应付外界各种刺激和保持身心平衡的技能，这对患者来说既是一个认识的过程，又是一个将心理活动系统开放的过程。所以，要求少而精地解答问题。至于少到什么程度，如何精法，则要以系统工程的方法来全面地调查研究，从整体出发作定量和定性的心理分析，以避免盲目性。

语言是互相表达情感、交流思想的工具，每句话都会引起对方的心理反应，或迷惑不解，或凝神思索，或豁然开朗，或大彻大悟。因此，需随时注意捕捉反馈信息。我们前面曾提到，患者的性格差异很大，其教养、能力、所处的环境及风俗习惯等各不相同，因此，语言的运用应注意不同的技巧。总的原则是：简练、生动、哲理。要准确地贯彻这六个字的原则，必须注意，一是少讲术语，多用常用词语；二是少说套话，多用自然实在的语气，以免令人生厌，关键是要深入领会患者的意图和希望，抓住其心理活动的主线。

医生的语言，既要准确地表达思想，又要使患者能够接受。为此，必须因人而异，有时可将自己的思想感情和亲身经历融于心理疏导治疗工作中，使自己“化”入患者的心理境界中去，现身说法般地进行解答，这样自然就容易为患者所接受和理解。再加上在重点或关键问题上给予点拨，就可使患者进入新的心理境界，达到疏导的目的。

还要说明一点，医生的主导作用，是促使患者心理变化的极重要的外因，就好比化学反应中的压力、温度和催化剂。如果语言理解的难易程度低于患者的接受水平，势必影响其心理反应速度。因此，哲理和知识的输出难度应处于略高于患者的认识水平，使对方经过一番努力能够理解、接受，并且产生新的认识和影响。

三、准确的分析

在初次接触中，主要根据对患者的观察确定其心理化水平。首先让患者了解一定的有关心理活动的知识，根据其理解力来确定讲解内容。医者输出的信息要以调动患者的能动性和想象力，并经过一定的努力能够掌握为原则。在疏导过程中应注意培养患者的实践能力，要求他们将有关知识与自己结合起来以加深理解。如因人际关系处逆境而产生心理障碍者，在通过疏导得到解脱，并且掌握解脱方法后，再遇到其他的逆境也采取同样的原理去解脱。这样，在疏导过程的开始就要明确双重开发的目的，并据此来选择解答的方法与内容。心理疏导的对象是人，而人的心理活动十分复杂，会对接受的信息作出各种判断、推理和分析。所以，帮助人们在现实社会中保持心身健康，是一个很复杂的综合工程。

四、和谐的环境（气氛）

心理活动的过程是在一定的环境下产生的，环境对人的思维和情感会产生极微妙的作用。嘈杂的气氛会使人心烦不安，幽静的夜晚可以使人平静地思索，和睦的家庭环境可以让人变得善良，周围的笑脸可以让人息怒。

环境美对心理上有着强大的感染力，心理疏导重视环境优雅，往往能使心理障碍者赏心悦目、心情舒畅，使病者变得乐观、奋进，这就是心理疏导效果的环境功能。心理是客观存在的反映，客观存在的事物，就是人的心理环境。如果疏导治疗室环境整洁、幽静，窗明几净，或在花木扶疏的庭院，有小桥流水、长椅绿荫，给人一种恬静、舒心的美意，将使患者与医生之间的情感容易交流。在这种环境中与有焦虑、抑郁、恐怖心理的患者交谈，能减少其紧张不安等负性情绪，这时，鼓励性疏导语言，患者较易接受。

在疏导治疗室交谈常给人一种庄重、严肃之感，这种场合医患关系分明，较适于医生收集信息及长时间的说理疏导。

在集体治疗室能给患者以肃穆庄重之感，环境整洁优美加上医生的幽默，引人入胜，情趣横生，寓治于乐，其疏导语言如涓涓细流，潜入患者心田，患者往往感到无拘无束，由“忧”转“喜”。

对于心理因素受环境影响而产生变化的情况不乏其例，现举两例说明。

宗教为了实现感化人的目的，十分注意环境的作用。为此，他们力图在建筑、布局、采光、音律、香火以及一些教仪活动中，让人的心理产生一些变化，如他们在名山大川中建造规模宏大的殿宇，深庭古木，曲径通幽，大殿内光线暗淡，香烟缭绕，庄严肃穆，让人感到神圣至极，这无疑将人的心理、情绪紧攥在手，并产生一种潜移默化的影响，它不仅唤起信徒为往事的忏悔和来世的希望而虔诚地祈祷，也转变了他们的情感。这种促进人的心理活动的诱导是值得我们借鉴的。

临床上我们也可以看到环境的作用。有一位年轻的男性研究生，在集体疏导后受益很大，他在反馈中写道：“……看到他（医生）那恳切和自信的态度，看到很多人平静地坐在一起，没有想象中的恐惧、嘈杂，没有羞愧，非常镇静地把自己放在心理解剖台上，仔细地剖析……这种形式比个人交谈要好，减轻了自己是患者，即自己不正常的那种压抑感。房间的布置也很质朴，使得大家平静自如。"设想如果换一种环境，将疏导室放在精神病院门诊部，患者的心情必然会是另一种状况了。

五、有效地引导

医生在疏导中不能将自己看成是围着患者转的服务员，而是将自己作为并肩作战的指挥员、引导者；不能让患者按照自己规定的模式学习；不能总是将削好皮的苹果、剥了壳的核桃仁送到他们的嘴里，甚至嚼烂了喂他们。对于出现心理障碍的人来说，重要的不是从疏导室得到有限的"食物"（知识），而是在医生的帮助下学会"削""剥""嚼"的本领，或者顺着医生提供的寻找答案的道路，自己去解除负担。

六、坚定地实践

患者不能只为了暂时的轻松而逃避，重要的是将解决心理障碍的方法应用于实践，学会迎着矛盾上，不回避矛盾，增强自己解决矛盾的能力，这样才可以从根本上抵御心理—社会刺激。同时，实践的过程又是检验的过程，在这个过程中，他们可以观察到真假、善恶、美丑，以实现使心理机能得到锻炼，适应现代化社会环境的目的。

在心理疏导的实践中，应贯彻规律性和灵活性相结合的原则。所谓规律性，是指以客观世界的本来面目、社会责任、约定俗成的习惯、基本的伦理道德观等等去帮助心理处于逆境者。灵活性，就是具体情况具体对待，最忌刻板。要注意灵活性，并不是指巧舌如簧，无边无际，不负责任，而是在掌握了患者的心理活动后，对症下药，一触即破，然后点铁成金。

鲁迅说过，拿来主义为他人所用，这就是心理疏导的宗旨。能否为他人所用，关键是能否和个案的具体情况紧密地结合。

第四节 心理疏导的基本过程和注意事项

一、基本过程

如何做好心理疏导？如何解除心处逆境者的不安与忧虑？具体的方法是细致复杂并难以用简单的公式表达清楚的。通过临床实践，初步归纳出如下过程：

1. 建立良好的咨询关系。患者与医生经过交往和信息传递，由起初建立信心发展为产生信赖，而这种对医生的信赖又可进一步加强其自信心，这是一个双向反馈的过程。

2. 详尽的叙述。对什么问题产生疑虑、处于逆境的因素何在，患者往往难以理清头绪。通过详尽的叙述，引导他们敢于讲出心灵深处的矛盾，进行分析和综合，才能设计出对病理心理的疏导方案，进一步帮助患者。

3. 找出症结（主要心理冲突）。不主观臆断，与患者努力合作，帮助他们查明导致心理障碍、心理危机、心身疾病的根源，找出量变引起质变的焦点及诱发因素。

4. 制定解答方案。引导患者主动、轻松地通过联系自己的实际，接受医生的解答和疏导；鼓励患者对医生的讲解、处理方法等各方面提出不同的意见，通过质疑，提高和强化心理素质，由此转化为强化自身力量和主动应付应激的方法，来处理现实问题。

5. 创造轻松的环境氛围。心理障碍越重，易为拘束所困，以致影响其潜在的心理活动的暴露。对患者叙述的问题和看法，要注意倾听，避免立即评论，更不要表现出漠不关心，应尽量创造出一种轻松的环境气氛。

6. 做到认识与实践同步。这是解决心理障碍、提高心理素质的有效途径。当患者有了一定的正确认识，不论是肤浅的还是本质的，均要让他们通过实践检验。这样既可以引起患者的信任，又可以解决其心理上的实际问题，不使他们产生渺茫的感觉，要让他们从亲身的经历中尝到甜头。对他们取得的每一点进步，都给予肯定、鼓励和支持，以增强其必胜的信心。

7. 统筹兼顾。疏导作为一种科学的、实践的学问，是人的心理素质提高的一个综合性的再教育过程，不能只强调某一方面而忽视其他方面。要统筹兼顾，以重点矛盾的中心，建立一个完整的系统。

二、医生应注意的问题

1. 疏导解答的内容在临床心理领域中具有什么性质？预测解答后会产生什么样的影响和效果？采用什么原理和方法最适宜？可举哪些具有代表性的典型案例？

2. 对于要解答和讨论的问题，患者已有哪些经验？对其心理活动有什么促进作用？

3. 所要解答的问题，对患者来说有什么利弊？如何来调动他的积极性？

4. 所要解决的问题的结构如何？解答的要点、难点、层次及相互关系以及疏导的前提是什么？

5. 所要解答的内容有何特点？如现象、状况、人物、事件、形式等。

三、疏导中应注意的事项

1. 注意减少患者对医生的依赖性，帮助其培养独立解决问题的能力。

2. 医生主要起支持引导作用。

3. 从各方面帮助患者树立自信心。

4. 疏导的重点应放在心理逆境上。

5. 要注意摸清全面的情况，必要时可改变周围的环境和条件。

第二章　心理疏导疗法的理论基础

第一节　传统文化与心理疏导疗法

我国是一个有着五千多年历史的文明古国，传统文化源远流长，内容十分丰富，并且自成体系，独具特色，是中华民族智慧的结晶和精神风貌的体现。传统文化主要包括传统文化思想和学说、传统文化风俗习惯、传统文化心理（精神）三个方面。在漫长的发展过程中，传统文化发挥着深远的影响，同时也蕴藏着丰富的心理学学术思想。我国是心理学起源最早的国家之一。

中国古代的心理学与哲学是合二为一的，包括自然科学和哲学，都从思辨的整体上认识事物变化；把整体的关系归结为某种直观可见的事物的联系，如金、木、水、火、土等；通过对事物本身对立统一关系的分析，把握事物的整体，如物极必反、否定之否定等，认为事物在发展过程中必然会出现反复等。这些都是中国传统文化的独到之处，对现代中国的文化、科学发展有着重要的借鉴和指导意义。

研究传统文化的宗旨是为现实服务。传统文化既是中国的特色，又是中国的优势。因此，认识中国传统文化，了解民族文化背景，对一个人认识自我、提高心理素质、适应时代的变革具有重要的意义。总结研究传统文化，剔除糟粕，吸取精华，为创立有中国特色的心理治疗方法输入养料，不但能在理论上有所开拓，增添新的内容，在治疗方法上也能开辟新的途径，有利于把我国的心理治疗提高到一个新水平。

当然，传统文化是在过去特定的历史条件下形成的，随着时代的发展，我们在吸收、借鉴的同时，要有辩证的态度，进行积极的扬弃。现代的心理疏导治疗，要求把过去的经验教训，前人有益的人生体验挖掘出来，即“鉴前世之兴衰，考当今之得失，嘉善矜恶，取是舍非”（司马光《资治通鉴》），使之成为现代人自我完善的借鉴。我们应根据新的参照系，用现代科技理论和方法对传统文化进行理性把握，通过表层特征提炼内在的精神价值，结合专业实际情况，做出新的评价和阐释，使传统文化得到升华。

在我国博大精深的传统文化中，特别是秦汉以后长达两千多年的历史中，以儒、道两家影响最为深远。以孔孟为代表的儒家，以老庄为代表的道家，影响中国和东方世界的时间最长。历经各代学者不断的变革、改造、超越，使传统文化生生不息，这根贯穿过去和未来的“挣不断的红丝”，成为中华文化赖以生存和发展的生命之线。

一、儒家文化

以“仁”为本的主导思想，以“内圣外王之道”为个人最高修养，以“国泰民安”为追求目标，用“阴阳五行”解释人、社会及自然现象。“内圣外王”强调人格与国格的一致性，立人格为坚守国格的基础，修身养性、独善其身和自承先贤、身任天下的人生精神合在一起。儒家主张积极人生的价值观、政治本位的人生观、佐君教民的实践观。这些深邃的思想，都是儒家经典中的精华。

孔子说过，“智者不惑，仁者不忧，勇者不惧”(《论语》)。有心理障碍的人都不具备“不惑、不忧、不惧”的心理素质，他们常常抱怨外界给了自己不堪忍受的命运，抱怨周围的人对自己不公平、冷酷、缺乏爱心。然而他们很少去想一下他们是如何去对待这个世界的。假如一个人很骄傲，却要别人尊重他；自己很贪心，却要别人不与他争；自己很冷漠，却要别人对他热情，这怎么可能呢？因为这不符合事物发展的基本规律。中国传统文化在解释宇宙基本定律时说：“一阴一阳谓之道”，这表现在社会伦理上就是“你怎样对待这个世界，这个世界就会怎样对待你”。孔子的“仁”正是基于这一宇宙规律提出来的。他认识到，人只有爱人，才能得到别人的爱；只有尊重别人，才能得到别人的尊重；自己要实现自我价值，也要帮助别人实现他们的价值。只有这样，一个人才能真正地成功、幸福，才能得到上天赋予人的本性，才能拥有一个完整的人格，成为一个真正的人。所以，孔子说：“仁也者，人也。”他把人的本质就归结为“仁”。

这个“仁”字似乎正是针对人的种种忧虑、烦恼等心理境界提出来的。一个人如果能切实地培养自己的仁心(即自己的本性)，也就能战胜种种诱惑和困扰，获得心灵的安宁和幸福。儒家强调“仁”，古往今来的圣贤和豪杰，没有一个不讲这个“仁”字的。一些西方的现代大企业家也把“己所不欲，勿施于人”称为黄金定律，把它看成成功的基石并身体力行。“容忍那些亏待你的人，不管他是否值得容忍”。“当我发现他人的弱点和错误时，我将借此发掘和改正自己的错误”。这些思想都是很有启发意义的。由此可见，“仁爱”的思想是人类历史中各种文化的主题、核心，是人类获得安宁和幸福的基石，同时也是心理障碍者获得心理平衡的基础。

“仁”有非功利的倾向，但人生活在现实的社会中，如果过于强调“仁”，就显得有点迂腐，甚至使人感到懦弱、愚昧。因此，孔子就提出了中庸思想。朱熹解释说：“不偏谓之中，不易谓之庸”。主张凡事都不过分、不走极端。而有心理障碍的人对一个事物的看法常常是主观的、片面的，把想象中的东西夸大了。

中庸很抽象、很微妙，难以把握。例如，我们常听到人们说，领导不重视自己，不能充分发挥自己的才能等。这就可能使他在工作中产生两种倾向，一是迎合领导，二是消极怠工。但孔子则不然，他说：“君子上交不谄，下交不渎。”即对上级不阿谀奉承，对下级不怠慢无礼。但领导不重用自己，总是不舒服，此时又怎么办呢？孔子说："君子素位而行，不愿乎外。"也就是说，在自己的工作岗位上把工作搞好，积极地提高自己的心理素质而不是老想着不属于自己的东西。所谓"不患人之不知己，患不知人也""不患人之不知己，患不能也"。以这样的态度去处世，对于心理健康来说就是积极的。因为这样做，会感到安定，会乐于工作，渐渐地会从自我做起。这就是中庸思想，也是心理疏导的一个具体过程。

以此为例，一个人在处理日常事务时就可以寻找一条中庸的、不断完善自我、实现自我的道路，以避免偏激、固执而使人际关系紧张，精神感到疲惫。然而，中庸是很难做到的。孔子说："中庸其至乎易，民鲜能久矣！"又说，"天下国家可均也，爵禄可辞也，白刃可蹈也，中庸不可能也。"这说明提高心理素质、达到全面适应社会环境并不是一件容易的事。

那么如何达到中庸的境界呢？中庸之道认为，要做到智、仁、勇相结合，相协调。做到"智"就不会迷惑，做到"仁"就不会忧虑，做到"勇"就不会畏惧。勇敢是一种非常可贵的品质，许多心理素质差者就是缺乏这一素质，整天被"怕"纠缠着，没有尽头。"勇敢"就是敢作敢为，凡合乎道理的事就去做，从不犹豫、优柔寡断。《礼记·聘礼》中说："故所贵于勇敢者，贵其能以立义也。所贵于立义者，贵其有行也。所贵于行者，贵其行礼也。故所贵于勇敢者，贵其敢行礼义也。"由于儒家注重"礼"，所以他们强调的还是在认识到以后，克服"怕"字，勇敢地去做，唯有如此，才能做到"言顾行，行顾言"，达到中庸之道。

中国有"礼仪之邦"的美称。《礼记》中说："凡治人之道，莫急于礼。"孔子说："兴于《诗》，立于礼，成于乐。"认为一个人不懂得礼，就不能获得独立的人格，不能在社会上独立起来。后来的儒家把"礼"看成是"天理之节纹"，即"礼"是宇宙规律的表现形式。一个人如果要有一个良好的心理素质，实现自我价值，就要遵循天地的规律——"仁"，就要遵循天地的运行方式——"礼"，从而把自己的心声以具体的行动付诸实践。

"礼"对现代人有什么意义呢？它使人"恭敬辞逊""进退有序"，不仅可以"固人肌肤之会，筋骸之束。"而且会使人内心有主见，外表显庄重，使人自尊自爱，卓然而立，不为外物动摇。由于"礼"能协调一个人的社会关系，使一个人的感情、意志得到和谐的表达，所以它能为现代人建立一个安身立命的基础，使人的身心得到一个安顿之处。因此，"礼"能缓解社会矛盾和冲突，使各种外来的刺激因素不会形成对人心理的超强刺激，从而保障了人们的心身健康，预防心理障碍的发生。即使心理应激反应出现了，也会遵循"礼"而缓解各种矛盾和冲突对心理造成的压力，这可能就是古代社会心理障碍者较少的原因之一。

在疏导治疗中，运用孔子的启发式理论很有实际意义。《论语·述而》曰："不愤不启，不悱不发""举一隅不以三隅反，则不复也。"亦即旁敲侧击，给予启发，举一反三，促其领悟。

谈到如何疏导，笔者觉得以疏而启、导而发的方式为好，就是说当患者心理阻塞后，首先应使患者具备能够接受“疏与导”的心理状态。“不愤不启，不悱不发”这句名言对疏导治疗十分适用，也就是说，患者在没有求治的心理欲望，没有积极的渴望的情况下，是不能强制其接受治疗的，必须“启发疏导”。因此，在心理疏导过程中“愤”“悱”是一个重要条件。临床实践告诉我们，心理素质是不会自发提高的，必须经过疏导，而疏导的前提是创造“愤”与“悱”。“愤者，以求通而未得之意；悱者，口欲言而未能之貌。”（朱熹语）。在疏导过程中，“愤”“悱”就是指患者求治渴望的两种心理状态。例如，临床中曾遇到一个极为顽固、不愿接受面对面疏导的患者，医生为了唤起患者的求治欲望，创造良好的“愤”“悱”状态，刚开始不正面谈病情，而是选择一个与其相近的典型病例材料，读给家属听，同时，患者背对着医生也旁听着。材料中生动的内容、与其类似的症状描述以及疏导后良好的心境，不能不令这位顽固的、抗拒接受医生的心灵产生向往之情，于是“愤”“悱”就产生了。当医生读到关键时刻，突然停住了，故意凝视材料自言自语地说：“这是什么字？”这时患者不自觉地转过身去看材料上的字，并说出了那个字，恰在这时，医生把材料交给患者继续朗读，这时便开始了由侧面到正面的心理疏导活动。如此，也就增进了医患之间的感情，初步树立起患者治愈的信心，为疏导创造了条件，这种潜移默化的行动，真可谓正中患者之怀！于是疏导的序幕拉开了。患者对于治疗的兴趣大增，自然就摆脱了“疏而不启，导而不发”的窘境。心理疏导是一门艺术活动，是一个不断创造“愤”“悱”，适应“愤”“悱”，跨越“愤”“悱”的艺术过程。在这个过程中，患者逐渐地通过心理疏导增长了心理卫生知识，增强了适应能力，医生则不断提高着患者的心理素质水平。这就是“愤”“悱”之道，也是启发式疏导的道理。

“举一隅不以三隅反，则不复也”。隅，是指角度或方面。朱熹解释说：“物之有四隅者，举一可知其三。”这表明孔子是把事物总体假设为四个方面，它们之间既有许多共性，又有不同的性格。疏导医生的任务在于讲清楚事物的共性，说明事物的内在联系及规律，即“举一”；患者受到启发后，要独立地联系自己的各方面，即“反三”。心理疏导过程中“举一”就是要求少而精，“反三”就是患者联系自己要多而实，这正是“少讲多做”。医患在心理疏导中配合默契，医生的“举一”，正是为了患者的“反三”。这一过程就是提高心理素质，培养适应能力，实现心理转化的过程。患者在心理疏导的过程中不断得到良好的心理发展，对自己能从整体上有个正确的认识，达到心理疏导的目标，进而在不断提高自我认识的过程中，付诸社会实践来检验自己。

二、道家文化

道家文化内容博大精深，对中国社会的政治、经济、文艺、医学、养生以及民族心理、风俗习惯等都产生过十分深刻的影响。

《道德经》又名《老子》，全书五千言，充满了深沉的智慧，主导意识是“道”。“道”在其中说明世间事物发展的总规律，又说明了人在社会活动中立身的行为规范，其核心就是“清静”“无为”“抱一”“守中”。

“清静”一词见于《老子》，即去私寡欲，心里没有杂念。“清静可以为天下正”，意思是说“清静”是治理天下的最高法则，心清神静可以治理天下。这是老子的一种最高人生境界，一个人只有不断地反省认识自己，剔除不由自主沾染上的私欲杂念，“浊以静之徐清”，才会像浑浊的流水一样，静止下来，重新变清。“无为”是不妄为、不乱来的意思。自然无为常常被人们理解为什么事都不做、放任不管，其实，这是一种误解。“无为而不治”“无为而无不为”是说自己的行为要顺应自然和社会发展的规律，无论什么事情都努力去做，总可以做成的。在各种规律下尽情地发挥自己的聪明才干，努力去做，去实践，这才是“无为”。

那么，老子所认识的天地的规律又是什么呢？他说：“反者道之动，弱者道之用。”这是说事物在向前发展的同时总孕育着相反方向的运动，所谓“物极必反”。所以他总是告诫人们不要过分追求什么东西，过分强盛就会衰落，要保持“清静无为”的状态。他反对世俗的逞强、骄傲、矜持、走到天下人前面，认为“物壮则老，是谓不道，不道早已”。他的这些专横者必不能持久的思想无疑是保持人的心理平衡的一种方式。心理素质差者，常常性格很好强，但处处、事事又表现很胆小，怕这怕那，看不到自己的力量，这就不符合“道”了，因而总是难以找到心灵的安宁和稳定。老子劝人说：“果而勿骄，果而不得已，果而勿强。”教人们不要逞强、走极端，而要顺着自然的规律走，注意保护自己。这样就不会固执，不会矫揉造作而使自己活得很累。人只要顺着自然的规律去走，走在“大道”上，就会安全、平和、泰然，就会享受人生的乐趣。由于摸索出了天地的规律，摸索出了自己工作的规律，他就会把自己的工作，哪怕是单调而辛苦的工作，当做奉献，从中得到乐趣与安慰。

老子还主张少欲、寡欲，生活俭朴，反对华而不实，反对世人追求眼耳鼻口舌等五官的享受，认为这些会把人诱离“大道”，使人违背“大道”而遭受种种灾难。

老子哲学中还有“无争”“知足”“守静”“贵柔”“处卑”等特点，遵循这些教诲，无疑会为生活在纷繁复杂社会环境下的人的心身健康筑起一道坚固的防线。人们或许会认为这些思想是消极的，会阻碍社会的进步和人的发展，但现代社会日益严重的环境污染问题及人的心理健康问题已充分地说明了那种对物质的过分追求是有悖自然规律的。事实上，人们如果接受老子这些合理的教诲，虽然暂时会有所失，但会因顺从了自古以来不变的“正道”，在经受了这一小小的损失后获得心灵的安宁、幸福和社会的安定、和平。这也就是“吃小亏，占大便宜（保护心身健康）”的含义。有得必有失，有失必有得，人们究竟如何取舍呢？答案是很明显的，但人们往往难以为了获得未来的大收获而暂时舍弃小的损失。所以老子叹息道：“吾言甚易知、甚易行，而天下莫能知、莫能行。”他主张，一个人如果理解了天地的规律就应该勇敢地、坚韧地走上“正道”。

虽然大家对老子的主张认识不同，但从现代医学心理学角度来认识，要在短暂的人生旅途中，特别是人们处于现代化社会变革中，不断提高心理素质，达到心理上的自我感觉适应、充实、满足，就应将“清静无为”的观念植于心中，在清静心灵的引导下，顺应“自然”的规律，根据自身的心理特点和社会环境条件，陶冶情操，坚定信心，完善性格，选择自己的价值目标。

“抱一”“守中”，指按照既定的目标前进，脚踏实地，坚忍不拔，不依赖，不懒惰，努力去做，一定会有好的结果。心理疏导疗法抓住这些积极的原则，并使之融合于自身体系之中，以“清静无为”“无私无欲”为导向，不断提高人们的自我认识能力，使之在学习、工作、人际交往及生活中处处达到“自我满意”（即“成功”的具体表现）的境界。

三、传统医学

我国传统医学浩瀚繁博，古代思想家、医学家在心理治疗方面做出了卓越的贡献。早在两千多年前问世的《黄帝内经》以及东汉《伤寒论》等典籍中都蕴藏着丰厚的医学心理学和心理疗法的学术思想，有很多与心理疗法相关的记载和阐述。西汉有位著名的辞赋家枚乘曾写过一篇《七发》，说楚太子患病，吴容给他治疗，不用“药石针刺灸”，而以“要言妙道”治之，使太子“据几而起，涊然汗出，霍然病已”。《七发》详细地记述了一次心理治疗的全过程，这一疗法相当高明，是一份珍贵的临床资料。

我国古代医学家在心理治疗方面取得了卓越的成就，这些成就为心理疏导疗法的形成，提供了许多启示与引导，成为心理疏导疗法的先导。古人非常强调，在对疾病的诊治过程中，把医患双方的精神状态作为整个医疗工作的一部分，并认为对任何疾病的治疗工作都应与心理治疗相结合，十分重视耐心解释和说服，争取患者的合作与信任。如《内经·素问·五脏别论篇》说：“恶于针石者，不可与言至巧；病不许治者，病必不治，治之无功矣。”说明了在心理治疗中打消患者顾虑，争取患者配合的重要性。再如《内经·灵枢·师传篇》说：“人之情，莫不恶死而乐生，告之以其败，语之以其善，导之以其所便，开之以其所苦，虽有无道之人，恶有不听者乎！”这已经是比较完整的心理疗法了。从中可以看出，我们的祖先对患者的心理治疗主要从以下四个方面进行：“告之以其败”，指出疾病的危害，引起患者对疾病的注意，使患者对疾病有一个正确的认识及态度；“语之以其善”，告诉患者要与医生配合，只要治疗及时，措施得当，就一定可以治愈，以增强患者战胜疾病的信心；“导之以其所便”，劝导患者安心进行调养，指出治疗的具体措施；“开之以其所苦”，解除患者的畏难情绪以及恐惧和消极的心理。借鉴这些内容，发展为现代心理疏导疗法的指导思想：调动患者的能动性，主动、积极、顽强地同疾病作斗争。古人的“恬淡虚无，真气从之，精神内守，病安从来”成为心理疏导疗法中“开导患者宽容处世，正确对待矛盾，保持乐观、轻松的性格与情绪”这一思想的重要来源。古人云:“习以治惊。经曰:惊者卒(猝)然临之,使之习见习闻,则不惊矣!”例如,《儒门事亲》中张子和治疗卫德新之妻的个案报告说:“卫德新之妻,旅中宿于楼上,夜值盗劫,烧舍,惊堕床下,自后每闻有声响,则惊倒不知人,家人辈蹑足而行,莫敢冒触以声,岁月不痊。医作心病治之,人参珍珠及定志丸,皆无效。戴人见之而断之曰:‘惊者多阳,从外而入也。恐者,自知也。足下阳肝经属木,胆者,敢也,惊则胆伤矣。’乃命二侍女,执其两手于高椅之上,当面前下,置一小几。戴人曰:‘娘子,当视此。’一木击之,其妇大惊。戴人曰:‘我以木击,何以惊乎。’向少定,击之,惊少缓,又斯须,连击三五次。又以杖击门,又暗遣人击背后之窗。徐徐惊定而笑曰:‘是何治法?’戴人曰:‘《内经》云惊者平之。平者常也,平常见之必无惊。’是夜使人击其门窗,自夕达曙。夫惊者,神上越也,从上击几,使之下视,所以收神,一、二日,虽闻雷亦不惊。”这些理论和方法,被心理疏导疗法所吸收,就提出了在治疗过程中要求患者认识与实践同步,强调实践的重要性的思想。

所有这一切,都说明了心理疏导疗法是在继承祖国医学珍贵遗产的基础上发展起来的。祖国医学的源远流长,为心理疏导疗法的形成与发展奠定了坚实的基础。

第二节　信息论与心理疏导疗法

一、信息与心理疏导治疗

人类对信息的利用从古代就开始了,我国几千年前的烽火台用烽火报警,就是用烽火传递信息。但这并不意味着信息概念的产生,当然更不等于了解了信息的本质。实际上古代的人们根本不知道什么是信息,人类对信息的认识很晚。20世纪以来,从电话、电视、无线电通信到电子计算机,反映了人类认识和利用信息的基本过程。1948年,美国数学家申农(C. E. Shawnon)的《通信的数学理论》一文发表,标志着信息论作为一门学科的诞生。

什么是信息呢?美国科学家维纳(N. Wiener)说:“信息是人们适应外部世界(自然、社会环境),并且使这种适应在作用于外部世界过程中,同外部世界进行交换的内容的名称。”通俗地说,它是我们不知道的及不完全清楚的(事物)情况。如我们知道了一个预先并不知道或不能肯定的事件时,我们就得到了信息。信息论是研究信息的特点、性质和质量的方法,是研究信息的获得、传输、贮存和交换的一般规律的科学。人类获取信息、利用信息是认识世界和改造世界的根本途径和手段。同样,获取和利用信息是认识、诊断和治疗心理障碍的根本途径和手段,用信息论的原理来阐明心理疏导治疗过程的心理转化活动,是非常科学和切合实际的。从最基本的方面说,既然信息具有知识的属性,那么一切客体都是可知的;既然信息可以脱离物质而被摄取和利用，那么，人们的心理活动状态和规律都可以被认识和把握。这就是信息论和心理疏导疗法的基本关系。因此，信息论自然成为心理疏导疗法的理论基础之一，它大大提高了心理疏导疗法的功能。心理疏导治疗就是通过信息来改变人的认识过程，从而获得心理改善，它不是消极的、被动的、简单的、抽象的信息输入，而是一个积极的、能动的过程，是由“不知”到“知”，由“不能适应”到“能适应”的过程。它的目的是提高患者自我认识的能力，以更好地适应和改造外部世界。

人的心理活动是一个多层次、多侧面、错综复杂的运动过程。心理活动的主体是有血有肉有大脑的活生生的人，是能够适应各种环境群体、与周围世界协调相处的人，是善于认识世界、改造世界的人。过去，人们对心理活动的理解一般是以心理学、神经生理学、哲学、语言学等学科的研究成果为主要依据。现代科学把心理活动看作一个信息交流、加工、变换的系统过程，不仅有助于人们理解心理活动的物理、化学、生物本质，而且有助于理解心理活动的社会本质。

用信息论的方法可以揭露人们心理活动的过程。人之所以能够保持心理活动的内在稳定性，是由于大脑具有取得、贮存、使用和传递信息的功能。人的心理活动基于 1 000 多亿个神经细胞的活动。大脑神经细胞的活动特点是兴奋和抑制。它以脉冲电的形式将外界获得的信息进行加工处理的传递。大脑皮层和皮层下结构之间神经冲动流的持续和反复，造成重复放电和一定的生理紧张，从而保证了传入、传出信息的互相消长，通过频繁的联系，使下丘脑垂体系统支撑着内环境的稳定状态，而边缘中脑交感神经系统则负责对外界环境适应的调整。

人这样一个生命有机体中的任何一个局部系统都可以看作是一个子系统。一旦机体出现心理、生理病态，那么一定是机体中某一局部系统（子系统）偏离了稳定状态，表明它的有序性、复杂性发生了某种程度的变化。运用信息方法可以对机体的这种有序性、复杂性进行定量的分析描述，判断各个系统的稳定程度，判断各个系统的变化趋势是巩固、激活，还是瓦解、衰落。现在已经知道几百种分子病是由于信息代码错乱所致，如脱氧核糖核酸（DNA）模板的错误，产生不具备正常功能的蛋白质，就会形成癌细胞。人体心理、生理、病理一系列生物化学变化，不仅意味着分子结构的变化和能量的变化，而且意味着信息的变化和对信息量的调节和控制。把信息方法引入心理疏导疗法，可以揭示出人们心理、生理、病理的转化关系，找出某一环节上发生的问题，采取相应措施加以疏通、调节，使机体心理、生理转化，从而维持有目的的正常的运动。

整个心理疏导过程中的心理活动都是建立在“高级神经系统的兴奋”的生理基础上。个体的感觉器官接受来自周围的相应信息，神经系统是信息传递（输入和输出）系统，而大脑（高级神经中枢）则是人的信息处理和贮存器官，引起兴奋的刺激作为一种信号作用于大脑。人的大脑神经细胞的功能是有限度的，超强度的紧张，或互相矛盾的、不规则的、单调的、威胁性的信息（包括外部的和内部的）频频刺激，使神经细胞难以应付的时候，大脑皮层就会出现抑制与兴奋不协调，使大脑皮层活动(高级神经活动也就是心理活动)失去平衡。现代免疫学的研究已经肯定，威胁性紧张信息和不良情绪会通过下丘脑及由它控制的内分泌激素影响免疫功能，降低机体对病毒、病菌或过敏源的抵抗力而导致各种心身疾病。如果免疫系统对信息缺乏精确的识别能力，还会导致敌我不分，攻击自身组织，一些心身杂症以及自身免疫疾病就产生了。因此，对这类患者，只有进行心理治疗，改变他们的心理状态，才能帮助他们从疾病的痛苦中解脱出来，恢复身心健康。在心理疏导系统中引入信息论原理，在治疗中传递、处理、变换信息，消除认知的不正确性，改变不知或知之甚少的状态，从而获得新的认知，可以达到很好的治疗效果。医患之间利用信息传递，进行诊疗，体现了信息论在心理疏导系统中的基本范畴和特点。

二、心理疏导中的信息加工

在心理疏导过程中的心理活动都是信息活动，可归结为信息输入和信息反馈过程。医生与患者之间相互信息输出、传递、转换、加工并接受和贮存。不同心理障碍的治疗方式都可以改变这些信息活动。这种信息活动的共同规律就是心理疏导过程的心理结构的动力基础，整个疏导治疗过程的疗效，是由心理、生理、病理三种变量与疗前、疗中、疗后三种信息变量互相转化所组成。下图为以信息论观点提出的心理疏导过程中心理结构信息变量模式图解。

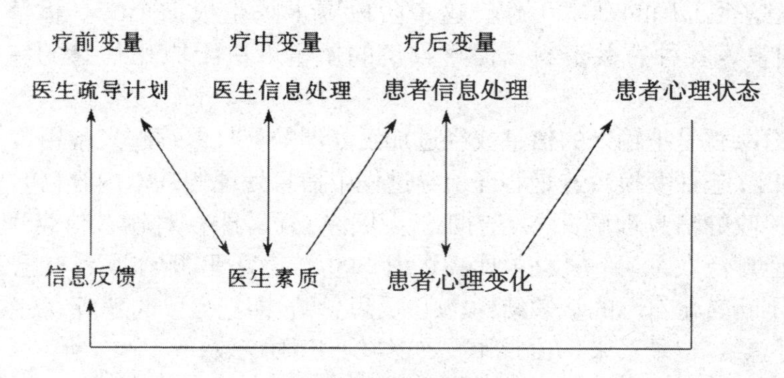

信息变量模式图解

疏导治疗前、中、后心理转化是由一个复合过程的变量所组成，整个疏导过程是一种信息活动的过程，这说明医患双方所接受的信息不是和对方输出时的信息完全一样。作为医生，为完成疏导任务，促进对方心理转化，必须研究来自对方的心理活动反馈信息，以便对此能有效地控制。

在心理疏导信息活动中，包含着各种错综复杂的相互作用：一方面是医生的信息处理和治疗行为的相互作用，另一方面是患者信息处理和其行为、心理行为的转变的相互作用。医患两个系统之间时刻发生着相互作用。这种错综复杂的相互作用表现在信息反馈活动中，主要是医患双方已储存的信息对输出和输入的信息加以影响，这是非常活跃的活动。医患都是信息源，又都是接收器，医患的行为既是反馈（反应），又是信息。患者在每次疏导后将输入的信息加工处理（理解、联系、转化、反思），转换后的心理状态以一定的形式表现出来（反馈）。患者的收效既受医生输出信息所控制，又被其本身的自我联系及能动作用所制约。医生也是如此，每次疗前了解患者的信息反馈，制约着本次疏导过程中信息处理和行为，同时又受患者信息输入处理情况所制约。

信息的内容是广泛的，类型是多样的。计算程序是技术信息，遗传密码是生物信息，语言文字是社会信息，等等。心理疏导治疗主要利用的是社会信息。信息分析在心理疏导过程中，决定疏导的正误与成败。没有及时、准确、足够的信息，不可能发现心理问题，不可能确定目标，不可能提出正确方案，不可能进行科学的决策。可以把心理疏导过程简化为一个信息流程图，如下图所示。

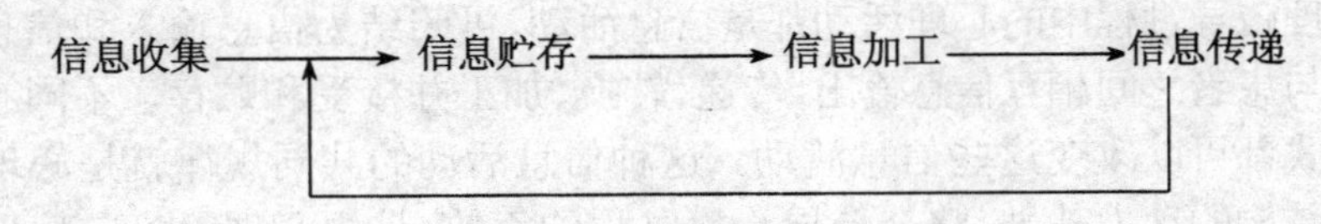

心理疏导信息流程图

信息收集：在心理疏导过程的开始，必须首先做好有关原始信息的收集，这是事关疏导决策是否正确的基本工作。这个阶段要求医生根据个案具体情况收集心理—社会因素等各种有关资料。信息收集的质量取决于原始信息的完备性和真实性。

信息贮存：就是把输入的信息或经过加工处理的信息保存起来备用。

信息加工（包括变换）：这是心理疏导过程中信息处理的基本内容，包括：① 理解内容，即把接收的信息理解深入、透彻。② 联系自己，即在对输入信息理解的基础上，结合自己广泛联系，举一反三，提高认识。③ 转化处理，即在联系自己的过程中，深化认识，不断转化自己的认知结构。④ 反思总结，即把自己的理解、联系及认识转化过程进行总结，记录下来，巩固新的认知结构，巩固疗效。

信息传递：要求及时、准确地把经过加工整理的信息进行传递，使信息得到有效的使用。为此，必须保持信息通道的畅通，否则就会贻误时机，造成不必要的损失。

信息载体：信息必须通过一定的载体才能表现和传递出来。心理疏导治疗实际上是一个信息传递的过程。医生通过语言把信息传递给患者，是治疗过程中传递信息的第一渠道。录像、幻灯、图片、模型等是第二渠道。心理疏导治疗中语言文字是初级载体，声、光等是次级载体。

在心理疏导过程中，任何“噪音”都是信息的反常现象，如下图所示。

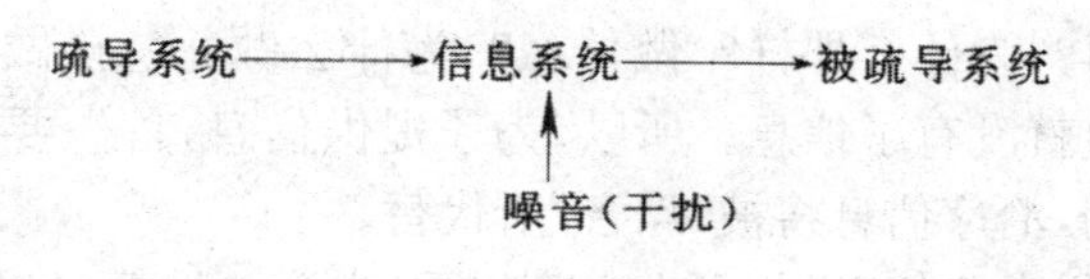

信息干扰示意图

在疏导过程的信息交换(如交谈、讲座、指导实践等)活动中,都可以发现存在着大量的无用“噪音”,如当时不需要的多余的输入、艰深的论证、无用的知识、环境的杂乱等。只有消除这些“噪音”才能提高疏导的质量和效果。这就必须创造条件,保证医患双方具有良好的心理状态,促进两者之间互相了解、融洽和信任。

信息量相等的信息其意义(含义)有可能完全不同,这就是信息的语义问题。例如“嗯”的声音发出,在音调上的变化,可导致含义的不同,当音调为阳平(第二声)时,“嗯,不允许!”就带有否定的含义;当音调为去声(第四声)时,“嗯,对。”就带有肯定的含义。而且这里还存在着不同的信息语义能否被信息接受者所理解以及理解到何种程度的问题,也就是信息发送者和接受者双方的信息定量问题。

信息的效用——价值问题,是另一个重要问题。在实际使用中,信息的加工处理会增加信息的使用价值,使信息对信息使用者更为有用。同样的内容和价值的信息对不同的对象,由于心理状态不同、环境不同,其效果可能不同。

在正常情况下,各系统之间信息传输系统具有足够的可靠性,使得发送端(疏导系统)发出的信息能准确无误地一一被接收端(被疏导系统)所接受。可是,如果通道中发生干扰,即威胁性心理—社会紧张刺激因素增大,也就是心理、生理向病理转化的内外因素增大,就会使心理疏导正常状态受到破坏,使疏导系统即信息源发出的信息和在通道内的传递信息发生畸变或丢失。如出现错觉或思想分散,使接收端收不到对应的准确信息,那么就影响心理疏导系统的信息联系,系统的稳定性就会受到破坏,从而给治疗造成障碍。

心理疏导系统中的信息(主要是消息信息和指令信息)将消除信息接收者状态的不稳定性和不确定性(即某些尚不知道的可能后果和状态)。

人与环境的相互作用是通过人脑把消息信息加工为指令信息并进行传递而实现的。消息(表示信息的信号或符号,一般理解为信息载体)信息是指通过听讲、阅读、观察、实践、提炼得到的信息。指令信息是指对于疏导问题的解答和实践指导相统一的疏导过程中,必须包含的一切基本成分。鉴于信息在心理转化方面的重要意义,医生在治疗中要重视消息信息,重视疏导任务和疏导目的的不确定性。通过每个疏导环节和疏导过程的具体化和现实化,通过信息传输,在消除了一种不确定性后,还会产生新的不确定性。在心理疏导过程的理论阶段,患者的不确定性表现在如下问题上:疏导的实质是什么?其成分是什么?各部分之间的相互联系怎样?在实践中怎样利用?在心理疏导过程的实践阶段,患者的不确定性主要表现在如下问题上：这是怎么回事？为什么那样？做什么？为什么做？怎样做？结果怎样？如果没有了不确定性，也就没有了信息。所以，为了提供信息，首先要创造不确定性引起患者的注意力，否则，治疗信息将被“噪音”所代替。

心理疏导的结构十分复杂，性质与规律尚不能简单地概括，因为它不是一个医生在每次治疗中事先将准备好的疏导计划及内容原封不动、刻板地输出给对方，而是根据对方随时的心理变化，灵活应变。由于心理变化太复杂，不可能每个患者在疏导治疗系统中都能达到认识与实践同步，取得“最优化”的效果。因此，必须保证医患之间信息的畅通，医生随时接受来自对方的反馈，注意患者的各种反应，并根据反馈信息在治疗目标范围内随机应变，修正完善疏导计划和操作方法，调整自己信息输出的有效性，不断地进行个别辅导，见微知著，矫病扶正。

总而言之，心理疏导治疗系统通过相互交换信息，促使患者心理活动发生变化，并学会正确理解和掌握心理病理活动规律。信息循环的主要过程是：① 患者把信息传递给医生。② 医生分析处理这些信息，得出明确的诊断和治疗系统的参数信息，制定治疗计划、方法和步骤，向患者输出治疗信息。③ 患者向医生反馈出信息。④ 医生又利用反馈等观察手段获取治疗效果信息，控制下一步的信息输出。如此反复，直到击中患者心理阻塞的中心目标，使患者逐步痊愈。

第三节　系统论与心理疏导疗法

一、系统论与心理疏导治疗

古希腊哲学家亚里士多德关于“整体大于它的各部分的总和”的论述和中国古代的五行说都可以看做是世界上最早的系统论思想。但系统论作为一门科学则直到 1947 年才由美籍奥地利生物学家贝塔朗菲（L. V. on Bartalanffy）所创立。他认为，系统是“处在一定相互联系中与环境发生关系的各组成部分的整体”。这个定义至少包含了以下三方面内容：① 系统是由相互联系、相互作用的若干组成部分结合而成的整体；② 系统具有其各组成部分的孤立状态所不具有的整体功能；③ 系统总是同一定的环境发生联系。系统论将每一个过程和对象都看成一个系统，而这一系统又与它的环境构成一个统一体。系统是由许多子系统组成的多层次结构，子系统又由更小的子系统组成；每个子系统都有一定的功能，但整个系统的功能不是各个子系统功能的简单相加，而是具有与子系统密切相关的特殊功能。总之，系统论的基本思想是把任何对象都当成系统看待，认为它是由各个部分组成并相互联系、相互制约，向统一的目标运动的整体。在考察、处理任何事物时，强调整体性，不仅要注意各个部分，更要注意各个部分之间及其与外部环境的关系，以求得系统整体功能的最优化。

现代系统科学理论和方法丰富了心理疏导疗法理论，系统科学方法论所提供的整体性原则、层次性原则、功能性原则、结构性原则、协调性原则、中心化原则、最优化原则等，已成为制订心理疏导治疗计划不可缺少的重要方法原则，它是心理疏导治疗系统中患者心理病理转化的重要桥梁，也是现代心理治疗方法中的一种新工具。

心理疏导疗法着眼于人的心理生理病理的本质的研究，强调心理生理因素的相互关系，注重这些因素与人们所处的环境条件和变化之间的关系，揭示心理—社会因素致病的过程，把握疾病发生发展的原因、机制和规律，为防治心理障碍提供了新的科学的途径。研究、解决十分复杂的心理病理（疾病过程）和心理生理（正常心理）互为因果的关系，必须应用系统科学，特别是巨系统的理论、心理和系统工程的方法，才能防止偏颇，保证心理疏导系统治疗计划、操作实施过程中的有效性并达到预期的目的。

作为一个有机体，人的生命过程表现为多种矛盾的对立统一。机体在正常应激条件下的不断转化，神经、内分泌的不断调整，免疫和代谢功能的不断更新，心理、生理的病理因素不断被克服，这就是人们心身健康的正常生命过程。但是，当人体受到不能适应的外界条件的作用，即处于非常应激状态，神经、内分泌、免疫和代谢功能的调节作用发生障碍时，就会由心理、生理的正常状态向病理状态转化，导致心理障碍。也就是说，心理障碍的发生是心理、生理系统在外界条件作用下，系统工作发生障碍。尽管各种心理障碍表现各异，可能是某一局部的病理反映，但是对它们的治疗都应从整个系统出发，不仅要考察其心理、生理的系统状态，还要把它纳入外界环境这一更大的系统之中去追究病因，寻找治疗方法。

心理疏导疗法就是基于系统论思想，通过大量的临床实践，归纳总结出的一整套以心理障碍为主的治疗方法。它从整体出发，始终着眼于整体与部分、心理与躯体、机体与环境、生理与病理等的相互作用，综合性地进行心理疏导，以达到提高人们的心理素质，调节心理、生理、病理系统各环节间的关系，改善系统性能，恢复心理、生理功能，保障心身健康的目的。

二、心理疏导与疏导治疗系统

心理疏导疗法包括两个系统：一是心理疏导系统，一是心理疏导治疗系统。心理疏导系统具有心理咨询的含义，通过心理疏导指明方向，给予知识，促进人们心理素质的提高，增强适应环境的能力，达到预防心身疾病、精神疾病的最佳目的，保障心身健康。心理疏导治疗系统则具有心理治疗的含义，以研究心理障碍的发生发展与终止为目的，促使病理心理向生理心理转化。心理疏导系统与心理疏导治疗系统在具体的实施中有时是很难分开的。心理疏导系统是心理疏导治疗系统的根本方式，它包含的范围较为广泛，着重预防，心理疏导治疗系统则着重治疗。

心理疏导治疗系统由医生、信息和患者三要素构成统一的整体，始终把患者的康复作为最终目的。它从实际出发，用全面发展和互相联系的观点，去分析患者的心理、生理、病理的固有特点，使之具体化、精确化，并找出疾病发生发展的规律性。心理疏导治疗系统以医生为主导，对患者的心理症结或心理、生理、病理施加积极的影响。医生的信息使患者对自身的心理、生理、病理过程有所认识。接着由患者向医生如实地反馈自身的感受，使医生进一步了解患者的心理、生理、病理系统的状态，寻找更确切的治疗信息。如此反复，使治疗系统不断深化，使医生和患者对患者的心理、生理、病理的认识渐趋丰富、完善和一致，最终纠正患者的心理偏差，调整患者的心理、生理系统，使患者心身活动正常运行，从而达到痊愈。

建立心理疏导治疗系统的关键在于使系统处于医生控制驾驭之下，使系统的特性指标促进患者的心理、生理状态朝着良性的方向发展变化。因此，这一系统必须是一个组织化程度很高的可控制、可观测的稳定系统。

人的机体（正常机体）本来具有最高的组织化程度，心理障碍是这种高度的组织化程度下降即组织化受到不同程度破坏的结果。心理疏导治疗系统就是将患者的心理、生理加以调整、改善，使之从无序到有序，重新恢复到最高的组织化程度。心理疏导治疗系统具有修复的功能，它利用人的认识功能和自适应功能使某个环节（某个子系统）的品质因素（素质）得到提高。

心理疏导治疗系统的主导者（医生）要善于调动患者的治疗能动性，使患者自觉、主动地接受疏导和治疗。医生要善于把患者引向新的认识境界，像磁石一样牢牢地吸引住患者的注意力，使患者的思维活动和情绪同医生的疏导交融在一起，使医生的语言等信息最大限度地溶解在患者思维中，使患者一步一步攀向与疾病斗争的高峰。总之，在整个治疗过程中使患者与医生处于高度的一致状态，是心理疏导治疗系统成功的一个关键。

心理疏导治疗系统的基本特征如下：

1. 整体性

心理疏导系统的整体性是指组成心理疏导系统的各单元（子系统）不是孤立的，而是相互密切联系的。反映系统是心理疏导系统的开端，又称为输入系统，没有它，患者不能获得疏导信息，谈不上能动性的调动和心理的转化。控制系统又称输出系统，没有它，医生不能准确地接受反馈信息。反馈系统是控制的依据，没有它，医患双方便不能有效地控制来自对方的精确信息。上述三者虽有各自的功能，却又具有相互联系的整体功能。三者的有机结合构成心理疏导系统的整体性。

在临床疏导治疗中，整体性还包括意识到患者心理、生理、病理之间，心理、生理、病理与环境之间的普遍联系，即统一性。只有始终把疏导对象看作相互联系的整体，才能高瞻远瞩，更加准确地剖析疾病的实质，从而获得有针对性的治疗方法。分析致病的各种因素以及它们之间的关系，这是认识疾病的根本方法。由于心理—社会因素不同，个体的特异性和心理状态不同，个体的适应能力和主观评价不同，所以即使造成疾病的因素相同，也会出现心理、生理、病理的差异。只有从整体出发认识疾病，并着眼于疾病发生发展过程的普遍联系，才能清晰地发现这种差异。心理疏导疗法本身的一个显著特点就是，它是多学科相互渗透的产物，是一种整体化的方法。

2. 可观测性

心理疏导治疗系统的可观测性是指系统在工作一段时间后，能在它的输出上观察到对象的状态，这是系统可行的必要条件。人类的心理活动是复杂的，但可以从语言和行为上表现出来，而心理障碍者却由于种种原因不愿表露。这种情况得不到克服，就会影响心理疏导治疗系统的功能。信息收集工作是心理疏导治疗系统的观测手段，必须做好信息收集工作。通过信息收集不仅要了解疾病的表面症状，还要了解隐藏在内部的心理状态，不仅要了解疾病的普遍规律，还要了解疾病的特殊情况。这绝不是一件容易的事，但又是完全可以做到的。这里的关键是取得患者的信任。只有信任医生，患者才会说出自己的真实情况，改善和推动治疗系统的工作。

3. 可控制性

心理疏导治疗系统的可控制性表现在系统在疏导控制下能够达到预期的状态。在心理疏导治疗系统中，为了提高可控制性，要从两方面入手，一是改善患者环节的功能，二是提高医生掌握治疗信息的水平。

在治疗过程中，患者的自信心是确保系统正常运行的重要条件，也就是使心理疏导治疗系统能够受控，从而达到预期状态的重要条件。患者一旦建立了自信心，就具有了良好的心理条件，可更好地调动治疗的积极性。自信心能发动和强化患者治疗的内在动力，使之主动地配合治疗；自信心能够使患者自觉地控制自己的注意力和意志力，密切联系自己的体验，全神贯注地投入治疗；自信心能够使患者在认识和实践中产生欣慰和愉悦的情绪，激发患者抑制精神疲劳和病理症状，自觉地突破阻力和困难。自信心的不断强化和巩固在整个治疗过程中都是十分重要的，特别是在病情出现反复、精神处于逆境时，能帮助患者勇于克服困难、临危不惧。患者的自信心来自医生的疏通得当，引导有力，医生要向患者讲解心理疏导治疗的目的和意义，阐述理论和介绍具体病例。患者自信心的树立也要靠患者对疾病本质认识的深化和对意志的培养、锻炼。

在心理疏导治疗中，处于主导地位的医生起着调节整个系统平衡和进展的作用。医生应该具备丰富的专业知识和临床经验，具备丰富的多学科知识和社会生活经验，具备良好的语言技巧和艺术，以准确、鲜明、生动、深刻的语言打动患者的心，解开患者内心的迷惑。医生还要及时注意患者的反应，灵活地调整语言的内容，达到要言不烦、切中要害。医生也要注意语言的科学性和趣味性，使系统的运行处在一种生动活泼的气氛之中。在治疗信息的选取中，要尽量启发、调动患者的自我思考和发现，使患者在治疗过程中不断产生新的领悟。这种新领悟表示患者的心理状态进入了一个新的高水平境界，也是整个心理疏导治疗系统可控性的具体体现。

4. 目的性

心理疏导治疗系统是具有一定的目的、有输入和输出、有反馈作用的、有序的总体性结构。

心理疏导治疗是一个过程，不是一次能够完成的。疏导过程的各种要素都是根据目的组织起来的。缺乏具体的目的，其他因素就构不成一个活动系统。考察任何问题，如果不能把握它的预期目的，就无法判断它的行为是有序的还是无序的。心理疏导治疗系统的有序性是按照一定的方向的有序，这种方向是由一定的预期目的所支配的。这种方向，不仅取决于医患双方实际的状态，也取决于对未来疏导效果的预测，两者的统一就达到了预期目的。这是心理疏导治疗系统客观存在的特征。

心理、生理、病理的转化是有意识、有计划、有指向的。根据疏导的计划和方法，患者具备了种种输入条件（能力、兴趣、接受态度等），初步获得信息，然后作出信息评价。接着医生和患者互相做出反馈，调整疏导计划、方法和措施，以便逐步达到预期的疏导目标。整个心理疏导治疗过程就是信息输出、接收、处理、贮存、反馈（即指导→认识→实践→调整）不断循环往复的过程。这里显然存在着一个医患之间的相互作用的反馈关系模式。在心理疏导治疗过程中，医患双方都在不断地为患者走向健康的目标展开活动，这种活动是否发挥了预期的作用，治疗目的得到了多大程度的实现，取决于疏导中获取的信息是否得到了正确的理解，以及获取的信息是否失真。正常人具有良好的适应能力、控制能力和抗干扰能力，有一个稳定的心理生理系统，而心理障碍者则不具备这些。因此，心理疏导治疗系统的目的就是提高患者的心理素质，提高患者自我分析、自我控制、自我鼓励、自我禁止、自我监督等能力，指导患者通过自我锻炼提高心理生理系统的稳定性，提高心理应激能力，使之成为一个心身健康的人。

5. 动态性

心理疏导治疗系统具有动态的特性。动态与静态是对立统一的。人作为生命有机体，其保持心身平衡的基础是内部的不断更新和对外界环境的适应，是信息流、能量流、物质流的持续不断的活动与交换。人作为一个组织系统可以表现出相对的稳定态势，但这种稳定态势绝不是静态，稳定态势中包含着运动状态。例如人的心理承受力不是固定在某一点或某条线上，也不是朝夕即变的，在一定条件下，它总是表现出某种趋向性，表现出稳态性特点。但是，这种趋向和稳态又不是一成不变的，它会随着社会环境及心理素质不断提高等变化而变化，因而它具有一种动态的稳定性。

要实现心理疏导治疗系统的总目标，有必要设立若干个中间子目标。对患者来说，必须按部就班、循序渐进地进行疏导和训练，引导患者经过一定的程序，把心理病理兴奋灶的重点和难点逐一了解、掌握和突破，最后实现全面的疏导，达到认识与实践的整体同步。这实际上是一个周而复始的过程，使认识和实践不断深化，巩固心身健康。很显然，这反映了心理疏导治疗系统的动态特性。

心理疏导系统的稳定性表现在它具有良好的反馈回路，使系统面对干扰而能保持稳定。心理疏导治疗中通过多种渠道使反馈回路产生良好的效果。反馈点是患者的心理状态和领悟程度。医生通过细心观察和耐心询问，及时了解病情；患者根据医生的要求书写心得、体验和感受，使医生进一步了解患者内心的症结；医生通过分析、推理和判断，找到更准确、更有效的治疗信息，使整个治疗系统达到平衡。医生对患者讲授自我控制原理，让患者对自己的思想、行为进行有效的反省，使患者自身环节处于一种稳定状态，促进整个治疗系统的效果。心理障碍的治愈体现为患者心理、生理的病理过程终止，成为一个心身健康者。

心理疏导治疗系统对一个患者来说，并不是零碎的简单的“拼盘”，而是有机、复杂的统一体，是灵活的动态系统。心理疏导治疗过程的发展变化，遵循由简单到复杂、由低级到高级的规律。在心理疏导治疗系统的整个过程中，系统与要素、医生与患者、医患与环境、医患与信息等之间都存在作用与反作用的关系。

6. 模糊性

心理疏导系统具有模糊性。1965 年，美国学者扎德发表了《模糊集与系统》，奠定了模糊集的理论基础，这种以研究客观事物差异的中间过渡的“不分明性”现象，即模糊现象（如人的胖瘦）。模糊性寓于万物运动之中。临床心理学和精神病学都是典型的模糊科学。以模糊概念而言，心理疏导系统的每个社会信息都具有模糊性，人的心理活动过程与心理转化过程也都具有模糊性。由于人们的心理活动及生理病理相互转化过程中明显的中介过渡等状况尚不能全面地、精确地反映客观，这就常使人们对心理疏导系统的认识的模糊性与不确定性大于客观模糊性；又由于人类具有自己的伦理、道德、情操、传统观念等，使得疏导领域的模糊性变得更为复杂。

心理疏导系统与治疗系统都体现了客观的模糊性。每个心理疏导过程局限于模糊认识状态，心理疏导过程也许会使这些模糊现象明了起来，也许会使某一层次变得清晰，而在更深的层次上仍处于混沌不清之中。既然一切矛盾的过程都存在着量变到质变的过程，当质变尚未完成时，物质的属性就是模糊的。质变完成，旧的模糊性解决，新的模糊性又开始了，整个疏导治疗过程就是在模糊与清晰的矛盾变化之中完成的。

7. 最优化

最优化是根据需要和可能，为系统定量地确定出最优目标，并运用最新的技术手段和处理方法，把整个系统分成不同的等级和层次结构，在动态中协调整体和部分的关系，使系统部分的功能和目标服从系统整体的功能和目标，以达到总体最优。

心理疏导系统的目标是达到最优化，也就是在该系统的具体措施和患者的具体条件下，达到有针对性的最好的效果，并且这种最优化和最佳效果必须能够经受实践的检验。

每个患者的具体情况和条件是千差万别的，因此，必须把心理疏导疗法的一般原则具体运用于不同患者的不同情况和条件中去，才能使患者的心理、生理、病理发生转化，取得预期的治疗效果，并尽可能达到最优化的境界。能够因人而异、灵活地运用心理疏导的一般原则是一种创造，也是能否达到最优化的基本条件之一。

在心理疏导治疗过程中切忌程式化。所谓程式化就是不考虑患者的具体情况和条件，墨守成规、因循守旧、因袭模仿、生搬硬套、没有主动性和洞察力，不能对个案得出整体认识和独特见解，这样的程式化会使心理疏导疗法凝固僵化，丧失生命力。每个人的心理活动都离不开他自己的历史和社会环境，因此，抛开具体的历史和社会背景就无法确定和判定疏导措施的优劣。例如有两个患者，一个文化水平较低，一个文化水平较高。前者虽然难以系统地了解道理，但知道一点就能做一点，这样就会取得疗效。医生应帮助他一点一点地了解，引导他一点一点地去做，重点应放在启发了解上。后者虽然道理了解很多，但不能付诸实践，疗效就差，医生就应把重点放在引导他进行实践上。因此，心理疏导治疗系统能否达到最优化，对于医生来说，取决于治疗方法是否得当、疏导结构是否合理、评价标准是否科学等。总之，取决于整个疏导过程是否辩证。

第四节　控制论与心理疏导疗法

一、控制论与心理疏导治疗

我国古代的指南车和古希腊的掌舵术可以看做是控制论的萌芽。然而控制论作为一门崭新的广泛运用的边缘学科则是近代的事。1948 年，维纳（N. Wiener）出版了《控制论》一书，称控制论是“关于在动物和机器中控制和通讯的科学”。控制论是自动化、电子、通讯理论、生物学及医学、现代计算机技术、仿生学、经济管理学等多种学科蓬勃发展、互相渗透的产物，它研究各种控制系统的控制规律。控制论是现代计算机工业的理论基础，它主要研究人类思维及生物活动与机器控制过程中的数学关系，发现人类思维和机器控制之间有哪些共同规律，以便使用机器取代。

人的中枢神经系统就是一个最复杂、最完善的控制系统。人之所以能保持心身平衡协调，就是因为内外信息不断向中枢神经系统发出一连串的冲动而能得到控制。无论是机器、生物、人类和社会，尽管属于不同的系统，但都要根据周围环境的变化来调整自己的运动。心理活动的多样性与物质形态相统一的原理，是控制论的心身活动的依据。

生物学家很早就注意到生物机体在受到外界强烈刺激后，为维持心身内部平衡而产生的各种生理反应现象，如血管的扩张与收缩、心率的加快与减慢、肌肉的颤抖、呼吸血压及脉搏的改变等，所有这些统称为“守恒系统”，是机体在环境因素作用下维持心身内部平衡的能力。守恒是变异的对立面，它决不表示静止。一种守恒的维持，实际上是许多方向相反的内部运动得到平衡的总过程。因此，当人们受到威胁性紧张刺激因素时，保持情绪的稳定至关重要。如果在环境剧烈扰动冲击下，不能自我调节而失去心理平衡，就会出现心理障碍甚至走向崩溃。所以，用控制论观点研究守恒系统是心理疏导疗法的重要理论基础之一。

一切控制系统的基本特点是信息变换和信息反馈。把这些共性抽象出来，加以形式化的研究，便形成了一整套适用于各门学科的共同语言、概念、模型和方法，这就是控制论的内容。

把控制论的原理引用到心理治疗中来，探索心理治疗的规律，是提高心理治疗基础理论和临床医疗质量的重要途径。多年来我们根据控制论原理，对心理障碍（包括各种心身疾病和某些精神疾病）进行心理疏导治疗，不仅在理论上得到充实和完善，在治疗方法上也开辟了新的途径，增加了新的内容，使临床实践中的医疗质量和效果都有显著提高。根据对两万余例病例的观察、随访和部分疗效鉴定表明，达到了“以最少信息，实现最优控制，取得满意治疗效果”的控制原则，特别是在对以往临床上认为最不易治愈的强迫症、恐怖症等的治疗上也取得了满意的效果。

把控制论应用于心理疏导疗法，主要是侧重于信息分析、调节过程和根据系统行为或功能的性质，把机体和社会性质不同的系统的共同特征，如“信息交流”“定向控制”“反馈调节”“自组织”“自适应”等共同现象进行形式化研究，使之适用于心理疏导疗法的语言、概念、模式和方法，由此来研究和阐述人的心理—社会系统的复杂现象。整个治疗过程就是通过对周围环境和人体本身种种信息的获得、传递和转换处理，达到改善患者心理状态的过程。对患者来说，主要是认识、实践过程，对医生来说，主要是指导认识、实践过程，同时也是对患者心理规律再认识、再实践的过程。疏导过程也就是医生头脑中的认识（贮存状态的认识信息），通过传输（传输状态的治疗信息），成为患者的认识（贮存状态的认识信息），在患者头脑中起作用，然后反馈出来作为医生下次调控治疗的依据，达到认知结构不断优化，从而获得疗效。在已经制订治疗方案的条件下，依靠疏导治疗反馈的作用，可以实现最优的调控，获得最大的治疗效果（具体参见第一章心理疏导及治疗程序示意图）。

二、控制论在心理疏导疗法中的应用

1. 信息交换

（1）心理疏导疗法通过向患者输入语言信息，使患者的心理病理向心理生理转化，使久治无效的心理障碍霍然而愈。在心理疏导疗法实施过程中，对患者信息的收集开始形成感性认识，在感性认识的基础上，把所获得的信息，经过思考、分析，加以去粗取精、去伪存真、由此及彼、由表及里的改造，形成概念、推理、判断，得出较为正确的信息，这就是理性认识。理性认识形成系统信息，疏导过程就是传递系统信息的过程。

人的神经系统、心理活动都是控制系统。心理疏导疗法就是以机体控制系统作为对象，通过输入语言信息，改善患者机体的控制功能，而不是通过输入能量来改变患者机体的组织形态。医生的临床经验和认识能力以及对患者咨询所获得的信息，是一种信息组合，是一种信息的贮存状态，在治疗过程中要通过医生的语言变换成信息的传输状态而输出。医生必须根据每个患者的特点，从总体最优角度出发，重新组织好各种信息，以便输出。这些语言对医生来说必须是已知的、能够输出的，即必须是表达清楚的；对患者来说，则应该是未知的或知之不多、不甚明确的，同时又是可以输入的，即可以接受的。

心理疏导治疗要解决的主要问题就是信息变换问题。因此，对患者治疗效果的高低，在很大程度上取决于医生的治疗技巧和治疗方法。在心理疏导治疗中，信息的变换不同于简单的电码和文字的变换。语言的艺术性、灵活性、科学性，是心理疏导疗法中一种创造性的劳动。作为治疗系统主导环节的医生，具有渊博的知识、高超的技能、丰富的临床经验以及分析处理反馈信息、综合提炼有效信息的能力是至关重要的。

(2) 心理疏导治疗主要以语言为中介。语言通过声音的传导直接诉诸听觉，而不是传递于视觉。而在临床上，患者接受疏导治疗都是从具体形象开始的，所以，医生应使自己的语言尽量符合形象思维，即有鲜明的形象性，架设从感性到理性的桥梁。既然患者主要通过听觉、视觉等感官来接受医生传来的信息，因此，把直观性原则体现到疏导中，努力使疏导语言造成视觉效应，这样取得的效果将是最好的。视觉效应是通过患者的评价和联想等心理活动来实现的。因此，要取得视觉效应就在于医生的语言能唤起患者形象的思维活动，造成调动患者特殊的经历体验和形象贮存的契机，化闻为见，形成可思、可见的形象。这种疏导语言产生的视觉效应，不仅有助于患者完成从感情接受到理性把握的过渡，也有利于巩固患者对疏导内容的记忆。

眼睛是人最重要的感觉器官。从外部进入人脑的信息 90%以上来自眼睛。据统计，就最高的注意力集中率来说，听觉只有 54.6%，而视觉则达到 81.7%。所以在心理疏导中，医生有时也可以不用语言，而以姿态、表情和手势等，即非语言信息，来传递信息。人的手可以做出近两百种表达不同意思的动作，人的姿势也是千姿百态，人的面部表情特别是眼睛表现力更为高超。在心理疏导治疗中，医生在很多场合可以不用嘴讲话，而是用姿势、手势、表情三者的不同搭配组合传递信息。由于人们非语言表现手段、表现力丰富多彩，医生必须做到语言信息和非语言信息的统一，使两者内容一致，并密切配合。

在临床心理疏导治疗过程中，单一形式的信息传输不如综合形式的信息传输效果好，不论是个别治疗还是集体治疗，都要该说的说，该写的写，辅以姿态、手势和表情，用模型、图表、照片、实物等进行配合，还要尽量采用典型病例进行示范、启发。这种综合形式的信息传输，不仅可以使患者容易接收理解，而且还能使他们留下较深刻的印象，进而联系自身情况，自觉进行矫正，产生最佳效应。俗话说，“百闻不如一见，一见不如实践”。医生疏导一遍，使患者连成一线，聚精会神，多动脑筋，联系自身，分析问题，提高解决心理矛盾的能力。这个过程实际上是患者对信息的接受过程和贮存过程。有时还需要引导患者经过多次反复实践、斗争，才能改变其顽固的心理偏见，改善其对外界信息的变换能力，完成治疗过程。

（3）治疗过程的调控。在治疗过程中，虽然患者的输入信息主要由医生的输出信息来决定，但治疗效果究竟如何不是由医生输出信息的多少来判定，而是由患者的有效信息输入多少决定的。总的来说，疏导治疗的效果取决于对治疗过程的调控程度，调控得好，患者的有效信息输入多，结合运用自如，治疗能动性强，效果就好；反之，效果就差。

在治疗过程中，只有使医生、信息、患者三者都处于动态的治疗平衡之中，始终保持信息流的畅通，才能使患者的有效输入信息大幅度增加。所谓心理疏导治疗过程的治疗平衡，就是要求医生和患者必须处于同步调、同时态，即医生全心全意为患者，患者一心一意争取治疗成功，而且两者同一认识、同一进度。只有这样才会有好的治疗效果。如果失去平衡就会影响治疗效果，就需要进行调整，以保持平衡。进行调整、保持平衡就是要排除各种干扰。来自系统内部的干扰为内干扰，如医生或患者的某种心理状态造成的精力不集中、医生逻辑混乱和谈话杂乱无章、患者因治疗时间过长或治疗内容刻板单调所造成的精神疲劳等；来自系统外部的干扰称为外干扰，如治疗环境的噪音等。这些干扰都会妨碍患者信息的接受和贮存，必须加以排除。

（4）在心理疏导治疗过程中，信息变换会出现滞后现象，即跳跃性、波动性、反复性。这种效应在信息流、能量流、物质流中都是存在的。患者病理心理现象可比作一股被阻塞的水流，从阻塞到疏通再到流动需要一定的时间。而滞后现象会带来治疗过程调节中的震荡性。凡事都有一个度，震荡性也是如此，震荡过度不仅会影响整个心理生理控制系统及心理疏导守恒系统最佳整体效益的发挥，而且也会导致或加重生理与心理障碍。患者心理病理的信息变换调节活动，要根据每个患者的具体情况保持一定的标准量和随机的变换速度，但滞后是难以避免的。所以要将患者接受信息的贮存量始终在标准量上下震荡，尽量保持大体的吻合，即尽量保持患者情绪的稳定状态。医生和患者分析系统动态时，要很好地掌握治疗过程信息变换的时间。例如对强迫症和恐怖症患者的治疗要逐步提高实践的难度，使治疗系统将信息变换情况按患者需要的方向调整，就不会出现情绪大起大落的不稳定震荡现象。治疗系统的动态行为是一种生长、相持、消亡的过程，它是生理与病理之间、心理与环境之间、认识与实践之间互相制约互相斗争的结果。利用系统动态研究方法，可以更加深刻地认识心理疏导治疗系统的总体性和复杂性，加深对其特征和动态趋势的理解。它可以用来分析治疗系统，也可以在治疗中制定重大决定（中心问题），模拟实验，并可以预测患者预后。

2. 反馈控制

反馈就是通过原因和结果的不断相互作用，完成一个共同的功能目的的过程，这是控制论的核心思想。反馈过程就是施控系统将输出信息（给定信息）作用于被控系统（对象）后产生的结果（真实信息）再输送回来，并对信息的再输出发生影响的过程。所有控制系统都必须具备反馈通道，利用反馈来实现控制。心理疏导治疗的反馈概念就是从受治对象获得信息，作为疏导的依据，通过医生与患者的心理疏导治疗活动，获得一定成效的返回传入，成为进一步调整与治病的新信息。只有利用反馈才能摸索出提高医疗质量、提高治愈率的规律。反馈的作用就是强化良性有益的条件。因此，对治疗过程的调控，必须通过疏导活动经常不断地注意来自患者的反馈信息，准确、及时、可靠地了解、掌握患者的情况，以便决定下一步的治疗。反馈信息是客观存在的，不注意、不重视治疗反馈信息，就不可能根据治疗计划的要求做好治疗过程的调控，也就不能保证治疗质量。所以，尽可能及时、尽可能多、尽可能高质量地获得治疗反馈信息，是做好治疗的重要条件。

治疗反馈的内容和形式是多种多样的。例如，在个别交谈和集体讲座时，注意观察患者的表情和动作就十分重要，因为患者的一颦一笑、一举一动都在传递信息，都是一种治疗反馈信息，患者的一言半语也在传递信息，也是一种治疗反馈信息。至于患者书写的心得体会、提出的问题（即患者书写的反馈材料），更是一套重要的反馈信息，是调控治疗过程的重要手段。

理论和实践统一、认识与实践同步，是心理疏导治疗所固有的、必不可少的和根本性的问题。离开了这个根本点，心理疏导治疗工作就失去了全部意义，失去了它的生命力。患者对医生的治疗信息能不能反馈输出？是原封不动地输出，还是联系自己、融会贯通、举一反三，输出新的信息，可以反映出患者能动性调动的情况。医生要因人施治，在集体治疗中尤应注意个别心理治疗。不同的患者有不同的心理状态，有不同的信息反馈，医生要针对不同的信息反馈，采用最恰当的方法进行疏通引导，启发患者自己去分析矛盾，自己去发现规律，自己去努力实践，达到最优化的治疗效果。

反馈方法，是一种运用反馈概念来分析和处理问题的方法，也是用心理疏导系统活动的表现来调整心理疏导系统的方法。如果疏导系统的给定信息与真实信息的差异，倾向于加剧疏导系统正在进行的偏离目标的运动，那么它就使疏导系统趋向不稳定状态，乃至破坏稳定状态，这称为正反馈；如果疏导系统的给定信息与真实信息的差异，倾向于反抗疏导系统正在进行的偏离目标的运动，那么它就使疏导系统趋向于稳定状态，这称为负反馈。在控制系统中，负反馈是控制机制，用负反馈来调节和控制疏导系统，作合乎目标的运动，一般总是要受到内部状态和外部环境的影响和干扰，使真实运动状态偏离给定状态，这时，系统的确定性就减小，不确定性就增大。反馈就是利用上述两种状态的差异，来解决疏导系统中确定性与不确定性这对矛盾，使疏导系统达到稳定的有效方法。

疏导治疗中的正反馈在有序系列输入后，接收者（患者）的输出信息与预期目标的偏差越来越大，离目标越来越远，也就是输入时间越长，接受者（患者）越迷惑不解，越焦虑不安，越来越偏离治疗目标值，甚至失去控制，这是破坏的、消极的作用。疏导治疗负反馈则是不断地检出偏差，纠正偏差，以达到目标。这就是说，经过有序系列的输入，输入者输出的相应序列从总的趋势来说逐渐达到预期的目标值。

有时，由于接受对象（患者）的惯性或滞后现象比较严重，内外干扰较多，使输入不能立即奏效，只有经过一段时间后才能明显地影响到输出量的变化。这种惯性、滞后现象干扰影响到检出偏差、纠正偏差的时效与作用，影响到心理疏导系统的控制性能。因此，有必要出现前馈这种回路，即不等干扰信息输入时，就把它预先估计出来（只要这种干扰是可以预先测出来的），通过比较周全的准备，利用各种形式，对信息流进行调节，使得在信息输出量变化之前尽可能地克服或减少干扰的影响。也就是尽可能在疏导治疗系统发生偏差以前，根据预测的信息采取相应的预防措施，随时掌握真实信息。这种前馈—反馈控制系统能达到较好的控制效果。

反馈回路为心理疏导治疗研究开辟了广阔的领域。人体维持心理生理内部稳定平衡主要是通过反馈控制来实现的。因此，用反馈回路的方法分析心理生理现象，就能得到许多用传统方法不能获得的新的可靠信息。在心理、生理的相互作用转化过程中，反馈是其控制的基本形式。反馈能使心理、生理内部保持稳定或趋于紊乱。通过反馈调节，还可使各种神经内分泌激素的含量得到控制，从而使心理、生理保持相对稳定平衡。

心理疏导疗效评价反馈回路的主要方法是：

（1）心理疏导就是使人们的心理、行为障碍方式的变化和改进过程，反过来说，人们形形色色的心理、行为活动障碍就是心理疏导的目标。

（2）心理疏导过程就是改变这些心理变化的状态，并促使它达到相当的程度。

（3）由于人们的心理、行为是极为复杂的，所以评价要用反馈方法从各个侧面进行，不仅要有分析，而且要有综合。

（4）评价方法仅有反馈信息是不够的，还要包括实践、检验、观察等多种手段。

心理疏导治疗不仅强调评价信息反馈的掌握，还要评价应用、分析、综合等高层次的认知能力，评价兴趣、爱好、态度、价值观和性格特征的改造。这就是反馈回路不同于心理测量和测验的地方。它是从心理疏导目标的角度，对心理测量和测验所提出的具体资料和对患者信息反馈等所获得的资料进行质的分析和解释，对心理疏导工作在多大程度上达到了预期目标做出价值判断，从中获得可供下次疏导利用的信息。心理疏导反馈回路不是事实判断，而是价值判断，确切地说，它是包含了事实在内的价值判断。这就意味着个体特殊性在心理疏导反馈回路评价基础上的客观量化的测量，无疑是重要的和可靠的，但正确实施的、主观的、质的分析同样重要，两者不可偏废。所以，整个疏导过程无非是信息输出、接收处理、贮存、反馈，即“认识→实践→调整→结果”不断循环往复的过程。这里面存在着一个医患之间作用与反作用的反馈关系模式。由此看来，心理疏导犹如导弹在行进中不断接受反馈信息，不断修正轨道，才能击中目标一样，必须要有适时的反馈信息、评价，不断调整影响作用，才可能达到心理疏导的预期治疗目标。可以说，心理疏导的成败、效果好坏，取决于疏导中获得信息的所有方面是否得到了正确的认识和调控。

心理疏导反馈回路有哪些特点呢？

（1）信息离开了具体的疏导目标就不能成立。这意味着疏导计划不是固定不变的，要具体分析疏导目标，并追求这一目标的实现过程。

（2）信息是多样的、灵活的。这意味着对个案要进行纵向理解和横向理解，综合地、发展地把握个案的心理特征和性格。

（3）信息是连续的、变动的。这意味着对于处于发展、变化中的患者单靠心理测量是不够的，要不断利用一切可利用的信息，采取一切可行的办法，持续地做出评价、诊断和疏导。

（4）反馈是相互的。不仅医生需要，患者也要进行自我评价，并对医生做出评价，这是心理疏导实施过程中不可缺少的。

（5）反馈评价在对具体心理、性格的一切侧面进行综合分析时，不能仅限于量的测量，还必须进行质的分析，使评价方法更科学，以提高疏导技术水平与效果。

心理疏导治疗的反馈过程是：语言信息输出后，被对方感受器所接收，传递到大脑，经过加工而成为意识，与原有的贮存信息结合起来，构成效应器活动的基础。这种活动为心理活动过程所控制，又作用于环境，产生一定的结果，这个结果再反馈给感受器，使之检查校正自己的心理和行为，看是否达到了目的，如果有偏差，就根据反馈信号来纠正。

在心理疏导治疗系统中，人们不应消极地接受信息，而应以个体的心理活动方式来感知、认识所知系统。由于人们获得信息和处理信息，具有通过负反馈系统校正偏离达到中心（最佳）状态的能力，所以人们能在十分复杂的环境中取得经验，找出适应环境的恰当方式。

第五节　理论的实践与检验——典型病例介绍

当前国内外对心理治疗理论的研究还是很薄弱的。虽然现代自然科学及社会科学促进心理治疗向客观、量化的方向发展，但绝不能忽视自我观察法在心理治疗研究中的独特作用。自我观察法是调动患者治疗能动性，做好心理疏导治疗的基本方法。虽然自我观察法不能满足现代心理治疗学研究的全部需要，但心理治疗学的研究却缺不了它。只有两者相互配合，互相印证，才是较为妥当的研究方法。从心理治疗成效来说，一个理论与方法是否经得起实践的检验，取决于符合客观规律的程度。心理疏导疗法就是把自然科学方法与社会科学方法相互渗透，从患者中来，再回到患者中去，通过临床实践的检验，在实践中发展的。通过有根据的具体分析，阐明临床实践对上升为理论的决定作用；再阐明理论对临床实践的指导作用，用理论分析解决临床实践中的新问题，使理论与实践密切结合起来，充分利用古典和现代的心理治疗理论和先进技术，以及边缘学科系统论、信息论、控制论的原理与方法，将自我观察法引入心理疏导治疗研究中去，从整体角度研究复杂而完整的心理疏导过程，从而达到用最少的信息实现最优的控制，取得最好的治疗效果。

下面介绍两个病例，均通过心理疏导取得“最优化”，并以自己的专业知识，深化了心理疏导理论，在学习、工作、人际交往及生活中获得最优化。由于他们的资料较多，篇幅有限，只能部分摘录。

病例一

男，21岁，工学院研究生。

该患者为少年大学生，强迫症，就诊前学习自动化专业。他根据控制论等原理，将自己从病到愈的情况以数学模型、传递函数代入公式——自疗控制系统。十多年来，他不但病情没有反复过，而且在工作上取得了较大的成就，由计算机专业转到摄影艺术专业，心理素质不断提高，自由度越来越大。在临床治疗中，不少理工科强迫症患者运用他的自疗控制系统公式，病理心理也同样得到减轻或治愈。

病史自述摘要

我生长在一个经济情况较优越的知识分子家庭。家里的物质条件固然不错，但精神生活却很贫乏。爸爸、妈妈、哥哥的脾气都很暴躁，常常为区区小事争执不休。我是在吵闹声中成长的。

“文化大革命”时我家境遇不妙，我父亲由于历史问题被打成漏网右派。我的小学班主任出于对我家庭的成见，常常在班上出我洋相，搞得我很狼狈。1970年初，我们所在的集体宿舍出现了反动标语，众人异口同声咬住是我干的，被我父母所在单位的专案组变相隔离审查了一星期左右。

1973年我进了初中，在整个初中阶段我的成绩在班上一直名列前茅。我在七八岁时就开始看大部的长篇小说，故较早熟。1973年后与我哥哥的一帮同学混得很好，以此为靠山，没人再敢欺负我。

我自小生性善良，别人杀鸡屠鸭，我都躲着，我怕见血，我特别厌恶别人虐待残害小生命。我从很小时即帮忙整理家务，要求样样东西都摆到适当位置，希望家里能体面些，一直到 1976 年初中毕业，1978 年初，高考复习时才不那样热心整理家了。我四五岁在幼儿园时就偏爱画画，画现代战争。小学上课时也画画，画打仗，主要是受了一些描写战争体裁的小说的影响。

我 1976 年初中毕业，当时正是"四人帮"最猖獗的时候，社会上有一种拿到留城证就不读高中的风气。因我哥哥于 1975 年 6 月下乡，按当时的规定，两年后就有希望抽调回城，而我即使念完了高中，还得下乡，因此就没再读高中，整天无所事事。1976 年 10 月，一位朋友给我介绍一个女朋友，学画画。1977 年 5 月我进了父母所在的教研室、实验室做临时工。半年不到，社会上高考风紧，我的那位女画师参加了 1977 年高考，并被录取。父亲托人让我进了十二中跟班跳级学高二课程。当时别人都在复习，而我却在从头学起。高考三天噩梦般地过去了，我考得不理想，心中很是痛苦懊丧，但在别的同学面前，我很少流露出痛苦之色，依旧玩得很开心。到了 9 月底，高考及省体检分数线公布了，我比体检分数线高出了 3 分半，这多少使我在朋友面前抬起了头，准备在 1979 年高考中考出点名堂来。我借来大量的参考书，定下了苛刻的学习计划，在学习一本新中国成立前出版的《尤氏三角学》时，我意识到自己有些不对劲了，那时我几乎不参加文体活动，不看小说和电影，整天如痴如醉地学习，活像个书呆子。有天晚上，母亲照例把脸盆放在我身后的墙边，我听到声音不禁回头看了一眼，不知怎的，就总看不进书了，脑海里总浮现那只脸盆，不拿开总不舒服，任凭怎样也驱散不了这种意识，于是我鬼使神差、情不自禁地走过去拿开了脸盆。此例一开，即一发而不可收了，许许多多诸如此类的事情接踵而至。

1978 年 11 月底，我参加了高考复习班。1979 年元月初，我上课时发现钢笔插在左上口袋就会身体不舒服，就不在意地顺手拿下放在下面口袋里，但以后每用完钢笔心里总感到很不舒服，两种思想在头脑里反复斗争，找出多种放在上面的理由，同时放在下面的理由也想了很多，这样反复考虑后，到底还是后一种思想占了上风。还有，上课时总想把黑板旁乱糟糟的废纸堆好，把扫帚放正等意念总在头脑中打转，始终摆脱不掉，好像我的大脑已不属于我自己，而是属于别人，去做那些毫无必要的事情。病情就这样在发展，而我的学习则是每况愈下，高考临近，我的病情越来越严重，而我哥在此之前也得了"精神抑郁症"。一次我在一本书上偶然翻到"强迫症"这章时，猛然怔住了，虽然早就知道自己哪儿有点不对头，但内心仍感到很痛苦。我把这种病深埋心中，在极度的痛苦中对着书本苦苦复习，但即使在考场上我仍在分心。落榜之后的一段时期，我感到内心异常的空虚。我开始注意书报杂志上有关奋斗成才的文章，受到激励，决心用意志去战胜恶疾。这样在极度的痛苦中奋斗到 1980 年高考，连我自己也没想到，居然考了个高分，那段时期是我初中毕业以来最高兴的时候，但好景不长，到填写报考志愿时，报了个工学院，又是自动控制专业，而我对此不感兴趣。从此到入学后一个相当长的时间，内心感到很消沉，闷闷不乐，学习分心，强迫观念又不知不觉地加重了。

在一次学习经验介绍会上，一位七八届的同学在介绍经验时打了个比方，我在下面听着，不知怎么与数台阶联系起来，迫不及待地将1号楼的台阶数了一遍，后来不知怎的，又萌发了把全学院各楼的台阶数一遍的奇怪念头，明知这样做毫无意义，但仍不能摆脱它的纠缠，最多只能获得片刻的安宁，后又发展到数饭菜票等，绝大部分与强迫症的意念之战都以我的惨败而告终。强迫观念还是无孔不入地纷至沓来，范围也在逐渐扩大。春节后回省城参加越野长跑，跑过一个单位的围墙时，突然在脑海里闪过一个念头，想数一数那段围墙的水泥突出体，边跑边想这个无聊的问题，一直跑到目的地。我感到自己又陷入了无边的苦海，永无尽头之日，有时真想一死了之。最后过了近三个月，我去医院看病，路过那段墙，居然鬼使神差地转回头数了一下，才了却了这桩心病。

老实讲，我很明白自己的弱点是不够果断，遇事三思，总想在最短的时间内同时做完许多事，学习计划往往订得太大，完成不了又订新的计划，这样翻来覆去，总把原因推到客观方面去。有时自己也难得暂时摆脱一下，获得片刻的安宁，可过不了多久，重又陷入苦恼之中。

反馈一

当我走进医院的大门时，内心有一种说不出的感觉，说老实话，我对仅仅用语言治疗强迫症的心理疗法还是将信将疑，我想看到事实。当我看到许多四年、十年，病情比我严重得多的患者病愈出院的文字记录，内心感到一线欣慰和希望。我要在今后的治疗期间好好配合，让内因起作用，否则再治不好，后果不堪设想。

反馈二

今天鲁主任深入浅出地讲解了精神、思维、意志等许多抽象名词的含义，指出我的病情是由自己的性格特征所决定，是由大脑中的惰性兴奋灶所造成。只要自己的某些低调性格能够有所改进，惰性兴奋灶即可消失，强迫观念亦即一去不返。这是我对心理学治疗强迫症原理的一点自以为是的认识，对否还请鲁主任指教。

我发现强迫症患者的性格有惊人的相似之处，按社会的标准，这些人都该具有“标准人”的品质。我的性格与他们颇为相似，但不尽相同，实际上我从小就养成了一种自傲而又自卑的双重性格。在家里即使心里有话，也不与大人讲，而与我玩得来的小朋友又很少，我只好把某些想法深埋心中，很少流露。然而我又是好动而调皮的。一般说来，内向与好动应该是一对矛盾，但在我身上它们得到了统一。

我这个人很少幻想，我爱画画，但很少想过今后要当一个画家。我至今对理想还是有些茫然，我自称是“自然主义者”，我热爱大自然。

我从十来岁开始，用钱手头较宽，我最看不惯那些具有小市民习气的人。我与谁都说得来，我的做人原则是“以其人之道，还治其人之身”，“别人敬我一分，我恭他三分；别人过我不去，我也叫他吃不了兜着走”。

我的伦理道德观念很强，对人种的纯洁性很关心，特别看不惯混血儿。

我喜欢浅色，特喜欢白色，因为我认为白色是纯洁的象征。

我对自己评价不高，较保守。讨厌别人自夸自吹，但有时又很天真，常不知不觉会轻信赞叹。

我做事时，要么不做，要做就一做到底，不做好不罢休。做事总要求尽善尽美，出人头地。

在强迫观念袭来时，需要一种精神支柱。每当我感到苦恼时，就大段大段地摘录具有激励性文章里的话。我在班上年纪最大，自己的成绩落在比我年纪小的同学之后，脸上很不光彩，所以有点自暴自弃。我想，如果自己的强迫观念能消失，一定能轻而易举撵上他们。

鲁主任给我看的那些病例中，他们的病情一般比我重，年龄一般比我大，病史比我长，痛苦肯定比我更大，但经过治疗，在短期内都不约而同地痊愈，这里关键的一点是要调动自己内在的积极因素，先决条件是要有自信心。

反馈三

鲁主任从我的谈吐中，敏锐地分析出我病情恶化的真正原因是“怕”，猛一听，我感到有些迷惑不解，因为“怕”太抽象。经过鲁主任逐步挑明，我才豁然开朗。就是这个“怕”字使我作茧自缚，失去抵抗能力。一开始得病，我不是认真去分析一下为什么会出现这种不正常的心理，自己应该怎样正确对待，而是一味地认为高考是当务之急，“怕”不按强迫观念行事就会看不进书，做不好作业，考不上大学，被动地迁就强迫观念，一直发展到今天这个程度。

既然问题的症结已经找到，剩下的问题就是自己应该怎么办。我与强迫症的斗争是一场你死我活的殊死决斗。以前，我只停留在强迫观念的表面，没从它的根本点入手。虽然自己也很理智地认为做那些事毫无必要，用意志与之苦苦斗争，但没从根本上解决问题。我的强迫观念千变万化，万变不离其“怕”，其实“怕”字本身才是最可怕的。你“怕”不按强迫观念行事，会做不成该做的事，那么即使你按强迫观念去做了一两件，但你又怎能对付得了那千变万化、纷至沓来、防不胜防的强迫观念？一个人不能按正确的意志行事，却被五花八门的强迫观念拖着走，这才是真正可怕的事。

要去掉“怕”，就要找出“怕”字的根源，我认为自己性格中的拘谨、犹豫、虚荣正是“怕”字产生的温床，要与“怕”字决裂，首先要与这三点决裂，使“怕”字无立身之地。

要改变自己的低调性格不是一朝一夕的事，要花费巨大的代价，也是—个痛苦的过程。但我相信，这点痛苦与自己被强迫症百般折磨的痛苦比较起来要轻，要容易忍受些，因为后一种痛苦是一劳永逸的，而前一种痛苦却要一直伴随你到死才罢休。

反馈四

不良性格的改造是一个长期艰苦的过程，应当把改造不良性格比作移山倒海，要用极大的毅力与不良性格进行不停顿的斗争，毫不留情地“革”自己不良性格和强迫症的“命”。今后在爱好、志趣、气质等方面都要时时刻刻注意有否性格偏移，要随时提醒自己，及时注意改正。要正确地、恰如其分地、不高不低地估计自己。要勇于发现矛盾、分析矛盾、解决矛盾，变被动为主动，步步主动，真正彻底摆脱强迫观念。

1. 轻松—紧张　轻松状态有助于自己学习效率的提高和学习潜力的开发，千万不要人为地使自己时时刻刻处于一种紧张的被动状态。要随时保持自己处于主动地位，充实地安排好自己的学习、生活。

2. 愉快—愁闷　自己也有过一个金色的童年，天真欢快，无忧无虑。现在看来，愁闷的基础是因自己六七岁时精神上受到压抑，为家庭的不安宁而焦虑不安；愁闷的发展是因“文化大革命”时家庭的境遇；继续发展则是担心考不取大学，前途渺茫；进一步发展是专业问题和自己患有难以摆脱的强迫症。首先自己要明确愁闷是消极的、被动的，事物的发展不会因你愁闷而按你想象的模式去进行，愁闷无济于事，反而坏事，这样强迫观念就会乘虚而入。要积极主动地与愁闷心情作不懈地斗争，千方百计使自己身心愉快。

3. 灵活—死板　自己做事看问题较死板，主要是从小精神上受压抑的原因。而灵活就是不要“作茧自缚”，自作自受，要随机应变，要学会适应新情况，解决新问题。

4. 果断—犹豫　自己从小缺乏生活锻炼，依赖心很强，逐步养成了一种做事不利索，犹豫不决的脾气。自己要别人看得起自己，就要多在这方面进行锻炼，该怎样做就怎样做，用不着前怕狼、后怕虎，不要犹豫不决。即使一些事情处理得不够理想，甚至做错了，只要总结了教训，就不用后悔懊丧，因为后悔懊丧既不能挽回已做过的事，反而会产生消极情绪。

5. 随便—拘谨　遇事反复权衡，实际上是在给自己造成不必要的烦恼，就很难摆脱“怕”字，强迫症就会死死缠住你不放。自己不要每天给自己提过高的要求，规划过多的学习计划。一个人一天的精力是有限的，任务过重，就容易因屡屡完不成而丧失最宝贵的自信心。

反馈五

我在这几天开始了有意向强迫症挑战的实践，主要症状已能用意志完全控制住。这与我原来的心情已大不一样，现在是心里有底，主动地去控制，而以往则是被动消极地去回避。目前我对一些数量的强迫观念已减轻甚至消失，这一定要坚持下去，决不能再有反复。但对一些触及自身的“自以为不舒服”的感觉，仍感不舒服，坐立不安。这种观念产生的原因仍然是自己严谨，即要求过严的性格所决定的。要彻底克服就非要挖它的老根不可。今后，一方面要时刻注意控制、制止强迫观念死灰复燃，另一方面也要采取积极主动的对策，变被动为主动，要使自己每天都有一个新的目标，并为之充满信心地去努力。

鲁主任，我有时明知不用“怕”，不用担心那些并不存在的东西作怪，但强迫观念就是不去，您说应该怎么办？

反馈六

我是充满必胜的信心离开南京的。回到省城的头两个月，虽然功课紧，环境与原来一样，周围充满着强迫观念的诱发因素，但我仍能运用你告诫我的“十二字方针”正确对待，基本上制止了头脑里乱七八糟的强迫观念。每天能睡上七八个小时，中午也能午休一个小时左右。后来形形色色的强迫观念又开始频繁地找上门，症状还是我向你反映的那些。我采取的对策是硬顶，使出浑身解数不按强迫观念行事，这种相持阶段少则几分钟，多则几小时，大都能坚持按理智行事，不为强迫观念所动，但这种剧烈的思想斗争是非常痛苦的，搞得自己整天头昏脑涨，每当自己濒于绝望时，我就竭力回忆您在南京对我的亲切教诲，翻翻自己在南京写的治疗总结，逐渐地我又恢复了信心，不怕“怕”字，积极、主动、持久地与强迫症作斗争。我现在在课堂自修一晚上，强迫观念竟会以五六种花样变换着折磨自己，驱除一个，又会找上一个新的来，消耗了我大量的精力，无法全力以赴地投身到紧张的学习中去，学习成绩很不理想。我在您那里看过许多病例，在别人身上能够根治的病，在我身上何以如此顽固？我想大概仍要从自己的性格偏移上找原因吧！

反馈七

一年多来，我一直与缠身不放的强迫症苦苦搏斗，有时快乐，有时消沉，但更多的是麻木与痛苦，只觉得眼前一片黑暗，世途艰辛。

我想为什么会出现反复，可能是1981年在南京时急于求成，没有真正深挖自己不良性格的病根，没有很好地解剖自己，实际上只是了解了强迫症是怎么回事，消除了部分“怕”字，反而觉得自己被强迫症耽误了这么多年，就砍掉了自己很多有一定意义的兴趣，埋头苦读，各方面得不到很好的调剂，与同学们的关系也逐渐开始变得不够和谐，促使了病情的恶化，学习也没有达到预期的目标。造成这种恶性循环的起始原因仍是自己的不良性格。如此下去，我将会被它毁了。

鲁医师，您在第一封信中曾指出，经过艰苦努力的斗争而暂时失败，比逃避矛盾而侥幸取得的胜利更有价值。请您告诉我，这里的失败是在经过与某一强迫观念进行了长期的苦斗之后，最后又不得不违心地按强迫观念行事，怎样才算是真正的胜利？

我正在寻找精神支柱，听了张海迪的事迹，感到她确实不简单，因为她的头脑和精神是充实健全的，故能战胜肢体上的残疾而进入新的境界。而我与她恰恰相反，比起她来，我可能要作更大的努力。要不断地向“怕”字挑战，要不断地挖掘，首先要使自己的精神生活充实起来。您说过，新的领悟是我在精神状态处于逆境时的一把钥匙。大自然中的万物都是以一定的方式，不以人的意志而转移的客观存在，我有什么理由为它们的存在方式而大惊小怪，坐立不安，和自己过不去呢？我应如何把自己获得的进步，一个个喜悦愉快的心情不断推向高潮以巩固自己取得的胜利？

反馈八

暑假以来我一直在努力实践之，但我总觉得效果离预期的要差得很远，苦于力不从心，苦于不能被人理解。两年来，多次打扰您，心里真是非常过意不去，特别是想起您两年来为治我的病花了那么大的心血，而我却没能很好地配合，感到心里很难受，实在是辜负了您对我的期望啊！

反馈九

总的来说，这次来宁，在您的亲切开导下，我自身病态的治愈有了突破性的进展，现在自身的强迫观念都已消除。我感谢您妙手回春，使我消除了万恶的强迫症的纠缠而成为一个新人。

我体会到对强迫症的革命，必须做到有人没人一个样，长留短留一个样，即应该充分发挥自己的主观能动性，自我控制，运用患者的自疗控制系统的有利环节积极主动地向强迫症斗争。以前我总认为在一个地方少待些时间，即可不理会强迫观念。这实际上是一种回避矛盾的方法，而矛盾是回避不了的，只能越回避越多，防不胜防。现在我对病态的态度是：一不怕，二想透，三实践。但有时候虽然采取了以上三种态度，但强迫观念仍驱之不散，为此我的对策是：一是继续按上述方法去做；二是不断改造性格缺陷，用自己的良性观念代替恶性观念。今后自己不管多忙，也要时刻注意运用十二字方针，改造自己的性格缺陷，这才是治愈强迫症的长方法。否则，强迫症还会卷土重来。

治疗体会

1. 强迫症的形成表现规律：

性格缺陷（树根）→怕（树干）→强迫现象（树枝）

2. “怕”的性质：

本质——主客观相脱离

特点——欺软怕硬，你进它退，你退它进

3. 治疗强迫症的过程:

实践—认识—效果—再实践—再认识—效果巩固—“怕”字消除

4. 改造性格缺陷的对策:

坚持十二字方针,即轻松、乐观、勇敢、果断,灵活、随便。

搞清了以上四条,就叫做“知彼”。

此次来宁治病的要求更为迫切,理解力及联系力也有了一定的提高,各方面也更成熟,所学专业课对理解帮助治病起了很大作用,我感到病能治好并非偶然,而是科学的必然,我应该相信科学,坚信人定胜病,这叫“知己”。

知己知彼,并在鲁医师的心理疏导及自己的努力实践下,在宁的这几天,苦缠自身几年的强迫观念几乎全部消失,我觉得自己的精神面貌已焕然一新。

上次只知道强迫症的根源是“怕”,而不知“怕”的本质特点,对以上的四条规律也没有透彻地理解。而且在记十二字方针时,竟漏掉了极为重要的“勇敢”二字,这就使认识不够深刻,没有勇敢地去实践,导致败北。

这次当鲁医师给我点出了“怕”的本质和特点之后,我才恍然大悟,既然“怕”是由其本质和特点所决定,我就应从这两点入手:① 深刻认识“怕”,剖析“怕”,以明是非,辨真假,使主客观一致;② 对“怕”,变“拖”为“顶”,勇敢实践,既然是你进它退,那你就勇往直前,必然所向披靡,这样一来,真灵!以前我不知道从这两点入手,没有及时进行实践后的再认识,认真地总结自己失败的原因何在,这样即使自己千方百计用“拖”的办法被动取胜,仍带有败的阴影,对下次能否取胜仍没准,胜利仍带有偶然性。现在我已从克服病态中想到了必然,只要我对强迫症进行深刻、透彻地认识、剖析,勇敢地实践,那么人定胜病就是必然的。

对治疗强迫症规律的理解。这个过程的关键是要对各种病态后面的“怕”作深刻的剖析,没有这一步,我就不会有下一步实践的胜利。即认识的深浅决定了实践效果的好坏;有多深的认识,才会有多深的实践效果。认识是为了“见怪不怪”,是为了分析自己主、客观相背离的矛盾。这需要明是非,辨真假,看自己想干的那件事:① 是否与自己的人生观所决定的大小目标一致;② 是否顺乎自然,是否坚决去干,否则彻底决裂(这两种态度体现了十二字方针中的勇敢果断),彻底决裂就需要勇敢实践——对本来“怕”的东西偏要试一试,这样才能解决主客观相背离的矛盾。因此,主动地分析矛盾,认识、解决矛盾即实践。仅有这两点还不行,还必须对自己实践的结果深刻体会:实践的良好效果说明了以前“怕”的没有必要,“强迫症”确实是你进它退的,因此以后更不用怕,要勇往直前。这时不妨再想想,那件事是否还“怪”,当初我何以认为它“怪”,不能一笑了之,还要及时保持记录自己战胜病态后的喜悦心情(十二字方针中的“轻松乐观”的流露),以增强自己战胜强迫症的自信心,并作为自己战胜其他可能出现病态的动力。经过多次实践后的胜利,“怕”的顾虑也就消除,剩下的就要不断挖“根”,以改造自己的性格缺陷,防止病态萌生。

以前我对十二字方针只片面理解，没有看到它们之间的必然联系，故感到很抽象，难于做到，现在它们联系成良性反馈信息如下：

→轻松、乐观→勇敢、果断→灵活、随便→

轻松、乐观是十二字方针中关键的一环。

对轻松的理解：

做任何事都不要大患得患失，"心底无私天地宽"，凡事不可都以我为中心，这样才能对成败、毁誉、处顺逆境都不背思想包袱，只有不背包袱——不过于紧张，才能轻装前进——轻松。

轻松与病的联系：

不要背强迫症的包袱，搞得自己惶惶不可终日。对病，紧张的本质即"怕"，越紧张就越"怕"，以至怕得不可收拾，最后一败涂地。轻松即对强迫观念无所谓，但这绝不是麻木不仁的无所谓，而是了解其本质特点及规律，对其具有必胜把握后的无所谓。

同时通过自己的不断认识实践，使"怕"字消除。紧张去除时，最易发挥自己的主观能动性，这也是一个良性反馈。

在轻松心境下的乐观，是发自内心的乐观，而不是强作欢颜来掩饰自己，或逃避矛盾后的盲目乐观。

勇敢、果断——由精神弱者变成精神强者的重要一环，自己对要处理的事可先想几种方案以供选择，选定最佳方案后即当机立断，放手去干，干坏了也不用后悔，总结一下经验教训即可。

对疾病要在战略上藐视它，在战术上重视它，"怕"的特点——"你进它退，你退它进"，决定了凡勇者、强者必胜，凡怯者、弱者必败。因此，对病要勇往直前，一拼到底，毫不妥协。"千里之堤，溃于蚁穴"，稍一让步妥协，必导致重新败北。

对"怕"的剖析认识透彻后，立刻付诸实践勿犹豫。"如果克服不了，后面的可怎么办?"这本身就是病态的"怕"。

实践成功后，稍加总结，即转正事，不要纠缠不清。

灵活随便主要体现在处理日常生活琐事及待人接物上，对强迫症只能对着干，故与强迫症的治疗实践无直接关系。循规蹈矩是强迫症患者的通病，故根治强迫症，就必须学会在日常生活中灵活随便些，一般只求得与多数人一样、过得去即可，不要太求全。这样才能见怪不怪，处变不惊，对外界的强迫症诱因熟视无睹，随遇而安地适应环境、适应社会。大事认真(勇敢果断)，小事糊涂(灵活随便)，说明了它与前者的联系。同时只有对小事灵活随便惯了，才不致为区区小事计较紧张，才会使心情轻松乐观起来，这是它与后一环节的联系。

十二字方针不仅适用于长方法——改造性格缺陷，也适用于短方法——与"怕"

字作斗争，见怪不怪。

关于自疗（患者自我治疗）控制系统

1. 基础知识

传递函数

(1) 元件的传递函数

$$x(s)\longrightarrow \boxed{G(s)} \longrightarrow y(s)$$

定义：系的传递函数 $G(s)=y(s)/x(s)$

说明：$x(s)$：输入 $x(t)$ 的 Laplace 变换

　　　$y(s)$：输出 $y(t)$ 的 Laplace 变换

推论：① $G(s)=y(s)/x(s)\Rightarrow y(s)=G(s)x(s)$

　　　② 两边若取反 Laplace 变换

则：$y'(t)=g(t)x'(t)$

(2) 典型反馈环节的传递函数

如下图所示为典型的闭环反馈控制系统：

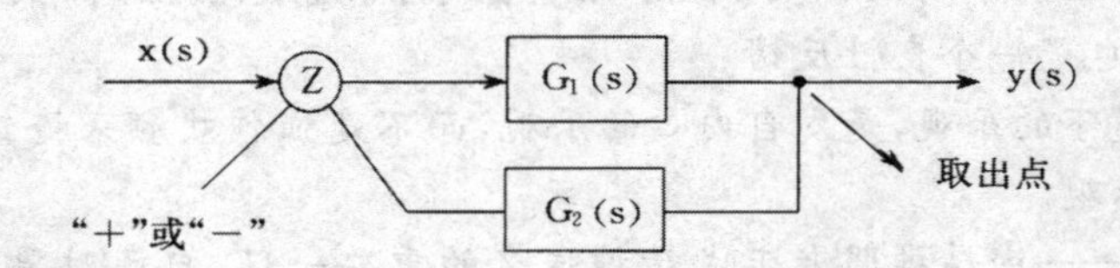

说明：① $G_1(s)$——前向通道传递函数

　　　　$G_2(s)$——反馈通道传递函数

　　　② "+"——正反馈控制系统

　　　　"-"——负反馈控制系统

　　　　Ⓩ——传递环节

a. 若取"+"号，由数学推导及反馈性质有：

$y(s)=G_1(s)x(s)+G_1(s)G_2(s)y(s)\Rightarrow y(s)/x(s)=G_1(s)/[1-G_1(s)G_2(s)]$

定义：$G(s)=y(s)/x(s)=\dfrac{G_1(s)}{1-G_1(s)G_2(s)}$　正反馈控制系统传递函数

b. 若取"-"号，同理可推得：

$y(s)=G_1(s)x(s)-G_1(s)G_2(s)y(s)\Rightarrow y(s)/x(s)=G_1(s)/[1+G_1(s)G_2(s)]$

定义：$G(s)=y(s)/x(s)=\dfrac{G_1(s)}{1+G_1(s)G_2(s)}$　负反馈控制系统传递函数

（这一控制系统是使强迫观念经患者主观努力后，变换为正常观念的自我治疗系统）

2. 此"自疗控制系统"大致可视为一个正反馈控制系统，如下图所示：

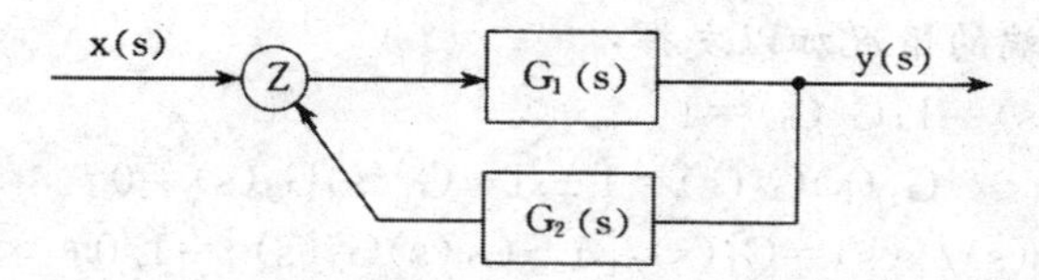

说明：x(s)——外界诱发或内心萌发的强迫观念和正常观念都可视为时间的函数，故可取 Laplace 函数；

y(s)——经过这一良性反馈系统后患者内心的正常观念。

不妨设：

$G_1(s)$——(患者的)“能动”传递函数，它体现患者本身主观能动性发挥等情况；

$G_2(s)$——(患者的)“积极”传递函数，它体现患者在克服病态后的喜悦、自信心等。

这时：$0<G_1(s)<100\%=1$；$0<G_2(s)<100\%=1$；

因为自己的有利因素不可能百分之百地发挥出来，也不可能完全没有，故有此限制。

反之，当患者未经医生开导时，相应为：

$-G_1(s)$，$-G_2(s)$或都为零

强迫症治愈的过程，即明真假、辨是非，用正常观念代替头脑中强迫观念的过程。我们总希望正常观念在头脑中大大地大于强迫观念，即 $y(s)\gg x(s)$，这时我们对“自疗”系统传递函数 $G_1(s)$有什么要求呢?

要求：

因 $y(s)\gg x(s)$，而 $G(s)=y(s)/x(s)$，所以，$G(s)\gg1$，而 $G(s)=G_1(s)/[1-G_1(s)G_2(s)]$

故 $G_1(s)/[1-G_1(s)G_2(s)]\gg1$

对 $G_1(s)/[1-G_1(s)G_2(s)]\gg1$ 应该怎样理解呢?

显然，当上式的分子 $G_1(s)$越大，分母 $1-G_1(s)G_2(s)$越小，上式就越满足。

说明：

① $G_1(s)$越大体现了患者的主观能动性发挥越大。

② 又因为：$0<G_1(s)<1$；$0<G_2(s)<1$

故 $0<G_1(s)G_2(s)<1 \Rightarrow 0<1-G_1(s)G_2(s)<1$

在 $0<1-G_1(s)G_2(s)<1$ 的限制下：

当 $G_1(s)G_2(s)$越大，则必然 $1-G_1(s)G_2(s)$项越小，而 $G_1(s)G_2(s)$项越大，正代表了患者的主观能动性发挥越大，患者的自信心、喜悦心情越大。

在①②满足的情况下，必然有：

$G_1(s)/[1-G_1(s)G_2(s)]\gg1$，即 $G(s)=y(s)/x(s)\gg1$

因此，$y(s)\gg x(s)$，代表着正常观念大大地大于强迫观念。

不妨取一个极端的情况加以发挥：

如果设：　$G_1(s)=1;G_2(s)=1$

则　　$G_1(s)G_2(s)=1 \Rightarrow 1-G_1(s)G_2(s)=0$

代入　　$y(s)/x(s)=G_1(s)/[1-G_1(s)G_2(s)]=1/0=\infty$　　（※）

这时，　$y(s)=1=100\%$　　大脑中正常观念的比例

　　　$x(s)=0=0\%$　　大脑中强迫观念的比例

※　可理解成通过自己的努力，竟然已把强迫观念一个不留地从大脑中赶走，患者已成了一个头脑中完全为正常观念所充满的人。这当然是我们求之不得的最高理想，但实际上是不可能的。因为我们不可能使 $G_1(s)$ 和 $G_2(s)$ 都能百分之百地体观。因此，这种极端情况只是一种可望而不可即的理想境地，更何况正常人偶尔也会出现一下强迫观念呢？而我们的目的应当使 $G_1(s)$、$G_2(s)$ 大大改善。

注：① 关于有关的控制理论传递函数部分请参考：《现代控制工程》（渚才胜彦著，卢伯英等译）。

② 如 $G_1(s)$、$G_2(s)$ 都为或其一为负值，则由 $G(s)=y(s)/x(s)=G_1(s)/[1-G_1(s)G_2(s)]$ 可推出相应的恶性后果，这属恶性反馈，而自杀患者即可视为这一恶性反馈系统下的极端情况。

不妨取　　$G_1(s)=0, G_2(s)=0$

则可导出　$x(s)=1, y(s)=0$，即可印证。

反馈十

这六年来，我因坚持按您给我的谆谆教导去做，用心理疏导疗法对强迫症进行了自我控制，疗效很好，病情没有反复过，以往的那段不堪回首的往事已成过去了。

我 1984 年硕士研究生毕业后，分配到某自动化研究所从事计算机科研工作。在这段时间，我在完成本职工作的同时，大力发展自己摄影的业余爱好，经过整整三年的苦斗，我终在 1987 年 8 月改行，正式调入某摄影出版社画报编辑室任摄影记者，同时也兼任出版社理论室的编辑。目前我在新单位因兴趣和事业的一致而干得挺有劲。我目前的精神状况与工作确实是与您当年对我的悉心调教分不开的。饮水思源，我再次向您表示深刻的谢意。

我已在今年初与女友结婚，她在某化纤厂从事纺织品的图案设计工作，我们间的感情很好，现给您寄上我们的合影一张留作纪念。

病例二

男，19 岁，大学四年级学生。

病史自述摘要

我的家在庐山脚下，全家共五口人，爸爸妈妈皆不识字，妹妹因家贫只念了半年

书，弟弟也只读完四年级。我念小学的时候，家中负债累累，我便只能半工半读，一边帮妈妈做事，放中，一边上学念书。我与同辈孩子的接触机会特别少，上学念书成了我的乐趣，家中的琐事及心中的郁闷，被学习时的注意力所驱散。

放学回家的路上，远比上学时愉快。但走到家门口时，门窗常常闭合，而家的四周皆是冷冷清清，远处传来各种交织连续的声音，尤其是欢笑声，使这里显得格外寂寞凄凉，此情此景，在我心里涌起一阵寒酸之意，笑脸霎时布满愁云。我知道，要么是父母亲的旧病又犯了，要么就是他们为了什么事情口角或吵架。每遇此事，我常不知所措，干着急、流泪、失望、垂头丧气、暗叹，何时能改变这种状况？

随着时间的推移，我的性格渐趋孤僻，胆小怕事，敏感拘泥，怯懦而自尊心却又很强。

在粉碎"四人帮"以前，家境贫困，父母身体虚弱，加上家庭成分不好，因而受到社会上少数人的歧视。小学三年级的时候，一次学校开大会，副校长把我喊到台上，把我脖子上的红领巾取下来，莫名其妙地批斗起我来。五年级毕业时，班主任说我"劳动不积极"，予以留级，奇怪的是，我所写的一篇作文，"记一次有意义的劳动"，却又得到他的好评，并作为范文念给五年级的学生们听。

拼命的念书争气成了父母对我的唯一希望。"四人帮"被粉碎后，家庭出身不好的人亦能报考大学，我知道有奔头了，下决心考上大学。我片面地认为只要考上大学就万事大吉。在这种错误思想支配下，我一味地埋头读书，几乎与世隔绝，大脑长期处于紧张状态，得不到调剂和放松。痛苦的种子悄悄地在体内孕育，我却丝毫没有察觉。

高考揭晓时我一炮命中，15 岁的我在那穷山沟里可说是一鸣惊人。父母亲异常的高兴，而我的心境却同人们想象的相反，孕育在体内的苦种发芽了。高考结束，我就感到气虚力竭，心境虚怯，对"坚硬"的物品，如刀、石块、铁等产生过敏及强迫心理，看见这些东西，就联想起这些硬物砸击我脑子时的恐惧情形，我一直搁在心中，没敢对任何人讲。

进大学后，我从不敢乱用钱，制定了一个严密的"用钱计划"，一切都强迫地按"计划"实行，生活得很不自由。用钱时，便立即想起"原计划"，心理因此常处于强迫状态。久而久之，便对"计划"产生敏感的强迫心理，持续了整整一年之久，痛苦的唯一根源就是那个令人恐惧的"计划"。

1982 年暑假，我对用钱进行了分析，分析结果使我明白，用钱太死板毫无必要。自此以后，我用钱再也不像从前那样死板，"用钱计划"的强迫心理就完全消失，在这一点上，我彻底获得了自由。但从此以后，我却对"计划"过敏起来，对"计划"的强迫心理又持续了一年之久，以至发展到凡事总要问"这样做对吗？"这个问题，无论如何也控制不住，使我痛苦不安。吃了好长时间的药仍没见效果，我便到处找健康杂志看，结果看得越多，思想反而越紧张，强迫性回忆的频率也越来越严重，严重时一触即发。强迫性回忆的目的是对自己刚才的思想进行检查，看其中有无病态。

我曾独自一人到贵院求诊过十余次，院里给我的诊断是“强迫状态”，我虽不懂心理和精神医学，但觉得这个诊断非常形象，恰到好处地概括了我“鬼使神差”的病态恐怖心理，我因此天真地认为，自己所患的不治之症，可以对症用药了。然而半个月后，我因药物治疗无效而失望，最后发展到绝望。1982 年 11 月中旬，我再也无法忍受强迫状态的非人折磨，想一死了之，但在绝望之时又一次想到了我勤劳的父母及弟妹。只要能治好病(生总比死好)，飞短流长，我已置之度外。

1982 年冬，我终于半信半疑地住进了医院，从此开始了三个月的治疗生活。在住院前，我以为医院肯定有一系列科学的医疗方法，谁知道除了药物以外，就比门诊多了个针剂。据病友讲，针剂治疗价格昂贵，于是我就请主治医师对我进行针剂治疗，仍毫无效果，症状反而变本加厉，日趋严重。针剂治疗结束后，我果断地做出决定，早日出院，另想别的办法，只要有一线希望，就要争分夺秒，争取在复学前治好病。

出院休学回家后，我便开始了“迷信生活”，求神拜佛，磕头烧香，祈求上帝。无效后我又一次屈服于病魔，又一次在死亡线上徘徊。

我简直难以想象我是怎样熬到复学的(1983 年 9 月)，又是怎样心惊肉跳地骗过复学体检这一关的。现在想起此事，即使在愉快的时候，也难免有些惊魂动魄。

反馈一

自从 1981 年起对“硬物”及“用钱计划”产生过敏强迫心理后，因控制不住自己明知十分荒谬的强迫观念，整整苦闷了一年之久。由于自尊心太强，我以上的病态从不敢对任何人讲，以为病情会逐渐好转，便没及时到医院诊治，没想到病情会恶性循环，导致一发而不可收的严重后果。

此时，我才感到我的病已非常严重了，认为我的脑细胞腐烂了，需要长期吃“保脑药”，以便让死的脑细胞恢复其原有的功能。我坚持服了一年多药，什么药都服过，但最终什么结果都没有。我更加焦虑，这一辈子完了，害怕自己患的是“不治之症”。于是我便饥不择食，到处找医学文章看，从这里找到了新的希望——心理疏导疗法。

反馈二

1981 年 7 月中旬至 1983 年 10 月底，即 1981 年高考结束至心理门诊前，我陷入了极度的苦闷焦虑中，曾几度在生死线上徘徊，黄金岁月的三年就这样付之东流。经过心理疏导治疗，使我豁见曙光，强迫观念的频率自此后逐渐开始减小，至元旦症状消失。在这短短的两个月中，我摸索到了如下自我疏导疗法：

1. “见怪不怪，其怪自败！见怪亦怪，其怪更怪！”法使“计划”过敏消失。

2. “激光、聚焦、熔化、消失”法——眼盯“硬物”针锋相对，使“硬物”过敏消失。

3. “物质→意识→物质”法——强迫性观念决不会诱发体内恶性的生物化学反应——使强迫性回忆消失。

惰性兴奋灶，是由强迫观念长期收敛、聚焦而成的极强烈的焦点，具有极顽固的惰性。心理医学知识是最佳的“润滑剂”。

反馈三

“强迫症状的消失，只是万里长征的第一步”，强迫性格的扭转改造，才是万里长征的终极归宿。我深刻认识到，改造性格是不能像治疗强迫症那样依靠反馈灵感，改造性格主要依靠提高自我认识，反复实践。否则，只能守株待兔。

明知故犯的强迫状态，电子计算机程式单调死板循环的物理通路，截夺了纵横交错的生物通路，但计算机单调循环是受人为的源程序（算术语言）的作用控制，这一环节薄弱则全局皆败。

强迫状态是纯物理机械作用，通过自我心理反馈，纠正输入源程序，灵活多变，反复实践，定能化强迫状态为松弛状态，但这一过程是紧张而繁琐的劳动，只有通过这一过程，才能“淘尽黄沙始见金”。除此之外，别无他路。

强迫状态的强迫频率 P＝F(t)是时间 t 的复杂函数，函数关系式 F 受空间的影响。根据自我经验，绘出理论——经验强迫频率曲线 P＝f(x)。x 代表情绪及心理状态，f(x)代表 x 的几率密度（性格在生活中的分布规律）。

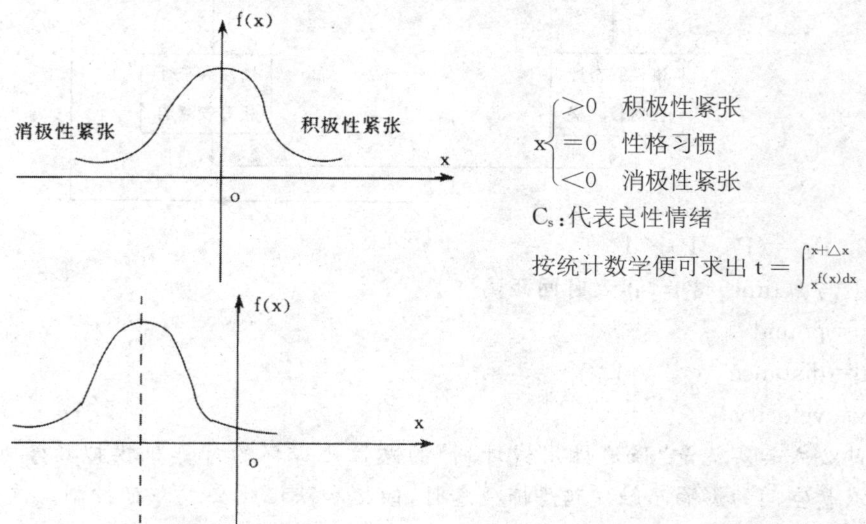

当反馈属正值时，强迫频率曲线 P＝f(x)向左移动相应距离；当反馈失真属负值时，曲线相应右移。据此曲线可估测某种程度上强迫状态所持续的时间 t，即对 x 的积分，见上图。

以上过程可用下面的三重循环图进行简明模拟：

1.“激光、聚焦、熔化、消失”，“针锋相对，多见不怪”，“见怪不怪，其怪自败”。我就是通过这一过程开控制强迫性“恐惧硬物反应”的。它使我以前的“怕”字消失，轻松百倍。

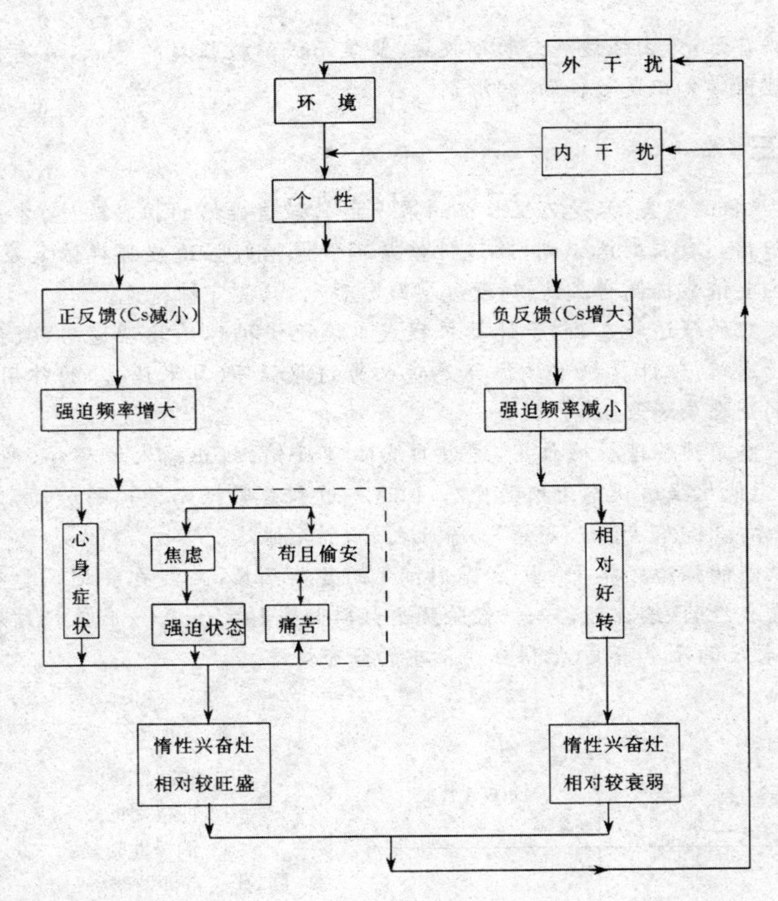

2. $P_{dv}=(P_{DV}/P)\times d$

d:与 t(time)谐音,代表时间距离

p=pound

d=distance

v=velocity

此公式其实就是“强迫性用钱计划”的恶性死循环的计算机模拟数学表达式。每当我受空间的影响而触发起恐怖观念时,回忆和默记此公式即可控制。这一效果非常明显,至今未再出现过强迫状态。

3.“三部曲”

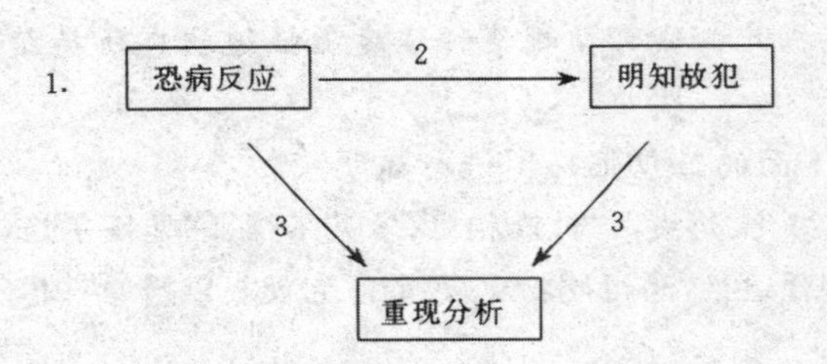

心理同行为的关系是一一对应的关系，明知故犯便是“喧宾夺主”，没有与之对应的行为的“恐病反应”是“喧宾夺主”的必然结果。任己自然，即使受空间的影响联想起“恐病反应”时，即重复出现荒谬之时，科学地剖析它即能转入轻松愉快的境地。利用“三部曲”则使“恐病反应”所致的强迫性回忆消失。

以上三个公式，便是我最完美彻底的负反馈。以正驱邪，方能有备无患。但它也是相对的，单调反复的良性刺激也会造成紧张而使控制失败。所以同强迫症作斗争是一项艰苦而又十分灵活的工作。这是由“惰性兴奋灶”的顽固性所造成的必然结果。

急于求成，定会欲速则不达；只有步步逼近，才能使“惰性兴奋灶”步步倒退，最终使它全线崩溃。最完美的负反馈信息，匹马单枪，也能长驱直入，直捣“惰性兴奋灶”的心脏。但偶尔它也会停止不前，寸步难行，甚至濒临绝境而无可奈何。难怪乎“毅力是永久的享受”。

“惰性兴奋灶”好比是一个光源点，先得发隐索微，方能斩草除根，然而只有圆满的方法才能形成正反馈系统。差之毫厘，谬之千里，难怪以前吃药打针，日趋严重，求神拜佛，无济于事。痛定思痛，痛何如哉……

反馈四

强迫性的“惧怕硬物反应”，虽只能是基本消失，但“惧硬反应”的强迫规律，我已搞清楚了。我能用行为心理学原理对它进行较完善的解释。只要我乐观向上，用多种文娱活动和学习，去充填“惰性兴奋灶”，再加上“激光、聚焦、熔化、消失”，“见怪不怪，其怪自败”的心理疗法，不断地摸索经验，则“惧硬反应”的绝对消失，指日可待。

自我心理疏导疗法，是如此的奇妙，从此以后，我再不会为那枯燥无味的强迫而焦虑烦闷。此时此刻，我心中已孕育出一个难以抑制的渴望——不理解我的好人，则极难猜测，我只渴望将来能有个理想的普赛克，帮我摆脱终生的孤单。

奇妙的心理疏导医学啊，您是如此的耀眼闪光！可我在此之前却不曾丝毫晓得，以至我上了愚蠢的大当，求神拜佛，要求住院，是我的奇耻大辱，为此我痛心疾首。那是因为我痛不欲生，我在死亡线上徘徊，最后才做出的可怕选择。我为何信神，那更是无奈，求神拜佛后的1983年10月，是我可怕的绝望时刻，但我没有不顾全家的悲伤而悄悄地离开，我是父母心中的主梁啊！

心理疏导疗法，我形象地称之为及时捕捉那稍纵即逝的瞬时闪光。一旦给我巧妙的装置，即能纲举目张，我便欣喜若狂。啊，这就是我自己劳动的食粮，它凝结着知识、经验和顽强。

我要用我的将来，去证明我的过去，让时间替我做出最令人信服的回答，让可能的偏见豁然开朗，在奋起和沉沦之间徘徊，今天才确信，只有顽强地实践，除此，别无他路。

在疾病折磨最痛苦的时候，我都以绝望中的毅力，凭顽强坚持至今，现在我应信心百倍地坚持下去！

我要分秒必争地整理好那记忆犹新、贵于生命的自我心理疏导疗法，在学习中改造孤单的性格，牢记自我约束六诀：

工作学习有劲，文娱休息愉快。
生活其他灵活，体魄强健即在。
自我全面修养，乐观谦逊自强。

关于性格改造，初见成效，可举一例来略见一斑。这次暑假刚进家门，父母亲就匆忙往我衣袋里硬塞进一个所谓的"护身符"。鉴于当时，我只能视而不见。事后我千方百计，见缝插针地开导、证实，终使父母心服口服了。我心里感到万分高兴，因为在以前这是不可能的。我的症状现已全部消失，世界对我来说是充满阳光，我感到从没有过的温暖和幸福。

反馈五

1. 通过鲁医师的悉心指导，再结合我自己的体验，我对疏导疗法有了一些初步的认识。

疏导疗法有些像自适应和自校正控制过程。患者的心理像一个有待控制的过程，而医生的作用则相当于一个自适应控制器或校正器。患者通过反馈材料向心理医生提供反馈信息。心理医生则由此一边了解患者的心理模型和心理状况，一边决定校正和控制的方法策略，并用疏导启发的方式告诉患者怎样校正，而患者则尽力按医生所指的方向努力，并把实际的校正结果通过反馈材料的形式告诉医生。如此循环下去，使得医生对患者越来越了解，患者对自己的问题也认识得越来越清楚，最后趋于痊愈。患者的优化程度在很大程度上取决于患者的认识程度，即"想通程度"。所谓"最优化"就是通过医生和患者的密切合作，尽量在最短的时间内使患者痊愈(即"彻底想通")。

2. 基于以上的认识，为了取得较好的治疗效果，将与自己病情有关的心理现象和过程适当地模型化也许是有效的。这里考察一下人的"刺激—反应"模型。

一般正常人的刺激—反应模式有两个基本点：

(1) 对经常出现的刺激往往能够做出较好的反应，即适当的对外行为反应和内部心理反应，并有较稳定的形式。

(2) 这种刺激—反应模式具有延伸性和不确定性。具体地讲，就是一个未曾经历过的刺激，如果与经常出现的刺激比较接近，那么同样会有较适当的对外行为反应和对内心理反应，这是延伸性。如果一个未曾经历过的刺激与常出现的刺激相差太大，那么相应的反应就带有不确定性，即可能是适当，也可能是不适当的。

探讨这两个基本点的形成机制及其特点，对探讨人的适应性和应急能力有较大帮助。

首先，第一点说明了人的心理素质越高，经历越丰富，对环境的适应性就越强。第二点则说明了人对陌生的环境或多或少地会有一定的适应能力，但同时又或多或少地会有一些不适应。延伸性反映了适应性,而不确定性则表明人的刺激—反应模式中有潜在的缺陷和不完善之处。人的刺激—反应模式如人的刺激—反应模式示意图所示。

我们不妨把刺激—反应模式的形成过程分为以下两种:

一种是被动的学习过程,就是简单地按家长、医师或患者、朋友的指点(姑且称之为"医生作用")行事,作出对外行为反应。同时相应地内心产生一种宽慰感或满足感,从而形成内部心理反应。这种过程在儿童中最多见,如患者被动学习过程示意图所示。

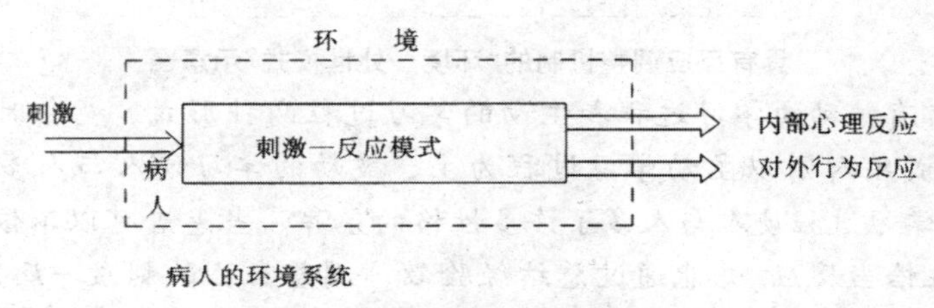

人的刺激—反应模式示意图

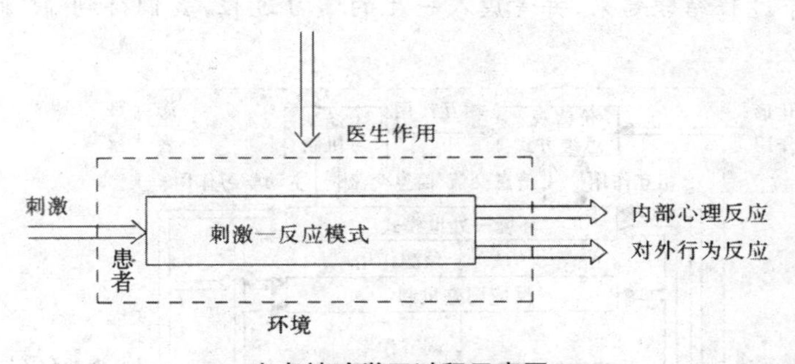

患者被动学习过程示意图

另一种是能动的学习过程,就是主动地从刺激——反应——刺激。这个从环境到主体,又从主体到环境的作用过程中总结出的一些规律,渐渐形成"环境—处世模式"。这个"环境—处世模式"由于把握了人—环境系统的一些规律性东西,因此它可以对一个未曾经历的刺激,预测主体(人)可能会产生的反应,也可以根据一个未曾出现过的反应去预测环境对主体的反作用——刺激。所以,一旦"环境—处世模式"形成,人就多了一个"刺激—反应模式"的调整机制,使人们"刺激—反应模式"具有较大的延伸性,并能对原模式进行调整改良,减少不确定性,减少潜在的缺陷与不完善之处,如具有反应调节机制的"环境—处世模式"示意图所示。

必须指出的是,"环境—处世模式"还同主体(患者)所受的教育以及思想方法、价值观念等相互影响、相互作用。这是因为人们对社会环境的认识受文化形态的制约和影响,同时,这些认识又反过来作用于社会文化形态。

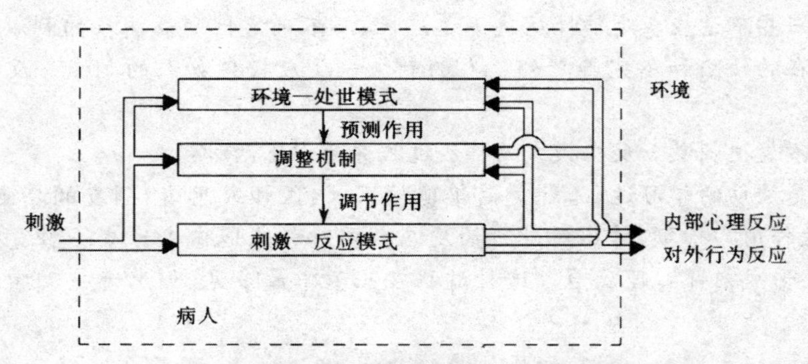

具有反应调整机制的"环境—处世模式"示意图

每个人都有被动的学习过程和主动的学习过程两种形式。童年时以被动的学习过程为主,成年人则以主动学习过程为主。被动的学习使人与人多了不少相同点,而主动的学习过程使人与人多了许多性格的差异。当患者可以不依赖医生作用而独立地产生恰当反应,并能通过总结经验教训调整自己的刺激—反应模式时,就可以说那个人有了独立的人格。

把这两个过程结合起来,并考虑人一生的学习过程,我们得到了"刺激—反应模型"(见图)。

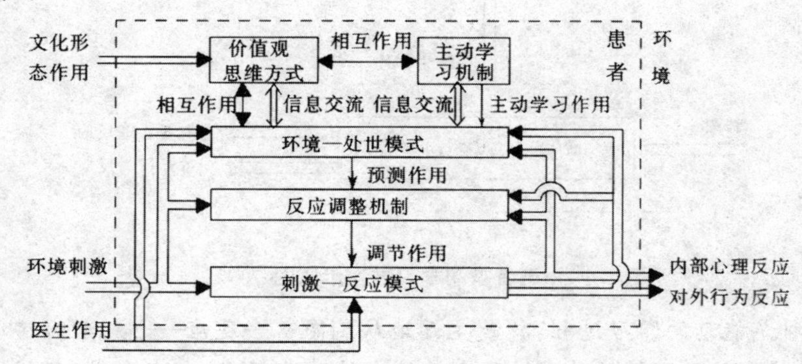

患者的"刺激—反应模型"

另外,这里对此模型仅作几点说明,详细的讨论留待将来。

1. 这个模型是为了给以后的讨论提供一个可供参考的心理学框架和一种可以贯穿始终、含义明确的叙述语言,并非一个完整的心理学模型。只是我对感兴趣的、有关的部分作了建模。系统的环境刺激也只是与问题有关的外界刺激;同样,系统的输出也只是与问题有关的反应。

2. 该模型是一个黑箱模型,模型内部各部分的划分及其功能的说明仅是为了今后讨论的方便而人为做出的,因此,自然还可以有许多其他的划分。

3. 在建立这个模型时,从大脑皮层的自组织自学习机制中受到许多启发。

第三章　疏导者(医生)应具备的条件、疏导技巧和要点

第一节　发挥主导作用

心理疏导治疗是一项极其复杂而细致的工作，在疏导者(医生)与被疏导者(患者)这一对矛盾中，医生是矛盾的主要方面，处于主导地位。医生的主导作用决定着医患双方能否造成一种信任、融洽、良好的关系，决定着患者的心理病理状态能否发生良性转化，决定着患者被阻塞的心理之流能否重新畅通。

医生的主导地位要求他充分发挥主导作用，而医生的主导作用的发挥程度则受他的品德和技术修养的制约。

医生的主导作用就是要求医生自始至终对患者发生良性影响。这种良性影响体现在以下几方面：

1. 要全心全意为患者服务。医生要排除名利得失等杂念的干扰，竭尽全力地投入治疗，急患者之所急、想患者之所想，从各个方面关心、体贴患者，忘掉自我，把一切聪明、才智、精力集中到为患者解除痛苦这一点上。

2. 要热情。医生心里要有一团火，使患者和医生一接触就感到医生是可亲的，是同情自己、愿意为自己解除痛苦的。医生的热情可以影响患者的情绪，为治疗创造一个好的心理条件。

3. 要诚恳。医生要把自己的心首先交给患者，用真实诚恳的态度去赢得患者的信赖，使患者感到医生是可靠的，认真、负责的，从而向医生敞开胸怀，积极配合。

4. 要踏实。医生在整个治疗过程中，要始终保持切实、冷静、沉着的态度和作风，事事处处显得扎实、安定、稳妥，力戒浮夸、急躁。医生要时时注意保持自己庄重的形象，既要亲切，又要严肃，既要密切接近患者，又要保持一定距离。心理疏导治疗从实质上来说，是医患双方的一种心理交流，只有依靠医生正确的思想去排除患者的病理心理，才会产生治疗效果，使心理阻塞得以畅通。医生一旦在患者心目中失去尊严，便不能发挥主导作用，这时医生的思想虽然正确，患者也不易接受。医生要言传身教结合，努力成为患者心目中的表率。患者是带着解除痛苦、求取生存的目的和心绪来到医生面前的，他的眼睛就像摄像机，他的耳朵就像录音机，他的心理就像电子计算机，医生的一言一行、一举一动统统会贮存在他的大脑里。有时候，医

生一句话、一个细小的动作都会在患者心理上留下深刻的印象。坏的印象不但会伤害患者的心灵，也会影响医生在患者心目中的威信。修养有素的医生不但要重视自己的内在品质，也应注意自己的仪表，做到态度和蔼，举止端庄，衣着朴素大方，整洁利索。所有这些对于激发患者治疗的信心，向往良好的预后，都能起到积极作用。

5. 方法要灵活。医生要用不同的方法对待不同的患者。不同的患者心理—社会因素不同，性格特征不同，心理阻塞的内容、方式和程度不同，疏导的方法也应不同，必须做到因人施治。这是向医生提出的较高的要求。医生只有经过艰苦的劳动，不断摸索患者的特征，不断改进治疗方法，才能完成心理疏导治疗任务。

当然，我们强调医生起主导作用，并不是说患者完全处于消极被动状态。医生的主导作用表现在辅导患者掌握解决心理冲突、战胜疾病的方法，使患者发挥自我调节机能。可以把医生喻为心理疏导治疗过程中执“钥匙”的人，因为一个高明的医生能够打开各种患者不同的心理之“锁”，使患者从痛苦的深渊中解脱出来。但是一个高明的医生决不应总把“钥匙”握在自己手中，而要善于教会患者自己学会使用这把“钥匙”，主动去打开战胜疾病的大门。如果能启发诱导患者自己制造“钥匙”，结合自身情况，对付随时可能出现的新的心理阻塞，打开新的阻塞之门，那自然更胜一筹。方法灵活，这对于心理疏导治疗来说，较之于其他领域显得更为重要，它是关系到心理治疗成败或疗效大小的主要条件之一。善治者使人得其法，或者说，使人得其法必须善治。医生要善于启发患者抓住要领，能够举一反三，掌握很多的“钥匙”。这是最最重要的，否则，患者离开医生以后，遇到新的心理—社会刺激，出现新的心理阻塞，就又会一筹莫展了。

6. 学识要渊博。医生会遇到各种各样的患者，患者会表现出各种各样的症状，会提出各种各样的问题。医生就像一部“字典”或“百科全书”，能够从容地应付这一切，并能旁征博引、机智生动、无可辩驳地说服患者放弃自己的错误想法，接受医生的正确思想，从而战胜疾病，这些要求远非才疏学浅者所能达到。

心理疏导疗法是一门艺术，医生在治疗中应努力设法营造一种轻松、愉快、生动、活泼的气氛。心理治疗中气氛的好坏直接影响着治疗效果。好的气氛能使患者对治疗产生浓厚的兴趣，积极开动脑筋。医生在治疗时应有张有弛，既紧张又轻松，既严肃又活泼，但要防止华而不实的庸俗作法。心理疏导治疗是神圣的心灵转化工作，不能为博得患者一笑而不择手段，不能使患者嬉笑之后一无所得，要使患者在每次治疗之后，在对自身疾病的认识或战胜疾病的实践能力发展上都有所进步。

医生要善于根据患者的年龄、性别、文化水平、性格特点和心理状态准确确定每一步骤的治疗内容，怎样开头、怎样展开、怎样结尾都要胸有成竹，透过生动、活泼的疏导过程，激发患者独立思考的能力，主动探索自身心理病理的规律，培养和发展患者的意志品质，从而使患者振奋精神，克服困难和阻力，不断向上，使症状逐步消失，使疗效逐步巩固。

如果治疗气氛过于平淡,容易使人疲劳,不利于激起患者活跃的心理火花;如果治疗气氛过于高昂,则容易使患者兴奋过度,这些都不适宜于心理疾病患者的心理特征。因此,医生对心理疏导治疗中的气氛要掌握得有节奏、有起伏,不断地使患者的心理向良性转化。

第二节　做好信息收集

信息的利用是心理疏导疗法的根本手段,没有准确、足够的信息,心理疏导治疗就无法进行。

诊断与治疗是心理疏导疗法的两个基本环节,两者紧密联系,不可分割。前者是对疾病的认识过程,后者是引导患者战胜疾病的过程,这两者都离不开信息收集工作。

正确的诊断是有效治疗的基础和前提,只有准确无误地了解患者所患疾病的症状、心理等等,才能诊断为何种疾病,才有可能对症治疗。诊断的失误必然招致治疗的失败,甚至加重病情,给患者增加痛苦,而正确的诊断只有通过心理信息收集才可能得出。

治疗过程中患者心理病理不断发生变化,只有不断进行信息收集,才能不断调节治疗系统,逐步达到最佳疗效。

信息收集工作不能排斥必要的辅助检查手段,但决不可将辅助检查当作信息收集工作的捷径。心理疾病不是物理化学检验数据的总和,单纯的辅助检查不能获得足够、准确的信息,只能反映疾病的表面现象。因此,不能用辅助检查代替心理信息收集工作。

临床实践证明,对疾病的认识过程是非常复杂的。患者的心身因素是互相联系互相制约的,疾病的发生发展变化是错综复杂的,原因是多方面的,只有从不同角度、不同侧面、不同层次进行信息收集,全面细致深入地考察,才能认识疾病的本质、特点、规律和变化状态,才能采取正确的治疗方法。例如有一被外地医院诊断为精神分裂症的女患者(已治疗 4 年无效),转来后经细致咨询,患者自述:"我是独生女儿,从小自尊心强,固执任性,爱清洁,从不吃别人的东西……自从孩子得了肝炎以后,我看到书上说到处都有细菌,就开始怕细菌,手和衣服都要反复洗,还要用开水烫,自已明明知道不需要这样,但总控制不住。我爱人故意把我洗好的衣服扔到煤球和粪堆上,向我手上吐口水,以后我就不洗衣服,不换衣服,看他怎么办。从此也不愿见人,不想活了……"经诊断不是精神分裂症,而是强迫症,于是对症进行疏导治疗,结果痊愈。再例如,一女患者,30 岁,6 年前因子宫出血在乡医院就诊,医生当着其他患者面随口定论为"流产"。患者说:"我还没结婚。"但医生不置可否。由于医生没有询问病史,又不考虑环境,不但诊断错误,且将"流产"之说传出,患者在部队服役的对象听说后坚决要求解除婚约。此后患者经别的医院详细会诊，诊断为功能性子宫出血，很快治愈，但患者心理上受到了严重创伤，后出现腰酸背痛、便溏等症状。患者又一次到乡医院求治，医生仅根据转氨酶（GPT）偏高又误诊为慢性肝炎。患者否定，医生竟粗暴地说："你懂什么？我是医生！"患者又到外地医院检查，结果一切正常。患者到乡医院将情况告诉医生，不料医生竟极不负责地说："你是神经官能症，不看死不了，看也看不好！"患者听了心里很难过，连续恶心呕吐，后来一吃东西就呕吐，整天心慌头痛，彻夜不眠，逐渐消瘦，卧床3年不能活动，反复治疗均无效。后经我们详细询问，将心理、躯体症状全面联系考察，确诊为心身疾病，然后进行心理疏导治疗，全部症状很快消失，身体痊愈。以上两个典型病例足以说明，是否重视信息收集工作在治疗和诊断效果上是大不相同的。

疾病的本质是通过症状表现出来的，但有的症状可能是假象。而且同一种疾病在不同的患者身上其临床症状往往也大不相同，即使在同一个患者身上，在疾病的不同发展阶段和在不同的心理—社会因素影响下，其临床表现也会有所不同。因此，医生在信息收集工作中要多看、多问、多听、多想，才能准确地把握疾病的规律，准确地把握患者自身的抵抗力和心理状态，准确地把握这一患者与其他患者的区别和联系，因人制宜、因地制宜地诊疗患者。

要做好信息收集工作，必须有高度的责任感、科学的方法以及勤奋踏实的工作态度，遵循普遍规律，从具体患者出发，去占有丰富的、真实的、关键性的材料，站在高处，抓到实处。信息收集工作要实事求是，一切从患者的实际出发，不凭主观想象，不凭表面印象，不凭零零星星的片断材料，而是要全面、细致、深入地考察患者的年龄、性别、职业、伦理道德观、经济状况、经历、信仰、生活方式、文化程度、卫生知识水平、性格特点、家庭状况、社会关系、既往病史、患病时间、临床症状、对疾病的认识、当下情绪以及疾病的发展变化和预后等等方面的情况，然后再反复进行比较、分析，制定正确的诊疗方案。一个正确的诊疗方案往往要经过从临床实践到认识、从认识到临床实践的多次反复才能成功。

胸无全局、保守僵化、主观武断、冒险蛮干、讲话不掌握分寸、不着边际、不尊重患者等等，都会伤害患者的感情，都会导致信息收集工作的失败。

在没有取得患者信任的时候，患者往往不愿讲出内心的隐秘。信任是从患者感受对自己的关心体贴、高度负责等高尚品德后才建立的。因此，只要诚心诚意地同情患者、关心患者、尊重患者、视患者如亲人，努力建立起医患之间的鱼水关系，哪怕患者有铁石心肠、冷若冰霜的病态心理，也会感受到温暖，会向医生敞开心扉，讲出自己的真实情况，包括那些"难言之隐"。例如，有一位患者（大学教师）在反馈材料中写道："在医生耐心热情的讲解、启发、帮助下，我思想斗争十分激烈，我深深地被感动了，战胜疾病的信心增强了，为了让您给我彻底治好病，今天我决心把埋在我心头多年的病因向您讲出来……"又如一位患者（大学生），长期失眠、焦虑、紧张，每天控制不住胡思乱想,医生从各方面诱导启发他谈出自己致病的心理—社会因素,他都予以拒绝。医生毫不急躁,耐心地跟他进行了几十个小时的接触和谈话,他终于暴露了自己的思想:“我认为人与人之间没有什么真实可靠的感情,如果你把真心话讲给最要好的朋友听,一旦与他的利益不吻合时,他就会毫无保留地把你出卖掉,这是我在实践中经受过的教训。”正是这一思想,导致了他的强迫症。再如有一位青年教师,四年前恋爱对象抛弃了他,从此他脑子里不断出现对象的名字,回想对象的好处,不能自已。经住院治疗,服用大量抗精神病药物均无效,多次自杀未遂,表现消沉颓废,丧失了一切兴趣,病情越来越重。开始接受心理疏导治疗时,医生要求他谈病因,他断然拒绝,说:“我不愿做那种痛苦而不光彩的回忆,因为她作为女性已经作出了最大的牺牲。从心里讲我很想和她在一块,但实际上已经不可能了。我衷心祝愿她工作顺利、生活幸福。酿出的苦酒我一个人终生来喝吧!我不麻烦您了,但我能坚强而理智地度过自己的一生……”从此他不再来心理门诊看病。医生深切地了解并同情患者的痛苦,下决心要治好他的病。于是医生给他打电话,但他不接;医生给他写信,他也不回信;最后医生就亲自登门拜访,终于感动了他。他说:“我永远忘不了医生的恩情,在医生的身上我感到了温暖……”他谈出了一直不愿告诉别人的内心的最大痛苦。医生获得了真实信息,对他进行了精心的疏导治疗,症状很快消失。两个月后,恢复了正常工作。后来他给医生来信写道:“四年来,我多次徘徊在死亡线上,是您拯救了我的灵魂,使我明白了自己生命的意义和价值,鼓起了我继续工作的勇气。因此,我只有在今后的工作中埋头做事,勤奋学习,做出成绩,才能报答您及其他所有关怀我的同志的恩情。”

由此可见,精诚所至,金石为开。医生对患者的诚心,以及伴随而来的耐心、细心和热心,这是最能打动患者的,也是做好信息收集工作的关键。

第三节　培养治疗情感

心理疏导治疗的目的和任务,从根本上来说是依靠医生对患者知识的传授和理论说服并引导实践得以实现和完成的。但如果因此就忽视了感情在治疗过程中的作用那就未免失之偏颇了。实际上,在心理疏导治疗中,医患之间良好的情感关系是不可或缺的,有时甚至是非常重要的。医患之间良好的情感关系对心理疏导治疗会产生积极的影响:它有利于患者建立自信心,增强求治欲望和治疗勇气,产生意向,调动能动性,产生新领悟;它会使医生增强责任感、耐心、毅力和钻研精神。

心理疏导治疗过程是医生的心理疏导需要和患者的被疏导需要两者相互映照的过程,是医生和患者之间心理互相交通的过程。医生的治疗情感是医生内在的治疗需要在治疗实践中的外显。患者通过对医生治疗情感(如热情或冷漠、友爱或嫌恶等)的感受,形成自己的治疗情感。患者是在医生关怀爱护下获得信心和勇气的,对医生的情感渴求是每个患者都有的。医生不友好的治疗情感与患者的心理渴求格格不入。医生在患者没有良好的治疗感情的情况下施治，往往不能取得理想的治疗效果，甚至引起患者的对抗性心理。医生从行为、心情、言谈中表达出来的友爱和情感使患者受到感染、得到鼓励，从内心产生对医生的喜悦、希望、寄托、信任和尊敬等情感，从而使大脑皮层处于良好的兴奋状态。在这种情况下，患者就能很好地接受医生的治疗，并密切配合，从而取得良好的治疗效果。

人的认识活动与人的情感倾向是紧密相关的，认识活动伴随一定的情感，在一定的情感影响下进行。人们的情感影响人们的认识能力和效果。在心理疏导治疗中，医生的情感影响患者的心理状态，影响患者的认识和实践能力。患者良好的治疗情感，则是医生进行心理疏导治疗的前提。在治疗过程中，医生把热爱患者的情感投射到患者的心里，患者就会产生强烈的感应。这样医患之间就会有心心相印的体验。这种情感的一致，会引起心理的共鸣，这时患者对于医生的心理疏导治疗的可接受性最强，治疗效果最佳。一般地说，在心理疏导治疗中，医生对患者应先动之以情，然后晓之以理，而晓之以理又能进一步动之以情，于是情理交融，相互作用。

在心理疏导治疗中，如果医生具有先进的思想、优良的品德、高尚的情操，那么他的良好情感就是一种自然流露，而不是勉强的、做作的、虚情假意的。自然流露是美的、感人的，也是持久的；虚情假意是丑的、令人反感的，也是短暂的。几乎所有的心理疾病患者对医生的心理反应都是极其敏感的，医生的虚情假意很快就会被患者洞悉，而患者一旦洞悉了这一点，那么对医生的信赖也就随之消失，配合和合作也就不可能了。然而，心理疏导治疗是不能没有患者的配合和合作的，因为心理疏导治疗的目的和任务只有医生和患者的通力合作、并肩战斗才能实现和完成。所以医生一定要加强自我修养，真情实意地对患者怀着满腔热情，使患者真切地感受到关怀、爱护和温暖，好好地接受治疗。

在心理疏导治疗中，患者的治疗情感关系到治疗的成败。当患者对医生充满信赖时，就会遵从医嘱，认真地执行，做到言听计从，即使遇到困难也会充满信心，艰苦奋斗，争取胜利。反过来，患者良好的反馈回路，又会激发医生的治疗感情，增强治疗信心，想方设法、千方百计给患者更多的关心、更好的指导，进一步激发患者的治疗情感。医生和患者之间这种良性的双向反馈在治疗中是一种很大的动力，对疗效会产生很大的积极影响。

一个态度冷漠、言行粗暴、处理问题简单生硬的医生，不可能唤起患者的治疗信心，不可能培养患者的治疗感情；一个不热爱自己的事业、玩忽职守的医生，不可能调动患者的治疗能动性，不可能激发患者向疾病作斗争的坚强意志。总之，这样的医生是不可能医好患者的心理创伤的，也不适合从事心理治疗工作。

还有一点需要说明，在心理疏导治疗中，对患者的表扬和鼓励更能调动患者的积极性，培养患者良好的治疗感情。必要的批评则要恰到好处，尤其态度要诚恳，使患者感到对他的关心和帮助,以不影响患者情绪为度,一旦影响了患者的情绪,必须立刻进行解释和抚慰。绝对不可以粗暴地训斥患者,那会造成患者的自卑感、对医生的恐惧心理或对立情绪,后果将不堪设想。在临床实践中,医生对于那些能动性强、疗效又好又快的患者感情容易融洽,这是没有问题的。问题是对待那些能动性差、疗效差的患者怎么办?医生应该更加热爱、关心他们,更多地帮助他们,促使他们转化。虽然做到这样极不容易,但作为心理医生一定要尽最大努力。

第四节　加强语言艺术修养

语言是心理活动的必要条件,是人与人之间交往需要的产物,是一种特殊的社会信息。

在心理疏导治疗中,语言是最基本的工具,它是沟通患者与医生心理的桥梁,是相互联系、相互交流、建立情感的纽带。它有着神奇的力量,使一个人从悲、愁、忧、痛走向喜、乐、愉、悦,发生心理状态的转变。

心理疏导中的语言涉及语言学、逻辑学、文学、声学、心理学、生理学、社会学等多门科学,包含着丰富的内容。一个医生不仅必须具备丰富的医学知识和高超的医疗技术,而且必须具备高度的语言修养。这对主要靠语言来防病、治病的心理医生来说尤为重要。从事心理疏导治疗的医生缺乏语言修养,就如一个木匠不善用锯子一样蹩脚。心理医生必须重视对语言技巧的训练。

医生必须掌握丰富的词汇、语法规则和逻辑规律,这是语言训练的基本内容。因为只有这样才能使语言准确、鲜明、生动。词汇贫乏,总是那几个词,总是那几句话,不可能做到准确、鲜明、生动;语法错误和逻辑混乱,也会使人感到软弱无力,不知所云。词汇丰富,可以选择那些最恰当的词进行表达、描述,做到准确;词汇丰富,可以使用那些最贴切,最形象的词,增强表现力;词汇丰富,可以不断变换词汇,避免重复,增加新鲜感;词汇丰富,可以出口成章,口若悬河,增强说服力。同样,正确的语法和严密的逻辑,不仅使语言准确,而且能增加力量,使人无可辩驳地接受。

在心理疏导治疗中,医生要一边说、一边听、一边看,根据患者的反应,随时调节自己的语言,这就是灵活性。灵活性是对医生提高语言修养的又一个要求。医生要善于对自己的语言作出肯定或否定的判断,肯定的应加强,否定的应改变,灵活巧妙,运用自如。

在心理疏导治疗中,医生使用语言要谨慎,力戒错用、乱用。过分的夸张,不恰当的形容和比喻,艰涩的词句,粗俗的俚语和通行面狭窄的方言都不能准确、鲜明、生动地表达科学概念和描述复杂微妙的心理现象。有时,一句话不到位就可能使患者丧失信心,或造成医患关系紧张,以致前功尽弃。

在心理疏导治疗中,医生的语言要尽可能做到通俗明了、条理清楚、逻辑严密、新鲜活泼、凝练隽永、幽默传神、意味无穷，这样就可能引导患者沿着医生语言的路子打开思维的通道，积极地进行思维。医生运用干净利索、中心突出、提纲挈领、符合患者实际的语言，常常能在患者记忆的荧光屏上留下难以磨灭的印象。相反，医生语言的含糊不清、模棱两可、自相矛盾等等都会给患者造成思想上的混乱。而拖泥带水、单调刻板的语言，则可能成为抑制的信号，促使患者大脑皮层的疲劳。这不仅会影响疗效，还可能给患者带来不良影响，甚至造成医源性疾病。

在心理疏导治疗中，医生如何巧妙地运用语言艺术，将抽象的事物讲得具体形象，将深奥的道理讲得通俗明白，动之以情，晓之以理，引人入胜，激发联想，这确实不易，但又必须努力做到，这就不得不加强医生的语言艺术修养。

医生在与患者交谈时应视不同的对象和不同的情况有所变化，有时需要提高声音，引起患者的注意；有时需要重复，加深患者的印象，对于富于暗示性的患者，语言要明确坚定，带有命令性；对于癔症患者，在关键之处，语言要适当夸张，富于感情色彩；对抑郁性和心因性患者，语言要温和，充满同情；对强迫症患者，论证要逻辑性强。对于不同年龄、性别、文化程度的患者也应注意针对性。

虽然我们要求医生的语言要丰富多彩、引人入胜，但千万不可过分，千万不可忘了质朴。在心理疏导治疗中切忌花言巧语，玩弄辞藻，凡是用通俗质朴的语言可以表达、描述清楚的地方，都不应故作姿态甚至故弄玄虚。

第五节　注意科学性、趣味性相结合

心理疏导治疗是一门科学，有着严密的科学体系。疏导的内容是用各种科学知识排除患者头脑中各种虚妄的、扭曲的、错误的认识。科学的内容需要与之相适应的科学态度和科学方法。心理疏导疗法的理论和方法是科学的，但它必须与具体的疾病和患者相结合，要求实事求是、从实际出发，符合疾病和患者的实际，要求科学的调查研究和科学的思考。总之，心理疏导治疗中的任何一个环节稍一失误、偏差，都会影响治疗效果。这就是心理疏导疗法的科学性。

但是，心理疏导疗法绝不是枯燥乏味的。医生如果能够针对患者的实际，讲得见解精辟，语言优美生动，饶有趣味，引患者入胜，就可以像磁铁一样吸引住患者。这正是我们要对医生提出的科学性与趣味性相结合的要求。

用文学艺术的手法，解释、阐述一些抽象的理论概念，把深奥的科学知识和复杂多变的心理生理病理现象，讲得通俗明白、形象生动、趣味盎然，使患者听之难忘，这是心理疏导治疗所需要的。科学是一种抽象思维，但在抽象思维与形象思维之间并没有一条不可逾越的鸿沟。医生可以同时运用两种思维形式，把它们巧妙地结合起来，达到理想的治疗目的。

医生不仅要透彻地掌握心理疏导疗法的理论，熟练地驾驭心理疏导疗法的方法,深入地了解患者的实际情况,平时还要加强学习,广泛涉猎,既专又博,用自然科学知识、社会科学知识、文学艺术知识全面武装自己。医生平时还要注意广泛收集各种可供运用的宝贵资料,如生动的文学、历史、科学故事,有趣的问题,发人深省的名言警句,富于哲理的谚语、成语、诗词、歌赋、寓言、笑话,耐人寻味的典型事例,值得反省领会的论断,能开阔视野的各种知识,等等。这些资料如果运用得当,就能达到寓抽象于形象、寓哲理于情趣的目的。例如,医生在讲解性格类型和性格缺陷时,如能把患者熟悉的文学艺术作品中的典型人物的性格特点穿插进去,就比从概念到概念的抽象论证显得生动活泼,有利于激发患者的兴趣,并加深印象。

如果医生在治疗时不注意趣味性,只死扣概念和专业术语,不管患者愿不愿意听,能不能接受,这样,患者很快会对治疗不感兴趣,并可能导致治疗的失败。

在心理疏导治疗中,科学性与趣味性相结合的原则应该普遍运用,以提高治疗效果。但是应该强调指出,科学性是第一位的。心理疏导治疗从根本上来说是科学知识的传授。因此,医生必须明白,对趣味性的追求不是哗众取宠,博得患者一笑了之;不能舍本求末、喧宾夺主,以致破坏治疗的科学性。讲求趣味性是为了更有效地阐明科学道理,使患者易于接受、易于理解、加深印象。科学性与趣味性要互相结合,并行不悖,相得益彰。

第六节　掌握循序渐进原则

循序渐进是心理疏导治疗的重要原则。这个原则既反映了心理疏导治疗体系的有序性,也符合患者认识疾病的有序性,这两者是一致的。

患者认识疾病与人类认识客观世界一样都是有次序的,即从个别到一般、从具体到抽象、从感性到理性、从疾病症状到疾病本质这样一个过程。心理疏导治疗应该遵循这一认识次序。疏导的内容应该先谈浅近的、基本的,再谈深远的、难度大的,并采用必要手段使患者先用感官直接感受,然后上升到理性认识,再进行能动的实践。每次治疗都要考虑患者的接受能力,考虑治疗内容的前后衔接和联系,哪些是患者容易掌握的,哪些是重点和难点等等。有了"循序"这个前提,"渐进"就有了基础。

医生要做到循序渐进,必须做好信息收集,做到心中有数,否则就谈不上治疗中的循序渐进,治疗时,不是失之太浅,就是过于艰深。太浅,往往只在患者印象中一掠而过,留不下痕迹;艰深,则会使患者感到困难重重。这两者的结果都只能使患者的认识来回滑动或止步不前。医生在了解患者情况后,要一点一点去做,一步一步前进。如果贪多求全求快,则欲速不达。少则得,多则惑,医生一次讲得很多,患者所得往往很少。医生讲得面面俱到,患者反而感到模糊,结果事倍功半、劳而无功。如果医生虽然讲得不多,但都被患者听进去了,那就是一个进步。循序渐进从全局看、从长远看，患者得到的更多、收效更快。古人谈兵法云："地有所不争，途有所不取，城有所不攻。"在心理疏导治疗中也是如此。为了攻下这一座主要的心理冲突关，就要暂时放弃其他的心理冲突关；为了吃掉这一部分主要的心理之敌，就要暂时甩开其他心理之敌。如果逢关必攻、逢敌必克，那么必然四处分兵，不仅不能克敌制胜，还有被敌人吃掉的危险。取与舍、得与失、快与慢、急与缓都是相辅相成、互相转化的。

循序渐进必须是扎扎实实地前进，做到攻必克、战必胜，抓住一个问题就要透彻解决，然后再前进。不能这个问题摸一摸，放下了，那个问题再摸一摸，再放下。这样什么问题也没有解决，不能前进半步，同样违背了循序渐进的原则。

循序渐进过程中必然要遇到难点、难关，这时一般不应绕过。医生与患者要紧密配合，协调一致，下定决心，全力以赴，攻破难关。

循序渐进要一进到底，不能半途停步。有的患者浅尝辄止，略有进展就满足了，这样往往可能前功尽弃。例如一位病期十年的女性强迫症患者，经过三天治疗，主要症状基本消失，这时她就满足了，以为留点残余症状没关系，自己已经习惯，不去进一步认识疾病本质，也不去作艰苦的锻炼，结果其他许多患者从她初期治疗迅速获得进步的反馈回路中获得教益，受到启迪，努力奋斗，取得了进步，而她却停在原来的水平上，疾病迟迟不得痊愈。

如果是集体心理疏导治疗，为了得到循序渐进，则应尽可能安排同一病种及认识水平近似的患者在一个治疗集体中，免得医生顾此失彼，出现一种欲浅不得、欲深不能、前进艰难的被动局面。

第七节　指导患者做好信息反馈

心理疏导治疗过程中的反馈是指医生将治疗信息输送给患者，在患者身上发生作用，患者又把对这种作用产生的感受、体验等回输给医生。

在心理疏导治疗过程中，反馈回路是调控患者心理状态的根本手段，患者的每一次反馈都是医生下一步治疗的依据。医生的信息输出，患者的信息反馈，如此循环，就是心理疏导治疗的过程，是医生接受信息、使用信息的过程，也是患者接受信息、使用信息的过程。治疗使命的完成就是信息输出、信息反馈的流程的完成。医生将获得的信息经过加工输送给患者，这只是一次流程的一半；患者将自己的认识、联想、实践及其产生的心理状态信息反馈给医生，这种反面的输送，就是心理疏导治疗过程中的一次反馈回路。

医生在每次治疗后，要启发和鼓励患者及时思考、积极进行动机斗争。所谓动机斗争就是患者在几种不同的愿望、意图、行为之间难以抉择的心理状态。同时，医生要鼓励患者在写反馈材料时，大胆写、写真实、写具体，谁敢想敢写敢大胆联系自身,写深写细,谁就能充分暴露矛盾,展现心理活动的状态。医生可用“学而时习之”“温故而知新”“失败是成功之母”等名言警句,向患者强调做好反馈回路的重要性;明确告诉患者,在每次治疗后患者认真地回顾、检查,有所侧重地进行实践锻炼检验,进行反刍、消化,是保持记忆、加深理解、提高心理疏导治疗效果的必要条件。医生要启发患者独立思考,广泛联系自身,主动进行反馈。反馈回路不限于患者已知的现成的知识,还包括通过思考获得的新认识。患者认识和解决一个问题是一个由被动到主动的过程,即患者从医生那里得到治疗信息后,进行分析和综合,密切联系自己的实际,产生新的领悟,有所发现,从而努力向治疗的目标迈进。患者在反馈回路过程中作出的机灵的推断、丰富的联想、大胆的实践,是使治疗走向成功的宝贵动力。所以医生对患者在反馈回路中的点滴所得、微小进步,都要及时、充分地给予鼓励和肯定。

在集体治疗中,医生要引导患者相互启发,取长补短;在个别治疗中,医生要引用典型病例进行启发。一个思路灵活广泛、体验具体生动的典型病例的反馈材料会使患者受到启发和感染。很多心理疾病患者由于经过长期多种手段的治疗均告无效,治疗信心不足,最初接受心理治疗时往往抱着半信半疑的态度。医生如果能用活生生的实例现身说法,则往往使患者改变态度,心悦诚服,树立信心。拿出一个典型患者的反馈材料让他反复阅读,很可能使他心领神会,努力开拓,做出很好的反馈回路。

做好反馈回路有助于提高患者的治疗信心,提高分析矛盾、认识矛盾、解决矛盾的能力,使他进入广阔的联想海洋之中,产生很多的问题,并结合这些问题进行积极的动机斗争,通过动机斗争达到付诸实践的目的。医生要善于引导患者找出主要矛盾,针对患者的重点、难点提问,帮助患者突破难点。这样不仅能使患者的思路清晰,还能使患者了解心理疏导治疗的系统性,训练患者的主动性和思维能力。患者这样做出的反馈回路不易忘记,这就可以相对地缩短疗程,提高治愈率。

有一些患者在做出反馈回路过程中,不能自觉地产生积极的动机斗争和深入探索的欲望,以致使反馈回路发生转移或中断;有的患者则对反馈的重要性认识不足;还有的患者没有勇气反馈,这些可以说是心理疏导治疗中的老大难问题。这时,医生应设法培养患者主动积极地进行动机斗争的能力,引导患者而不是代替患者进行积极的动机斗争的探索。可以采用形象的、深入浅出的教育方法,提供探索积极的动机斗争的桥梁或阶梯。医生要有意识地设置一些使患者发现问题的情境,诱导患者学会探索积极的动机斗争的方法,养成反馈的习惯。

医生引导患者做好反馈回路应该注意的基本点有:

1. 医生与患者之间要保持一种和谐的气氛。医生在信息输出时态度要和蔼、亲切,使医患之间没有隔阂。医生的信息输出讲解生动活泼、形象具体、形式灵活多样,不就事论事,不从本本出发,而是从患者实际出发,将理论与患者的实践结合,同患者讨论交流，既有大量生动、形象、具体的实例，又有深思熟虑、深入浅出的理论阐述，见解新颖精辟，情趣横生。在讲解实例时，要选择使患者有同感的内容，力求能给患者以启发，不断出现激情和灵感，使患者始终保持愉快的心情，在轻松活泼的气氛中做好反馈回路。和谐的气氛能使患者的大脑皮层处于兴奋状态，易于接受医生输出的信息，并能联想自身，综合分析推理，还能举一反三，触类旁通。相反，医生与患者之间气氛沉闷、不协调，会使患者望而生畏，心理紧张不安，大脑皮层就会处于抑制状态，这种状态不利于接受医生输出的信息。这时医生应改变态度，和颜悦色，启发鼓励，患者的紧张心理就可能变为平静，兴奋代替抑制，出现灵感。当患者信心不足或处逆境时，医生要多给表扬鼓励，使患者在心理上产生某种满足感，产生愉快的体验，大脑皮层就可能逐步地兴奋起来。当然，有时也需要给患者以必要的批评，但必须从爱护患者出发，并掌握分寸火候，恰到好处，使患者乐于接受，从而发生转机。

2. 医生要心中有数，抓住患者主要的心理矛盾，启发患者树立求治欲望，引导患者去通过难关。医生要熟悉患者的经历和目前的心理状态，问题提得巧妙、有趣、科学、严密，有利于调动患者进行积极的思想斗争。要尽量避免枯燥呆板的发问，尤其要避免提出一些模棱两可、似是而非的问题，这些问题容易导致患者发生误解，使思想斗争走向相反的方向。心理疏导过程就是引导患者学和用的过程，要帮助患者学会不懂的东西并善于应用。疏导过程是由发现疑问、提出疑问、解决疑问组成的。一方面是医生向患者发问，一方面是患者向医生提问。由于医生在疏导治疗中起主导作用，所以只有医生善于发问才能引导患者善于提问，才能提高患者解决疑问的能力。可见医生的发问既是一种手段，又是一种艺术。例如，对强迫症、恐怖症患者讲解“怕”字之前，可首先向患者发问：“怕”的实质是什么？“怕”的原因何在？所“怕”的一切究竟存不存在？等等。然后根据患者的回答掌握患者的认识程度和病情，再分别给予讲解，这样效果较好。在患者心求通而未得、口欲言而不能的时候，医生要用巧妙的发问给患者指出思维的方向和寻找答案的途径。医生的发问要能创造出那种使患者感到惊奇的情境，激发患者的求治欲望和治疗能动性。医生的发问是为了引起患者的思考，否则等于白问，还不如不问。医生的问不仅仅为了解决疏导治疗中的某一个具体矛盾，使患者获得某一项具体知识，更是为了培养患者发现矛盾、解决矛盾的能力。医生要遵循认识疾病由具体到抽象、由感性到理性的规律，由浅入深、由近及远地发问。对于文化水平低、抽象思维能力差的患者，尤应这样做。

发问应是开动患者思考机器的钥匙和推进器，它能使患者的思考由潜伏状态转入活跃状态。医生的发问越尖锐，越有针对性，越在点子上，启发性就越强，越能引起患者思考的兴趣，并把思维活动不断推向前进。

医生在疏导治疗过程中，恰到好处地提问，以引起患者注意，让患者回答，比平铺直叙地讲述,效果要好得多。这是促使患者思考,提高患者认识,引导患者做好反馈回路的有效方法。

3. 医生要善于引导患者经过积极的思想斗争,不断努力探索需要解决的新问题,使认识转换深入进行。患者的反馈回路,医生应继续深入引导,能够使患者的认识得到进一步深化和补充。医生要追寻并获得患者的思绪,把潜藏在患者内心深处的隐情挖掘出来。这时,患者可能高兴发表自己见解,甚至与医生辩论,由被动转为主动,产生强烈的探索欲望,以致饭吃不下、觉睡不好,联系自己作广泛思考,自己去寻找答案。在取得胜利后,患者内心的愉快是别人难以理解的。这时医生要引导患者把取得的胜利作为探索、解决下一个矛盾、问题的起点。在取得胜利的愉快心理体验下,患者治疗的自觉性和主动性会进一步提高。为了调动患者治疗的自觉性、主动性、积极性,保护患者探索的情绪,医生应特别重视患者自己的新体验、新见解、新发现以及自我解决问题的独创性方法。如果医生硬拉着患者按照自己的既定设想去想去做,不让患者自己去寻找适合自己情况的方法,那么治疗效果将会很差。

4. 如果患者写不出反馈材料,提不出问题,或想不到点子上,医生要指导患者提高认识水平和寻找自己的心理体验。实际上有些做不出反馈回路的患者在治疗中不乏丰富多彩的体验,但患者视而不见。这就需要医生去帮助患者认识和分析体验。只要患者打开了思路之泉,反馈回路的材料就会源源涌出,不仅能总结出自己前进的经验,还能提出新的疑问。医生还要为患者创造一些条件,帮助或带领患者进行实践,鼓励患者积极参与社会活动,了解生活的意义和人生的价值,使患者不仅治有所得,而且得到巩固。这是提高心理疏导治疗质量的重要问题。

做好治疗反馈回路的重要性主要表现在如下方面:

1. 通过反馈回路能不断提高患者的治疗信心,发挥其潜力。

2. 在反馈回路中患者有所发现,就会产生治疗能动性的内在动机。

3. 在反馈回路中能使患者学会不断发现矛盾和解决矛盾的能力,在心理疏导过程中变被动为主动。

4. 治疗反馈回路因不同的患者和不同的病情而异,没有僵硬的固定模式,可以培养患者的灵活性,善于分析具体情况,实事求是地解决问题。

5. 通过反馈回路患者会不断发现自己的优势、优点和进步,从而产生愉悦的心情,给治疗创造良好的心理状态。

6. 反馈回路可以激发患者的治疗欲望,对疏导治疗中所探究的问题产生浓厚的兴趣,这样就可能加快治疗进度、缩短疗程,提高治愈率。

7. 反馈回路能帮助患者进行治疗前与治疗后、昨天与今天的对比,正确认识自我。

8. 反馈回路能帮助患者进行自我评价,仔细思考,反复锤炼,使心灵中疑惑的东西逐个得到解决。

9. 反馈回路可以使医生了解患者的病情和信心、能动性情况以及收获多少，还有什么问题、困难、要求等，从而及时调整治疗方法和内容，使治疗更有针对性、适应性。

10. 反馈回路可以加强患者认识、联想、记忆、分析等能力，从而巩固疗效。

11. 反馈回路能帮助患者认识客体与主体的关系，从而进行调整，增强自己应付环境的能力。

12. 反馈回路资料可以作为心理疏导治疗中客观评价患者疗效的依据，并可以作为其他患者的借鉴和参考，也可以用来增强其他患者的信心，它是病案材料中极为重要的一部分，也是一种财富。

第八节　鼓励患者树立坚强的自信心

在心理疏导治疗中，患者一定要有一个良好的心理条件，这就是自信心。否则，治疗难以进行。

为什么说，在心理疏导治疗中一定要使患者建立起自信心呢？这是因为：

1. 坚强的自信心能有效地诱发和提高治疗欲望和动机，调动治疗的积极性，促进转化，加速达到治愈的目的。

2. 坚强的自信心能发动和强化患者治疗的内在动力，促进治疗主动性，自觉不懈地配合治疗，努力克服困难和阻力，以完成治疗计划和要求。

3. 坚强的自信心能使患者增强自己的毅力，控制自己的注意力，全神贯注，不断联系自身，产生新的体验。

4. 坚强的自信心能使患者在治疗过程中看到希望，感到有盼头，不断产生欣慰愉悦的情绪，有利于患者在实践锻炼中刻苦、勇敢，突破难点。

5. 坚强的自信心能激励患者驱除精神疲劳，振奋精神，有利于逐步战胜各种心理病理症状。

6. 坚强的自信心能使患者充分调动各种有利因素，发挥优势，缩短疗程。

在心理疏导治疗中，患者取得疗效的大小与患者自信心的大小成正比。自信心直接影响治疗效果，包括远期疗效的巩固。不少长期用药物和其他方法治疗无效而丧失信心的心理疾病患者，在心理疏导治疗中经过医生的启发和实例的感染，树立了信心，感到异常愉快，就能接受治疗。随着治疗的深入，患者的认识不断提高，疗效不断增加，信心就会越来越强，精神状态就会越来越好，又会进一步促进疗效。

患者的自信心不是凭空产生的，它来源于医生疏导的得法、得当和得力。患者一旦有了信心，疾病的治愈就有了希望。例如一位 24 岁的男性强迫症患者，由于久治无效，对治疗失去信心，不堪其苦，想要自杀。在心理疏导治疗开始，医生让他阅读一份份同类患者经过疏导治疗获得痊愈的反馈回路材料，他激动地流出了眼泪，心理上发生了巨大变化。当医生鼓励他“要像他们一样去争取胜利”时,他坚定地回答说:“不,要稳拿胜利!”短短一句话表现了这位患者充满信心的心理状态。此时,他的心头确实充满了与顽疾斗争的必胜信念,呈现出最佳心理状态。结果,十年顽疾霍然而愈。

心理疏导治疗的临床实践表明,树立坚强的自信心对某些患者来说不是一件容易的事,而要把这种自信心化作与疾病斗争的实际力量,贯彻到自己的行动中去则更困难。没有自信心或自信心不能与治疗实践结合,落实到行动上,要取得治疗效果,只能是一种空想。

患者的自信心树立起来之后,还要不断巩固和强化。在患者取得一定治疗效果后,如不继续巩固、强化自信心,就会对治疗起干扰和破坏作用,甚至出现反复,重新丧失自信心。对于那些性格偏激、固执、任性、满脑子都是“病”字、“怕”字,视野和胸怀狭小的患者,更容易出现这种情况。他们在病情出现反复波动时,情绪马上就会低沉下来,怨天尤人,悲观失望,又认为自己没有希望了。这种情况,医生需要特别注意。

病情反复,出现逆境,这在心理疏导治疗的临床实践中是经常出现的。在心理疏导治疗过程中,任何患者都可能遇到困难和挫折,疗效不能顺利进展,出现停顿,有些患者甚至会暂时地又濒临绝境。那种一帆风顺、没有任何曲折的情况可以说是绝无仅有的。因此,在心理疏导治疗中,指导患者如何对待可能遇到的各种各样的困难和挫折,在发生曲折和反复时,特别是处于逆境甚至濒临绝境时采取什么态度,是垂头丧气、失去信心,还是顽强战斗、百折不挠,这是能不能获得疗效,能不能巩固疗效的重要问题。正好像爬山爬到半山腰,滑了一下,这时是吓破了胆,还是冷静沉着,是继续上,还是往回走。沉着冷静地继续上,山路更加崎岖陡峭,将要付出更大的努力和代价,然而山顶有无限风光;往回走,看起来是不费力气,然而下面是无底深渊、苦海无边。临床证明,治疗中出现反复、处于逆境并不可怕,可怕的是患者精神崩溃、丧失信心,结果前功尽弃。因此,这时医生要引导患者遇反复而不惧,处逆境而不馁,树立坚定不移的自信心,高瞻远瞩,临危不惧,一往无前,力挽狂澜,顽强战斗。只要坚持下去,任何困难、障碍都阻挡不住患者前进的步伐。而每战胜一次反复和逆境都能使治疗取得大的进展,使疗效获得进一步的巩固。这种胜利的取得首先是来自坚强的自信心。所以,患者自信心的建立是心理疏导治疗的起点和基础。

培养患者的自信心要注意以下几点:

1. 要做好对患者治疗前的接待工作。患者初次接触医生,医生留给他的印象极为重要。患者是怀着各种复杂的心理来求医的,或者是由家属逼来而自己毫无信心的;或者是来试一试,碰碰运气的;或者是孤注一掷,抱最后一次希望的;或者是慕名而来,寄予很大希望的。这时,医生应热情接待,同情患者的不幸,关心患者的痛苦,表现出极大的诚意,同时明确告诉患者,他的病可以治愈,并尽可能地以实例证明,使患者有直接感受。医生的人道主义情感，会使患者受到强烈感染，痛苦的心由此得到安慰，这本身就是一副最好的灵丹妙药；而活生生的实例使患者看到了光明，更易于接受医生的诊治。在这种情况下，患者即使尚不能一下子树立坚强的信心，至少也会增加希望。

2. 医生应向患者讲清心理疏导的目的和意义。患者一旦了解了心理疏导治疗对自己的现实意义和长远意义，就可能产生强烈的治疗欲望，明确奋斗目标，并把艰苦的治疗当成一种奋发图强的乐趣。

3. 医生要向患者准确透彻、深入浅出、简明易懂地阐述心理疏导疗法的理论。患者一旦确认医生的理论是科学的，就会对医生产生信任感。

4. 医生要向患者进行实例分析。医生通过对一个病情相同或类似的患者治愈过程的有声有色、准确明了的叙述和分析，会把患者引入同感境界，使患者不知不觉地从原来焦虑抑郁、紧张不安、颓丧失望的病态心理中解脱出来，转入一种轻松平静、乐观愉快、富于信心的心理状态，并为自己产生了战胜疾病的力量而欣慰不已，庆幸自己找到了生路。

5. 医生要注意心理疏导治疗手段的科学性和生动性。追求语言的艺术性和科学性自不必说，合理地使用图片、模型、幻灯、录音、视频等辅助手段也很必要。

6. 医生要多鼓励患者。对于患者在治疗中取得的点滴进步，医生要及时总结、评价，给予充分的肯定和表扬，不断强化患者的治疗信心。

7. 医生在疏导过程中要注意冷热结合。热是指引导患者勇于斗争、孜孜不倦；冷是指要求患者沉着冷静、情绪稳定。总之是既不退缩，也不急躁。没有热，冷静变成了冷漠，心如枯井，毫无生气；没有冷，勇敢变成了莽撞，急于求成，流于浮躁。这两种情况都难免碰钉子，都容易动摇信心。

坚强的信心会使患者百折不挠，而战胜心理疾病需要这种百折不挠。心理疏导治疗的临床检验证明，患者面对矛盾，经过艰苦斗争而暂时失败，比回避矛盾而轻易、侥幸取得的暂时“胜利”更有意义。从长远看，回避矛盾，侥幸取得的“胜利”后面隐伏着失败，而主动向矛盾挑战，经过艰苦斗争遭受的失败中却孕育着胜利和持久的疗效。这更说明了树立坚强信心的重要意义。

第九节　调动患者的治疗能动性

患者的治疗能动性是心理疏导治疗中推动患者进行治疗的内在动力，是取得成效的关键之一。所谓能动性就是患者同疾病作斗争的一种自觉的积极的活动能力。它一旦调动起来，就会成为促进病理心理向良性转化的巨大力量。

能动性的调动首先是一种知识武装。一个知识贫乏甚至连基本常识都没有的人谈不上能动性的调动。在心理疏导治疗中要调动患者的能动性，首先要教给患者以科学知识。这种科学知识的传授应视不同患者的不同文化知识修养而定。但无论对什么患者,都必须教给他们人类心理、生理的一般知识,教给他们心理疾病的心理、生理、病理知识,教给他们所患疾病的本质、特点、表现和变化规律的知识。当然,还要在广泛深入细致的信息收集和认真、严密、科学的分析思考基础上,与患者一起正确认识疾病的特点、症状和活动规律。没有这一切科学知识的武装,患者无法接受医生的疏导,不可能自觉、主动、积极地配合治疗。患者没有知识,不了解疾病的本质、规律,必然陷入唯心主义,不可能发挥能动性,会使病情加重,甚至导致严重后果。反之,患者有了知识,了解了疾病的本质和规律,就能采取唯物主义态度,充分发挥能动性,就能使病情好转乃至痊愈。例如有一位女性患者,34 岁,患心因性疾病。其母迷信鬼神,常常讲一些妖怪迷人、变成人的模样缠人害人的故事,并常常做噩梦,梦见妖怪缠身,自己拼命挣扎,醒来后便大喊大叫,把患者惊醒。因此患者从小非常怕妖怪,18 岁起经常做噩梦,也有鬼怪内容。后来一次午睡时,突然感到有一个人压在自己身上,这人样子很可怕,头上有三根头发,眼睛大得怕人。当时患者心里似乎明白,拼命挣扎,但醒不过来,醒来后也不敢讲。结婚后夫妻感情很好,但丈夫性格活泼,喜欢与女同志说笑,患者对此不满,郁闷在心。不久发病,只要入睡就会梦到有一个男人与自己谈恋爱、发生性关系,日夜如此。经中医中药治疗无效,病情加重,痛苦万分。后来又去找巫婆,巫婆说:“你是大仙附身,这位大仙最喜热闹,每次要收爆竹香火钱数十元,给几次钱就好了。”结果仍无效,巫婆便说:“附在你身上的大仙道行太深,我捉不住他,也赶不走他。你最多只能活三年,非被他缠死不可。”于是患者病情严重恶化,只要一闭眼就看到一个男人抚摸自己,与自己说笑、性交,睁眼后却什么也没有。于是不敢入睡,不思饮食,焦虑不安,极为痛苦,卧床 1 年半,骨瘦如柴。患者认为自己的元气已被妖怪吸去,只等 3 年期满死神降临。接受心理疏导治疗后,患者掌握了科学知识,破除了迷信观念,提高了对疾病的认识,调动了治疗能动性,疾病很快痊愈。后随访 3 年多,一切良好。

患者治疗能动性的产生与患者治疗的目的性有关。通常患者的治疗目的性有直接和间接两种。直接目的性是指患者由于长期病痛的体验而产生的解脱疾苦的愿望,间接目的性是指患者对疾病产生影响的关注,如疗效的巩固等。医生要明确告诉患者必须同时具备两种目的性。如果患者间接目的性不明确,那么他解除痛苦后由于没有认识到远期疗效巩固及改造性格的意义,治疗能动性消失了,就可能出现病情复发。

患者的治疗能动性与患者十分复杂的心理—社会因素密切相关。医生对患者的各种心理—社会因素作出基本的分析,帮助患者认清各种心理—社会因素对治疗能动性的影响,有针对性地进行调动。临床上常见的影响患者治疗能动性的心理—社会因素有:

1. 基本心理—社会因素,指患者的性格特征、道德观、价值观、人生观等等。这种心理—社会因素是患者在长期的社会生活实践中逐渐形成的，它强烈、持久地影响着患者的治疗能动性，具有调节、节制力量，支配着患者的心理和行为。

2. 实际心理—社会因素，指现实生活给予患者的各种刺激因素，如工资、职称、住房、集体、家庭等问题，它在一定时间内影响着患者的治疗能动性。

3. 偶发心理—社会因素，指治疗中给予患者的各种刺激因素，如医护人员的语言、态度和治疗效果等，它对患者的治疗能动性会产生暂时的影响。

以上三类心理—社会因素在治疗过程中的作用相互交织，影响患者心理、生理、病理的变化。医生要善于分析这些心理—社会因素的性质及其相互关系，帮助患者调动治疗能动性。改造患者性格，树立乐观主义的人生观，是心理疏导治疗的根本目标，但不可能一下子实现，有一个逐步积累的过程。然而这一工作必须从治疗开始就帮助患者着手进行，并要求患者坚持下去。实际与偶发心理—社会因素是外界对患者心理活动的影响。心理疏导治疗的迫切任务就是帮助患者正确评价、对待和处理这些外界影响，并能适应各种急剧的社会应激反应。

心理疏导治疗的对象是人，人有情感等心理活动，情感在心理疏导治疗中是一种重要的力量。医生对患者有了深厚的感情，就能发现蕴藏在患者身上的治疗能动性，并把这种能动性调动起来。有了深厚的感情，就会有巨大的耐心和韧劲，不怕困难，不怕反复，坚持不懈地把心理疏导治疗做深、做细、做出成效。有了深厚的感情，就会有巨大的内在动力，促使自己刻苦钻研，努力把心理疏导治疗建立在科学的基础上。有了深厚的感情，患者就会信任医生，就易于接受医生的疏导，产生良好的治疗效果，而这种良好的治疗效果又会进一步激发患者的治疗能动性。当然，在心理疏导治疗中医生的情应与理很好结合，情不能代替理，只能帮助理、促进理的作用的发挥，因为心理疏导治疗归根结底还是要靠医生的充分说理，以理服人，提高患者的认识。所以，只有把情与理巧妙地结合起来，才能调动患者的治疗能动性，才能发挥心理疏导治疗的巨大威力。

例如有一位大学生，患心理疾病，有心悸、右手发抖不能写字、恐惧会突然死亡等症状，两年来经多方医治均告无效，病情越来越重。后经过心理疏导治疗，很快痊愈。愈后他写道：

症状消失至今已半年有余了，这些日子里心情很好，还参加了研究生考试。这种变化甚至我自己也感到十分吃惊，怎么能想象到一个在病魔折磨下痛不欲生、对自己感到悲观失望的人，竟完全变成了一个新人！写到这里，我的心情十分激动。回想以前心理疾病的痛苦凌驾在我的头上，我时刻遭受到它的折磨和威胁，疾病在我面前显示着无比强大的威力，一种“听天由命”的宿命论观点压抑着我的心，我感到无法控制自己的命运。我在漫长的两年多时间里，对心理疾病没能理解，终日陷于“痛苦(各种病态反应)——消沉——痛苦——消沉”这样一种恶性循环圈中。

记得我刚踏进医院心理科的门时，完全是抱着一种侥幸的心理来的，不相信自己的病有谁能治好。可是在医生精心地疏导和耐心地启发下,我不断提高了对疾病的认识,我逐渐认识到心理变化与疾病发生发展的一般规律,认识到我所患的疾病的现象和本质,以及它的必然性和偶然性等等。于是,在医生的疏导下,我根据自己的实际情况和其他患者所积累的经验,寻找自己疾病的规律和战胜它的方法。经过反复的斗争,从无数次的认识和实践与成功和失败的体验中,不断取得了进步。在医生的疏导下,通过实践,我也积累了经验。我认识到,我不能受对疾病错误认识的支配,不能去消极地适应,处于被动挨打的状态;我应该利用和创造条件,使疾病接受我的支配。我还认识到,必须按照疾病客观发展的规律,发挥自己的治疗能动性,才能取得胜利,否则,治疗必定失败。这样,我的心境完全变了,我已经是疾病的主人,是改造世界的主人。我千方百计利用自己的一切有利条件,改变那些不利于自己的条件,同各种错误的不科学的认识进行坚持不懈的斗争,并以翻江倒海的气概,战胜各种心理—社会紧张刺激因素和性格缺陷,逐步形成了“成功—愉快—成功—愉快”这样一个良性循环圈。写到这里,我的心情十分激动,我的心中充满了对医生的感激之情。我好了,而且好得很快,很彻底。这怎能不使我激动呢?在这没有疾病折磨的幸福的时候,我也更加回味到在治疗中发挥自己治疗能动性的重要意义。

第十节　激发患者治疗过程中的新领悟

医生应向患者指出:在心理疏导治疗中,一帆风顺的案例是极少的。在心理疏导治疗中,许多患者经过疏导似乎懂了、明白了、认识了,可一接触实际,眼前又是一团“迷雾”,回到原来的认识之中,情绪又复归低沉,处于冥思苦想的精神逆境,甚至濒临绝境,走投无路,这是正常现象。这时,医生的责任就是帮助患者产生新领悟。什么是新领悟呢?就是突如其来的灵感,是突然爆发的照亮心灵的火花,是突然涌出的冲破心理阻塞的清泉。它是体验、记忆、联想、想象、推理、判断等巧妙的结合。这种新领悟不是天上掉下来的,也不是头脑中自己产生的,而是艰苦的动机斗争的产物。心理疏导治疗中,控制作用不能一次完成,而是有一个过程,需要经过多次反复的思考和实践,经过挫折和失败,在大脑中建立起许多间断的、暂时的联系。这种联系积累多了,达到了一定的量,这时一旦受到某种启发,就会产生新领悟,如同一按开关,电灯就大放光明一样。当然,这是需要付出力量和代价的,需要把一定的时间消磨在失败中。有位患者在反馈回路中说得好:“自己要有孤注一掷的勇气,要有顽强的意志,要有在不断失败中看到最后胜利的信心”。

联系、联结是高级神经系统的结构和功能的基本特征,正是这种结构和功能的基本特征构成联想的心理活动机制。人脑所具有的十分复杂机敏的联系、联结的结构和功能,是人类在系统发育的过程中,大脑支配机体应付客观环境所产生的心理活动与应激反应等长期相互作用、长期发展的结果。联想是客观事物普遍联系的规律和人脑联系联结的结构功能相结合的产物。联想在人类的心理活动中具有重要的、普遍的意义和独特的规律性。丰富的想象必然伴随丰富的联想,两者是不可分割的。想象是对知觉材料的新的配合和新的创造,联想是对知觉材料的联系和联结。想象和联想能开拓思路,使思路不断延伸下去,是新领悟产生的必要条件。因此,在心理疏导治疗中,广泛地运用想象和联想,医生运用恰当的比喻,或借景抒情、托物言志,都是运用想象和联想激发患者的新领悟。

在心理疏导治疗中,新领悟是使患者从精神逆境中解脱出来的一种契机。患者长时间苦苦思索而不得其解的问题,忽然由于医生一句话或自己触景生情,受到启发,灵机一动,顿时大彻大悟,心境豁然开朗,一通百通,问题迎刃而解。这时患者的症状霍然消失,内心的快乐愉悦难以用语言形容。这种新领悟在患者的内心体验中,好似"忽如一夜春风来,千树万树梨花开"的景象。强迫症患者在医生的疏通引导下,为摆脱一种顽固症状而不断进行动机斗争,大脑皮层建立起许多暂时的联系,把许多有关信息贮存着、联结着,就像架起许多电线一样。这时大脑皮层高度兴奋,斗争是激烈的,处于一触即发的状态。在这种状态下,患者如果没有出现新领悟,问题仍然不能解决,而如果出现新领悟,电钮一按,线路突然贯通,问题就马上解决了。这就是量变到质变的飞跃。性功能障碍患者也是这样,由于新的领悟,产生良好的激情,心理活动转变,影响机体神经生理、内分泌、免疫功能等的改变,从而导致症状的消失。可见新领悟并不是什么神秘的东西,它是通过医生的疏通引导,在患者经过不断思考、不断实践,对问题的认识已经基本成熟但尚未最后成熟的情况下,受到某种信息的启发而产生的新认识。这种新认识会使整个认识融会贯通,从而得到全面、透彻的认识。

新领悟的孕育有时在意识之外,在潜意识中。现代脑科学和心理学研究表明,潜意识活动在人脑内活跃的范围和能量都很大,往往在意识活动停止以后,潜意识活动反而更强烈。但潜意识活动有极限,其极限就是人的实践经验。潜意识活动区域多居于"沉默"的大脑的右半球,它与知觉和空间有关,具有音乐、绘画与综合整体性的几何空间识别能力,而行为驱动主要留在大脑的左半球。领悟思维表现的综合整体空间性能最突出,它有时可以起突破作用,它是抽象思维和形象思维综合进行的。

心理疏导治疗临床证明:领悟、灵感、激情来自患者的刻苦思考和实践,是患者取得认知、转换中出现的一种极为复杂的心理现象,是患者对客观现实的正确反映,这些活动都是人类大脑机能的一种表现。

患者应该充分解放思想,明确动机斗争的目的,增强信心,造成紧迫感的情绪,这样能使思维高度集中在一点上,对单点深入思考有利;而暂时性的松弛则有利于改变患者的不良心境,有利于沟通信息和贮存全部资料,有利于冷静回味以往的得失和忽略掉的线索,有利于消除大脑神经疲劳,使良性兴奋灶扩散而占优势,抑制惰性兴奋灶,使大脑再度兴奋起来重新投入战斗。只有经过这样艰苦的反复的认识实践之后,才能接受启发,产生新领悟。

还有一点要注意,就是患者一旦对自己反复寻思的问题有新认识的苗头,就要及时抓住,否则便有丢失的危险。所以,患者对于出现的新领悟哪怕是苗头,应根据反馈回路的要求及时记录下来。新领悟是患者在治疗中控制功能的可贵火花,可能稍纵即逝。有的患者有时脑海里闪现了一个新领悟,却没有把它记录下来,加以巩固强化,结果很快又消失了,这是很可惜的。

心理疾病患者的心理活动是五花八门的,其错误认识是千奇百怪的。医生要抓住患者的主要矛盾,抓住患者心理病理活动的基本点,抓住患者最基本的错误认识进行疏通引导,才能激发患者在动机斗争中尽快产生新领悟。

应该指出,所有患者都有产生新领悟的能力和可能,即使是处于"山穷水尽"的患者,也能独辟蹊径,获得新路,最终达到"柳暗花明"的境界。这里主要靠医生的引导。例如一个患者经过长时间紧张的动机斗争,苦苦思索而问题不得解决。这时患者情绪低沉,思路闭塞,灵感枯竭,认识深入不下去,大脑高度疲劳。面对这种情况,医生应该怎么办呢?这时最重要的是使患者松弛。由于患者长时间毫无进展地思考一个问题,原地徘徊,所以患者大脑皮层处于兴奋与抑制的不平衡、不协调状态。医生就应注意患者兴奋与抑制过程相互转化的诱导,把问题暂时放一放,调换一下环境,让脑子休息一下,可以改变交谈的内容和方式,并要使患者睡眠良好。也许患者经过良好的睡眠之后,大脑皮层完成了输入信息的整理编码,该贮存的贮存,该舍弃的舍弃,加上没有"前摄抑制"现象的干扰,头脑清醒,思路清晰,心境转佳,就会增强大脑皮层良性兴奋灶的建立。如果再使患者生活丰富多彩,情绪活跃,思路开阔,就可能迸发出新领悟的火花,产生"长期思考,偶然得之"的疗效。可见医生应根据实际情况灵活掌握治疗进度,注意调整治疗内容。有时医生要少讲,多让患者进行实践锻炼,激发患者治疗的内部动力,拨疑难,排障碍。有时医生要用实例示范,使患者从中汲取营养,得到启发。医生要防止两种倾向,一是一味讲解,忽视患者实践;另一种是一味要求患者实践,忽视透彻的讲解。这两种倾向都是刻板而缺少变化的,不利于引导患者产生新领悟。

第十一节 培养患者自我认识和矫正的能力

在心理疏导治疗中,医生在向患者传授科学知识的同时,要注意培养患者自我认识和自我矫正的能力。自我认识是指患者对性格缺陷、病理心理和不良行为的形成原因和发展过程等的自知之明。自我矫正是指患者为改变性格缺陷、病理心理和不良行为而进行的自觉的思想转化和行为控制的能力。这两种能力的养成和不断提高,是心理疏导治疗取得成功的必要条件。

培养患者自我认识和自我矫正的能力主要依靠患者自身发展着的各种内部有利因素。这种能力是逐步发展起来的，最初是在医生对患者自身的评价中开始萌发，接着在患者的评价中得到提高，最后在自我评价中得到确定并进一步发展。

怎样激发和利用患者的各种内部有利因素，培养他们自我认识和自我矫正的能力呢？应该注意以下几点：

1. 提高患者对疾病认识的自觉性。患者要把医生的认识变成自己的认识，否则仍是无知，而无知就无法进行矫正。医生首先要根据患者的具体情况巧妙地提出一些患者关心的问题，诱发患者了解自身疾病性质和规律的兴趣。当这种兴趣诱发出来以后，就要进行系统的阐述，帮助患者把有关的知识系统化。这对大多数患者来说都有一个过程。医生要以真诚来感染患者，对患者一时还不能理解、不能接受、持怀疑和反对意见的认识，要循循善诱，不要压服，给患者时间考虑，让患者自己去想，而一旦想明白了就要给予充分肯定。医生在治疗中要具体分析事实材料，努力强化患者开始形成的良好情绪和行为概念，帮助患者在实践中加以运用。医生要鼓励患者通过实践，自己建立信心。在治疗过程中，患者通过观察和聆听医生对自己的赞许、开导、解释，逐渐学会明辨是非，并通过自己的亲身体验强化和巩固自己的是非观念。例如一位32岁的男性患者，每次治疗时总是强调爱人态度不好，对他治病不利，而没有认识到自己病态的特殊性格和特殊生活方式已构成对家庭的威胁。经过医生的耐心疏导，他开始认识到人的行为的社会准则意义，确认自己的行为是不正确的，非要建立自我认识和自我矫正来改变它不可。于是他严格要求自己，在任何情况下都自觉提醒自己，通过自己的努力来矫正自己一些特殊的不符合社会准则的习惯和行为，而且确实有了改变。这里，患者已不单是为了消除症状，而是去追求行为的社会准则和社会价值了。这标志着患者的自我认识和自我矫正的能力已发展到高一级的水平。这正是心理疏导治疗所要求达到的目的。

2. 要培养患者善于广泛运用激发意志、鼓舞情绪的手段，如自我分析、自我控制、自我努力、自我鼓舞、自我誓约、自我命令、自我禁止、自我监督，以实现自我矫正，达到治疗胜利的目标。

3. 帮助患者建立自我认识和自我矫正的决心。有决心才能持之以恒，一曝十寒决不能使治疗获得成功。必要时医生要与患者共同去实践，使从强制矫正、引导矫正向自我矫正发展。自我矫正的能力一旦建立又会反过来强化自我认识能力。要帮助患者下定决心，通过激烈的思想斗争和行为斗争，抛弃自己长期形成的错误观念，与不良行为和习惯实行决裂，并进而改造性格。

4. 培养患者集中注意力的能力。这是心理疏导治疗中的一项重要任务，特别是对神经症、心身疾病、精神病恢复期的患者，尤应使患者对治疗保持一个良好的注意力。这就要根据患者的病理心理特点，既要充分利用患者的无意注意(被吸引的注意)，又要培养患者的有意注意(自觉的注意)。对于某些精神处于疲劳状态的患者来说,无意注意比有意注意发展形成得快。医生要根据患者的心理状态,唤起患者对治疗的兴趣,可以利用直观的医用模具,尽量把抽象的概念解说得具体生动、有趣味。不要轻易批评患者的个别消极现象,防止患者自责自卑、情绪低落、注意力下降。有时患者由于精神处于疲劳状态,注意力的持续性、稳定性不强,一般只能维持20～30分钟,医生讲的时间稍长,患者就会注意力分散。有时患者由于症状的干扰而烦躁不安,注意力不能集中。这些情况都要求医生贯彻精讲多问原则,把每次治疗内容组织得严密、紧凑,争取患者在处于精神最佳状态、注意力最集中的时间内把理论性的内容讲完,然后进行大量的、方式多样的、联系患者实际的提问,这样可以保持患者的注意力。然而,医生不可忽视培养患者的自觉注意,因为自觉注意带有根本的意义。由于医生实际上很难做到每日每时都使疏导内容趣味盎然,从而吸引患者的注意;而且依靠兴趣吸引的注意还不如自觉注意保持得长久,也不能培养患者的自我认识和自我矫正能力,所以,在心理疏导过程中,医生要努力启发患者接受心理疏导的自觉性。自觉性提高了,就能逐步形成自觉注意。患者的有意注意(自觉注意)培养起来了,无意注意充分利用了,自我认识和自我矫正的能力就能逐步建立,心理疏导治疗也就有了保证,治疗质量就能得到提高。

第四章　心理疏导疗法的实施

第一节　一般程序

1. 诊断

正确的诊断是治疗成功的基础和前提。错误的诊断使治疗无的放矢，当然谈不上什么疗效，甚至适得其反，使患者病情恶化。正确的诊断绝非易事，它需要正确的方法，它来源于广泛、深入、严密的调查研究。

医生和患者第一次接触就要耐心倾听他的诉说及家属的介绍，细心观察他的表情、动作。有的患者由于种种原因不愿暴露自己的隐私，这给诊断带来极大的障碍。医生必须使用各种正确手段启发患者敞开胸怀，明确告诉他，如果他不把自己的一切告诉医生，他的病就不可能得到治疗，不可能帮他解除痛苦。医生还要向患者强调，他越是难以启齿的情况就越要向医生说，哪怕他不愿向父母、爱人说的情况也必须向医生说。患者不愿家属在场，医生可让家属回避。医生还要恰到好处地询问，不放过任何一个重要细节。医生要仔细观察患者不正常的表情和动作，一颦一蹙、一举一动都不放过，并询问他为什么有这种表情、那种动作。医生还要向家属询问患者种种不正常的表现，并设法探究原因。

要求患者写一份自传性病情材料，内容包括：主要经历（特别是那些印象最深，对自己影响、刺激最大的事件），家庭状况（如家庭经济状况，各成员之间的关系如何，全家是否融洽，家庭对患者的教育方式和态度如何，系溺爱、偏爱、压制、残酷、漠视或亲切、温和、教育得法等），学习、工作、生活状况（如在幼儿园中的情况，以及在校学习态度、成绩和爱好，在校道德品质，与老师、同学间相处情况，参加工作时间及工作性质，工作中的表现和成绩，与上、下级及同级间的关系等等），性格（如爱好、兴趣、生活习惯、有无特别的怪癖、有无烟酒嗜好、气质类型等），家庭病史，个人既往病史，疾病（指求治的心理疾病）症状，起病时间，自我估计的致病因素，疾病发生、发展过程，疾病的变化情况和规律性，接受过何种治疗及其效果，看过什么医书及其对自己的影响等。医生要向患者强调这份材料的重要性，要求详细，不可一带而过，不可遗漏主要的东西；还要求具体，不可泛泛而谈，需用事实说话；更要求真实，要明确告诉患者，心理疏导疗法最忌失真，并向患者说明，病案是保密的，不经本人同意不向任何人披露。

必要时，还要通过各种客观手段如化验、心理测验等检查患者的心身状况。

然后，医生把获得的全部材料加以去粗取精、去伪存真、由此及彼、由表及里的思考、分析、综合和推理，作出正确的分析。

对于某些患者来说，正确的诊断需要经过多次反复才能成功。

2. 治疗

首先要向患者讲述心理生理的一般知识，讲述尽量通俗易懂、生动，如有条件可借助图片、模型等；然后讲述心理疾病的病因（内部的和外部的）和一般规律。上述过程虽然不一定花很多时间，但非常重要，因为只有用心理生理和病理的科学知识武装患者，才能使患者心中有数，明白心病需要心药医的道理，相信他的病能够用心理疗法治愈，从而树立信心。这种信心即使是初步的也是很要紧的。

接着医生应把重点放在阐述患者所患疾病的本质、特点和战胜它的方法上。这是治疗过程的根本性阶段。少数患者可能一点即明，顿然而悟，霍然而愈。但多数患者不可能一次成功，需要一个过程，医生在患者所患疾病的本质、特点和战胜它的方法方面，要多次反复地加以阐述，逐步地使患者加深印象，一直到得到患者的认同。每治疗一次都必须要求患者根据医生的阐述，结合自己的情况写出新的感受和认识，也就是写出反馈材料。反馈材料同样要求及时、详细、具体、真实。医生根据反馈材料给自己下面的阐述增加新的内容，使其更加完备、更加有针对性、更加有说服力。在阐述过程中，医生要尽可能多地列举同类典型病例，具体地介绍各种同类病例的病情、症状与治愈的过程和情况，启发患者领悟。

在取得患者认同的基础上，指导与鼓励患者进行实践锻炼。患者的认同固然是极为重要的，但不付诸实践则功亏一篑，仍然不能痊愈。认识与实践同步是心理疏导疗法的基本原则。医生指导患者实践不仅要从思想上心理上进行鼓励，而且要尽可能手把手地进行具体指导，必要时亲自示范；不仅要循循善诱，而且有时需要鞭策甚至鼓励其挑战。只要患者在实践的道路上向前迈进了一步，进行了一次实践，则治愈的成功在握。当然，同样的道理，这种实践需要反复进行，如果能如此，其病必愈。

3. 巩固

患者结束治疗离开医生时，医生要嘱咐他回去以后在一定时期内不断温习医生的阐述，并坚持实践锻炼，以巩固疗效。还要嘱咐他可能出现反复，如出现反复应不惊不馁，沉着冷静，用同样的方法战胜它；如能结合自己情况摸索出新的方法则更好。每战胜一次反复，必有大的收获，得到进一步的巩固（必要时，医生可通过网络交流等方式对患者进行巩固性治疗）。还要嘱咐他要努力改造性格，去掉缺陷，断除病根。

治愈的患者如能按照医生的嘱咐去做，则疗效定能巩固无疑，取得持久的、彻底的胜利。

以上所说为一般程序，它不是凝固僵化的东西，在治疗过程中可根据具体情况灵活运用。

第二节　个别治疗

个别心理疏导治疗是医生必须掌握运用的实施形式，它是集体心理疏导治疗的基础。有的医生可能不善于进行集体心理疏导治疗，但必须学会进行个别心理疏导治疗，否则就无法开展心理疏导治疗工作。

个别心理疏导治疗由于面对着的是单个患者，可以把整个治疗工作做得更细致、更全面、更深入、更具体、更有针对性，因此医生的信息较易为患者所接受，对特殊的病例具有良好的效果。由于医生和患者的关系直接、贴近，两者便于交流，有利于医生调整治疗方法、措施和内容，所以个别心理疏导治疗占有一定的优势。

但是，也正是因为个别心理疏导治疗面临着单个的患者，而在这个患者的心目中，医生在治疗过程中的一言一行、一举一动都是针对他的，所以医生的每一表情、每一姿态都必须是严谨的、准确的、科学的、友善的，以产生良性影响。这是很高的要求，医生稍一不慎，就可能造成不好的效果。特别是神经质患者常常倾向于从坏的方面去猜测，医生一句疏忽大意的话，一个不准确的词，往往正好落在患者已经形成的病态心理基础上，给患者带来不良影响，甚至可能导致危机。

个别心理疏导治疗要求医生处处体贴、关心患者，通过解释、说服、教育、保证、劝告、制止、转移、暗示、讲理、激励、赞扬等手段来改善患者的心理状态，鼓舞患者增强意志和信心，同患者一起战胜疾病。

个别心理疏导治疗是一种艺术，通过疏导使患者结合自身领会要领，实与虚密切结合。人总是希望自已能活得更轻松些，自已能得到对方承认，才乐于接受对方的帮助。作为医生，如能正确地把握每个患者的心理状态，在交谈中指出他的优点及进步，对于调动患者的积极因素无疑是十分有益的。要使用得正确得当，一般应注意以下几点：

1. 客观性。即要坚持实事求是的原则。由于有心理障碍的患者经常会不正确地看待自已，所以对患者心理状态的变化应有充分的了解，随时切合实际地指出他的进步，使他（她）从中感受到尊重，并不断反观自我价值。

2. 及时性。要善于抓住时机，发现问题，对具有自卑心理的患者身上的“闪光点”要及时肯定、赞扬，使其很快体会到希望、自豪感，以保护和激发患者心灵的“火种”，增强正面疏导的功能。

3. 针对性。要依据患者的心理特点，在不同时间、场合采取不同的疏导方式，如有的直接赞许，有的启发暗示，有的点到为止，有的“环顾左右而言他”，有的则大张旗鼓地真正起到鼓励、鞭策他们心理转化的动力作用。

4. 适当性。要努力把握好疏导的“度”,也就是分寸。“不及”和“过度”都不可,它直接影响着患者对疏导内容的接受与否,甚至会影响医生的威信,损害患者的心理,从而削弱疏导的效果。

总之,融洽和友好是个别疏导治疗中医患关系的润滑剂,上述四点是激励患者积极地消除心理障碍的有效措施,必须在治疗中熟练运用。

疏导过程是一种双边活动,它是医生帮助患者获得精神食粮的信息传递过程,它不同于物质的传递。一般来说,物质传递往往具有“你给我就得,不给就不得,多给多得”的性质,而心理疏导不是医生一讲患者就能通,通了就能做到,讲得越多就得的越多。因为疏导中任何方式的信息输送都要通过患者自己的积极认识和实践,才能促进心理生理病理向良性转化,这就要求疏导不仅仅停留在医生讲、患者听,医生演示、患者看,医生归纳、患者牢记的水平上,而是要依据疏导过程固有的规律与实际去引导患者主动地获取认识,并使认识与实践相结合。要做到这些,应处理好三个关系:

1. 正确处理效果与疏导过程的关系。疏导治疗是一个远期目标,不能只注重近期效果,应当注意获得效果的过程是否扎实(认识与实践同步)。只有认识不断深化,才能实现远期目标。

2. 正确处理疏导过程中患者认识的转化关系,即感性到理性认识的转化,进而由理性认识到实践检验的转化,这种转换是通过实践锻炼而完成的。

3. 正确处理疏与导的关系,即患者的自信心与能动性的关系。医生只有使患者对所获取的信息内容感到需要,才能使之产生兴趣,使之具有主动性,努力去获取,以此来调动患者的能动性。

个别心理疏导治疗适用于一切大小医疗机构。不少患者千方百计到处寻求名医,使用各种贵重药物均告失败而丧失信心,通过个别心理疏导治疗往往能在短期内奏效,从痛苦中解脱出来。

其实,个别心理疏导治疗是每个称职的医务人员在日常工作中经常运用的一种治疗方法,所不同的是,有些人是在有意识地应用,而另一些人则是在不知不觉地应用。当然,也有的是在错误地运用,这就是医源性疾病的由来。可见,个别心理疏导治疗要求每一个医务工作者都必须有严肃、认真和科学的态度。

解释、说服、教育等一般疏导方法的运用,应从患者的原有认识水平着手,根据个人的实际情况,采用旁敲侧击、提出问题、共同讨论、实例说明等不同方法。例如:对某些性格拘谨、内向的患者,鼓励他们提出问题开展辩论,一方面达到分清是非的目的,同时也得到实际的锻炼,从而疏通其阻塞的心理。医生的态度要和蔼、亲切、耐心、同情、善意,要帮助患者解决疑难,提高认识,要鼓励患者培养多种有益于心身健康的爱好,多参加人际交往活动,遇到困难时多向别人求教而不自己钻牛角尖,使他们在自我锻炼中逐步改变怯于交往、生活单调,过于内向孤僻的生活方式。对情绪不稳的人，要帮助他提高自我控制能力，避免主观片面和感情用事，以减少情绪波动；对于文化水平高，抽象思维能力强的患者，要多进行逻辑的分析和说理，揭示发病的原因和机制，症状的含义和客观的表现，以使他们能认清虚实、真假、是非，通过启发和诱导促使他自己进行思考，产生领悟；对一些文化水平低，受暗示性强的患者，多用暗示性的语言和行为，在心理疏导治疗的同时，加以其他一些暗示条件作为辅助治疗，常可在短时间内收到显著的效果。

下面是两例个别治疗获得“优化”的治疗全过程。

病例一

男，21岁，大学生。自14岁起，开始有手淫。在大学里看到“手淫的危害”一文后，十分恐惧，但有时因性冲动难以控制，出现焦虑、抑郁、悔恨、自责，不久出现勃起不坚，更为焦虑，怕阳痿，越集中注意力，越不能勃起。手淫戒断后，每晚都出现遗精，有时中午入睡也遗精，十分恐惧，焦虑更加严重，学习成绩直线下降，满脑子“阳痿了”不能自拔。原为班上尖子，现情绪低沉，自责、罪恶感强烈，认为任何人都比自己强，自己是一个不孝之子，社会上的废物，想一死了之，但又怕寡母也因此离开人世，经过思想斗争，来到心理门诊治疗。

根据所收集的信息得知，这个学生具有：① 性格严谨、内向、自信心强、上进心强等特征；② 缺乏正确的性心理卫生教育，受不良的社会环境及文化的影响，导致了严重的焦虑、抑郁、厌世等病态心理行为。针对上述情况，对他主要进行以提高性知识教育为主的疏导治疗。具体是这样做的：

患者（表现形容憔悴、紧张、精神恍惚）：“医生，我还有救吗？”

医生（以一颗爱心，诚恳的态度，肯定的语气）：“你有什么病啊？怎么说没有救了呢？我可以坦白地告诉你，你不是什么病，而只是心理素质较差，缺乏科学的性知识而引起的过度紧张。”

患者：（表现困惑、不解，没有表态）。

医生：“手淫不是像你所看到的那篇文章所说的那样：手淫会生百病，最后会导致断子绝孙。如果真是如此，根据国外的抽样调查发现，20岁以内的男子中，有手淫行为的约有90%以上，女子有此行为的约有60%以上，那么，世界上岂不都没有健康人了吗？还大力宣传控制人口做什么呢？实际上手淫是青壮年解决‘性欲’的一种途径。人具有社会性，不同于动物，当动物的性与生殖方面成熟后，即可本能地产生性交活动以繁衍后代。而人在性成熟后，必须有10～15年的缓冲时间才能结婚。这段时间正是青春期生理发育的高峰，性腺分泌新陈代谢最旺盛期。人类性意向与性行为并不直接连接，性腺的成熟虽然是性动力的基础，但在人类，它的作用逐渐在降低。性意向及性行为自然要受到各种心理、社会等因素的影响，这就大大增加了性行为的复杂性。性欲的满足也和其他性行为相互关联，并受心理活动的支配，而不仅仅是单纯的生理内分泌的作用。由于人的高级而精细的心理活动起着主导作用，并受着社会规范、伦理道德、崇高理想等制约，在性行为时有自我约束及自制、自控的能力，从而保持社会的平衡。由此可见，与内分泌等心理活动相比，性动力方面的作用不占主要的位置。正常情况下，性冲动也可以是很强的，所以，'手淫''遗精'等的出现并不奇怪，本属自然，换句话说，适当手淫不但可以解除性冲动所引起的心理压抑及性紧张，而且有利于提高婚后性适应能力，减少前列腺充血，不干扰异性乃至减少犯罪。因此，在某种意义上讲，手淫对于心身健康是无害而有益的，不应把手淫视为'不道德'或'犯罪'。你有手淫已有几年了，这几年里，你的学习和工作是很好的，身心不也是很健康的吗？生活不也是很愉快吗？为什么看了'手淫的危害'一文后就一蹶不振，生起'病'来了呢？显然这与该文的误导有关，你之所以终日焦虑不安，自卑自责，甚至想到死，其主要原因就是由于你对手淫问题没有全面的正确认识。"

患者：(摇头)"文章中讲精液是人类的精华，手淫消耗大量精华，损伤身体，难道不是客观事实吗?"

医生："不是。手淫引起的身体的性生理反应和性交是相似的、一致的。从古到今，中国社会上广泛流传着'精液宝贵、手淫有害'的说法，这种说法是毫无科学根据的，也是过分夸大的。由于旧的传统观念的影响，不少积极向上的青年，因缺乏科学的性知识，往往把性的生理现象看得极其神秘，而且与罪恶、羞耻等道德、伦理观念纠缠在一起，给精神上带来极大的压力和负担。正因为有些宣传对手淫大加歪曲性的渲染，致使一些青年性冲动时，一旦有手淫行为，就会因心理负担过重而终日负疚自罪，心神不安，在手淫之前焦虑、紧张、恐惧，在手淫之后，又自责懊恼、怨恨自己。在严重的心理冲突中，处于精神疲劳状态，久而久之，就会出现一系列病理反应。因此，这种心理障碍完全不是手淫直接造成的。你说对吗?"

患者："对！但我以前勃起坚硬，近一年来根本不能勃起，有时强刺激下有一点勃起倾向，但很快就消失了，我能不着急吗?"

医生："人体是一个完整的统一体，人的神经系统尤其是大脑对整个身体起着统帅作用，它直接接受体内外的信息，并发出各种相应反应的指令。人的性欲功能活动，也是受大脑指挥的，是一种比较复杂的精细、协调的心理生理行为表现，其中包括神经内分泌、血管、海绵体、肌肉及刺激等活动。你长期处于恐惧和矛盾的心理状态下，整天认为身体完了……一切都完了……忧虑懊恼、悲观失望、自责、自怨、自罪，这种长期的精神抑郁，常常使本来应该正常的性欲活动受到影响。尤其你的注意力过分集中在体验、观察勃起状态上，这种害怕阳痿的心理负担，更容易产生心因性阳痿。在你用各种刺激得到的感受及反应与以前对比不一样时，你会更加紧张，这就进入恶性循环了。每天为此苦恼，在紧张中反复检验，结果又屡遭失败，抑郁情绪也更加重了。这种不断的恶性循环，正是你阳痿的原因所在。我认为，你的阳痿

是心理疲劳而引起的,这种疲劳引起的原因是心理负担超负荷。因此,根据我们观察,你是正常的。”(医生态度肯定,有信心)

患者(露出满意的笑容说):“看来我是有救了!”

医生:“类似你这样的情况,在年轻人中非常多见。既然不是什么‘病’,必然能恢复正常的。我帮你找一份与你情况类似的病历,请你看看他的整个反馈材料和他的心理转化的关键过程,对你是会有帮助的。”

患者(非常高兴地说):“太好了。”

医生(找出与其类同的一份反馈材料完整、具有启发性的病历交给患者阅读,隐去了前面患者的个人信息):“你注意他的心理转化过程,与自己密切对照,联系自己。”

患者(看完病历后兴高采烈地说):“他的情况与我的一模一样,我相信自己也能与他一样,会好的。”

医生:“那么,我再帮你检查一下身体吧。”检查生殖器时边检查边说发育很好,同时出示一张具有性刺激的图片交给患者,医生暂时回避,离开检查室一下,再进来看到患者勃起坚硬的阴茎说:“好了吧!”

患者(高兴地说):“谢谢,太谢谢了,做梦也没想到在这么短的时间内就好了,我真是太幸运了。”

医生:“是的,我也为你十分高兴啊!”

这位大学生一年后寄来学校发的奖品赠给医生,并附了一封短笺。

敬爱的主任:

今天我怀着无比激动的心情走上了表彰大会领奖台,接过奖品,幸福的泪花夺眶而出,我感谢您!

在新的学期里,我将以更加优异的成绩向您汇报。

病例二

男,45岁,已婚,教师,1981年5月5日就诊。

病情自述

我的嘀咕病已12年了,始于1969年前后。开始仅限于写完信后不放心,反复看几遍也就放心了。1975年以来病情逐渐发展,到了1978年底和1979年上半年,病情突然加重,表现在嘀咕的范围扩大,程度达到不能控制。主要表现在写字、锁门、走路时怕丢东西,看到纸总怕是自己丢的,上厕所、打水,到任何地方总怕丢东西等等,老是不放心,重复动作。后来我给自己订了个规则,凡事只做5次,如果自己满意,就打个“√”,再做另一件事。否则就日夜重复不停,非常苦恼,认为自己的脑子坏了,这才下决心到医院治疗。

1979年6月在某市精神病院诊断为强迫性神经官能症，拿了好多药，吃后睡了一两个星期。近两年来换了许多种药皆不见效，出现了重复说话，记忆力衰退，性机能衰退以及非常严重的面部抽动等症状。一直不见好转，病情渐渐加重，不相信自己，甚至怀疑自己的眼睛和耳朵，遇到问题就更厉害。性情急躁，非常痛苦。

反馈一

今天我用一天的时间，看了一位患者的强迫症及治疗过程，特别注重他在治疗过程中的思想动态及如何治疗的。联系自己，有以下几点体会：

1. 增强了信心。鲁医生能把他的病治好，也一定能把我的病治好。

2. 治疗中要和医生配合好，按医生的要求去做。

3. 心病要用心药医。在医生的指导下，挖病根，找病因，转变认识，改造性格。认识转变了，病症就会随之消失。

4. 遇到问题时，先想想用什么样的行为去处理是正确的，用什么样的行为处理是错误的。用正确的行为去指导自己的行动，这样就会避免强迫行为的出现，久而久之强迫症就会消失。

5. 遇到想不通的问题，要多请鲁医生指导。

反馈二

三天来，我的思想斗争很激烈，心情很不平静，要讲的话很多，写了两份汇报，是一年多以来第一次大胆地写了这么多字。虽然写时心情有些紧张，写完后只检查了五、六遍，但由于得到您的鼓励，心里很高兴，增强了我战胜疾病的信心。今天我下决心把我埋在心头多年的病根向您讲出来。

我出身地主家庭，1960年大学毕业后到某中学任教，性格较为孤僻，胆小怕事，好强，自尊心强，有自卑感，心胸不够开阔。

1969年下放劳动期间，因有严重胃病，怕吃了忆苦饭引起胃疼，受到批判，使我更加感到出身于剥削阶级家庭不光彩，倒霉。自此每当填表填家庭出身时就紧张害怕，同时也格外仔细认真，做事讲话处处不放心。

1975年在北京给学校买气象仪器，写信要求汇款后，怕问题说不清，检查了不下十几遍，思想很紧张。以后每次写信写总结都怕有错误言论、反动言论，怕受到批判，检查的遍数也越来越多。

1978年病情进一步发展，至1979年上半年病情加重，看到纸就害怕，不敢接触，怕不通过大脑在上面写反动话，看到地上的纸怀疑是自己写的，总想拾起来看看，是否有反动的话，看书看报必须检查多遍，确信没有钢笔字，没有纸条，才敢放下。到一个地方停留、上厕所大便、锁门、打水等，都必须判断清楚是否有纸，检查多次才敢离开。

近两年来，由于长时间的嘀咕，搞得心情很紧张，很痛苦。为了减少痛苦，自己给自己定了好多清规戒律。如说话或问什么事认为说3次或5次最好；在一个地方停留，必须往地上看5次，没有纸，同时脑子里说一句："对，我活着，各方面一切都好。"还要用脚在地上写一个"5"字，划上一个"√"，反复做3次或5次，才能放心离开。

锁门也必须推5次，同时心里默念："对，我活着，各方面一切都好。"也要用脚在地上划一个"5"字，一个"√"，反复3次，才比较放心；然后再看门上有没有纸条，心里数着："一次没有纸条，两次没有纸条……"看5次，心里数5次，然后用脚在地上写一个"5"字，划一个"√"，反复做3遍，才敢离去。

晚上睡觉关灯，也得用手指在身上划一个"5"字，打一个"√"，同时脑子里说一句："对，我活着，各方面一切都好。"反复5次，才能把灯关上等等。

以上病情，除我爱人外，从未对任何人讲过，讲了怕丢脸。为了治好病，这次下决心把病根如实说出，请鲁医生一定帮助我把病治好。

反馈三

回顾四天的战斗历程，首先您指导我闯过了怕写字关，取得了第一个回合的胜利。在您坚定的要求和热情的鼓励下，我大胆地拿起笔向怕写字关进攻。5月5日与6日两天，分别写了两千多字，但每次写完，都不放心，要检查5、6次。这是我多年以来，第一次写这么多字，取得了很大的胜利。新的战斗任务是写完后只许检查一遍。经过努力，也较好地完成了。这次我一共写了六篇，写完后只检查了1次，攻克了这一关。

接着在第二次战役挖病根、找病因的战斗中，也取得了胜利。

今天，您一鼓作气，带领我在关键的第三战役——挖掉病根、铲除病因的战斗中，又取得了伟大胜利。经过激烈的战斗后，取得胜利的喜悦心情，是难以用语言表达的，但作为这次战斗的主要参加者，是能够体会到的。

我决不能满足已取得的胜利，一定继续战斗，去取得全部的胜利。

反馈四

今天您又给我讲了一切事物的变化过程中内、外因的关系，内因是基础，外因是条件，外因通过内因起作用。指出了使我致病的内因是我的性格。总结出我性格的弱点是优柔寡断，刻板，胆小怕事，心胸狭窄，敏感多疑等。

昨天，您帮助我铲除了致病的外因，今天又帮助我找到了内因，用果断、灵活、无所谓的态度去改造我的性格，使我的心里更亮堂了，心情更愉快了，战胜疾病的信心更强了。我一定按您的要求去做，争取早日痊愈。

反馈五

几天来，您疏通了我的思想。原来我怀疑我的脑子坏了，怕不通过大脑写出一些不好的话，造成不良后果，因而总怕写字和纸，现在经您的检查，我的大脑没坏，几天来的实践活动也证明我的大脑没坏，这就是说我的大脑是好的，是能够控制我的行动，是能够正确反映客观事物的。原来害怕出现的事情，是绝对不会出现的，这就使我丢掉了"怕"字，因而我的强迫症状和强迫行为就随之而消失了。

以前我最怕写字，一写字就紧张，总怕写错造成不良后果，写完后得检查多遍。现在我不害怕了，心情也不紧张了，写完后也不检查那么多遍了。

以前锁门，推好多遍也不放心，总怕锁不上，还要往门上看好多遍，看上面有没有粘上纸条，现在也不害怕了。

以前走在路上，遇到废纸，总怀疑是自己丢的，上面写着不好的话，总想拣起来看看，现在看到路上的废纸，毫不理会地就走过去了。

以前在一个地方停留走开，必须反复检查，确认没有纸或丢东西，才离开，现在走时最多看一眼，抬腿就走。

现在强迫症状基本消失了，在心情紧张时，即使还偶有出现，提醒自己一下也会克服的。

现在我的心情很轻松愉快。但为了巩固已有的成绩和夺取全面的胜利，今后我应该注意些什么？当病情反复时应该怎么办？

反馈六（患者家属写）

他昨晨从南京胜利归来，精神非常饱满愉快，是两年来不曾有过的。昨夜10点睡下，今晨6点起床，还做了一些家务事，也不嘀咕了。我和孩子看到这种情形，再听到您对他的种种照顾，我的感激之情简直无法形容……我在遥远的北方向您敬礼……

反馈七

我从南京回津后，心情非常愉快，精神很好，感到工作、学习、生活都有乐趣了。现在工作生活中需要我做的事，我都敢做了，我都能做了，而且是主动、愉快地去做好……现在我上班签到，下班关窗户、锁门、领工资签字、洗澡、理发、打水、上厕所等都不嘀咕了。两个月来，我注意了用您告诉我的三句话，即灵活、果断和对一切事物都抱无所谓的态度指导自己的行动，收到了较好的效果。

现在我仍然在阅览室工作，下学期就要教课了，每天都有相当多的时间看报、看杂志，开阔眼界、丰富知识，从而有利于指导自己的生活。我还着重看了些有关医学和锻炼身体方面的文章，认识到生活有规律，适当进行锻炼对健康长寿的重要意义。

一个多月以来,我生活得很有规律,早晨5:30起床,晚上10:00睡觉。起床后出去买早点、做操,回来刷牙、洗脸、吃早点。8:00上班,10:00～11:00做操,打篮球。中午休息一小时,下午2:00上班,4:00到4:30散步做操。5:30下班回家,做一些家务活,晚上有好电视,看一会儿。生活紧张愉快,有乐趣。

经过两个月的恢复和锻炼,我身体已基本恢复了健康,但还存在一些不足之处:有时情绪不太好,遇到紧张情况还有点嘀咕;我有点口吃,说话一紧张,个别字就说得费劲,说完后容易憋气,造成全身不舒服。

反馈八(患者同事写)

记得他是5月3日出发,5月中旬回来的。短短的十几天时间,他的精神状况发生了巨大的变化。赴南京前,他双目无神,腰背弯曲,说话口吃,脸上肌肉颤动。回来后,走路有力,双目有神,说话也利索了。

反馈九

一年来,在您的指导下,我的憋气病和眼睛不能看花颜色的毛病有所克服,说话憋气还没有从根本上好转,需要今后下工夫克服,而眼睛不能看花颜色的毛病已基本克服了。由于我注意了尽量做到心情舒畅、生活规律、增加营养和经常进行体育锻炼,所以我的体质有所增强,身体较快地恢复了健康。

一年来,我每天都吃些鸡蛋,牛奶等营养品,以满足身体对营养物质的需要,另一方面,我基本上坚持每天进行体育锻炼。由于我知道了体育锻炼的重要性,为了更快地恢复健康,我又参加了太极拳学习班和太极剑学习班。目前体育锻炼以骑车为主,冬天以慢跑为主。

我的体质逐渐增强,身体较快地恢复了健康。从去年暑假后就正式教课了。这个学期我担任了初一年级四个班的地理课,每周12节课。由于身体刚恢复健康,几年没有教课了,刚开始身体不完全适应,每天下班后感到很累,晚上什么也干不了。但经过努力,总算顶住了。概括起来有两点:一是加强营养,二是每天定时进行体育锻炼,并注意生活有规律。今后我决心继续按上述两点去做,我相信今后身体会更健康,精力更充沛,工作会更好,学习生活会更有乐趣。

反馈十(患者岳父写)

承蒙您1981年治愈了他的沉疴,不但他本人念念不忘,全家人以及近亲好友无不感激万分……言虽轻,而感激钦佩之情深,仅此遥祝……

反馈十一

自1981年以来,经过两年多的锻炼,现在我的病已经彻底好了。为了增强体质,保障身体健康，两年多来，我坚持了体育锻炼，注意了增加营养和尽量使自己精神愉快，不但胜任了教学工作，生活也有了很大的乐趣。这个结果是我所向往的目标，现在都实现了。

现在我们已进入了期末复习考试阶段，工作较忙，因时间关系，就写到这里吧！

反馈十二

1981 年 5 月您治好了我的病，使我获得了新生，从此我又感到了生活的乐趣和幸福，为了尽快地恢复身体健康，几年来我注意了思想锻炼，增加了营养和坚持经常的体育锻炼，这样做的结果，既巩固了良好的治疗效果，也使我的身心逐步地恢复了健康，现在我的身体很好，请您放心。

美中不足的是我的“憋气病”(口吃)还没有明显的好转，望您在百忙之中抽时间给我来封信，告诉我治好憋气病的办法。

12 年后，作者到某市开会时，他前来看望作者，他的精神面貌焕然一新，看得出性格也有了很大改变。畅谈了 12 年来的工作生活情况。从谈话中，得知他一直担任原教学工作，工作也很顺利。之后作者与他合影留念并鼓励他在人生的道路上勇往直前。

第三节　集体治疗

集体心理疏导治疗是把若干患有同种疾病或类似疾病的患者集合在一起，通过讲座、讨论、问题解答等方式，以达到治愈疾病的目的。这些患者由于同病相怜，很容易互相理解，建立友好融洽的关系而互相主动交往。在这种气氛下，集体的力量、智慧、意志、毅力、勇气能够得到很好的发挥，他们相互关心，互相感染，互相学习，互相启发，互相激励，互相促进，互相矫正，共同承受疾病折磨的痛苦，共同享受战胜疾病的快乐。在这种情况下，甚至有时可以忘掉自我。很显然，这对他们战胜各自的疾病十分有利。集体心理疏导治疗能同时对很多患者进行治疗，节省人力和时间。集体心理疏导治疗能使那些陷入痛苦中不能自拔的患者尽快地、及时地得到治疗，从痛苦中解脱出来。所以，集体心理疏导治疗也占有自己的优势。

当然，同类疾病和类似疾病不仅具有共性，同时具有个性。因此，在集体治疗中，必须对患者辅以必要的个别治疗，以弥补集体治疗的不足。

集体心理疏导治疗的基本程序如下：

1. 由主讲医师一名和分组医师及护士二至三名组成治疗小组，制定治疗计划。

2. 布置集体心理疏导治疗室，要求宽敞、整洁、明亮，温度适宜，环境安静优美。室内可张贴悬挂一些具有教育、启发意义的标语、图表。

3. 每个患者交一份自传性病情材料(内容和要求见本章第一节“一般程序”)。

4. 治疗开始。每天上午讲座，下午组织患者讨论，晚上患者写反馈材料。如此反复进行，究竟要进行几天，需视情形而定。

5. 最后总结：一次总结性讲座，一次总结性讨论，一次总结性反馈。

在集体心理疏导治疗过程中，如何确定每次讲座的内容，如何使讲座通俗易懂、深入浅出、生动活泼、引人入胜，如何在讲座时更好地照顾到点（个别患者）和面（全体患者），如何组织引导好讨论，如何指导患者写好反馈材料，如何使讲座、讨论、反馈三者有机统一、互相配合，发挥各自的功能并增强整体功能等等，总之，如何尽可能使治疗达到最佳效果，这需要医护人员苦下工夫、善于创造。

下面再作一些具体的说明，供医务工作者参考。

1. 心理疏导集体讲座

可分系统的集体讲座及专题讲座两种，这种方法应用范围很广，讲座人数根据对象、目的、要求的不同，可以从数十人到上千人，主要分为预防、治疗两方面的内容。

预防性心理疏导讲座：即各种心理卫生知识讲座，主要针对健康人，内容包括青少年如何合理用脑，怎样保护神经系统，心身疾病的预防，青年心理卫生及性教育，老年心理卫生，孕妇及婴幼儿心理卫生，计划生育指导以及并发心身疾病的防治等等，听众一般较多。

治疗性疏导讲座：主要针对心身疾病及其他心理障碍的患者，听众一般较少，以10～50人为宜。

治疗性集体讲座要注意的原则和技巧：

(1) 原则

目的明确、主题突出、灵活掌握。集体心理疏导治疗首先要明确每次讲座要为患者解决哪些问题，帮助患者提高哪些认识。这就必须详细地了解患者的实际情况和心理状态，知道每个患者的要求和希望。深入地研究自己的治疗对象，抓住他们的共性，并订出普遍适用的治疗计划，以便使讲座具有针对性而能解决实际问题。集体心理疏导治疗的反馈就是患者每天听完医生讲解后的收获、体会、心理反应及新产生的问题和要求，写成书面材料后作为输送给医生的信息，以便医生认真地研究每个患者的反馈信息，根据这些信息灵活地、目标明确地确定下一步所讲解的内容。

集体疏导治疗是消除心理障碍，修补患者心理创伤的复杂工作，是对患者进行正确引导并帮助其恢复健康的社会教化行为，绝非举手之劳或朝夕之功所能一蹴而就的。真可谓疏通不易，引导更难。这就要求医生必须具有诚挚的爱心、非凡的耐心、持久的恒心和独创的“匠心”，只有拨动患者的心弦，才能最大限度地感染、触动患者，才能引起集体的共鸣，成为患者的贴心人。

与此同时，主讲医生应遵循心理疏导的种种规律，综合运用系统科学方法论的原理，激发患者的人生价值和生活兴趣。患者亦从心理素质逐渐提高的过程中，不断归纳总结出一些相关规律；掌握规律后，对新的认识记得牢、理解深、联系广，用于自身针对性强，提高了的心理素质就能持久。

根据因人施治的原则，尽量使每个患者在各自不同的心理水平上得到进一步的发展，创造条件给老大难的患者有在集体中表现的机会。一般情况下，在心理疏导的基础上，在患者的心理负担不断减少乃至消除的情况下，患者都能主动地投入集体与个别疏导治疗的各项活动中。通过每次的反馈信息，基本上能做到医患统一认识。为全面照顾不同患者的要求，根据反馈信息及时地有计划地作重点指导，这对于一些心理素质差的患者恢复自尊心和自信心更为有利。同时，还应创造一定的条件，重点控制差者的情况，保证他们有效地接受医生传递的信息，让这些患者也作出一定的反应。如，针对一个具体问题，医生及时向其示意提问，就能发挥医生的治疗技巧的作用，引起患者的知觉、思维方式及病理心理的某些变化，影响他们的治疗效果。

(2) 技巧

① 实例丰富，活泼有趣。集体讲座的内容有些是较抽象难懂的道理，必须具有深入浅出与浅处深入的技巧。有经验的主讲者一开始就要注意多从感性形象入手，将抽象的理论、人生哲理，患者认识上存在的疑难问题，用生动有趣的事例来讲解明白。浅处要深入，即看来浅显的内容（如症状表现）要深挖其蕴涵，引导患者由表及里加以领会，使患者感到津津有味。在疏导内容中善于用恰当的比喻与实例，启发患者把抽象艰深的道理形象化、具体化，使集体均能产生浓厚的兴趣，积极思维，联系自身，剖析实例对那些浅在其表、深在其中的内容要剖析入理，让大家都能领会其深层的涵义。所举的实例可以是日常生活中的，也可以是文艺作品中的，或人们所熟悉的一些科学、历史故事中的，还可以是患者中的。用患者中的具体事例直接联系患者自身的实际，是促进他们树立自信心的好方法。目的都在于通过疏导使集体患者达到心理转化。由于心理病理的本质是隐含的，每次治疗前要认真研究患者反馈信息，才有针对性。深入浅出是疏导的基础，浅处深入是疏导的引申。在基础上引申出去才能认识得更深更透。

集体疏导治疗讲座内容的具体组织要精心设计，细致准备。同样的疏导内容，由于观点、论据出现的顺序和连接方式不一样，可构成不同的刺激模式（情境）而影响患者接受信息的效果。医生在根据患者的反馈材料编课时，共性的内容考虑得多，个别的特殊的问题讲解得少，如能把共性与个性连接恰当，使共性中穿插特殊的个性，以特异的个性来印证共性，患者就会感觉有味而接受这种观点并联系自身，进而受到启发，产生新领悟。

集体疏导治疗内容的具体组织方式多种多样，要通过患者具体反馈来组织下次的输出信息，要使疏导的内容尽量清晰，针对性、综合性要强，环环扣紧就能达到十拿九稳。这就是治疗技巧的运用。

在治疗中常用的一些技巧，如语句的重复、停顿，语气的加重或缓慢，动作手势及表情等行为的幅度变化，提问、演示以及板书加着重点，用彩色粉笔画线等，都是强调的暗示手段，这些都可能参与创造某种知觉情境。还可借助挂图、幻灯、摄影照片等载体手段配合，影响患者的感知和理解。这些都要适当正确地使用，让每个患者都能听进去，看得懂，对得上，活学活用，联系自身，进一步创新。

② 语言的应用。集体疏导治疗中，大部分信息是通过语言传递的。疏导语言活动是创造适宜的治疗情境。语言是否清晰、生动、形象、流畅、幽默、风趣、准确、简洁，是否用普通话口语，这些都是衡量医生治疗言语水平的重要标志。优美的语言能使患者的情绪亢奋、高涨，消除疲劳。有些患者在反馈中写道，“听心理疏导是一种艺术享受”。反过来，患者对疏导治疗的肯定反馈和医生对自己语言表述的自我肯定，又能对医生信息输出活动以积极的影响。也就是说，医生的疏导语言不仅受治疗的情境制约，而且也参与创设治疗情境。如在平常总想不起的恰当妙语、精彩证例，有时却能很幽默地连珠一般在实际疏导中迸发而出，使医患双方处于情绪兴奋、激昂的良性心理循环“河床”中。这种状态，反映了疏导语言与集体治疗情境的相互关系。

因此，在集体疏导治疗中，疏导医生要有幽默感。幽默是富有魅力的，幽默就是风趣地表述问题，给人以回味和思考。医生应善于不失时机地、分寸得当地抓住事物趣味的一面，巧妙地通过语言和动作传递给患者。可以说，幽默是调节疏导过程中医患关系的润滑剂，它可以缩小医患情感之间的距离，使医患关系变得亲切、自然、和谐，疏导医生更能赢得患者的好感。如果疏导医生经常在疏导时带点幽默，一定会事半功倍。

幽默在疏导中有化难为易的作用。在疏导中照本宣科的说教，会使患者感到乏味和压抑，而幽默的愉快作用有利于患者处于最佳兴奋状态。这与心理状态有关，患者在心情放松愉快时，感知比较敏锐，想象力活跃，记忆力比较牢固，所输入的信息容易贮存。大凡善于运用幽默的心理治疗医生，经常能使患者轻松愉快地领会到心理疏导的内涵，在谈笑中，潜移默化地实现心理转化的目标，这不能不说是一种高超的治疗艺术。

幽默感是疏导医生应具有的素质及治疗技巧之一，必须有意识地加以培养。怎样才能具有这种幽默感呢？这里除了要求医生具有扎实的知识基础、良好的文化和艺术修养外，主要靠在治疗中不断地实践，学会在治疗实践过程中训练思维的敏捷性、灵活性。根据患者的反馈信息随机应变，学会以风趣的基调和语言方式来思考自己，思考患者，思考周围的现象，乐观能动地对待疏导治疗中的观点。久而久之，就会逐渐培养起这种能力，从而使疏导中的交谈富于色彩和魅力。

③ 医生的动作表情的影响。治疗中医生的一举一动、一言一行无不传输信息，医生的动作方式，眼神、音调、仪表、态度也是构成治疗情境的一个部分。故医生应

穿戴整齐、清洁、潇洒、精神抖擞，给患者以振奋之感，增强“示范”的魅力。这样有利于患者集中注意力，加强感知效应。在集体治疗时，上讲台是医患双方心理活动交流的开始，医生的目光应扫视全室，以使每个听讲者都有一种“治疗开始我就和医生交流”的体验。治疗过程中，医生一方面要有意识地运用目光、手势和面部表情等来暗示，正确指导患者感知和理解，另一方面也要密切注意患者的动作、表情及行为反馈，并据此判断患者信息输入的状况，以便及时调整情境及信息输出内容。一个优秀的医生，从接触患者到治疗结束全部的活动都应是自然和谐的。

④ 科学知识及道理的讲述与阐明。从整体构思到具体衔接，都要紧扣患者的心理，做到得体得法。心理疏导讲座既与一般上课不同，也和通常的运用某些故事来讲逻辑有区别。集体疏导治疗规范，不仅是科学与艺术创造性的结合，而且也是主讲者独特性格与风格的展示。它不受严格的条条框框的制约，又不能把逻辑系统的知识搞得零碎不全，而是要从每个患者的实际情况出发，把全面的、系统的疾病规律、科普知识简明扼要地介绍给患者。讲座中要兼顾共性与个性，一般和特殊，集体与个别。尤其应当注意科学与艺术贴近现实，常讲常新，着力创造真、善、美的和谐统一。通过苦练“内功”，逐步在集体疏导中形成具有时代气息的性格与风格，使患者有针对性地广收博采，结合自身，不断丰富积累经验，达到“今日认识，将来实践”。

⑤ 注意启发患者的思路，使其不断联系自身进行训练。集体心理治疗是为提高患者心理素质，由病理心理向生理心理转化而服务的，主讲者要尽力启发患者分析问题，使其调动思考的主动性，对所讲的问题尽量联系自身，对照自己的病理心理状态进行分析，提高认识，以求得自身的解放，这也是发挥患者治疗能动性的重要方面。

集体治疗的对象是多种多样的，虽属同类或相似疾病，但患者的病情差异较大，因此，对他们的要求也多种多样，但治疗目标是一致的，都是想治愈。沿着这一目标，除了医生疏导外，患者和家属往往会自发地形成各种形式的讨论。这种不拘形式的信息交流，具有舆论气氛，能够使患者不知不觉，但又自觉自愿地相互影响着，实现了心理转化。这种影响随时都可能起到不可预测的深远效果，影响他们对集体治疗的认识和评价。例如相聚交谈时有不少患者说：“治疗前我对集体治疗无认识，信心不足，不相信这么多人在一起能取得效果，不过我做好思想准备，不能取得效果，我全当来旅游一趟。没想到短时间内真的有了良好的效果。”在交流中，不但自己受益，对求治迫切的患者的影响也颇大。这个集体都是由来自四面八方的各层次的心理素质差的患者组成，治疗中反映出了各种心理病理思潮的不同动向，复杂的社会心理因果关系，他们出于解除痛苦的目的而来，通过心理疏导，他们大多获得教益，受到锻炼，对自己有趋向积极、主动、自觉的要求，具有自我完善的意向。在自发的交流中相互帮助，往往收到良好的效果。

在心理素质有所提高、有所进步时，患者的心理病理同时也有较大的变化。比如说，有些患者在心理疏导中不断汲取知识，拓宽自我认识，不断了解、剖析自己，能初步地审慎处事,逐渐改变了过去认为一切都是外因造成的错误认识,从而能鉴别对事物认识的是非真假,建立正确的价值观念。

提高集体心理疏导治疗的功效,必须注意它的实践性,虚(理论)与实(实践)一定要密切结合起来。这样,在心理疏导治疗中才会有形有实,生机勃勃,真正做到治病育人。提高心理素质,为社会输送有用人才,应该在继承传统心理治疗的基础上有所创新,这方面应多借鉴当代社会科学的发展成果。

2. 集体讨论

一般采用下述两种形式:

(1) 患者提出问题,医生解答。讨论会上,患者们可能会提出形形色色的问题。治疗医生应根据共性的问题作启发式的解答,尽量让患者联系自身的实践思考、讨论。医生只作重点疏导,并密切联系讲座的内容,不能在个别人的问题上过多地纠缠,以免转移讨论的主题,使其他患者注意力分散。

(2) 患者提出问题,相互解答,医生以旁听者的身份参加。这时,治疗医生要注意观察每个患者的心理动态,利用时机引导大家疏通认识,协调讨论气氛。患者之间互相解答问题可以促进大家积极思考。以自身的经历和感受来帮助其他患者提高认识往往比医生的讲解更具有说服力。很多患者觉得别人的症状可笑,或者原以为自己的病情是最特殊的,最严重的,当与别人比较,发现自己症状并不比别人特殊时,也就容易领悟到自己症结的可笑和不合理,在对别人进行劝说和解释时,也就提高了对自身症结的认识,从而达到豁然开朗的效果。同时,自己所不了解的,由别人告诉他,而他自己的经验又可以告诉别人,这种交流远比个别治疗有效。还有一种情况,某一患者谈自己的症状后,另一患者会觉得你这个问题好办,应该如何如何,而自己进行自我评价时就逃避,感到自己的问题确实难以解决。这时医生要引导患者学会自我评价,对自己的性格特征、病情发展、适应社会能力及心理病理活动等方面进行自我分析、自我认识。在集体讨论中自我评价是患者自我提高认识,自我调节,以发挥治疗能动性的主要前提。患者自我评价越准确,就越能有效地进行实践锻炼与自我心理调节。

3. 总结性座谈会

总结会上大家可自由发言,畅谈治疗中的收获和体会。医生要着重交代患者正确对待可能出现的挫折和反复,始终坚持性格改造,有问题时可与医生取得联系,让患者感到医生始终是他们的支持者。

另外,谈一谈关于集体心理疏导治疗的用药问题。从一般治疗原则来说,药物治疗与心理疏导治疗是一个整体,对各类疾病的患者,应在心理疏导治疗的基础上,最大限度地发挥药物的作用。在集体心理疏导治疗中,严禁给予大剂量的抗精神病药物,因为它可影响患者的信息输入及变换,降低心理疏导的疗效。在参加集体治疗前用各种精神药物者,白天一律停止用药,只在晚上服用一次。

下面介绍一例强迫症，患者男性，病史很长，他参加了一次集体治疗班，对自己病史的叙述和治疗过程的叙述都比较详尽，病情痊愈 8 年来，不断与医生取得联系，一直处于“最优化”状态，后走上了局领导岗位。读者可以从中得到一些启发。现将他写的材料辑录如下。

病史自述

我是一个小学教师，52 岁，目前症状是：在居室外，只要有邻居的自行车放在走道里，自己看到了心里就忐忑不安，难受异常，总想着去把它搬开，送走，否则，脑子里就始终想着这自行车的事，顿时情绪烦躁，从头到脚感到气肿，肚子发胀，肠子蠕动。如果强迫自己继续在这种环境中待下去，那就睡不着觉，甚至浑身直冒冷汗，心跳加快，头的左侧疼痛并伴随腰的左侧隐隐作痛；而倘若能立即把自行车搬走，就会感到心情舒畅，浑身轻松，放屁、气肿也逐步消退，身上各种不适症状也就自行消失，也能睡一个安稳觉。为此，我以前也曾试图采取“回避法”，如：为了摆脱这种环境，经常易地睡觉，甚至在回家或出门时干脆闭上眼睛，不去看那辆自行车，但终究无法根除这种强迫念头。自己也感到这种想法是可笑的，无聊的，没有任何实际意义的，但就是克服不了。由于外界情况的出现（自行车）不是以自己的意志为转移的，因此当外界情况反复出现，自己内心的矛盾也就反复加剧，各种不适的病症也就反复出现。因此长时间里精神十分沮丧，情绪抑郁不堪，头脑昏昏沉沉，工作效率降低，内心十分痛苦。

1. 疾病的由来

约在 27 年前（当时是青年时代），受过比较强烈的精神刺激。当时因我的右肘部关节脱臼，复位后留下右手不能完全伸直的后遗症，因此在做广播体操时就感到不好意思，怕人笑话，一听到放广播体操的音乐和看到操场上的喇叭就不安、害怕，思想受到强烈的刺激，内心烦躁，感到浑身气肿，夜间不能入睡。这种情况一直延续了好久，后来发展到甚至只要在自己屋外安装有大喇叭时，就非要把它搬走不可，否则就不愿再在那个环境待下去。如果再待下去，就浑身不舒服，睡不着觉。

后来，装有喇叭的环境改变了，却又出现了怕邻居的煤炉放在居室外走道里，对居室外邻居的电视天线敏感不安，头脑里老想着这些东西，总想要把这些东西搬掉才能入睡，最后发展至目前对自行车的这种强迫状态。但是，每个时期头脑中只有一个兴奋点，只对某一外界事物发生恐惧与不安，即随着对一个新物体忧虑的出现，对原先一物体的忧虑感随即消失。

2. 多年来的治疗过程

20 多年前被贵院诊断为“强迫观念或强迫状态”，服用过氯普噻吨、安定、多虑平，均未能根除此病。今年 8 月份贵院门诊处方用氯米帕明，服后精神曾一度较前大为好转，睡眠也大大改善，坚持正常工作至今。但对“自行车”这种强迫观念及身体的各种不适症状仍未根本解决，有时反复得很厉害。

多年来坚持体育锻炼，早上慢跑，打简化太极拳和做气功，坚持做简化鹤翔庄气功，做过以后，感到头痛减轻、精神好转。

经常看医疗方面的普及读物，对一般的医学常识有所了解，《疏导心理疗法》一书亦已拜读，觉得颇有道理，对治疗我的疾病有针对性。

3. 性格心理品质

我的事业心强，做事特别认真，要求什么事都要做得尽善尽美，对自己要求特高，因此常被评为“先进工作者”。做事特别细致，考虑问题周全，遇事想得特别多，有时为一个问题而想得不能自制。对别人的工作也要求过分严格。

性格比较刻板，急躁；遇事多疑，敏感；灵活性差；没有什么特别的兴趣、爱好，如果有的话，则算喜欢郊游和体育锻炼。

意志较薄弱，经不起挫折，性格耿直，疾恶如仇，敢于仗义执言，主持公道。

4. 战胜疾病的有利因素

(1) 我有一个幸福的家庭，爱人也是知识分子，家庭和睦；三个孩子都有理想的工作(其中两个大学毕业)，因此没有什么后顾之忧。

(2) 我是个基层干部，是一个唯物主义者，能够正视现实，有与疾病作斗争的勇气和力量，承认客观存在决定人们的意识，同时也懂得精神力量对物质的反作用和充分发挥人的主观能动作用这一唯物辩证法。因此，我对战胜疾病充满了信心。

我深知由于自己曾受过较深的精神刺激，加上性格心理有一定的缺陷，因此造成心理上的疾病。心病还得心药医，我愿能早日得到诸位医生的心理治疗，早日战胜病魔，解除病痛，为国家和人民的事业多做贡献。

反馈一

1. 愉快的感受

随着鲁教授对心理疏导疗法深入浅出、真实生动的讲解和描述，我的心被吸引住了，听着听着，那种以前认为自己的病治不好的思想被驱散了，精神突然振奋起来了，好像顿时感到自己精神上变得有力量了。原来认为这种可恶的强迫及恐怖症是不可战胜的，听课中就感到自己一定能战胜这种疾病。随着精神的振奋，信心的增强，当时就觉得心情特别愉快，头痛、腰酸、腿肿等自觉症状也随之消失了一大半，感觉大为轻松，特别愉快！

2. 认识的提高

我的病已拖了20多年了，一些药物治疗收效甚微，虽然主观上作了不少努力，但始终未能解决问题。其实是“有病乱投医”，始终没有对症下药。1990年7、8月份到精神病院看病时，才了解到有心理治疗。这次在治疗之前，我对这种疗法是寄予莫大的希望的，但对这种治疗的认识不足，仅仅是在“试试看”的一种心理状态驱使下接受这一治疗的。今天鲁医生的讲课，使我对心理疗法有了比较深入地、正确地了解。

(1) 医生阐明了这种心理疗法是建立在辨证施治理论基础上，建立在祖国传统医学理论的基础上，建立在现代科学理论(控制论、信息论、系统论等)的基础上，建立在当代心理学、神经解剖学、生物医学的基础上；因此，它是一门综合诸多边缘学科理论和实践的科学。它既然是科学、是真理，谁都应当服从科学和真理。

(2) 医生运用(或者说列举)了大量复杂又顽固的病例被治愈的事实，向我们展示了治愈自己疾病的广阔前景，这不能不使得我信心倍增。实践是检验真理的唯一标准，大量的实践证明了心理疏导疗法的理论是科学的，我是坚定不移地相信这门科学的。

由于认识上的提高，我对运用这门科学治愈自己疾病的自觉性也提高了，对接受治疗有较浓厚的兴趣。

3. 决心的增强

我决心运用好医生交给我的那把开启心灵的钥匙，使这次治疗取得突破性进展，最终达到最优化的效果。为此，我要紧密配合医生，不折不扣地按医生对每一阶段的要求办，特别是认真写好每天的反馈材料，做到真实、深刻。把每天学到的道理(理论)紧密联系自己疾病的实际，做到学以致用。今天这一课我的重点放在：认识自我——认识自己心理素质的不足——认真提高自己心理素质这个主攻方向上。

反馈二

医生今天介绍了心理产生的物质基础——大脑，说明了大脑神经细胞具有兴奋与抑制两个对立统一的过程，进而阐明了心理障碍来自于这两个过程不能统一的道理，并要求通过疏导，提高自己的心理素质，从而战胜疾病。

我为能参加这样高层次的学习治疗班而庆幸，受这种病折磨的大有人在，我们能得到及时的、高水平的治疗，的确如医生所说，我们是幸运者。医生的话语，字字句句如甘露，滋润着我的心田。

今天听课后，我是这样认识和分析自己的疾病的。

1. 从外因和内因的关系上，注重解决内因的问题。

以前在睡觉、活动场所和居室周围感到有某种东西(如自行车、煤炉等)存在，就浑身不舒服，就想离开，否则就难以入睡，浑身气肿，甚至闭着眼睛走开。那时总埋怨人家为什么要把这些东西放在这个地方。通过学习后，思想上起了变化，认识到客观环境是一种客观存在，一般情况下是不可能改变的。同样的客观环境，为什么人家没有跟我一样的感受，而自己就过分敏感、害怕呢？这都是由于自己的内因在作怪。内因是什么？病。什么病？心理功能障碍。怎么解决？认真分析自己，正确对待自己。怎么正确对待自己？了解自己的发病机制，提高自己抵御疾病的能力，即提高心理素质。

2. 疏导前后对自己疾病的认识和反应列表分析：

		知、情、意
疏导前	心理活动	神经敏感、觉得炉子、自行车等跟一般的事物不一样 } 对这些事物恐惧焦虑、烦躁不安 } 不敢接触，逃避
	神经系统	错误信息输入 } 长时间兴奋，导致兴奋性疲劳 } 心理产生功能障碍
疏导后	心理活动	认为这些事物（自行车、炉子等）跟别的普通事物别无二样 } 若无其事，泰然处之，不应有惧怕心理，用不着焦躁不安 } 跟接触其他事物一样，敢于接触
	神经系统	正确信息输入 } 兴奋、抑制平衡 } 心理功能正常

反馈三

今天进一步明确了一个实质，找到了一个方向。

1. 一个实质

明确了心理疏导的实质是医生帮助患者解放思想，而患者通过医生的帮助达到思想自我解放。这里要求患者必须改变一系列原有的导致心理疾病的思维模式和思维方法。

2. 一个方向

找到了“解剖刀”的指向。医生说：“治这种病是相当难的，难就难在要治好身上的病，更重要的是要改变自己的认识。”医生又说：“谁能对自己认识得法，谁就能取得最优化。”要想认识自己，必须严格“解剖”自己。“解剖刀”指向哪里？我认为应该直接指向造成自己心理障碍的原因。

原因是什么？

(1) 外因：外界事物对自己的不良刺激，上次的反馈材料中已提过。外因仅为变化的条件：一般来说，外界事物是客观存在的，是不以人们的意志为转移的（如：我所害怕的邻居把自行车或炉子等放到自己的活动场所和房间外），因此我应该提高自己适应外界事物的能力，而不应该指望它消失；更何况这些东西跟其他物品一样，没有什么值得可怕或厌恶的地方。有了对客观事物的认识，心里就坦然多了。

(2) 内因：内因是变化的根据，分析内因，认识自我。

通过拓宽自己的视野，改变以前的思维模式来解剖自己。

以前的思路是：人家在我生活的周围环境里停放自行车或放置煤炉→进而埋怨

邻居(一定要搬走才舒服)→自己造成兴奋性疲劳,产生各种心理和生理的不良反应。

接受心理疏导后,我拓宽了思路,变为:我为什么对自己家的炉子或自行车放置在生活的环境里从来没有什么厌恶或害怕之感?这不正好说明自己的心胸太狭窄,心理不正常吗?结果变为心理障碍了。追根究底是由于自己的不良性格所致。一方面自己从小至今一直顺利,没有遇到过什么挫折,好胜、好强,一切都要别人服从自己,听自己指挥,我想怎么样就怎么样;另一方面,自己又多疑敏感,有事好放在心里,因此当遇到了触犯自尊心的事得不到解决时,就郁积心中,造成了自己心理上的极大矛盾和痛苦,心理障碍由此而生。因此要变心胸狭窄为豁达大度。

反馈四

通过医生今天的疏导,我明白以下道理:

1. 生理上发病的机制

由于大脑持续长期紧张,导致兴奋性疲劳,留下了痕迹,形成一个爆发点,即病理性惰性兴奋灶,而这种兴奋灶又有一个抑制性的保护圈,造成其他信息进不去,因此这种兴奋灶的消失是很不容易的,这就给治疗带来了一定的难度。

2. 心理上发病原因及其解决办法

有性格偏移(缺陷)的人,心理素质低,导致主客观不能统一,把客观上是虚、假、空的东西视为实、真、有而害怕起来,进而造成生理上一系列不适症状。

性格的改造是长期的、艰巨的工作,当务之急是要把“怕”字去掉,即实行根、干分离。“怕”的特性是欺软怕硬,因此,去掉“怕”字就要在分清是非真假的基础上与之斗争!斗争武器是“习以治惊”,即对各种“怕”的东西多看、多听、多接触。

在斗争过程中要注意:(1) 捕捉取胜的每一个转机并加以巩固;(2) 不怕反复,树立彻底斗争的决心和信心。

联系实际进行分析和实践:

自己的性格偏移表现在以自我为中心,好胜要强,希望周围一切都由自己安排,遇到困难和不顺心的事时耐受力、自制力差,从而导致心理障碍。

如何与“怕”字斗争?

1. 改变自己的思维模式:① 充分认识那些“怕”的东西是纸老虎,实际上是不存在的东西;② 既然自己家放置那些东西就不怕,那么把别人家放置的东西也视为自己家的,不就得了吗?

2. 加强性格修养,学会为人处世要忍耐、宽容、豁达大度,不为一点小事耿耿于怀,在非原则性问题上不计较,在原则性问题上吃点亏也不算什么。

反馈五

1. 深层的认识

通过这几天的讲课和讨论，我越来越觉得心理疏导疗法充满着辩证唯物主义的思想。

内因与外因的关系问题，主观认识与客观实际如何统一的问题，充分发挥人的主观能动性的问题，认识与实践的关系问题，具体问题具体分析问题，实事求是、尊重事实，不回避矛盾问题，看待事物要用辩证的观点、联系的观点、发展的观点的问题（反之就是停止的、僵死的、凝固的、刻板机械的），改造客观世界的同时、改造自己主观世界的问题……

我认为，作为一个患者，深层次地思考和认识这些问题，并紧密联系自己的思想实际，自觉地用科学的世界观来指导自己的治疗，才能达到最优化。

2. 迎着困难上的实践

在实践之前，我先校正了自己的认识：感到原来认为可怕的东西（周围环境里的自行车、煤炉等）的确跟其他普通的东西一样，不值得怕，原来是自己吓唬自己，是自己设置的一种框框、圈套，是客观事物被自己夸大了、扭曲了、失真了。因此，我决定："即使山有虎，偏向虎山行"（信心），"任凭风浪起，稳坐钓鱼台"（镇静）。在此认识的基础上，大胆地去接触这些被认为"怕"的事物。实践的结果：虽然稍有一点紧张（比原先好多了），但心理上却感到很愉快，精神上很振奋，认为的确没什么可"怕"的！我感到这比原来逃避，使自己无路可走的精神状态不知进步了多少！因为我的精神状态不同了！

反馈六

通过一系列的学习，自己对心理疏导的科学原理认识清楚了，自己看到了接受这种心理疗法对于治愈疾病的光明前景，因此，自信心大为增强，精神上不像以前那样沮丧和悲观，而是比较振奋，心理状态比较好。

由于对"怕"的本质是虚、假、空还看得不透，因此在两次实践中都出现了这样的问题，即虽然愿意主动接触原来害怕的东西，但还未到这样的环境里，就情不自禁地担心起来，担心什么呢？担心马上接触这些东西时会紧张，于是随之出现了全身的不适症状（如浑身感到气肿）。

经过深入思考，联系医生疏导时所讲的理论，我认识到这种超常担心反映了自己对客观事物的"怕"字实际上没有真正解决，对它的"虚、假、空"本质实际上看得不透。不是吗？因为你既然担心，说明这些事物仍然值得你"怕"，否则，还担心什么呢？如果你把它们当做正常事物，还用担心看到它吗？

有鉴于此，我想，在斗争前一定要注意"分清是非真假"这个环节，真正做到在分清是非真假的基础上，对是的（正常的），就坚决去做，义无反顾，一往无前，打消顾虑，决不担心；对于非的（病态心理），就坚决纠正，一刀两断。

另外从自己的性格来看，自制力差，敏感多疑，因此造成心理脆弱，心理素质不高。但是，我想，既然医生已教给我们一套科学的治疗方法和治疗原则，又有很多成功的经验可借鉴，我确信最终胜利仍然属于我自己。

反馈七

激动人心的一幕。

今天回家的路上骑在自行车上，脑海中回忆起医生关于改造性格的十二个字：勇敢、果断、乐观、轻松、灵活、随便。结合我自己的疾病形成过程，忽然茅塞顿开，顿时出现了激动人心的一幕，我终于把多年来郁结在内心的疙瘩彻底解开了。一切丛生的疑窦全部烟消云散，我真真实实地感到思想上产生了一个大飞跃，精神上获得了一个大解放，那种快活决非言语所能形容。

我领悟到我的毛病就出在一个“过”字上：对自己苛求，对人家也苛求，要求人家的做法跟自己一样，当人家不按我的主观愿望办事时，我的内心就发生了激烈的冲突，这种痛苦、矛盾的心理长期得不到解决，造成了心理障碍。

具体地说，我平时对自己要求十分严格，办事一丝不苟(我连续几年都是区优秀工作者)，但也形成了我比较机械和刻板的性格；另外，伦理道德观念又过强，又有极强的好胜要强的性格，所以，一遇到不符合自己愿望的事，有悖公德的事，就感到受不了。固执的脾气又使自己一方面内心非要人家顺应自己不可，另一方面又难以启齿，就这样发生了激烈的、难以解脱的心理冲突，时间一长，每次看到这些东西就从敏感到厌恶，从厌恶到害怕，从害怕到紧张，引起生理上各种不适反应，最终形成了强迫症和恐怖症。

在分析自己不良性格及造成的病态思维方法的基础上，我给自己提出了一个问题：要求人家的一切做法跟我一样，可能吗？根本不可能。因为一切客观事物都是按自身的规律在运动着，要求以自我为中心，希望客观事物按自己的意志运动，实在太可笑了！可就是这样一个简单的道理，一个普通的常识问题，在我扭曲的性格和扭曲了的思维方法里，一直钻在牛角尖里出不来。

现在我终于想通了，我找到了自己的性格(个性)缺陷与疾病的联系，我把这个病的根子看穿了！我找到了自己的主观认识脱离客观实际的偏差，把自己主观认识矫正了。激动人心的一幕终于出现了！今天回到家，怕的东西也不怕了，全身心相当放松！

我要攀登到山巅，去领略那无限的风光，达到最优化，实现初衷，把那折磨了我多少年的强迫症、恐怖症丢掉。

反馈八

疏导治疗班即将结束，丰富的内容、深刻的哲理、紧张而活泼的学风将长久地留在我的脑际，更深入的理解将留在日后的实践中去消化、吸收。现在简单写三个方面的问题：

1. 几点印象

(1) 你们的心理疗法是一门科学，是一门具有中国特色的心理科学。

(2) 受到了一次深刻的、完善自我的做人教育。

2. 几点收获

(1) 提高了认识。

(2) 树立了信心。

(3) 了解了道理。

(4) 找到了方法。

(5) 尝到了甜头。

(6) 收到了很好的效果。

3. 今后的打算

要达到主、客观认识统一，心理上平衡，必须解决好几个关系：

认识上	外因——内因	以解决内因为主
	客观——主观	以解决主观为主
	认识——实践	达到同步
方法上	逃避——斗争	要坚决斗争
目标上	当前——长远	立足当前，着眼长远
情绪上	逆境——顺境	胜不骄，败不馁

下篇

第五章 心理疾病的集体疏导治疗示范

第一节 集体疏导治疗概述

一般地说，集体治疗优越性比较大，不但省时间，而且效果也往往更令人满意。一般人对心理治疗总有好奇、神秘的感觉，都希望能在短期内就能清楚地了解整个治疗的方法。而实际上想概括性地讲述一个心理治疗过程却不是一件容易的事。因此，根据我们集体治疗的实况录音我们作了一个系统的整理，作为一次治疗示范，以使读者对心理治疗有一个系统的认识。但必须指出，每次治疗的具体内容，都要根据患者的实际情况和反馈信息来灵活决定，切忌照搬教条，僵化地说教，这个示范也只能作为一个框架供参考。有针对性地进行疏导，有的放矢地解决具体问题，是心理疏导治疗方法的基本原则。

另外需说明的是，每次讲座的内容不同，时间长短也不一样，每次短的讲座中间都夹有提问及问题解答、典型病例示教等，这里均省略。

集体治疗由经验丰富的心理医生承担最为合适。为什么呢？因集体治疗的人数越多，医生的责任与负担就越重，医生每次治疗时既不能拿出准备好的提纲及讲稿照本宣读，又不能海阔天空、漫无边际地乱谈，必须根据每批患者的实际情况及随时反馈的信息找出共性与个性特征，在这个框架的基础上进行加工处理之后再进行信息输出，看似极随意的漫谈，实则紧紧围绕着事先预定的核心问题。

当前，心理疾病患者日益增多而心理医生极为缺乏，如果能将集体心理疏导治疗工作做好，对于解决这一矛盾是行之有效的。能使较多患者及时得到治疗，不仅是患者的需要，而且也是社会的需要。因为每一个现代人（不仅仅指心理疾病患者）都需要及时地接受系统的指导来提高心理素质，以应付不断变化的、复杂的社会环境，保障心身健康及工作、生活、学习等全面顺利发展。通常，一次集体治疗患者一般在 10～50 人之间，从总疗效来看，每批集体治疗人数的多少与疗效的高低并无明显关系。

这次集体治疗示范的内容，一是集体治疗讲座，二是一个具有典型症状的患者（A 患者）在每次听讲后写出的反馈材料，反映了这个患者从病到愈的最优化治疗过程，读者可以参考并从中得到启发。为了突出重点和叙述方便，我们把患者的病情自述作为附录附在第一讲之后，把患者每次的反馈材料也作为附录附在每次讲座的讲稿之后。本章的最后一节是医生在总结会上的讲稿，讲稿之后的附录是参加这次集体治疗的其他患者和患者家属的发言摘要。

第二节　集体治疗第一讲

朋友们，今天我们在这里开一个心理治疗班，给大家进行心理治疗。我们这个治疗，叫做心理疏导治疗。我们有这样一个机会聚在一起共同讨论如何解除心理痛苦，是很难得的。现在急需治疗的人很多，由于客观条件限制，目前不是所有的患者都能得到治疗。所以，大家一定要珍惜这次机会，争取在预期的十天内，获得理想的疗效。实际上，我们这个班，没有明显心理疾病的健康人也可以参加，其目的是：提高心理素质。今天，我们已组成了一个战斗的集体，为了顺利完成我们共同的任务，尽量取得最好的效果，我们作为战友，应当携起手来，相互支持，相互帮助，共同努力。

中央电视台曾经播放过关于心理咨询的节目，记者在采访街头巷尾的各层人士时发现：目前人们对心理学这门学科还比较生疏，这已引起了有关部门的重视。

就大学生来说，国家教育部已相当重视其心理问题，在各大学展开了心理咨询活动。但也还有些人不理解，有了心理障碍也不去咨询，这足以说明这门学科的知识还不普及。根据有关资料统计：目前大学生中有心理障碍者占 40%左右，这些学生难以顺利地适应学习、工作、人际关系和生活。由于对这门学科的认识模糊，缺乏这方面的知识，他们有心理障碍也不愿向别人讲，也不敢向别人讲，讲了，怕别人不理解，甚至连父母也不理解。有些父母说："你好好的，有什么病？！"因此，有苦难言，心理不能保持平衡，有的甚至导致心理危机以至于达到难以逆转的后果。这是非常遗憾的事！

心理障碍在大学生中占比例较大，它虽然不能反映整个社会，但可以作为一个样本，一个代表，说明一些问题。一个人如果没有良好的心理素质，不能很好地适应环境，心理上是非常痛苦的，这种痛苦，没有心理障碍的人是难以体会到的。因此，根据目前形势的需要，大力开展心理卫生知识的普及工作是非常重要、非常必要和及时的！

社会的变化与改革，对每一个人来说都是严峻的考验！由于科技文化的高速发展，信息量必然成倍地增长，如果我们的心理仍保持原来的状态，停留在旧的水平，就不能适应现代的社会环境。适应不了，就必然出现心理障碍。因此，在社会环境变革的时候，随着信息量的增长，对各种信息的处理与适应，能不能达到心理平衡，这是一个很重要的问题。

从社会变革来看，政治、经济、文化、家庭结构等方面的改变，时时刻刻都在冲击着我们每一个人！我感到现在比以前的生活工作思想的紧张度要大得多，这也许是我的心理素质不高，但还没发展到出现太大的障碍和疾病。对任何人来说，一般的不顺利和心理挫折都会有的，但若不把这些矛盾与心理冲突及时解决，待发展到有心理疾病的时候，问题就复杂了。由于人们赖以生存的社会环境与自然环境（包括气候变化、环境污染、噪音等对人不利的自然因素）越来越复杂，这就必定造成每个人的紧张度的增加。我深有体会，20 世纪 50 年代，我们这个地方还很偏僻，到下午几乎看不到人。可现在呢？到马路对面邮筒送一封信就必须东张西望、左顾右盼，生怕被汽车或自行车撞了，这个紧张度与 50 年代相比就大不一样了。几十年来，我们的紧张度在不断地增加，如果心理素质仍保持在过去的水平，那肯定不能适应现在的需要。所以必须提高心理素质，才能适应这个复杂的、不断变化的、不利的环境。否则，就不能保持我们的心身健康。

我认为，与生理健康相比，心理健康应摆在第一位。为什么呢？因为心理活动主宰着人体内环境和外环境的各种矛盾的平衡，心理不健康，往往可以导致生理上发生病理改变，也就是产生心身疾病，从而影响躯体的健康。所以，对我们每个人来说，能够了解一点心理卫生方面的基本常识，不断提高自身的心理素质，这是与我们一辈子健康幸福攸关的大事。假如我们出现了心理上的不平衡，就会在各方面难以适应，影响心身健康。有很多大学生，在中学时一直都是学习尖子，非常顺利，可到了大学后，第一年就垮了。为什么？这是因为环境突然变迁，自己一下子不能适应所致。这种情况恐怕以后更加严峻，特别是这几十年，我国的独生子女都成长起来了，他们的心理素质相对地可能更差一些，有关这些我们以后还要专门讲。

今后的社会环境、自然环境越来越复杂，可是人们的心理素质却相对越来越低，这样一个大的矛盾，必然会使更多的人产生心理障碍。因此，心理健康能不能得到保证，这是一个十分严峻的问题，现已引起国家有关方面的重视。这些年，一些报纸、杂志陆续登载了一些有关心理卫生的知识。我认为，这还远远不够，目前从事这方面工作的人员还太少。在此，我热切地盼望着我们全民十多亿人口能够普遍地、全面地提高心理素质，让心理卫生知识在全国普及开来！

在电视中，看到记者在街头向人们问："什么是心理障碍？"相当多的人都不懂。原因是什么呢？就是全社会都普遍缺乏这门知识。有许多人有了心理障碍、心理疾病后，有苦无处诉，找不到医生，或者根本想不到去找医生，因为他首先自己就不了解，无法与别人讲，更难得到社会的理解。这样，往往使一些本来心理素质不高的人,因不能适应现实环境而导致不良的后果。举例说:在南京某高校曾发生一起事件,某系公认的两个好学生在同一天上午的不同地点上吊自杀。一个是班干部,因海外亲属回国探亲请假四天,假满最后一天早上自缢身亡,事后了解,可能是因为中学时期的恋爱对象问题无法解脱之故。另一个是刚从边疆来到大城市的少数民族干部学员,因各方面的不适应而感到孤独、空虚,自缢身亡于公寓中。事发后,校方对在几小时内一个系中发生两起自杀事件感到震惊,同时却迷惑不解,从来没发现这两个学生有什么异常,最后从他们的日记中才分析出他们有严重的心理问题。这就是因心理素质差,适应不良而导致的严重后果。

另有一个少年班的博士生,他讲的一句话给我很深的印象。他说:"我现在深深地体会到,有心理障碍的人比得癌症的人不知要痛苦多少倍,这不好用数字来衡量。"他解释说:"我们如果得了肺炎,发高烧,呼吸困难,每个人看到后都能理解。可我现在得了社交恐怖症,自己认识不到这个疾病的本质,别人更不能理解。就我来说吧,老是怕人,不敢与别人的眼睛对视,这让我怎么和人讲?我若讲出来,别人能理解吗?假如我说:'我有病,'他肯定说:'你有什么病啊!你能吃能喝,脸色挺好,一切都很好的嘛!'如果我对他讲:'我就怕你的眼睛!'对方肯定会误会,肯定会说:'你这人真怪,我的眼睛有什么可怕的呢?'他必定认为我不尊重他,因为对方肯定不理解。自己为什么怕与别人的眼睛对视呢?其实,这就是心理上的障碍。"这位博士生为什么要怕某些人,这些障碍他自己没法讲,讲出来别人也不能理解,所以这种处境往往是很痛苦的。他的这番话对我触动很大,含义也很深,因为是通过他自己的认识体验升华出来的。只有有心理障碍的人,才能真正地体会到这番痛苦的感受。

从以上的实例来看,一般的适应不良与心理障碍是不容忽视的。适应不良,包括对社会环境不能适应,如人际关系紧张,性困惑,恋爱、学习与工作中的挫折等,都是很普遍的。但一个心理素质很高的人和一个心理素质差的人对这些挫折的反应就截然不同了。如果这种适应不良在不良循环中持续下去,不能解脱,就可能成为心理疾病。心理疾病比起适应不良,就更为复杂了,有了"病",就必须治疗了。适应不良和心理疾病究竟有什么区别,有什么界限?我认为界限不清。一般说来,适应不良持续下去,不能解脱,使你不能正常地适应社会环境,那就可能进入病态,形成心理疾病。什么叫心理疾病呢?有些朋友要我诊断他患的是什么病,这个问题不易回答,因为心理疾病不像躯体疾病那样有准确的定位和病理改变,我只能和大家讲,我们暂且不提诊断。我们先认识一下自己,看一看自己有没有心理上的障碍?自己的心理素质高不高?能认识到这一点就行了,不需要肯定"我得了强迫症,你得了恐怖症,他得了抑郁症"等等,不一定要戴上个"病"帽子。因为上面讲过,心理障碍和心理疾病没有一条清楚的界线。其实,这些帽子都是医生为研究方便而给的定义,随着科学的不断进步,这些病名和概念都在不断地变化。我认为,我们心理上有变化,有心理障碍,只要我们自己能认识体验到就行了,别人诊断什么,我们不去管它,因为这是次要的。这十天中，最主要的是自己要了解自己，认识自己。以往医生下的诊断都是医生的主观认识，不一定都完全正确，而最正确的是自己认识自己。为什么这样讲呢？比如说，有些患者在我院长年看病，病历上曾有五个不同的诊断，到底哪一个正确？这说明每一个医生的看法都会有一定的局限性。因此，我在此说明，在这十天中，你不要强调你是"什么、什么"症，先把它摆出来，放在桌上。我现在是一种什么样的心理状态，我自己认为是一种什么情况？这样就够了，这样也就客观了。因此，这个帽子要自己给自己测试，自己给自己戴最合适。别人给我们戴的帽子不一定合适，不是大了，就是小了。今天我特向大家强调一下。

提到心理疾病，差不多每个人都害怕，但我认为没什么了不起，正常与病态没有什么严格的区别。正常人都可能有病态行为，患者只不过是某些症状表现比较突出罢了，但大部分还是正常的。因此，我们克服了这一突出的部分，就都正常了。那么，正常人有没有病态行为呢？应该说有。如某种行为表现持久下去，影响到自己的各方面，这就是病态了，这就是一个标志。举例说，有人老是不放心，关了门，老怕关不紧，反反复复地去摸门，摸一遍不放心，回来后仍然不放心，再去摸，这就是强迫症状。不放心，正常人有没有呢？有。就我来说，门关好了，也不放心，走了后再回来推一推。那么，这和病有没有区别？没有严格的区别。唯独不同的是，我推一遍，知道已关好了，我就走了，放心了。假如成了病的话，就是他明知道关好了，仍然不放心，回来再推，推好后又回来推，反复地推，否则就难受。区别就区别在这里，因此说正常与不正常的行为表现有些是不容易区别的。我们再讲一下，什么叫心理疾病？凡是由心理—社会因素引起的，不能正常适应社会环境的心理行为表现，都应属于这个范畴。如本来是好学生，不能很好地学习了；本来工作得一直很好，很顺利，现在不能正常地工作了；本来人际关系良好，现在不能平顺地适应了，人际关系很紧张；本来生活条件优越，比别人好，但他看不到，他认为这些不是属于他的。这种种情况，说明已进入了病态。如不能达到社会正常要求的标准，就需要治疗了。换句话说，它是以自己的心理素质（包括性格特征）的高低和能否适应社会环境作为标准。心理素质是属于自己内部的因素，社会环境则是外部的因素。什么叫社会呢？简单地说，两个人以上在一起交往，就组成了一个社会。在交往过程中，互相影响，就构成了社会关系。社会因素就是外界环境（包括人与各种事物）对自己心理产生的各种影响。心理和社会因素对每个人来说，若不能达到良好的平衡，就会产生紧张性的反应；如果长时间持续下去，就会导致心理疾病。心理因素和社会因素对于一个心理素质差的人来说影响都是不会小的，并不是今天紧张一下就得病了，它是有一定生理基础的。当心理紧张时，植物性神经功能活跃，因此而出现脸红出汗，心跳加快，血压升高等，一系列生理反应，这种反映是通过神经内分泌而起作用的。这种心理紧张引起的生理反应持续下去，就会趋向病理反应，可使免疫功能降低而导致疾病。拿因超强的心理紧张而引起的心理生理疾病来说，一个人因心理上一直压抑，导致躯体生理上的改变，这种病就叫心理生理疾病。现在我给你们看一张照片，像这个就是心理生理疾病。这位女病友28岁，你看她胖成什么样？她个子不高，1.55米，但体重180多斤。她一天要吃10顿饭，一顿要吃2大碗，还要用肉汤泡才行，否则就感到与没吃饭一样，觉得“肚子发空”。如果让我们早上用肉汤泡饭吃2大碗，可能到下午也不感到饿，可她却不过2个小时就饿了。她怎么会出现这样的疾病行为呢？因为心理长期压抑导致下丘脑损伤，使内分泌激素失衡了，因此，她吃了后能消化。要是我们正常人吃了，没有病也撑坏了，是不是？所以她是心理—社会因素引起的生理病理改变。你看她胖成这个样，4年多了，在内分泌科、妇产科都看过病，除了肥胖外还有闭经、性功能消失等现象，因久治不愈，就到我们这里来了。开始时找不出有什么心理—社会因素问题，她自己也不承认，认为自己一切很好。其实，她有大量的心理—社会问题难以解决，长年地压抑自己，她认识不到，长久的不愉快导致这样的后果。经过心理疏导治疗后，消除了心理压抑的因素，体重渐渐下降。她上个月来这里时，很乐意地接受了记者的采访，说：“很有必要让大家知道，内分泌和妇产科都看了那么多年，都没发现我心理上有严重的问题，没找到得病的主要原因，现在经过心理疏导治疗后，仅一年体重就降到120斤，第二年就只有93斤了。”这说明心理—社会因素解决了，她的症状就消失了。对这门学科不理解的时候，就会想：她的肥胖怎么与心理有关系？实际上，她是因心理长期紧张压抑而导致下丘脑损伤造成激素的分泌失调，但这不是脑器质性病变引起来的。从她得病的整个过程及治疗的结果都证实了这只是功能性的，这就是心理—社会因素引起的心理生理疾病。她为何要看妇产科？因为除肥胖外，月经4年没来过，都是心理压抑引起的。如果心理生理疾病发展下去就可能导致器质性的改变，即心身疾病。因为长期的心理不平衡，一直这样反反复复，到了中年以后很多种心身疾病就会出现。比如说高血压、冠心病、溃疡病、哮喘等，都是从小心理不平衡所导致的，先是有心理生理上的毛病，没有器质性的改变，以后慢慢造成血压持续性增高，同时血脂增高，血管硬化等等。因此，一个人的心理从年轻时就保持平衡，有一个良好的心理素质，到了中年和晚年，健康长寿都可以保证。很多研究证明：凡是长寿老人，他们的第一要素就是能保持心理稳定。因此，提高心理素质，保持心理平衡是保障终身健康的重要问题。这是第一点。第二点，我们在座的不少被诊断为神经官能症，包括强迫症、疑病症、恐怖症、抑郁症、焦虑症及神经衰弱等，也都是因心理—社会因素引起的心理变化，并没有躯体器质性的改变。另外一部分心理疾病是人格上的变化，他的性格是病态的，这些性格多半过分偏移于某些方面，这种性格偏移多半是以自我为中心。除了以自我为中心，另外还有些心理偏差。什么是心理偏差呢？就是不能适应一般社会规范的心理。比如说，常见的性偏离以及其他多种类型的异常，都属于心理疾病的范畴。我开始讲的关于大学生的心理障碍，40％这个数字是不是偏高了？我认为，国家教育部前几年调查了12.6万大学生，23.7％的人有心理障碍，这个数字是保守的。现在德国大学生中有心理障碍的占25%以上。西欧几个国家的专家曾来我们这里交流的时候，有位专门负责大学生心理保健的医生说，他每年负责5万大学生的心理保健，每年有25%以上的学生在他那里咨询过。这说明国外在心理咨询方面已经开放了。在我国的大学中，即使有心理咨询老师，也绝不可能达到这个数字，因为学生对此顾虑很多。这种顾虑并不只是学生本人有，而是社会普遍都有误解，这必定给他们带来很多顾虑。大学如此，社会上也因心理卫生知识普遍差而群众有顾虑，这也是必然的。为什么说23.7%是保守的呢？因为就德国来说，它们的学生所经历的政治、经济、文化的变革与我们中国大学生来比相对比较稳定，虽然高度发达的工业化国家，竞争及社会节奏都比较紧张。我国当前仍处于改革开放时期，特别是青少年，一方面接受着几千年来传统文化及观念的教养，另一方面，国外的文化、观念等不断向他们冲击。由于年轻人接受信息量大，受新旧交替压力最大，再加上他们生理与心理上特点的制约等种种因素，因此，在年轻人中间出现心理障碍的比较多，这是可以理解的，也是符合客观规律的。从学校来看，初中生心理障碍的发病率是百分之十几，高中生近百分之二十，到了大学就突破了这个数字，所以，青少年承受压力能力的大小，决定于他们接受的信息量能不能与自身保持心理平衡，这是一个关键。特别是独生子女的情况，四个成年人围绕着一个孩子转，这孩子得天独厚的条件就多，他们缺乏社会实践锻炼的机会，就可能造成他们心理素质低，甚至性格偏差等心理缺陷。

如果一个人没有心理障碍，但心理素质很低，经常因一些社会因素不能使自己的心理保持平衡，那他就必须提高心理素质。只有保持持久的平衡，才能适应这个社会环境，在社会实践中才能感到充实，达到自我满意。这样说来，心理素质好与差都不是天生的，而是通过社会实践不断地培养起来的。一般地说，心理素质高与低也不在于年龄的大小。心理素质差，年龄大的有，年龄小的也有。心理素质如不继续提高，就可能延续一生，这种心理素质不高的人，就不可能保持他的心身健康。因此，不断提高自己的心理素质是十分重要的。不过，心理素质的提高不是自然而然就能达到，而是必须通过一定的帮助、教育(包括自我教育)、学习和社会实践来提高。

目前，社会上开展的心理咨询主要起什么作用呢？主要是帮助心理困惑者，起一个指明方向、引导的作用，帮助人们提高学习、工作效率。全国各地有不少心理咨询机构，实际上去咨询的大多是心理疾病患者，他们都需要心理治疗。真正因遭到挫折并没有心理疾病去咨询者很少，都是在万不得已的时候才去咨询。咨询与治疗有什么不同？咨询的含义比较广，咨询的过程中就有治疗。按我的体会，咨询的重心在于预防，没有心理疾病的要防止心理疾病，目的是提高心理素质，这是一个原则。治疗呢？就不同了，范围比较窄。窄在什么地方？“治疗”这两个字，顾名思义，没有病就谈不上治疗，必定是有了病才治疗的。有了较重的心理障碍，不经过治疗，是难以恢复的，正因为是个病，就需要治疗了。心理治疗与心理咨询，从形式上看起来没什么差别，从实质上说，区别就在于心理治疗的范围比心理咨询的范围要集中，程度也比心理咨询深了一个层次。目前，在国外，心理咨询的开展已是一个热门，而我国才刚刚起步。国外的心理咨询范围很广，它不是局限在医院里，而是普及到整个社会，如机关、工矿、学校、企业等。它以提高人们的心理素质，保障人们的身心健康为主要目的，也就是以心理健康来预防心理疾病。美国总统都有心理保健医生，前总统卡特夫人就曾任美国心理卫生健康协会的名誉主席。这样，国外的这项工作就很容易普及开来了。而现在我们的心理咨询大部分是在有心理疾病以后才去咨询的。如果我们不走出医院，大面积地普及心理咨询与心理治疗工作，要提高全民心理素质和保障全民身心健康是极为困难的，起码我们对心理卫生的正确认识尚需一段时间。

怎样才能提高心理素质？这十天的心理疏导，实际上也就是我们提高心理素质的过程。在此过程中，心理转化和心理素质的提高是潜移默化的。心理治疗就是由病理心理（疾病）向生理心理（正常）转化的过程，它既是一个咨询过程，也是一个治疗过程。有的朋友的病，不知不觉就好了，这是因为在潜移默化中他的心理就逐渐转化了。

通过这10天的心理疏导，只要我们认真地、积极地结合自己的实际去认识讨论，我们一定能自己解救自己。在座的有些朋友来这里参加这个班时心存顾虑，需做大量的解释工作。我想，当自己的心理素质提高了以后，这个顾虑就没有了。因客观社会因素的存在，给我们造成了一定的压力，但通过这次培训，我们也会成为心理医生，我们不但自己能解救自己，还能去帮助别人，到那时将是另一种境界了。

随着社会的进步，随着生活节奏的加快，看心病的人越来越多了。正如我们医疗模式的改变一样，在50年代新中国成立初期的时候，我们的健康目标就没有涉及心理上的问题，当时的目标就是消灭传染病。建国初期，各种传染病，伤寒、霍乱、痢疾、性病等都是危害人类健康的大敌。那时候提出的口号是“除四害、讲卫生，消灭传染病！”可现在90年代就不是这样了，随着时代的变迁、社会的进步，心理问题已被提到一定的地位上来。现在提出的口号是“保障心身健康，提高心理素质！”所以说，“心”与“身”是同等重要的。在以往，我们只重视“身”而忽视了“心”；现在，随着生活节奏的加快，那就必定要注意心理问题了，否则就无法适应，无法生存。现在国外的心理治疗很普遍，看心病的人从总统到一般的平民，这些在国外都是极其普通的事。从心理治疗的情况来看，国外是欣欣向荣的，我国目前也在逐渐地改变，以后和现在的情况就会根本不同了。所以，我们今天在国内可能是超前的了。现在，因心病而冤枉死的人并不在少数，因此，我们这项工作是很重要的。我认为，开展心理咨询与不开展心理咨询完全不一样。举例说：我们南京的同志可能都知道，《南京日报》曾有一则报道：有一个副经理将儿子勒死后自杀。这人到底是什么问题？报纸上披露：他有一个幸福的家庭，他与爱人的感情非常好，工作勤勤恳恳，对人很好，受到群众的拥护，是人大代表。当他被选为公司的经理后，压力太大，因为什么？他的心理素质太差。因为当公司经理的责任重大，而他本身就是个责任心极重的人，因心理素质差，当公司的经济效益出现滑坡时，他承受不了，总感到自己没用。这个人为人正直，老实，他的男孩10岁，在他的影响下，他认为孩子比他还老实，今后可能更没用。这样一来，他生活、工作非常吃力，当第二次经济滑坡的时候，他承受不了了，他曾经到医院来看病，诊断他为一般的情绪抑郁，给他开了点药，没有进一步提高他的心理素质，吃药后效果不是太明显，他认为：我没用，儿子也没用，可能今后比我更没用。正因为这样，他先勒死儿子后就自杀了。他有没有精神病？没有，只是一般的心理障碍。记者通过各种调查，采访了他的爱人、同事、领导及邻居等，没有发现他有心理上的问题，只说这个人太老实。从这个案例来看，心理素质不高，自己感觉在这个复杂的社会环境中难以适应，难以生存下去，最终导致了这场悲剧。因此说心理素质的高低不在于年老年少。

下面再介绍一位72岁的老医师，由于心理素质不高，虚荣心支配着他，导致患了多种心身疾病。他自己有病不说，还弄得全家不得安宁。他是齐鲁大学医学院毕业的，毕业后就参加了八路军，是又红又专的老干部，省里某研究所就是他创立的。由于时代不同，他60岁就离休了。当时还没有搞职称评定，他的行政职务是所长，技术职称却只是个主治医生。他看到儿女及他培养的人都是教授、主任医师了，唯独他自己是主治医生，他在老伴面前就感到无地自容，他提出离婚，感到没几年活头了。请听他写的病史的摘要："我的主要症状是自卑感、空虚感、失落感、消极人生感，总想找一个深山隐居起来，一了残生，但又怕死，人年龄越大越怕死，这种心理矛盾不能克服。因此我整天头昏、睡不好觉，食而无味，四肢乏力，心脏又有病，装着起搏器，胃切掉了85%，但仍然感到不舒服，记忆力不好，经常发脾气，引起了家庭的不和睦，老伴及儿女们也没办法。一焦急就往外跑，家里到处找我，单位也无可奈何，不可能为我变动职称，就想不通。但经过这次集体疏导治疗后，提高了心理素质，我什么症状也没有了。"他是1988年8月30日来治疗的。一年后，我看了1989年8月25日的一份报纸，介绍综合治疗阳痿效果好，作者姓名和他一样，我打电话去询问，他心情很轻松，说要发挥余热，还有许多事情等他去做。他与家人商量，让家里腾出两间房子，领导上也支持，这样他就开了一个诊所，在家义务行医，门庭若市，还给患者作心理疏导，效果非常好。次年，《新华日报》又登载他了。他75岁了，但看上去比实际年龄要年轻20岁。我们曾邀请他来介绍治疗男性病的经验，他很谦虚，说是在鲁教授的帮助下才成功的，这几年，报纸上相继都介绍了他的事迹。

与这位老医生同班治疗的有一位姑娘，才17岁，是南京某重点中学的高中生，父母都是教授，她是独女。她父亲在治疗会议结束时说："我三十几岁才结婚，就生了一个宝贝女儿，她生病，父母是何种心情……"这孩子究竟出现了什么难以克服的困难呢？原来她在高二时，一边脸萎缩了，她母亲问："你怎么脸一边大一边小?"她一照镜子,果真是萎缩了。以后心理症状越来越明显了。她的脸萎缩,是一个现实问题,对于一个小姑娘会造成什么样的心理负担大家可想而知。由此,她出现了严重的心理障碍,学习成绩下降,思想不集中。为了不让父母看到难过,她平时住校,连周末也不回家了。从而更加引起父母的焦虑不安,这才来看病。她曾看过多家名医,都认为这种萎缩没有特殊有效的治疗方法,家里人听后万分焦急。她外婆、姨妈都给医生提供了很多资料,最后这孩子一家三人都参加了这个学习班。这位姑娘心理素质提高以后,面部虽无改变,心理负担却没有了,价值观也建立起来了。她的困难是如何克服的呢?她在治疗结束的大会发言时说:"我的价值观是什么?以前我不明确,我不知道为了什么而活着,现在我已找到了人生的价值目标。我不是为了我的这个面容而活着,我应该考虑为人类作出贡献。"随访三年,虽然她的面部不对称现象仍存在,但她不去注意了。她顺利通过了高考,进入某大学经济系就读,情绪一直稳定,成绩优异,热心为大家做好事,广交朋友。大学毕业后,因品学兼优,她被深圳某大公司聘去了。她在给我的贺年卡上说:"鲁医生,我没有空灵的妙笔描绘出如此美妙的心境。这几年来,我似乎变了一个人,从来没有过的轻松、平衡,宇宙、人生……无穷无极。鲁医生,我只有用出色的成就来报答您。我很想来看望您,只怕您又奔赴远方,您生命的琴弦没有休止符号。"由此可以看出她是何种心境。她父亲在发言中说:"我们全家,谁没课谁就来,我老岳母是个教师,一生生活非常坎坷,70多岁的人了,心里总感到不平静,这次听了心理疏导以后,她的心理素质也提高了。"由此可见,心理素质的提高有多么重要。这位姑娘,你说她是心理疾病还是心理障碍?这没界限。正常人可能有病态的心理,而患者的心理大部分还是正常的。

我们生活得怎样才叫充实?怎样才叫有意义?如果那个17岁的姑娘心理一直沉闷下去,结果又会如何?从那位70多岁的老医生来看,他年轻时心理素质并不高,到了老年环境变化大的时候,就更不能适应了,出现了一系列的心身疾病。当他们的心理素质提高以后,各自消除了心理障碍,他们的心境变了,生活、工作也变了,变得充实、积极向上了。

我希望你们通过这次学习,大家都能取得同样良好的效果!

附:A患者病情自述

我今年23岁,硕士研究生毕业,现在攻读博士学位。

我从小就不善与人交往,但还不感到它是一种障碍。大学后半段,膨胀的虚荣心和深重的自卑感使我回避任何人,甚至使我和任何人都产生了一种对立情绪,一种不信任的态度,这使我与人疏远。我意识到这是不对的,但不能摆脱,主要表现是:

1. 生理上的紧张感。我过去就很爱脸红,几乎成了一种病态。跟别人在一起的时间稍长,我就觉得不安,很是羞愧。跟几个人坐在一起,我就不自在,总怕别人注意到自己。我对很多场合都感到害怕,如在食堂吃饭、坐车……

2. 恐惧感。我总以为性行为是一种犯罪,想到性行为就感到羞耻。而且这种恐惧几乎成了一种病态。读大学时我们学校有个女孩死了，我就摆脱不了“是我干的”这个念头。进出大门，我就想象自己是一个贼而不自在。而且性关系中越荒唐、越不可能的情况就越使我恐惧。强奸对我来说一直是个恐怖的字眼，碰到女人，有时这种念头就会跳出来折磨我。如果碰到的是老人和小孩时，这种病态心理就更加剧烈。虽然我意识到这不是真的我，这只是病态的幻象，但我又觉得我纯真的感情全被杀死了。同性之间的性关系以及家庭成员之间的性关系，如母子、父女都被幻化在我身上。我竭力摆脱这种纠缠，但这只使我更加痛苦，因为那种幻象是天下最大的罪恶。不过，这种念头还没有使我完全崩溃，只是心里装着件事，觉得喘不过气来。

我一直害怕自己阳痿，害怕洗澡，害怕婚后的生活，担心只会使事情更糟。

3. 做事不放心。在关水龙头时，明明关好了，还需要反复察看几遍，有时自我感觉关得太紧了，心里不舒服，又要打开，重新关上，重复好几遍，直到完全放心为止。此时，我明白这是一种不正常的行动，又生怕别人瞧见，每当有人在身旁时，我就更加紧张，有时不得不关一遍就走开，可离开后心里老是提心吊胆地想着水龙头开关这件事，要很久很久才能淡忘。还有抽屉锁，明明锁好了，还要仔细查看几遍，或者打开抽屉，重新锁上。桌上的书本、文具明明都放进抽屉了，我锁好抽屉起身离开教室时非要回头盯着桌面看上好一会儿才能离开。骑自行车时，明明撑脚撑上去了，我骑的时候总要回头看好几遍才放心。这类事例还有其他一些，这里就不一一列举了。总之我的精神痛苦至极，感到心理不正常。时至今日，已经十年多了，我不知道该怎么办，我想到了死，我感到生活对我来说是一种负担，人生如同梦幻，一切都是虚空，只有死，或许能够解脱人生之苦，我抱着最后的一线希望求医。

为了能较详细地说明我的苦恼，下面抄一段去年6月份写的日记。

今天我正好22岁，也是我新生的开始，我真想为过去的日子而哭泣。每当我回头望去时，我为那狭窄的路而感到恐惧，那时的生活就像走钢丝一样，想起来叫人害怕，而且这不是很短的事，从小我就生活在它浓重的影响之下，心头围绕的是对自己的谴责和厌弃……

我多么渴望爱情啊！可我从来不敢认真地想，因为我的身体，因为我的过去，我是太污浊了，太卑下了。我是多么爱她们啊！但我不敢正视她们的容颜，我觉得我不配。我心里在说，这只是一个梦，一个永远不会实现的美丽的幻想。虽然我曾为她们痛苦、失眠，可我不敢奢望。另一个我在嘲笑，在恶毒地伤害我，这是什么样的生活啊！……

我曾觉得和人的交往是多么困难啊！我不敢看着对方的眼睛，因为怕她看见我的丑恶，怕我污染了她(我是一度相信心灵感应的)。但我知道我自己是纯洁的，虽然并不清洁，我在逃避所有的人，逃避我的家庭，逃避我的朋友，逃避一切认识我和不认识我的人，把我自己埋在黑暗的世界里，我甚至在自然中都得不到安慰，因为对比之下，我更看清我的罪恶，甚至在艺术的世界里，我也时刻感到惶惑，感到谴责。

我觉得我的罪恶无时不在,无处不在,我越想摆脱,就被束缚得越紧。所有的东西都像镜子似地映出我的丑恶,四面八方地向我袭来,在我的耳朵里,在我的脑子里,在我的身体里轰鸣着,震颤着,并在高声地、甚至恶意地揭出我的疑惧,把这个声音传向整个世界。我睁着惊恐的眼睛,连大气都不敢喘,我全身紧张到了极点,不论是在白天,还是在黑夜,我得不到片刻的休息,我怕我脑子里又冒出那罪恶的形象,我不能制止自己……

第三节　集体治疗第二讲

心理疏导疗法是我国有史以来唯一获国家科技进步奖的,具有中国特色的心理治疗方法。它是根据辩证施治原则,以传统文化为主导,以信息论、系统论、控制论为基础形成的基本理论。

心理疏导疗法有三个特点:第一,要求患者能正确认识自己。这看起来简单,其实是最难做到的。假如一个人能正确认识自己,那他的心理素质就达到了一个比较高的境界了。在正确认识自己的基础上就能分析、解剖自己的心理实质及心灵深处的情况。今天上午我作了介绍,朋友们听了也有兴趣,但是肯定有不少人迷惑不解。为什么呢?因为现在对心理治疗还没有一个充分的认识。为什么这样说?如我今天提到的那个28岁的患肥胖症的女士,她是怎么成为这样的,心理影响为什么会导致那样的肥胖?最后又怎样治好的?这看来很神秘,不可思议,甚至难以相信,但事实上她患的是心理疾病。她经过各种方法长时间的治疗没有效果,最后经过心理治疗,她好了,完全恢复了正常,这是事实。今天你们也看到了,心理疾病的神秘性并不是不可揭穿的。

等一会我们来看一部录像,有两个患者,一个瘫痪了12年,住院两年多没治好,就不治了。她是怎么生活的呢?连上厕所也得由人背,是大女儿每天背来背去。大女儿出嫁了,由15岁的小女儿背。只要她两脚一着地,马上就全身抽搐,抽得很厉害。她在这里抽的时候,连摄影师都害怕。经过半天的治疗,她竟然好了。回去已有7个多月了,一直非常好。你说神奇不神奇?摄影师从来没见过,他感到真神了。其实我们就是要揭开这个神秘性。另一个患者来这里看门诊的时候,瘦得不成样子,为什么?不敢吃饭,原因就是怕把针吃到肚子里,因此一吃完饭就到厕所里去吐。虽然她是坐办公室的,但营养缺乏,瘦得皮包骨头,虽没有脱离工作岗位,但她的痛苦使家里人也受到影响,深为不安。她经过心理疏导治疗,获得了优化,不再怕那些子虚乌有的东西了。她跑到讲台上就讲:现在我悟出了一个道理,心理上的障碍只有自己摆出来,去解剖、去认识、去克服它,否则,没有别的办法。她爱人是一个律师,家里的痛苦他最了解,在发言的时候竟激动地哭了。自我认识,这是疏导疗法的第一个特点。

第二，心理疏导疗法适应性广，它不像其他疗法限制得比较窄，而是非常广。因此，我这里给大家讲一个经历。当我心理状态很差的时候，很多患者家长也同样给我疏导。在1991年10月，与我一起奋斗了八年的一个医生，突然中年英逝了，联系到我的事业，这时我接受不了了，进入了迷津，不能自拔。当时很多患者家属，三个五个一块围着我讲，疏导我。这时，很难说谁是医生，谁是患者。适应性广，我最后悟出一个道理，还是我的病友和家属了解我，他们看得比较客观，他们最后说服了我。因此，究竟谁的心理素质高呢？很难说。毛泽东这个大政治家，他为什么经常要服安眠药？每晚都离不开，这说明什么？这说明他也有心理素质不高的时候。我认为：如果能真正做到自已认识自己，自己了解自己，那就达到了有自知之明而十分洒脱的境界了。因此，疏导疗法不仅适用于有心理疾病和心理障碍的人，同样它也可以为广大社会各界人士提高心理素质、预防心身疾病起一个主导作用。适用性广，这是第二个特点。

第三，疏导治疗要求将认识、理论与实践结合。许多朋友在短暂的治疗后取得了优化，一切都很好，但由于他不能时时坚持把理论与实践密切结合起来，所以过一阵子就忘掉了，忘掉了怎样去认识自己，这样当然会有反复。很多朋友要求第二次疏导，他讲第一次疏导没听好，想再听，这多半是他认识到了，就是做不到，理论与实践脱节。因此，我们要求理论与实践相结合，我们的最终目标是达到三个字："最优化"。这个是控制论与信息论上的名词。最优化对我们来说是指什么？疗程短，疗效好，效果巩固，这就是最优化。什么叫疗程短，疗效好？上面给同志们介绍的例子已说明，那位瘫痪达12年之久的患者，治疗时一共用了一个小时不到，她就从三楼上走了下来，这个治疗时间与她的病程相比已大不成比例，但能不能巩固？这就是我们的目标，不但要近期疗效好，好了以后还要不反复，这就是长期目标。不反复到多久为止？一直到我们的心脏最后停止跳动，一直到我们的生命结束都要不断地提高我们的心理素质，否则，就不能达到我们满意的效果。我们现在开这个集体治疗班，实际上就是一个优化的表现。为什么？如果我现在对一个人治疗，至少也得治上十几、几十个小时，可现在我对50、100甚至再多的人治疗，同样能取得不同的效果，有些人达到优化，有些人达到最优化，有些人进步，有些人得以改善。这样从整体上来说就是优化了。这么多的人，虽然每个人取得的效果不同，但是都能认识到自己，相对来说，这就是优化。

上面我给朋友们讲了疏导疗法的基本理论。以辩证施治为原则，疏导疗法本身是多学科的综合，我们讲系统论的时候就知道了。这里有三个哲学上的基本观点。第一，表现在认识论上，认识论不是一个哲学口号，它指导我们怎样去认识一个事物。比如作为一个心理医生，我们必须首先做到一点，就是要从客观的立场上去了解一个患者真正的历史面貌，能用客观态度（没有任何主观）去认识一个人的历史，认识的越深刻，系统误差就越小。为什么要求同志们写一份详细的、有系统的、不失真的病史材料？就是根据这个原则提出来的。要求患者在治疗前写一份材料，我们不画框框，因为画了框框就变成医生的意见了。要写出你出生以后在什么环境中长大，一直写到现在。要写多少呢？这里不是罗列。比如说：出生后是在什么环境中成长的，在家庭中的地位，自己与周围的人是何种关系？在幼儿园里让我印象最深的是什么？包括好的与不好的，影响最大的。有一个患者写到，他在幼儿园里印象最深的是对袜子最感兴趣，特别是看见女孩子的袜子，那时不到 5 岁，看到女孩子的花袜子就特别喜欢。到大的时候，他则经常对袜子感兴趣了，因此就成为一个病态心理了。这个例子的意义在哪里？如果他不从小的时候回忆，就不可能深化认识其根源。比如在小学，哪些东西对自己的影响最大，好的与不好的，自己认为影响最大的，这是自我性的体会。这就帮助医生来认识你，这样就客观了。一直到现在，包括自我症状等等，给医生一个系统的了解。从出生到现在，从距离方面讲已经拉近了，但一个层次一个层次地去想、去回忆，那就不一定都很熟悉了。医生主要是抓主线，不一定写的材料多就是好，抓住自己的主线是最重要的。因此要求医生不能有主观的意念，医生要求患者写材料时绝对不能失真。什么叫失真？比如说，我对一个问题很忌讳，不愿让别人知道，写的时候隐瞒起来，这材料就失真了。医生要这个材料干什么？不能吃喝，医生通过这个材料能正确地帮助他找出根源，给他一个正确的诊断，制订一个正确有效的治疗方案，这样才能有的放矢地疏导。没有这个前提，不从“认识论”上来认识这个问题，不可能达到这样的要求。以前我曾遇到不少有趣的事情。

有一个少年大学生，心里很痛苦，他 13 岁就上了大学，四年大学快毕业的时候，他来找医生做心理治疗。他四年中的痛苦无法解脱，在接受治疗时，对医生不放心，他要考验考验医生。我们要他写一份系统的材料，他写了，但看了后，我觉得离题很远，看起来头头是道，说他是因失恋引起的痛苦，他说是在初中毕业的时候失恋的。但仔细一想：他 13 岁就进了大学，初中毕业时才多大啊？这是完全不可能的，10 岁就谈恋爱了？每次医生与他谈的时候，他就给医生一个反馈，谈的东西根本结合不起来。拖了三四个月他提出来：“医生，我给你提一个建议，能否不给我治疗？给别人治疗，我来听，好不好？”我答应了他。这时从盐城来了一个高中毕业的女生，本来成绩很好，但因心理障碍却落榜了，该生是母亲和姐姐一块陪着来的，她们讲的病情让他在旁边听到了，他就说：“医生，我就跟着她一块听行吗？”我说：“这得让家长同意。”家长同意了，每次给这个女孩治疗的时候，他就在旁边听，人家走的时候，他也跟人家走，每次又约她一块来。一星期之后，这女孩子好了。女孩是什么问题呢？她忌讳“病”字，还忌讳 1、3、5、7、9 等单数，认为都不吉利。“1”代表父亲不吉利，“3”代表母亲不吉利……另外就是怕死人，不能听到“死”字。后来，这女孩子好了，有一次，新疆来这里展览干尸，女孩子与大学生及家长一同去看了，回来很高兴。后来那位少年大学生写了一份材料，到我面前一下跪了下来，哭起来了，递上了材料。

材料上面说："我欺骗了您，欺骗了百问不厌的恩师，我白白浪费了您宝贵的时间和精力，我受到良心上的谴责。我现在要求您痛打我一顿，我才能达到心理上的安宁。您要知道在讲清楚之前我内心是何等的痛苦，进行了何等激烈的斗争啊！……我确实是10岁的时候开始有了病，不是因为恋爱，是因为我们村上死了个人，上海郊县的。从那时起，我就害怕死人。不论在何种场合，只要见到已死了的人的名字中的一个字，就恐惧不安，夜不能寐，不能集中思想看书、听课，不能与人正常交往。在家乡时，只要知道谁家死了人，就不敢从他家门前走过，要绕道而行。平时怕听怕看患者、死人、坟墓、骨灰盒、火葬场等。而恰恰火葬场就在我们学校南面的一条路上。大学四年，我没敢向南方看过一次，因为从那儿可以看见火葬场的烟囱。这样，我一直处于焦虑和恐惧之中……这次，我虽然来看病了，但是我还是不敢面对现实，我以往写的这些材料都是从图书馆《青年心理学》上抄下来的。我抱着怀疑的态度观察医生3个月，医生的真诚、耐心、科学的态度深深地感动了我，我又亲眼看见一个患者很快治愈了，我才认识到自己……"他在说出了真实病情，袒露了心迹以后，医生有针对性地进行了疏导，他的治疗能动性随之而来。当晚，他就自己一个人到一个大医院的观察室，努力实践，帮助危重患者做事情，看着死亡的患者被抬到太平间，并独身一人到火葬场的礼堂、告别间等处观看，毫无恐惧。从此，他多年的恐惧感消失了，轻松愉快地回去了。这些说明了什么？就说明了认识论的重要性。

第二，我们谈谈实践论。中国的心理治疗没有现成的理论，国外的心理治疗理论只能作为借鉴。因为国外的整个社会环境、社会背景和人的心理素养及他们的观念等各方面与我国不一样，和中国有很大的差距。因此，只能借鉴，不能照抄照搬。我们要总结创立我们自己的理论，没有理论就不能指导我们的实践。这个理论从哪里来，就是从大家、从病友临床实际情况中加以总结，把它上升到理论，再来指导临床。是不是符合现实？通过实践检验后再提高。这样不断地认识、总结、实践，不断升华，疏导疗法就成为一个较完整的体系了。它是从我们病友中来的，所以病友都听得津津有味，因为这也是我们自己实践的经验。这个理论有的很深化，深化得连我也不懂，为什么？比如"控制论"，一些病友是专门学自动控制的，一些自动控制系的研究生、教授把字面上的东西全部数据化了，把他们从病到愈，结合医生的讲解，将其与自己的专业联系起来，完全用高等数学公式代出来了。总之，我们这个理论是从病友中来，到病友中去。下面我们看几个例子：有一个少年大学生，是自动控制系的，他患了强迫症。好了之后的第三年，从杭州来南京度假的时候，我写控制论时征求他的意见，他说："我看后比我治疗时更深化理解了。"让我借给他一星期，他把这个控制模式完全用参数函数给代出来了。他把由病到愈的过程，正负反馈等都用参数函数代了出来。后来经过他的解释，我基本理解了。拿给控制论的教授去看，认为他写的很有道理。我看不懂，并不代表别人看不懂。有一次某大学少年班的一名大学生患者，看了这个公式，病就好了。他也只有19岁，数学、文学等各方面都很出众。他写反馈材料时还写了几首诗，又用各种公式与图解来加深这个理论。今年上半年，有一个留学日本东京大学的博士生有心理障碍，他是上海人，在上海治疗后仍不能坚持学习与工作，与家里人关系很差，经过个别心理疏导后，他好了。他听到我们又要举办集体治疗时，在回日本之前，他又来了，说："我不是单单来治病的，而是要研究理论。"他把大家写的反馈材料和他自己的认识与体会都用图解深化了一步。为什么我们没有总结到书上去呢？因为总结到书上就太专业化了，不普及了。这三个患者都取得了"最优化"，即疗程短，疗效好，效果巩固。这个少年班学控制论的朋友，在 6 年后他的一封来信中说："我本来分配到自动化研究所，我工作了 3 年后，觉得摄影更适合我的兴趣，因此我就改行从事摄影工作了。"他后来到画报社当编辑去了。这说明他心理素质在不断地提高，心理素质越高，他的自由度就越大，从理科转到艺术工作中去了。

中国古代文化源远流长，中华医学心理浩如烟海，从孔子到老子，儒家的"仁者不忧""勇者不惧""智者不惑"，道家的"顺其自然"等，都是提高人的性格修养及心理素质的传统理论。我们老祖宗也早就理解了心理变化与致病有重大关系。因此，我们祖先提出"情志致病"，对心理治疗已很注意了，有很多心理治疗的方法。请看看我国古代医生是怎样向病者疏导的，《内经》上有这么几句话："人之情，莫不恶死而乐生。"意思是人都喜欢生而不喜欢死，每个患者心里都是求生不求死的。因此，每个医生看到患者时，应深深理解患者找医生是求生存的。这是我们老祖宗留下的正确结论。知道了这个大的主题，就应按以下原则对患者进行疏导，即"告之以其败，语之以其善，导之以其所便，开之以其所苦。虽有无道之人，岂有不听者乎！"就是说，即使有一些不合作的，很固执的包括不讲理的患者，只要你能耐心地按照"告之、语之、导之、开之"四个原则去做，病者都不会不听的。的确，在临床实践中，我们遇到许多老大难的病例，最后的结果也都体现了这个道理。我们放一个幻灯片让大家看看，一个患者快要死了，见谁都骂，最后和医生合作了，他是怕死，因为心理素质极差而导致将要死亡。1.80 米的个子，体重只有 25 千克，经过心理疏导治疗，最后病好了。大家再看一个例子，一位老画家，年近 60 岁，病期近 40 年，20 多年来病情加重，每天怕写字，怕画画，不敢拿笔，不能工作，他害怕会写出一些政治上反动的内容，在公共场所更不敢动笔，比如登记旅馆写字也害怕。他明知不会这样做，不必害怕，但克制不了。他还害怕会被人打，也害怕夜里睡觉会起来打妻子。他的衣服的四个口袋全部用线缝起来，为什么？害怕有人无意中塞进去一支笔，他会用这支笔写出或画出反动内容来。这样一个强迫症患者，20 多年来曾经过各种治疗一直无效。来到我们这里经过短时间的心理疏导治疗就好了。回去后他参加了正常工作，并提笔画了这幅画送给我们。你们看，他在上面写着："余患强迫症二十余载，鲁医生以疏导法治之三日而起沉疴，长安何所有，聊赠一枝春。"画上一幅老梅树，又开出梅花来了，树上还有三只小鸟。老梅是作者自喻，三只小鸟代表三天治疗。真是寓意深长。

这两个例子说明了什么？说明了我们祖先的结论基本上是正确的。

我们可以把正常的心理活动比作一渠流水，它本来是畅流无阻的，但是如果经常有沙、石、泥和其他杂质不断淤积，久而久之，这渠流水就会受到阻塞，变得不流畅了，只有经过疏通，它才能重新畅通无阻。人的心理本来也是畅通无阻的，由于内外各种刺激的不断作用，久而久之，也会出现心理障碍。要恢复正常的心理活动，使不畅通的心理活动重新畅通起来，就必须通过心理的疏通和引导。这就是心理疏导治疗，它主要通过交谈，谈心理阻塞的症结，引起阻塞的原因，怎样疏通和引导。

最后我们讲讲系统论、信息论、控制论与心理疏导疗法的关系。为什么要把这三个理论引到疏导疗法中来呢？我们知道，世界上最难研究的是什么？我认为，最难研究的就是人的心理。为什么这样说？自有文字记载以来，就有人研究心理。现代有一百多个学科在研究心理（精神），比如说哲学在研究，社会科学、教育学、医学以及其他各个领域如文学、艺术、历史等都在研究心理，可是到现在连一个概念都统一不了，为什么这样难？难就难在心理的很多东西都是一个未知数，是一个模糊科学。因此，根据当前科学水平，要研究心理，就要使事实尽可能地符合客观情况，就必须用系统科学的方法论去研究，以多学科的综合方法才可能比较符合客观情况。疏导疗法也不例外，它是一个多学科的综合体，其中有心理学、哲学、社会学、教育学、人文学、临床医学、基础医学等，因此，疏导疗法是建立在吸收其他学科的有效成果及丰富营养的基础上的。这就是系统科学的基本观点。这样认识问题就比较客观一点，疏导疗法的系统论中提到的问题有时看起来是比较吃力的，如“目的性、有动态性、有模糊性”等等，因为疏导疗法本身就是一个模糊的学科。目的性很强，从这意义上说，它是用系统科学的方法把相关的学科及现代科学知识都吸收应用或借鉴进来发展本学科，并且再重新创造、设计，这就是系统科学的方法观点。我们引用了这个方法来研究复杂的心理疏导的时候，就会比较客观些。但系统科学的方法论有很多东西需要我们去认识，例如它的模糊性是什么？有很多东西，现在都是未知数，我们必须不断地认识、实践、再认识、再实践。对一个问题稍微清楚了，但深追一下又模糊了，因此就必须再认识、再深追，这样才能深化。疏导疗法的动态性也是这样。因为心理活动不是静止的，时刻在千变万化之中，因此，用系统科学的方法论去认识是首要的。

第二个就是信息论。大家知道，当代是信息社会。什么叫信息？这又是一个模糊的东西。从边缘学科来看，信息概念很难懂。什么是信息？我体会，凡是不知道与知道不清楚的都叫信息，你所知道的就不是信息了。因此，信息论在疏导疗法中用的很多。我给你们讲的你们所不了解的和不清楚的都是信息，你们在接受。信息流又是什么呢？就是指信息的输出与输入，我向你们输出信息，你们则输入我发出的信息，通过你们的感官、视觉、听觉等输入到大脑，经过你的大脑再加工处理，即联系自己理解、消化后才能转化。什么叫转化呢？就是病理心理向生理心理转移变化。接着就要反思，再反思一下，你才能认识清楚，这就是一个信息处理过程。假如我听了一句话，就像没听见一样，毫无反应，不在意就过去了，这就不是信息加工处理过程了。加工处理就是"理解、联系、转化、反思"，通过这样加工处理后再输出，你们输出给我，我接受了信息，这就叫反馈信息，这是你们接受我信息输出的效果。这个信息对我来说是新的、不知道的。比如说，现在我就不知道你听了以后的心理转化过程是什么？所以你必须把整个经过加工处理的心理变化反馈出来，这对我来说是极为重要的信息。因此，在我接受你这个信息之后，我知道我输出的信息你利用了多少，这时我再准备向你输出。这就好比一个正要飞向目标的导弹，在飞行过程中必须根据具体情况（信息）调整、修正方向和速度。我们自己也要修正，修正什么？修正自己，排除干扰。这里的干扰包括内干扰与外干扰。比如现在外面树上知了的叫声对我就有影响，如果我老是注意它，这就成了外干扰。内干扰是什么？有的患者对我说："我为什么老是听不进去呀？是不是记忆力不好？"这就是内干扰。你必须排除外干扰和内干扰，不断地排除这些噪音及杂念，才能达到预定的目标——最优化。我们现在有没有受内干扰的？有。有的患者有强迫思维，在医生讲的时候，老是唱反调，医生说不该，他就是想：应该这样，就应该反，这是因为他的定势思维在活动。假如他现在思想高度集中了，就修正了，排除了内干扰。对于外干扰，如树上的噪音，现在我不去理睬它，这样就可以达到我的预期目标。如果我老是注意它，我就会思想不集中，思维就会中断，讲话当然驴头不对马嘴。所以我们在接受信息的过程中，既要排除内干扰，又要排除外干扰。信息在现代社会中普遍应用，除我们的疏导疗法之外，管理科学等各个领域都用信息。如生物学上的信息，遗传密码，实际上就是生殖细胞的遗传基因，这个密码叫做生物信息。电子计算机更是依靠大量的信息才得以迅速发展。我们疏导疗法用的是什么信息？我们用的是社会信息，如我们用的语言及文字。

第三个就是控制论。控制论与系统论、信息论基本上不能分开。控制论的创始人维纳提出控制论的目的就是以最少的信息实现最优化的控制，取得最好的效果。控制论利用到各个专业上去，主要追求的是最优化。因此，我们说系统论、信息论、控制论这三论虽然是三个学者提出来的，但是它们是三位一体，谁也离不开谁，不能分开的。这三个理论追求的目标都是最优化，在应用到疏导疗法里来就体会得更为密切了。在心理疏导疗法中，控制论主要有两个中心环节：第一是信息转换。什么是信息转换？比如我在输出，你在输入，输入后经过加工处理，这就是信息转换过程。第二个环节是信息反馈。我今天给你们输出的长达五六个小时的信息，你们接收以后，晚上回去回忆一下，经过你们加工处理以后，再写出来给我，我再将它与你没有参加这个治疗时候的认识以及昨天的认识相比，看转化了没有，提高了没有。从我接收的反馈信息来看有不少同志与昨天不一样，昨天来的时候愁眉苦脸，今天思想集中，眉开眼笑，这就是信息转化过程。这个过程是经过加工处理的，这个信息就成了他的了。理解，首先要了解自己，你不联系自己就不可能转换，只有密切联系自己，信息才可能被加工处理，才可以转换，尔后再反思一下，才可以提高自己。我们把今天将接受的信息作一转换，今天回去后写出反馈信息来，这样对我来说是接受了信息，这是第二过程。这个过程对我来说非常重要。

系统论中的"最优化"原则对于我们提高疗效有着直接的指导意义。在我们的心理疏导治疗中，"最优化"的例子是很多的，前面举的那位老画家的例子，患病近40年之久，三天治好了，而且疗效比较巩固，就算是"最优化"。下面再介绍一例。女，32岁，护士，患强迫性恐惧近10年。1972年丢失钱以后，总出现怕丢钱的紧张恐惧心理。平时房间里不许别人打扫，垃圾不许外倒，要反复挑拣垃圾，再用纸或布包起来放在自己认为保险的地方才放心。每次大便后的手纸及月经纸也要反复检查，最后带回房里收藏起来。后来，大便要用手反复摸抓，直到确认里面没有钱，再用水边冲洗边检查。每天早上起床时，要从头到脚反复用手摸，认为身上没钱了，再将衣服鞋子一件件抖来抖去，一边哭一边嘴里说着"一、二、三，王八蛋，精神病……"这是一种矛盾痛苦心理，觉得这样做不对，但又控制不住，所以痛骂自己，直到认为没有钱了方罢休。然后再检查床前铁丝上有钱没有，还将一件件抖过的衣服放在铁丝上，最后边抖边穿衣服。平时她用过的东西，走过的房间，都要反复检查有无丢钱。不敢到商店，不敢工作，不敢外出。如做以上强迫动作时有人干扰，或自己不慎碰到其他东西，就要重做多遍。她的两个2～4岁的小孩不懂事，每天也跟着模仿。疾病的折磨使她感到很痛苦，她曾长期大量服用多种抗精神病药物未见效果。1980年6月前来就诊，经过3天6次治疗，未服任何药物，强迫行为基本消失，但对某些问题思想上仍较紧张。第四天继续矫正锻炼，患者写道："……在做'怕'的事情前，首先认真地考虑一下如何办，什么样的行为是对的或不对的，弄清了界限，思想上有了准备，也就不怕了，经过多次实践，强迫想法也就不再出现了，第五天愉快地返回原地。回去后恢复了护理工作，一切正常。她爱人后来到外地读大学3年，她挑起全部家务重担，同时自己也考入职工大学学习，至今随访6年，情况良好，全家过着愉快、幸福的生活"。

从以上所举的治疗"最优化"的实例中，我们可以看出，强迫症、恐怖症不仅能治，而且可以很快治好，关键就看患者和医生怎样配合。比如你们接收了信息以后，假如不给我反馈，你的转化过程我一点也不了解，下一步怎么修正?！这样就没有任何针对性了。你看我们这几个病历一本一本的，每谈一次话后，他们写了反馈，都有日期，如果他们不给我反馈材料，我就不了解他们的心理变化情况，就无从谈起，谈也是乱谈，不能有的放矢，这就不符合优化的原则了。每一个病例都是这样，每一份反馈我都要看，而且要记。这几天我比较吃力，你们听一天很累，我讲一天更累，你们回去写起来很吃力，但我看起来更吃力。你们写一份，我要看很多很多份，凡是交上来的我都要看，而且还必须分析、综合，若不这样做，第二天就没法工作，没办法再继续辅导。这就要求你们把每天的反馈信息写好，怎么写？要求当天接受的信息就写当天的，尽量写你理解以后再联系自己是如何转化、反思的，你当天听到了什么东西与昨天的比较一下，这样就能比较出东西了，你就能写出一份好的反馈材料、反馈信息。这个反馈很重要，不在于多而在于好，最主要的是抓住关键。

心理疏导理论上的最后一条是：循序渐进，由浅入深，一步一步地来。现在有的患者在治疗时老犯急性病，第一天治疗时，他老问今后怎么办？这样就很难做到循序渐进了。不知道你的结果会怎样，当然就不好回答了，即使随便答出来，也是不科学的。因此，我强调你们要脚踏实地，一步一个脚印地走自己的路，所谓用心，不仅仅是认真，也包括耐心。可能今天写起来比较多，为什么？因为有些患者要补充自己的材料，有的患者可能先前没写材料，现在要补，可能用时间要长些，要疲劳一些。这里我要补充一点，你最好在写好今天的反馈材料以后再写补充材料。为什么？假如你回忆昔日的事情，你就会把今天所接受的信息冲淡。根据记忆的规律来说，间隔时间越长，遗忘的比率越大。因此，你必须及时地反馈，这样反馈以后，必定要回忆反思，和以往的情况来对比，以往我认识怎样，现在认识又怎么样？这样一对比，你就会深化理解，这深化无形中就加强你的记忆了，写与不写反馈是两回事。比如说，你写一遍就必定要联系你自己，否则就写不出来。只有这样，你这一天才算没白听。你写的反馈信息越真实、越具体，对你的疏导及了解越有利，因此，这个反馈信息是何等重要不说也清楚。朋友们当天接受什么就写什么，暂不考虑其他问题。假如你当天听的东西有不懂的，你可以写上来，不能脱离开今天的，因为明天与今天不一样。明天再讲明天的，今天就要写今天的。只有按照医生的要求循序渐进，由浅入深，才能达到预期的目的。

今天有些朋友听了以后可能会得到一些很好的反应，情绪好转的时候，心境变好了，什么症状也没有了，这种情况每一次治疗都不在少数。但是我希望有这种情况的朋友千万不能忽略认识自己是世界上最困难的事情。你当时心情有些变化，症状减轻，这是暂时的，因此，你深化认识还得更上一层楼，再加把劲，这样才能达到预期的目的，才能达到最后的优化。所以千万不能出现“我现在没有了症状，我可以不在乎了”的想法。为什么？因治疗过程共九天，前三天最容易，到后三天时，一联系自己，自己认识自己，去认识实践的时候就难了，可能到时就有哭有笑的了。现在头三天时，我认为笑的多，哭的少，到第二阶段时就会有哭有笑的了，到了第三阶段可能就更难一些。因为这是长期性的了，因此要求朋友们循序渐进的道理就在这里。希望我们能取得良好的效果，要努力加把劲，取得真正的最优化，据我的体会这是很困难的。我就要求朋友们努力做到这点。有的患者有强迫思维的时候，可能会受到干扰，受到干扰没关系，你不会老受干扰。还有一种情况，你虽然说听不进去，但依我看，你不是听不进去，要是听不进去，你会焦虑不安。我看到有些患者说听不进去的时候既没思想转移,也没焦虑不安,更没打盹,他思想很集中,他认为他听不进去都是他对自己要求过高,光怕,这与“怕”字有关系。我希望有这种情况的人不要顾虑,就按部就班地去听、去做吧!最后一定能达到你预期的目的,就像上面我提的那几个优化的例子一样,不仅近期的疗效好,而且在这个好的基础上又创造佳绩,生活上美满幸福,人际关系适应良好。你们昨天看了录像,一个从农村里来的患者得了一种所谓“富贵病”,他这里痛,那里痒,慢慢地就不能起床了。农村医生查不出来,送到我这里来治疗,他对我说:“我治了这么多年,都没治好。”为什么?医生没抓住主要病根,他的病根不在腿上,而在大脑。大脑怎么和腿连起来的呢?我若给他讲信息论、控制论等,他肯定会糊里糊涂。我给他打比方,这大脑就好比你们村长、一村总当家的,这样他就听懂了,什么事都得请示村长,腿也一样,须听大脑的。我没办法才这样讲,因为他文化浅,硬向他灌输科学知识就比较困难,而形象化以后他就理解了。他文化程度不高,比文化程度高的患者更单纯一些,一旦认识到了问题所在,他的信心就很强。另一个穿棉袄的患者,病了12年,后来也好了。头一天来的时候,她哭得辛酸得不得了,一年了,我还记忆犹新。大热天她穿这么多,连我们也很奇怪,她家里人都很着急,她哭,认为自己的病治不好了。后来见瘫痪了多年的患者一下子好了,便有信心了。我问她:“你的病能不能好啊?”她说:“我也能好。”“为什么?”“因为我的病期短,还有,我比她年轻。”他说到就能做到。但是一些文化程度高的患者理论掌握了,实际行动则很少,这怎么能行呢?理论要联系实际,光有理论,不去实践,在生活中锻炼,不可能有所提高。

下面说一下,我们为什么要进行集体治疗?一是为了节省时间,为了最有效地利用时间,提高治疗效果;二是经过我们临床实践证明,集体治疗的效果比个别治疗效果好。病友们在交谈中可以互相交流,互相启发,互相帮助,提高对自身疾病的认识。许多患者就是在看看别人,对照自己的情况下更深刻地认识了自己,增强了信心,从而在认识上产生飞跃,达到新的领悟,豁然开朗,霍然而愈的。当然,集体治疗最主要是针对大家的共性问题及某些共同的规律进行讲解,引导大家结合自身产生领悟,必要的时候也会给大家进行个别辅导。

心理疏导治疗是一个循序渐进、由浅入深、由易到难的过程。过去的经验告诉我们,有些患者开始时总觉得医生讲的和自己关系不大,或是认为太简单,不认真听,也不做笔记,不认真思考。结果别人都在前进,他却停滞不前,跟不上大家的步伐,最后不能达到满意的效果。实际上,我们所谈的问题不光有共性和规律性,同时也是有针对性、目的性的,对每个人都是适用的。

心理疏导治疗是一种心理疏通工作,医生在治疗中起引导的作用。但十分重要的是患者必须自己发挥治疗的主观能动性。医生的信息一旦输送给患者,要求患者融会贯通,理解它,使用它,变为自己的思想,指导自己的行动。过去我们有这样的经验,集体治疗中,有少数患者想,我是来接受医生治疗的,我就坐在这里认真听,听完医生几天的讲课，我的病自然就会痊愈，我的心理障碍自然就会消除。他们在听完几天的讲课后突然问医生："您讲的我都听了，怎么病还没有好啊？"其实他们的想法错了。心理医生的讲课不是什么仙丹，几句话就能把患者的心理障碍讲跑了。我们的讲课是要使大家对心理障碍有一个全面的、科学的了解，对自己的疾病也有一个正确的认识，在不断自我认识、自我领悟的过程中正确认识疾病的规律，掌握与疾病作斗争的武器和主动权，坚持不懈地向疾病作顽强、艰苦的斗争，从而解除病痛，达到治愈的目的。我们的治疗过程就好像在爬一座山。朋友们来了，我们就形成了一个战斗的集体，一支战斗队伍，一道去爬山，去攀登高峰。我们都是战友，医生在这里起引路人的作用，因为医生熟悉路径，可以给大家做向导，有谁爬不动时，可以拉一把，扶一把，但最主要的还是要靠各人自己迈动两条腿爬上去。

疏导的意思就是通过疏通、引导使阻塞的部分重新畅通起来。这里，首先是自己要有强烈的求治欲望，改变目前心理病态的愿望，这是治疗最基本的动力。第二是要有信心，要树立坚定的信心。多年的临床实践证明，心理疏导治疗对强迫症，恐怖症的治疗效果是明显的。一万余例的治疗经验说明，绝大多数患者都取得了不同程度的好转和痊愈。许多患者被强迫症和抑郁症、恐怖症折磨了几年以至几十年，有的不能工作，不能正常生活，甚至丧失了生活的信心，有的不止一次想自杀。许多患者在全国各大医院服用过各种药物，采取过各种技术手段，总是没有效果，但经过短短几天的心理疏导治疗，又重新鼓起了生活的勇气，扬起了前进的风帆。因此我们希望在座各位也树立起必胜的信心，勇敢地和疾病作不懈的斗争。第三是医生和患者必须密切配合、协调一致，并肩作战，让医生、信息、患者这三者融为一体，有机地结合在一起，成为一个有效的、灵活的、不断运动的整体。在医生讲的时候，大家一定要认真听而且紧密联系自己，举一反三，进行对比。比如医生讲到某个人的病案，你们就可以拿自己去比一比人家的病期长短、病情轻重，这样就可以帮助自己树立信心，增加勇气；再比一比别人的致病因素、致病原因，就能够帮助自己逐步地挖出心理障碍的根源，再将它清理出去。因为我们的治疗是个循序渐进、由易到难的过程，要求一步比一步高，所以大家要和医生密切配合，努力在自己身上找出病的本质所在，也就是找出病根，然后再在医生的指导下自己挖掉病根，这个过程需要付出巨大的努力。人家 3 天治好了几十年的病，要知道在这 3 天中人家付出了多大的努力啊！有位患者也是长期强迫症患者，不敢拿笔写字，生怕写出"打倒×××"的反动话，也是几天就治好了。开始时我们要求他写反馈，他硬着头皮写了，花了整整一天一夜，不吃不喝才写了这么一张纸，他是克服了多么大的内心冲突，付出了多么大的代价啊？后来他好了，一小时一气呵成，整整写了七页纸，他终于解脱了长期压在心头的重荷，获得了新生。他的胜利是在医生的引导下靠自己努力换来的，而不是医生赐给的。所以大家从现在起就要有个思想准备，准备付出艰苦的努力来攀登我们面前的这座高峰。

今天我在这里所讲的算是一个战前动员，朋友们要树立信心，鼓起勇气迎战！共同向心理障碍这个敌人作坚决的斗争。每个人都应当这样想，别人能够治好病，我和他们的病一样，同属强迫、恐怖症，那么我们经过努力也一定能治好。

附：A 患者反馈一

今天医生第二次给我们作集体治疗。恕我直言，当我走进医院大门时，内心交织着一种复杂的情感：① 我是作为患者走进这令外人望而生畏的医院的，这大大伤害了我的自尊心；② 我对医生用语言治疗（心理疗法）尚将信将疑，我想看事实。

当医生给我们治疗时，看到他那恳切和自信的态度，看到很多人平静地坐在一起，没有想象中的恐惧和歇斯底里，没有羞愧和躁动，非常镇静地把自己放在心理解剖台上仔细解剖一番，找出自己的病因（这种形式比个人谈话要好，它减轻了自己是患者即不正常人的那种压抑感；房间的布置也很朴素，环境幽静，使得大家平静自然，减少我到精神病院来的那种不愉快感）。医生的严肃和庄重，以及对治愈病例的自然讲述，使大家建立起可以治愈的信心。而且今天感觉到心理疾病与其他的疾病是一样的，并不带有个人评价和道德情感的压力（这一点是非常重要的，心理患者总带有各种不良的情感体验，他们总以为是见不得人的，这样凭空增加了一种压抑感和犯罪感；躯体疾病患者可以轻轻松松地说出自己的病情，如头痛、胃不舒服，而心理患者就不敢说我怕……别人会以为他精神失常，这样反过来削弱了他的自信心，增加了一种不正常感）。我觉得应该把所有的情况都说清楚，帮助医生分析我的病情。

今天，我的心情很不平静，是悲是喜？自己好像也说不清楚。但我却深深地感到了被理解的温暖和幸福。而医生讲的几个患者痊愈的实例更使我增强了战胜疾病的信心和勇气。

当医生讲到一位患者抓着大便还仔细看着用水冲洗的时候，当讲到一个患者洗一次衣服要用几个小时的时候，在座的朋友都笑了，我也笑了，但却是凄楚而苍凉的苦笑。我的病情虽然还不致如此，但曾几何时，自己又何尝没有过某些荒唐的举动。当讲到那位女患者流着眼泪抖衣服时，我也流下了同情和自怜的泪水。因为我深深理解、也曾深深体会过那种难以言传的痛苦。

过去每每想起自己的病，总有点觉着自己的病一定是很怪的。今天看来未免有些“少见多怪”了。

正如医生所说，我也更了解了自己。过去总奇怪当自己尽了很大的努力克服了一种症状后，另一种症状就会出现；尽自己的努力解决了一个问题，另一个新的问题又会出现，如此总是反复不止。现在明白了，可以说这是一种病引起的症状而已。所以尽管我的病情表面现象多种多样，但我给自己病下的结论仍然是属于单一性的。所以我觉得现在关键还是抓主要矛盾，从根本上去解决，我相信心理上压抑多年的问题就会迎刃而解。

我希望在这短短的几天之内有一个量变到质变的飞跃。

想到这里，我总控制不住激动得要哭，这在过去是一个多么不敢想象的巨大的奢望啊?！这可能吗？我怎么可能拥有如此之大的幸福啊！

在这几天之内，我会努力去做，我相信医生，我相信自己的能力。一句话，在这几天之内要追求最优化。

第四节　集体治疗第三讲

今天向朋友们介绍一点心理学最基本的知识。因为历史的原因，心理学一直被认为是资产阶级唯心论的东西而被否定、罢黜，社会上多数人对心理缺乏了解及正确的认识，有些人甚至听了"心理"两个字就把它和算命、看相等封建迷信等同起来，或产生神秘感，这是一种无知和误解。心理活动现象是一种无形的东西，较为抽象，难以把它拿出来作具体的试验。以往，在特殊的历史条件下，我国对现代心理学缺乏研究，更说不上将心理学用于社会实践，指导社会实践了。现在，心理科学终于恢复了它在社会科学中应有的重要的地位，在各个领域中正蓬勃发展，"心理疏导疗法"的科学研究成果就是一个例证。为了改进旧的生物医学模式，向生物—心理—社会医学模式转化，提高医疗工作质量，改善人类的心理素质，解除人们心身疾病的痛苦，我们希望大家掌握一些心理疏导的基本知识。我们相信，通过实践的检验，大家共同努力，总结提高，心理疏导这项工作能更快更好地得以发扬光大。

什么是心理？如何正确理解人的心理实质呢？

心理是人脑的机能活动，是客观现实的反映，是在社会实践中发展的。

在人类身体上，每个组织器官都有其独特的基本机能，也就是通常说的生理功能，心理是属于脑的功能，如同呼吸属于肺的功能、血液循环属于心脏的功能、消化属于胃肠的功能一样，脑是神经系统的一部分。神经系统分中枢神经系统和周围神经系统。

中枢神经包括脑和脊髓。脑包括大脑、小脑、间脑、脑桥、延脑五个部分，都被保护在头颅骨内。出了头颅骨从延脑往下延伸到骶部，这段神经干叫脊髓，被保护在脊椎骨管内。由脑发出的12对脑神经(延脑、中脑)和脊髓发出的31对脊髓神经，分布于全身各组织和器官，叫做周围神经。中枢神经通过周围神经与身体各组织、器官相联系。中枢神经与周围神经的关系是上级与下级、中央与地方的关系，总是下级服从上级，地方服从中央。

中枢神经系统活动的最高部位以及最重要的部分是大脑两半球的大脑皮层，它由1 000多亿神经细胞组成，在机体的一切活动中起着主导作用，是最高司令部，是人类心理产生的器官。没有这个高度完善、高度发达的大脑皮层，就没有心理活动可言。如果先天大脑发育不好或后天大脑中毒、感染、外伤、退化等原因使大脑细胞变性死亡，就会成为白痴。一个原来心身健全的正常人，由于大脑部分区域有了损害，如大脑听觉语言中枢坏了，再悦耳的音乐在他耳边回响也不能得知；大脑的书写语言区损坏了，那么他即使原来是书法家也写不出自己的名字；说话语言区坏了，天才的演说家也只能哑口无言；记忆区域坏了，无论是痛苦或快乐的过去都会忘记，甚至不认识自己的亲人。有人试验在大脑皮层颞叶进行电刺激时，遥远的往事就会历历在目。这些事实都从不同侧面说明了心理活动的物质基础是大脑，心理活动是大脑的功能。各种组织器官的机能和活动都与心理活动有关，有的则要靠人的心理活动来推动和调节。

心理是客观现实的反映，“大脑”+“信息”→心理活动。心理是客观现实作用于大脑的产物，是大脑反映客观现实的过程。无数客观外界的现象通过眼、耳、鼻、舌、身这些感觉器官反映到大脑中才产生感觉、知觉、认识、情感等心理活动和现象。如果把大脑比作发电厂，那么电厂本身再好，没有原动力（水、火、原子能）是发不出电来的。根据调查发现，盲童、聋哑儿童由于对外界的反应发生部分障碍，在智力发展方面比一般儿童至少推迟1～2年。巴甫洛夫曾看到一个患者，他的大部分感觉器官都被破坏了，只剩下一只眼睛，一只耳朵，如果再将这健康的眼、耳朵蒙上，患者就进入了睡眠状态。因为感觉器官是大脑与外界联系的桥梁，是心理活动的“后勤部”。声音作用于听觉神经，产生听觉，光线照射视觉神经产生视觉，这就是神经系统实现反映的形式，这种反映就是心理。

目前已知的大脑定位功能区约有一百多个，这些功能互相联系与支持，自动地保持整体的统一及平衡，同时每一区域对自己本职功能作出独特的贡献。大脑有1 000亿个神经细胞连接成数百万个神经集团，其下又分为各种层次，它们在各层次中高度分工、协同工作，共同完成人体的生理、心理活动。由于现代脑科学的研究迅速发展，加快了这门学科探索的步伐，虽然离阐明人类思维机制尚远，但初步地揭开了心理活动的奥秘，为进一步研究打下了基础。人的大脑分为左右两个半球，中间由大约两亿条神经纤维构成的胼胝体连接，使两半球息息相通，大脑左、右半球有明显的分工，左半球有逻辑思维、处理时间序列及数字信号、蓄积语言知识以及有意识、信念、分析、连续、书写、计算、求同等思维功能；右半球有超脱逻辑的形象思维和形象辨识、贮存形象知识、情感处理、模拟思考及无意识、节奏、音乐、舞蹈、绘画、身体协调、综合、态度、整体性鉴别、几何空间、求异等神经心理功能，左右两半球的功能通过胼胝体的传导进行互补和密切配合。以“语言”为例，左半球分管词意和语言的连续，右半球管声调及其情绪性。也就是说大脑有两套不同类型的信息加工控制系统，相互补充，密切配合，构成一个完整的、统一的控制系统，一旦它们之间的联系被切断，一个半球收到的感觉信息，另一个半球就接收不到。如切去大脑胼胝体的人，能用语言报出他左半球获得的信息，但却不能用语言报出右半球得到的任何信息，因为切断了胼胝体以致右半球的信息传递不到有语言功能的左半球，所以他只能意会而不能用语言表达来自右半球的任何信息。

有人将左脑半球比作“聚光灯”，右脑半球比作“泛光灯”。右半球是创造性思维的基础，左半球是取得学术成就的基础。从我们当前的社会教育看，孩子们都是在一个发展左半球社会环境中生活的，无论学校与家庭，都是围绕着发展左脑功能而不利右脑的发展，表现左脑功能行为强的受鼓励和赞扬，右脑功能强者不受欢迎，这种现状不仅对那些通过创造探索视知觉、空间知觉、身体运动和整体性过程来学习和自我表达的儿童不利，而且对左脑型思维也不利。当前学习困难的儿童，不一定是学习迟钝者，他们可能更倾向于通过视觉—空间的形象来进行整体性的学习，因此这类少儿接受当前训练左半球占优势的教育方式，就会感到困难，且对语言、读写的学习过程也很难适应，这种学习上的挫折会造成儿童自卑和自信不足等心理障碍。

人与动物的本质区别，在于人具有社会实践的特点和主观能动性的特点。人的大脑是在高等动物脑的基础上进一步发展形成起来的，是人类在漫长的进化历史中社会实践的产物。因此，没有社会实践就不会产生心理现象。如果一个人出生后闭塞视听，与现实社会生活隔绝，就不会有正常的心理活动。人们的大脑不只是为了适应环境消极被动地反映现实，而是在认识现实过程中积极主动地在掌握事物规律的基础上预见事物发展的进程，有目的、有计划地去改造现实。但动物没有能动性，没有实践能力，它们为了寻求生存，只能不断转移而不会改造环境。坦桑尼亚北部的国家野生动物园里有一种舌蝇，这种贪吃动物血的昆虫可在30秒内吸吮比自身体重多几倍的血，作为兽中之王的狮子却无法对付这种小东西的侵害，为了避开那十分难受的叮咬，生存下去，不得不爬到没有舌蝇、离地面很高的树上睡觉。人在劳动中、社会生活中产生发展起来的十分复杂的语言，使人们的心理现象更加复杂化。临床研究发现一些住院多年的精神分裂症患者，由于脱离正常的社会活动，与生活在正常生活中的患者相比，前者很快发生智力行为退化——痴呆，而后者则不然。1976年在印度的丛林中发现一个“狼孩”，名叫拉穆，他从小由狼喂大，当人们发现他时，他已10岁，他用四肢爬行，毛发纠集在一起，指甲已长成爪子，手掌、手肘、膝盖都长起了厚厚的茧子，同狼的蹄子一样。当地贫民救济院把他收养后，10年来，没法训练他过人类社会生活。他学会了洗澡、穿衣，但一直未能学会说话，他还一直保持食生肉的习惯，有时溜出去捉鸡。1985年因发抽风，治疗无效而死亡。不久前，在非洲塞拉利昂地区的森林中也发现了一名约7岁的女“猿孩”，她的行走、进食和两手动作与猴子一模一样。当她被收进笼子时，行为表现与一般野兽被困在铁笼时的情况一样。她不会站起身，吃东西时四肢伏地用嘴咬食。她身体健康，力气很大，但不会讲话。以上两个例子说明，因为没有人类社会实践、没有劳动、没有语言，尽管是人类的孩子，具备产生心理的前提条件——人脑，但却没有人的心理。同时，这些实例也充分体现了人与动物各自不同的进化。动物是以自身的改变去适应自然环境的，因而它的进化总是通过身体器官的变化来实现。动物的生命活动无法突破本能的制约，所以不可能超越自身所属的那个物种赋予它的绝对限制。从这个意义上说，动物及其生命活动从根本上说是前定的和封闭的。因此，它只能成为生物学、生理学等实证科学的研究对象。与此不同，人类是通过改变自然以适应自我，人的进化不再表现为身体器官的进化，而主要是大脑结构与功能的进化，智力和思维的进化，人类文化的进化。因此，人类的出现标志着一种全新的进化方式的确立，从而意味着人自身的历史生成。尽管人的肢体功能会因工具的使用和进步而带来某种程度的退化，但人的智力却因此而发达起来，正像苏格拉底所说，当我们的眼睛开始衰退时，我们的理解力变得更敏锐。

如果还要进一步发问：心理活动究竟是怎么回事？换句话说，这 1 000 亿个神经细胞到底是怎么活动的？譬如我在讲这句话，你们接收的过程都是哪些神经细胞相互联系作用而完成的？这些问题，现在仍是一个谜。正因为心理活动瞬息万变，又十分抽象，所以无法拿出来亮相一番。千百年来，古今中外许多人为探索心理活动的秘密而献出了毕生的精力。当代探索这一领域的有医学、哲学、人文、社会、教育、历史、文学、艺术以及电子、化学等上百个学科，真是各显神通。通过电子学及生物化学研究对大脑神经细胞内部极微小的结构、组成及其运动情况已有相当的了解，然而直到如今，这巧妙而复杂的脑器官仍然被笼罩在一层神秘的烟雾之中而处于模糊状态。当然，由于近代科学迅速发展，多种学科相互渗透，心理研究已经有了一些成就。例如，大脑能量是依赖血液恒定地给氧，大脑的血流供给如果中断 10 秒钟，人就会失去知觉，中断 15 分钟就可使大脑神经细胞产生不可恢复的损害。成人脑每分钟血液流量约为 750 毫升，大脑吸收血中氧每分钟约 50 毫升。大脑只占体重的 2%，耗氧量占全身的 20%及同比例的能量。胎儿、婴儿脑的耗氧量达 50%以上。肌肉剧烈运动时，身体耗氧量可提高 5 倍，但脑的耗氧量仍保持恒定。

巴甫洛夫高级神经活动学说认为，大脑皮层活动有两个基本过程——兴奋与抑制，“兴奋”就是大脑神经细胞活动，“抑制”就是休息，两者之间处于相互依存、相互制约、相互诱导、相互转化的错综复杂的对立统一状态之中，从而保证正常的心理活动。大脑神经细胞兴奋过程与抑制过程的诱导作用表现为，在大脑某一区域发生兴奋或抑制变化时，可以影响另一区域的兴奋或抑制。这种相互诱导作用，按其作用的不同可分为正负诱导两种。大脑的一个区域发生抑制过程时，引起另一个区域兴奋性增高称正诱导；大脑一个区域的兴奋性增高使另一个区域发生抑制过程的强度增加称为负诱导。大脑神经细胞活动机能的基本规律是扩散或集中相互诱导的复合变化。举例来说，你们因心理障碍而十分痛苦，希望通过心理疏导治疗解除痛苦，每天焦急地盼着早日得到医治，当收到前来接受集体疏导治疗的通知时就很高兴，因为你们的动机目的达到了。这时你们见到了医生都很高兴，用心听医生进行心理疏导，注意力集中，理解、分析、判断、联想、概括、抽象思维、想象等能力增强，情感活跃，接受的信息能很快贮存并能联系自己举一反三，表现精力充沛，情绪良好。这就是兴奋过程。如果你们从祖国各地充满信心地为解决自身心理痛苦而前来接受心理疏导治疗，情绪很高，但是医生不了解大家的实际情况，只是根据教条，机械、刻板、单调、枯燥地说个不停，你们听了与自己病情联系不上，挂不上钩，越听越糊涂，越急越不懂，与自己的动机目的越来越远，这样，原来的精神兴奋状态就会降低，相应抑制过程就会增强，思想不集中，感觉疲倦，而医生硬要你们听下去，眼睛盯着你们讲，这时你们的大脑兴奋与抑制过程在相互斗争，你们就会感到头昏、头胀、头痛。如果医生这时转移一下目标，你们的眼睛很快会闭上睡着了。这一睡就说明了抑制扩散到了大脑皮层。抑制扩散区域较大，由局部到全部，由大脑到大脑下部神经部位，睡眠就更深，你可能在众目睽睽之下打起呼噜来。一有动静你又会惊醒，再从抑制过程转为兴奋。以上是对兴奋与抑制过程相互转化及扩散与集中的简单形象的说明。这就是我们目前能了解到的大脑神经细胞活动的基本过程。这些活动组成了人类心理活动的过程。没有矛盾对立统一的大脑，就失去了心理活动的意义。巴甫洛夫学说用辩证的方法说明了心理活动的过程，大脑神经细胞的兴奋活动准备了抑制的到来；抑制过程又替兴奋过程打下了基础。只有具备了抑制过程的大脑皮层活动才能保证心理活动不至于过劳而衰竭，才能使大脑的神经细胞维持正常的心理基本活动过程。

希望大家对照正常的心理活动，看看自己有没有心理障碍。要是有，表现在哪些方面，感觉、知觉、注意、记忆、思维（分析、判断、综合、推理、想象、抽象、联想等）各个方面有无障碍，在哪个阶段有了障碍，特别是从思维过程对照自己的情感反应，喜、怒、哀、乐哪个方面出现了障碍。用正常的心理活动来对照和检查自己的问题，看看自己的意向、意志、行动究竟如何。有的人虽然认识是正确的，但敢不敢去实践？敢不敢付诸行动？要勇于对照自己的心理活动进行自我诊断、自我画像，看看自己有无心理障碍？这个问题搞清楚了，咱们的认识统一了，我们就有了共同语言，下一步就好办了。（此讲配合神经系统模型、挂图、幻灯等效果更好）

附：A 患者反馈二

今天听了医生的讲课，他主要讲了什么是人的心理，心理活动的一般规律以及心理卫生的一般常识。这对我是有启发的。首先，心理是人脑的机能；其次，心理是客观现实在人脑中的反映；另外，心理是在社会实践中发展起来的。根据这些科学原理，我对自己作出如下分析。

我的心理出现了障碍，我的心理是病态的。由于心理是客观现实的反映，并且随社会实践而发展，所以一个人的心理活动与发展状况就与他所处的环境有密切的关系。我从小生活在一个封闭的、与外界隔绝的环境里，接受的社会信息少，而且父母凡事过分操心，包办代替，我没有直接参加社会实践锻炼的机会，这就造成了我的心理发育不健全，心理承受力差，一旦遇到强烈的精神刺激，我便不能正常、适度地作出反应，兴奋与抑制过程长期失调，才出现了或者说诱发了强迫、恐惧等症状。

在知、情、意的心理过程中，我出现了三个脱节。知与情脱节：知道没有必要，但还是怕犯错误；情与意脱节：明明讨厌重复，但还是要重复；知与意脱节：明明认识到了一件事的重要性与迫切性，就是产生不了去完成的意志，行动总要拖延。这些脱节的出现，说明出现了阻塞心理活动畅流的障碍。

第五节　集体治疗第四讲

今天我首先要给你们解除一个沉重的心理负担。

前面我简要地谈了什么是神经系统，什么是心理(精神)。下面我们就可以了解什么是神经病，什么是精神病了。

神经系统由于先天发育不良或后天感染、中毒、外伤、变性、肿瘤等引起器质性病理变化，或者功能发生障碍，这叫神经病。比如有的人突然出现嘴歪、眼睛闭不拢、额部皱纹消失，面部肌肉不能活动，这就是由于面神经损伤引起的面神经麻痹；大脑皮层的锥体细胞和纤维组成的锥体系统受到外伤、出血以及脑血管阻塞或破裂造成的损害，中医谓之中风(半身不遂)，还有像癫痫、脑炎、脑肿瘤等都会引起神经系统定位性病理改变，这些都称为神经病。

精神病，指的是精神活动紊乱，不能正常思维，失去理智，而神经系统无实质的定位性病变。当人产生精神病以后，就可能有伤人、毁物、自伤、自杀、危害社会等行为，患者对自己的病态往往没有认识，常常不愿意看病，拒绝接受治疗。对照以上两种情况，你们的神经系统都没有器质性病变；你们神志清醒，思维敏捷，甚至智力过人，所以你们既不是神经病，也不是精神病。对于这一点，大家要有正确的认识，消除不必要的精神负担。

那么你们究竟属于什么病呢？属于大脑疲劳即大脑神经细胞疲劳，或者说是心理疲劳、精神疲劳。很显然，疲劳和病不同，不是一回事，疲劳是可以通过休息来消除的。例如我们爬山后两腿疲劳酸痛，不能行动，这种现象经过休息就会消失。如果腿部神经或肌肉有了病变，那就不是单靠休息可以解决的了。我把这个问题讲清楚了，希望大家消除自己人为的思想负担，消除那些认为自己得了神经病或精神病，见不得人等不正确的思想。

什么叫大脑神经细胞疲劳呢？上次已经讲了正常的心理活动必须保持兴奋与抑制的对立统一，兴奋后必须要抑制，抑制又为兴奋作准备。有这样一个对立统一，人的心理才能保持正常的活动。例如我们白天工作、学习时，大脑处于兴奋状态，到夜晚兴奋逐渐下降，抑制上升，然后进入弥漫性抑制，即入睡，通过睡眠得到了休息。当兴奋上升，抑制下降，我们从睡眠中醒来，又精力充沛。这样由兴奋转为抑制，再由抑制转为兴奋，兴奋与抑制交替上升，保持着人的心理的正常活动。如果兴奋与抑制过程只对立而不统一，久而久之就会造成大脑神经细胞的疲劳。疲劳有这样两种方式:(1) 可能是长时间兴奋占优势,抑制不下去,这就会表现为自制力减弱,易激动、易发脾气、暴躁、伤感、坐立不安、情绪不稳、失眠多梦、易惊醒、对冷热敏感、出汗、手抖、恶心、呕吐及反射亢进等。(2) 可能是长时间抑制占优势,兴奋上不去,这就会出现整天少气无力、注意力不集中、记忆力差、对事物不感兴趣、情绪低落、食欲减退、性功能减退、造精机能停止、月经失调或闭经、情感意志消沉等。总而言之,疲劳的机制就是兴奋与抑制不协调,这种不协调时间长了,就导致心理疾病。刚才谈了,疲劳和病不同,是完全可以消除的,但是恢复要得法。为什么前面提到的那位老画家 20 多年没有治愈,就是因为他没有得到消除疲劳的要领,后来他在疏导中得到了要领,三天就治好了。可见如果抓住了要领,疲劳就会很快消除。

现在你们的身上出现了许多症状,这都是由于大脑疲劳所致。因为人的全身布满神经,形成了网络,相互联系着,大脑的紧张疲劳可以影响到身体各部分。例如强迫、恐怖症状出现往往要引起紧张、焦虑,这会使心跳、呼吸加快,产生胸闷、全身不适等感觉。所以要弄清楚,问题出在上面,出在人身上的总司令部——大脑,应当从这上面找原因。

引起大脑神经细胞疲劳的原因是什么呢? 原因很多,但基本上可以分为两大方面,即内因和外因。凡是属于我们自身内在的问题都属于内因;外因则是指自然、社会环境。外因有各式各样的,是千差万别的;内因则是比较固定的,例如年龄就是内因。人的一生分为婴幼儿期、儿童期、青春期、成人期、更年期、老年期。从人的一生各阶段来看,其中青春期和更年期是各种心理疾病发病的高峰期,这其中尤其重要的是青春期。青春期是人生最宝贵的黄金时代,同时又是一个最危险的时期。这一时期可分为青春前期、青春期、青春后期,每期为 5 年,共 15 年。一般说,女孩从 10 岁到 25 岁,男孩从 11 岁到 26 岁为青春期。这是一个人从孩童到成人的过渡阶段。从心理角度看,这是心理负荷量最大的时期。生理上新陈代谢、内分泌都很旺盛,而且变化迅速,同时,学习、就业、劳动、人际交往、恋爱、婚姻、家庭等一系列问题都在这一时期出现。如果心理的发展不同步,跟不上生理的变化和社会环境的变化,就会产生不平衡,就可能出现各种令人迷惑不解的心理问题。青春期是一个人对各种事物从不知到知的摸索阶段,随时都会遇到阻力和困难,由于缺乏经验,心理负荷量过重,容易造成大脑疲劳,导致心理障碍。比如说,这一时期如果缺乏必要的性教育,在性机能成熟过程中就容易出问题,影响心身的正常发展。

内因的最重要方面,就是人的性格,或者说是脾气。什么叫性格? 性格是一个人的整体精神面貌,是精神和气质的全貌,包括世界观、人生观、伦理观、道德观、信念、兴趣、能力等等,是比较稳定的心理特征的总和。性格的形成不能完全排除先天因素,但主要取决于后天的环境和条件及主观的努力。学校教育、社会环境、职业、个人努力等的不同,使每个人形成与其他人不同的比较稳定的心理特点,这些特点的总和便是性格特征。后天的环境和条件应该从胎儿期就算起。父母的基因,母体的心理、生理素质都会影响到胎儿。这时期是母子共栖阶段，胎儿靠母体供给一切，母亲心理与生理的变化可以影响到胎儿的心身发展。早期教育要从“胎教”开始的道理即在于此。从婴、幼儿期到12～13岁，一个人的性格就基本上有了雏形，一般到16岁左右性格完全定型，形成一定的性格特征。

性格是一个异常复杂的问题，历来对性格的分型都有不同的观点。为了便于大家理解，我们根据患者临床特征，将性格分为强型、弱型、中间型三种。强型的特征是：好强、好胜、任性自负、以自我为中心、凡事我说了算、暴躁、情感丰富强烈、自制力差；弱型则相反，胆小怕事、敏感多疑、好幻想、有事不外露、积极性差、依赖性强、犹豫、孤僻好静；中间型是较均衡的一种性格，特征是冷静沉着、开朗乐观、积极性强、适应能力好、勇于克服困难、善于解决矛盾、好活动、情绪稳定、有自制力。

正因为性格有强、弱、中之分，那么具有不同性格的人，对于同样一个外界的刺激，反应也是不同的。例如强型的人往往不经考虑就激动起来，大发雷霆，引起神经系统的紧张性兴奋，久而久之就会出现大脑疲劳。弱型性格的人有事闷在心里，自己一个人苦思冥想，越想越多，最后也导致大脑疲劳。而均衡型(中间型)性格的人，则能以积极乐观的态度去对待问题，解决问题，并能较好地适应环境，再困难的事情都能以轻松的心境去处理，不给自己制造压力，这样就不易出现大脑疲劳。强型和弱型虽然具有完全不同的特征，但最后导致的结果都是一样的，这就充分说明外因是条件，内因是主导的道理。

强迫症、恐怖症的形成建立在人们性格的基础上。患强迫症、恐怖症者的性格一般都具有强型或弱型的某些倾向，或者二者兼有。他们往往具有一个突出的特征，那就是过分的忠厚、老实、严谨、拘泥、刻板、认真、程式化、循规蹈矩、伦理道德观念过强、自我要求过高、自尊心过强、凡事都要求百分之百正确、追求至善至美、依赖性强、独立性差，这些都属于性格偏执或性格缺陷。本来，忠厚、老实、认真、严谨等特点是优点，但凡事过犹不及，过分了就成为一种缺陷。性格缺陷使人从幼年期开始心理上就有压抑感，表现为少年老成，像个小老人。这样从小精神紧张，日积月累，到一定时期就会饱和，如果遇到压力，负荷量过大时，矛盾就会激化，出现强迫、恐怖等症状。这就说明为什么这类症状多在青春期出现。换句话说，由于自幼有意无意地长期紧张，久而久之在大脑皮层上形成的兴奋区，医学上叫做“惰性病理性兴奋灶”，它的特点是不易消失，这一长期形成的病理兴奋灶就是强迫症状较顽固的原因。上一次我们谈到了兴奋与抑制中的诱导关系，谈到诱导有正诱导和负诱导，大脑皮层某一区域的抑制引起另一区域的兴奋叫正诱导，大脑皮层某一区域的兴奋，引起另一区域的抑制叫负诱导。当一个惰性病理性兴奋灶形成以后，由于负诱导的关系，在它的周围就出现抑制网，并将它包围起来，使兴奋进不去，这就使思想专注在这一点上而摆脱不开。为什么我们情绪稳定、心情轻松愉快的时候感觉症状减轻或消失，而在情绪低落、心身不适的时候感觉症状加重了呢？因为当我们心情愉快时，大脑神经细胞的兴奋性增强，由于正诱导的关系，惰性病理兴奋灶就会相对抑制，病态兴奋暂时被压下去。当我们心情不愉快或疲劳时，大脑神经细胞兴奋性减弱，抑制增强，病理兴奋灶就会增强，甚至扩散到大脑其他区域，这时就会由原来只怕一、两样东西，变得怕很多东西，而摆脱不了。

强迫与恐怖症状，一般是由条件联系的惰性病理性兴奋灶造成的。条件联系开始可能是由于某一外界刺激引起的，以后这一刺激虽然不存在了，但条件联系却固定下来。例如，某个患者一次偶然丢了钱，紧张恐怖，以后就出现怕丢钱的强迫和恐惧症状，丢钱这一外界刺激虽然早已不存在，但与此相联系的恐惧心理却固定下来，由此发展下去，继而出现了怕买东西、怕点发票、怕发报纸等症状。因此说，在大脑疲劳的基础上形成惰性病理性兴奋灶，就是强迫症、恐怖症形成的机理。当然，我们说在大脑皮层上形成了一个固定的兴奋灶，这只是大脑皮层的某处神经细胞的兴奋与抑制失调，形成一个不易消失的小区，而绝对不是脑子里长了块东西，这一点必须搞清楚。

附：A 患者反馈三

今天听了医生的讲课，很有收获。我知道了自己的强迫和恐惧既非神经病又非精神病，而是大脑神经疲劳，它是完全可以消除的。这就加强了我战胜心理障碍的信心。心理疲劳就是兴奋、抑制不协调，设法使其协调，病就好了。

性格的形成主要在于后天环境和教育的影响，这符合我的情况。我从小是在过分保护下生活的，先是在外婆家里，外婆对我溺爱娇宠，样样依我，所以我从小就很要强，一切以自我为中心，很少考虑别人的需要，始终扮演一个宠儿的角色。下面仅举一例就足以说明问题（这是长大后听邻居们说的，自己早已记不得了）：有一次我使了性子，在外婆喂饭时闹了起来，非要在外婆头上撒尿不可。邻居们看不下去，都来劝。可外婆不仅没有骂我，而且竟真的依了我，让我把尿撒在她的衣袖上。外婆对我如此娇宠，可外公对我非常严厉，他的规矩很多，他养的花不许旁人乱动，谁要是动了，他看见了便大喝一声，吓得人再也不敢了。我从小就对外面的世界很好奇，可外婆、外公不让我自己出去，我也不太敢独自出去，结果很少出院门，像个闺房小姐似的独处。虽然时常感到烦闷无聊，可是时间一长也就慢慢习惯了。

被父母接回家后，情况没有发生多少改变。因为我是独生子，是父母的心头肉，所以父母对我也十分宠爱。从小父母很少让我做事，大部分生活琐事全由父母包办代替了。我母亲对我过分操心，样样事放不下，为一件事就能不厌其烦地叮嘱半天。她有一点儿小事就喜欢大惊小怪，比如我身体有点不舒服，她就马上要我吃药、上医院。我要是到外地，不在她身边了，她就要我按时写信，若稍迟了几天，她就会烦得睡不着觉。有时候我实在觉得腻烦了，就冲她几句。这时候她或父亲就对我说，这是为我好。有时候我想她毕竟是我的母亲啊！而且她也确实是为我好啊，我应该尊敬她。可我不知为什么还是对她产生不了感情。一次偶然的机会，我了解到我外公对我母亲从小就管束很严，可现在她身上一身是病：胆结石、肠炎、高血压、肿瘤……所以我想她也是受害者，我应当可怜她。所以我对她有时候很恨，有时候又可怜。我的父亲是一个事业型的人，一心埋头工作。父亲没有什么业余爱好，回到家里也是忙个不停，不是洗衣服，就是擦地板，也不让我插手，很少见他闲下来消遣一下。他对我的学习要求很严，其实不光在学习上，在其他许多事情上他都要求我认真地去做。"认真"，是他经常对我说的两个字。在家里我怕父亲而不怕母亲。

所有这些，都对我性格发展产生了重大影响，可能早已为我今天患病埋下了种子。我有些早熟，11～12岁各个方面就已经萌动了，加上非常好奇，有时不能正确对待处理这些生理、心理变化，带有一种恐怖心理，又不好对任何人谈，把自己从整个世界中划了出去，加重了孤独感，从而使整个青春期成了一种恶性循环，一发而不可收，产生了心理障碍。就性格来说，正如医生所说，我既不完全是弱型，也不完全是强型，而是两者均有。现在我才清楚地意识到，家庭和学校对我来说意味着两个很相同的环境。在家里父母对我确实非常溺爱；在学校里老师也宠我，因为我的成绩总是很好。我的功课家里是绝对放心。最后形成了一种形象，我在学习上很聪明，在其他方面则奇蠢无比，直到现在还不能摆脱这种影响。

上大学后，环境变了，我得以喘一口气。我对家里一直没有深切的情感。我从初中考上大学，轰动了父母的工厂，父母亲对我更加娇宠了。我跟家里人的关系并不比一般人的关系更亲密，而且我又带着欠账的心情。这样，茫茫世界就剩下我孤独的一个人，无人诉说，无人理解，那种甜蜜而纯净的生活对我来说就是一个梦。这种状态真和安徒生的《卖火柴的小女孩》相似，无所依托，无所依傍，渴求的眼睛伸向深邃的天空，寻求幸福和安宁。所以我跟人交往总感到不自然，宁愿独处。我觉得人与人之间的感情都是不真实的。我把人与人之间的依赖，尤其是情感的依赖看成是不好的。因为我不相信别人，同时也不相信自己。显然我的观念和整个社会价值观念不同。这确实是我错了。那么多令人恐怖的摆脱不掉的任意联想差点毁了我，我想哭却哭不出来。我十年的青春、二十多年的生命啊！过去的日子是多么荒唐啊！这简直是一个天大的玩笑。我很早就想，如果我有一个孩子，我一定要让他非常幸福，弥补我失去的一切。

我上面的讲述中，无意之间给人一种印象，似乎我对家庭是缺少温情的，甚至是冷酷的。事实并不如此。我知道父母待人都很宽厚，但我太敏感，而他们却没有认识到这一点，当然也不知道他们的所作所为给我造成的后果。家里诚心诚意想使我得到幸福，可是我心灵的某个角落，将永远是空白和遗憾。我可以对人好，对家里好，但不可能忘我。随时我都能看到我那孤单的身影，徒步行走在荒寂的田野里，与上帝在一起，和那略带有一些遗憾和不足的永恒的快乐。就是现在让我离开这个世界，我也无所怨言，我已经认识了我自己，我的心灵已经得到平静和安宁，我已经体验了这个星球上的各种情感。最严重的打击，我也领受过了。我对过去的一切很满足，甚至有些留恋，我终于解脱，从人生周而复始的回转中解脱了，起码在这一瞬间，我热爱这个世界，热爱在这个世界上生存的所有的人，不管他是恶棍还是娼妓，我会像爱自己那样地热爱他们。我留恋这个星球上从古到今所发生的一切，一幅幅的画面从我眼前闪过，鲜血、战争、苦难、新生和死亡，还有那闪烁着神秘之光的遥远的未来。我俯视这个蓝色美丽的星球，然后让时间回溯到原始的浑浊，与上帝合一。

但是我必须回到地面上来，以后的生活是漫长的，生活刚刚开始，我要成为一个新人，不管这是多么艰难，我要和自己斗争，和环境斗争，直到最后战胜自己。我有信心。

第六节　集体治疗第五讲

心理疏导治疗必须强调的一点就是要联系自己。打个比方说，医生提供的只是一个框架，砖瓦和内部装饰则要靠每个患者自己填入，才能建成一幢漂亮而实用的理想房子。换句话说，医生只是个引路人，像是战场上的指挥员，具体的战斗任务则要靠各人自己去完成。医生教给患者如何侦察敌情，如何运用各种战略战术和使用各种武器，要求患者结合自己的实际，充分发挥自己的有利条件，自如地运用，巧妙地举一反三。这样，不但能消灭顽疾，还能防止产生新的心理障碍。相反，理论再多再好，而不能结合自己，不能充分发挥自己的治疗能动性，等于到了战场还没有见到敌人就吓得发抖，能不败下阵来吗？

现在我们对强迫症、恐怖症作一形象的比喻：我们将“病”看作为一棵树，它分为根、干、枝叶三个部分。树的枝叶就是患者平时感觉与表现的众多症状；树的主干就

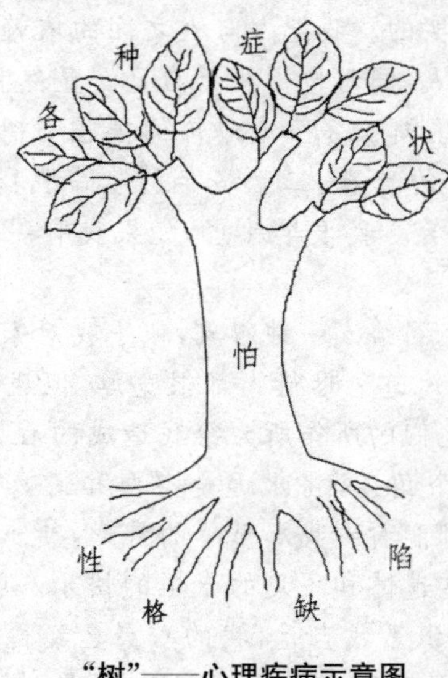

“树”——心理疾病示意图

是个“怕”字，树的根部则代表患者的性格缺陷。我们来分析一下这棵树的成长过程。一粒种子在土壤中经过适当的温度、湿度和各种营养成分的作用而产生物理、化学的变化，进而萌芽生根，成长发育。这个土壤就是每个人所处的社会和自然环境。在长期不适当的教育培养下，或许还有父母遗传基因的作用，使得成长起来的人的性格过于忠厚老实、严谨拘泥、认真刻板、胆小怕事，属于过强型或过弱型。这种人往往虚荣心和自尊心过强，自信心却过差，伦理道德观念过强，对己、对人要求过高，而自身依赖性又过强。这种显而易见的弱点，使得他在人生的历程中，在不可避免的困难、挫折或刺激面前，束手无策，不堪一击，从而发生心理障碍，滋生出千奇百怪的“怕”字，进而表现出五花八门的症状。

那么，面对这样一棵树，我们该怎么办呢？将它连根拔掉，还是换掉它的土壤和营养？患者性格的“根”，一般少则扎根十几年，多则几十年，长期培养造就的性格可谓根深蒂固，怎么可能在朝夕之间拔掉呢？欲将根之所处的土壤和营养成分换掉，就意味着要改变多年安身立命的自然和社会环境，显然也是不现实的。因此，比较现实可取的办法应该是：首先把树干和树根分离开来，即砍掉树干、去掉“怕”字，使众多的枝叶枯死，各种症状消失，然后再进一步挖根，改造性格。

根、干如何分离，采用什么工具砍掉树干，去掉“怕”字呢？我们首先要对树干加以解剖、认识。这树干到底有多粗，什么质地，是实心的还是空心的？对这些问题的回答，就是要解决树干所代表的“怕”的本质是什么这样一个问题。对此，我们从主、客观两方面来进行剖析。我们临床和研究的结果证明，任何强迫症、恐怖症患者所怕的一切东西全是虚、假、空，实际上并不存在，只不过是一个荒唐的幻影，怕它毫无意义！事情确实如此，在性格均衡者、精神强者面前根本不存在“怕”字，它只存在于性格偏移（缺陷）者、精神弱者身上。原来“虚、假、空”的事物在患者的主观认识上变成了“实、真、有”，这就是主观认识与客观认识的不相符，于是就产生了千奇百怪的“怕”。如果我们将客观事物认识清楚了，自然也就不会怕了。例如我拿在手上的是一个人脑模型，并非真的人脑。假如你误把它当成一个真的人脑，便会感到很害怕。而若你正确地将它当做一个辅助学习的教具，就可以正视它而不害怕了。一些性格不够均衡的人往往会因为遭受一点刺激而产生心理变态，不能正确认识事物，走向极端，主观与客观相背离，认识与实践不同步，才萌生了种种莫须有的“怕”字。而当你心理状态改变后，正确认识了事物的真相，主观与客观相符合，认识与实践同步，怕就没有了，恐惧就消失了，由此导致的种种症状也都不复存在了。

了解了“怕”的本质是“虚、假、空”，就是认识树干的本质是空心的，是外强中干的。再来摸摸树干的脾气，看看特点是什么？临床和研究证明了，“怕”的特征概括起来是四个字：欺软怕硬。你进它退，你强它弱，你奋勇猛斗，它就销声匿迹，你退它纠缠，你越软弱，它就越不放过你，直逼得你濒临绝境，走投无路，甚至轻生。所以我们说，“怕”字是只纸老虎，但你们却不可轻视，因为它是会吃人的“纸老虎”，许多事实证明它专吃那些缺乏信心和勇气的弱者。有的患者已经被它吃掉，有的患者几乎被它吃掉。想想这问题多么严重，人的生命就一次，轻而易举让纸老虎吃掉多可悲。可是只要我们对它采取强硬态度，敢拼敢斗，是能够把它打个稀巴烂的。

在“怕”字面前是进是退，敢不敢跟它斗，主要取决于患者自己。在克服“怕”字的过程中，我们可以运用“习以治惊”的方法。张子和《儒门事亲》上说：“惊者，卒然临之，使之习见习闻，则不惊矣。”你们都会承认，对于自己已经习惯了的事物，是不会感到担心和害怕的。根据这个道理，至关重要的就是要勇敢地向“怕”字挑战。你不妨挑一件自己认为最忌讳、最害怕的事去做一做，到实践中去证实一下“怕”的东西究竟是否存在？在实践中分清是非，辨别真假，消除“怕”字，解开一个个久郁心中的“结”。同时还要注意少想多做，对于一个个疑问，都使之在实践中迎刃而解。反之，如果多想少做，就会愈想愈离奇、愈荒唐，导致在意志、行动上出现障碍，并难以克服。

当然，你们听起来不难，但实际做起来会很难。这需要很大的勇气和毅力，不管多么痛苦也要坚决突破第一关。拿下第一关，以后就好办了。要知道，不把这个树干砍倒，去掉“怕”字，症状不会消失，下一步挖根、改造性格也无法进行。砍掉树干是要付出代价的，只有经过艰苦的拼搏，才能享受到根、干分离——克服“怕”字后发自内心的舒畅和喜悦。

在取得突破、获得初战胜利以后，仍然不能放松，必须坚持不懈地反复进行实践锻炼，以巩固和扩大疗效，直至痊愈。要说战胜强迫症、恐怖症难，无非是一个“怕”字使人时时处处放心不下。由于长期过分认真养成了习惯，要想一下改掉确实有难处。有些患者为了摆脱那些痛苦的观念和行为，想以默念数字等方法来转移，结果又往往出现数数字的强迫、恐怖观念及动作。可见这些方法不可取。有一位患者从大西北来治疗，下决心一定把强迫动作克服掉。他平时觉得裤角口不平整，总是不停地整理抖动。有一次治疗时，医生一边给他疏导，一边紧紧地盯着他、监督他，使他坚持了一小时没有抖动。但是他为了摆脱医生的监视，借口说：“今天我感觉良好，没有‘这样’（做病态抖动动作）。”实际上他是向疾病退让，借口又抖动了一次。另一位患者每次开关灯时必须连续开关三次才放心。有一天在治疗室医生只准他开关一次，但是临走时还是补开关了两次才离开治疗室。这两位患者通过治疗相信了科学，虽然下决心锻炼实践，但开始还是决心不大，毅力不足，千方百计借故来满足一次，结果又退却了。在这里，患者的情绪十分重要。在情绪低落时，强迫及恐怖症状增强，患者的努力坚持不下去，反而更加烦躁、焦虑、抑郁。如果患者能保持愉快轻松的情绪，症状减弱，努力一拼，症状就可能霍然消失，即使有病态出现也能顶过去。常有这样的情况，患者思想集中，坚定不移，出现症状不予理睬，慢慢也就过去了。事实上，大胆实践，勇往直前，没有过不去的火焰山。有些患者今天坚持住，明天坚持住……就能慢慢地做到长期坚持住，直到症状消失。

我们要努力争取在实践锻炼过程中出现新领悟。这种新领悟就是在与困难的不断斗争中突然因为一个事例或一句话引起知觉经验和认识中旧结构(病理过程)突然消失,新结构突然形成。这种新领悟一出现就必须立刻把它牢牢记住,把它强化,否则可能不久又会消失,而消失以后再建立也许会更困难。

例如有一位患者,强迫思维严重,长期治疗无效,丧失信心。在心理疏导治疗中,经过艰苦斗争后,受到一个治愈实例的启发,顿时大彻大悟,自觉一切问题迎刃而解。他在反馈中写道:"首先,我觉得非常后悔,后悔上次医生给我看了那位患者治愈的病历后,当时的那种轻松和霍然无病似的情形没被我坚持住。那天晚上没吃药,却睡得挺好。第二天在学校看了一场电影,竟然能够基本上自始至终精神集中,即使想到病时,也觉得无所谓,并不可怕,对生人毫无戒备之心。可是,后来我却这样想:难道我的病竟然能这样就好了? 两年多的病态会如此戏剧性地消失吗? 大概不会这样容易吧!"

"医生给我看的这份病历,使我知道有的患者确实能够在一次疏导之后,病态霍然消失。所以我更感到后悔,同时我也知道,我的病还算比较轻,但我却认为我并不比别人容易治好,因为我觉得,我总是不太容易接受教育,思想很固执。"

"我现在虽然总是认为我的病不太容易好,但我又非常迫切地希望我的病立即就好。因此,思想杂乱,情绪烦躁。还有一点,我认为会出现以下情况:一旦病有好转,我就会感到骄傲,异想天开;一旦稍受挫折就会自卑泄气,悲观失望。"

这位患者的情况至少有两点我们应作为教训记取。一是他经过努力,获得了新领悟,症状消失,而他竟怀疑这一事实,产生了动摇,致使疾病复发,可见心理状态对于治疗心理疾病多么重要。二是他没有把疗效坚持住,加以强化,结果出现反复,而这一反复给他带来了更大的困难,甚至丧失信心。

但是,我要特别强调指出,强迫症、恐怖症在治疗过程中出现反复是正常现象,很多患者都可能出现反复,甚至濒临绝境。这时候绝对不要惊慌失措,必须做到处逆境而不馁,遇反复而不惧,硬着头皮顶住,百折不挠地斗争下去,要知道,每战胜一次反复,就是一次疗效的巩固与扩大。

今天主要就讲这棵树,留下时间让大家去多做。从今天起我们的战斗打响了,到了"短兵相接"、"刺刀见红"的时候了,也就是说今天我们都要亲临阵地与"怕"字打交手仗了,也是检验在了解敌情后如何去付诸实践了。这一步是困难的,但只要能沿着决策目标,始终保持头脑冷静,坚定不移,顽强拼搏,这场战斗你们就必能取胜。

所谓决策目标就是沿着"习以治惊"的原则去做。在现有认识的基础上找出主线(最害怕的东西)付诸实践,多看看,多听听,多接触,把那些自己所"怕"的事物当做攻击的堡垒,把认识与实践不断周而复始地进行,循序渐进。必须记住:要少想多做,想到就做,做了不后悔。

在斗争中头脑需要清醒，在“怕”字面前要分清是非真假。要知道，你那些“怕”是荒谬的、无聊的。强迫症、恐怖症患者都是“当局者迷”，一进入情境与“怕”字接触，就身不由己地迷糊了，弄不清真假是非，就在“虚、假、空”这个由自己划的圈子里转来转去出不来，焦虑不安，犹豫不决，陷入无路可走的地步。因此遇到“怕”字首先要分清是、非、真、假，真与是坚决去做，假与非果断地丢。丢了自己会感到难受，但只要辨别清楚了，难受也要去做，真正按照“习以治惊”的决策做。你会感到一遍比一遍轻松，一遍比一遍有自信心，直到习惯了，什么怕也不存在了。现在我们来当场检验一下“怕”字到底是不是“虚、假、空”。哪位朋友来做个示范？好！小B先举手，就请小B给大家作个病情自述吧。

B患者病情自述

我的病是从1980年开始发现的。起初是这样的，我们全家在1977年从农村搬到县城里。开始还没有感到城里地方窄小，直到我觉得有病的前半年，才感觉到那里怎么也不舒适，感觉到很闷，再加上我的性格不好，父母亲对我斥骂又不注意场合，所以总觉得伤了自尊心，觉得有说不出的滋味，成天不高兴、愁眉苦脸，闷闷不乐。到后来，又加上发生了一件事，就感觉到头脑更加不行了。

当时学校附近发生了一起强奸案，有个同学指着我脸上的斑说，这个就是强奸的象征。当时我就觉得又害怕、又紧张。虽然当时也和那个同学顶了几句，但是心里还是害怕别人提起强奸这件事。所以就觉得顾虑重重，有着很大的思想压力。这件事过了不久，有一次语文教师在黑板上写些名词解释，其中有个“窃”字，就是偷的意思。从此这个“偷”字再也忘不掉了，越想把它忘掉，就越是忘不掉，病就是从这时开始发作的。

病初的情况是不敢大胆从银行门前走过。同时心里不断胡思乱想：别人的衣袋里不是有钱吗？我会不会去偷啊？可别碰到人家的手表啊！若是碰或是看到什么东西，就感觉到自己好像会去拿这件东西，心里害怕得不得了。

现在我的病情就是见什么想什么，越是贵重的东西，越要去想，如好衣服、手表等等。一看到这些东西，心里就想：可别去拿这些东西！另外，别人如果真的丢了什么东西，自己就感到很不自然，好像是我偷了人家的东西一样。心里也知道自己没有偷，有什么可怕呢？但是就是控制不住。

刚才小B讲述了自己主要是怕偷别人贵重东西。那么我现在请小B帮我一个忙。我这里有一串钥匙，上面有我办公室门上的钥匙和放钱放照相机柜子上的钥匙，请小B去我办公室打开我的柜子，把照相机和钱包里的钱取出一百元拿来，可以吗？（小B摇头，坚决不肯，但在其他人的再三鼓励下，小B终于去把照相机和钱取来了。回来后小B说：“我很紧张。”）现在再请你把这些东西送回去并锁好柜子。（小B这次任务完成得很好）好，请你比较一下这两次感觉有何不同？（小B说：“第一次拿出来很紧张，第二次送回去后就好一些了。”）

现在大家都已看到，小B今天通过实践示范已认识到"怕"是虚、假、空的。但这并不能算他胜利了，因为刚才有这么多朋友给予他实际的精神援助。他能否真正自己独立主动一个人去做而感到轻松，还需要经过艰苦的实践锻炼。现在我把一把钥匙交给小B，希望他随时一个人到我办公室里去。我可以明确地、肯定地告诉大家：所有强迫症、恐怖症患者所担心、所忧虑、所害怕的东西，都是虚、假、空，都永远不会成为事实。比如小B，他永远不会偷东西！大家一定要完全大胆放心！

今天下课以后，请大家各自根据自己的情况，找出怕的主线，去实践锻炼，去突破它。然后把反馈很好地写一下，总结出自己成功或失败的教训及心理变化。

附：A患者反馈四

今天我感到非常的高兴，医生的话好像一把钥匙，打开了我封闭的思想，打开了我心灵的大门。医生的话虽然是对着大家讲的，但针对自己、联系自己，是那么句句切中要害，特别是对疾病本质的深刻剖析尤为精辟。

把强迫症比作一棵大树，这样讲解很形象、生动，易于理解和接受。经过对这棵大树的层层剖析，我懂得了强迫症的共同点就是一个"怕"字，它是这棵大树的树干。这一点正切合我的实际。在我身上和头脑中表现出来的各种各样的症状，都来源于这个"怕"字。由于对某一问题的怕，进而派生出怕这怕那，使得自己原来就紧张（历史条件形成的习惯性紧张）的思想越来越紧张。这种紧张反过来又使"怕"字加重，也就是使树干越来越粗大，枝叶（症状）越来越茂盛。我的所谓"怕"，它的本质在客观上是虚、假、空的，但在自己主观上却成了实、真、有的了。这个"怕"字的根源，是自己在认识上犯了错误，即主观认识和客观事实不统一。客观上不存在的东西，主观上却硬当做一种实际存在的东西。于是，各种各样的"怕"就产生出来了。从理论上来说，要消除自己的强迫症，首先要去掉主观上的这个"怕"字，也就是要砍掉这个树干，以达到主观与客观的一致。当然，由于病程较长、病态较多、病根较深，一下去掉这个"怕"字确实有点困难。但只要按照医生讲解的方法去做，在主观上时时提醒自己，逐步加深认识，保持主客观相符，这个"怕"字是可以根除的。

在回家的路上，我就开始了实践。我原来比较怕到人多的商店里去，怕看营业员、特别是女营业员的脸。这次我就鼓足勇气，走进一家商场转了一圈，问问价，有意朝女营业员脸上看。出来后，感到很轻松。

到家以后，我先挑了一件平时比较怕做、常发生强迫的事来尝试。我过去把书插进书橱里去时，总怕书角卷起，插得过紧或不整齐，总要放来放去反复多次。今天我鼓足勇气，告诉自己要克服一个"怕"字。果然，我一硬，它就软了，我放得挺顺利，书放完后也能不去想。

说不怕，我什么都不怕了。原来挂毛巾、吐痰、关抽屉等情况较易发生紧张、强迫，现在都过五关斩六将地闯了过来，我感到自己的勇气在增加，信心也增强了。

下午我主攻写字。由于勇气和信心足，我比原来较容易地克服了一个又一个障碍。事实证明了“怕”字是一个欺软怕硬的“纸老虎”,只要对它进行针锋相对的坚决斗争,就能战胜它。而且“怕”字是在自己的心里,不在别处,应该自我反省、自我认识,认识清了,就能克服它。

但我还有一点顾虑,就是在脸红这个问题上还不能克服,老是觉得脸一红,别人就会看出来,他们就会猜测到底是什么原因,可能是我所害怕的事,一想起这些,我就下意识地会脸红。还有跟别人交往,我想到可能会不自然,果然就真的不自然起来。

此外,“阳痿”和“洗澡反应”也是一样的。

我觉得,以上这些症状表现可以归纳如不良暗示心身反应示意图所示。

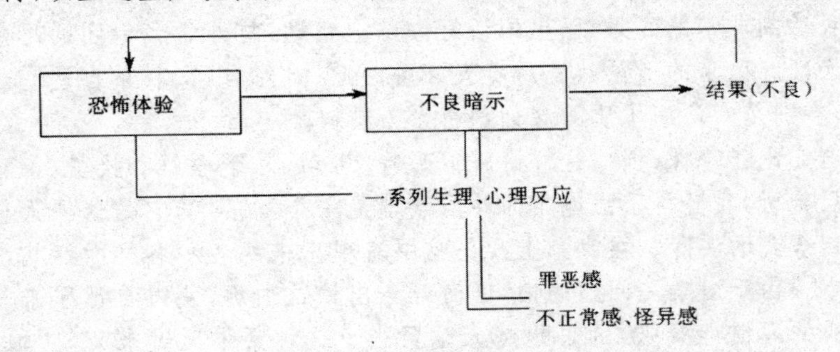

不良暗示心身反应示意图

对于以上问题,我在提高认识的基础上要进一步加强实践,相信今后能取得彻底的胜利。

第七节　集体治疗第六讲

从大家的反馈材料看,经过初步实践,大家都有了不同程度突破,有的突破较大,有的小一些,这与自己的认识与实践努力有关,也有极个别的同志虽然认识到了,但就是在实践上止步不前,这需要进一步地找原因。我们这个战斗集体好像爬山一样。这个战斗集体中我是个指挥员,我希望我们这个集体没有掉队的,大家要互相帮助,让落在后面的朋友赶上来。我们能不能突破“怕”字,关键是我们敢不敢付诸实践去检验一下,我们所怕的东西是不是存在,有没有必要去怕。如果我们认识清楚了,就要使自己敢于面对现实,不逃避现实,积极地进行思想斗争,不断地提高认识,勇于加强实践,使自信心及疗效都不断地得到提高与巩固。要克服“怕”字,要探索解决问题的思路,增强举一反三的能力,把实践继续坚持下去。有些朋友认识了就去做,认识一点做一点,并能把认识和实践进一步提高,遇到了新问题也有解决新问题的新方法,这样的朋友就是大智大勇者。

在心理疏导治疗中,我们的认识——实践——效果是相互联系着的。心理疏导疗法的治疗公式是：不知→知→实践→认识→效果→再实践→再认识→效果巩固。我们对客观事物如疾病从开始的不知到简单的知，这个过程比较容易。客观对象作用于人的感官，大脑就可以感知客观对象的初步面貌，形成感性认识，如梨子作用于我们的感官时，通过视觉可以认识它的颜色，通过味觉可以认识它的味道。但认识必须深化，要上升为理性认识，就要认识我们疾病的本质，它与外界事物的关系以及运动的规律，这种认识是我们进行心理疏导治疗的必要的前提和重要环节。了解疾病的本质，弄清来龙去脉，不仅知其然，而且知其所以然，我们就能在治疗中明确方向，有的放矢，对症施治，一步一步走向胜利。否则就不能达到预想的目的，甚至走进死胡同，这个过程比较复杂，困难很多。常常有这样的情形，在治疗过程中，有些患者与医生初步交谈后就认为医生所谈的自己早有了"认识"。其实，这种认识往往是十分肤浅的。心理疏导治疗中，切忌想当然和一知半解。临床上证明，对疾病的认识浅尝辄止，认为"一听就懂"，甚至"不说也知道"，其结果往往是"一做就失败"，在实践中处处碰钉子，收不到应有的效果。所以，我们刚才说的心理疏导疗法的治疗方式是必须遵循的。

人的正确认识，只能从社会实践中来。强迫症、恐怖症患者，只有在实践中同他们所害怕的那种事物接触，即不断地把认识付诸实践，从而进一步深化认识，坚信他们所害怕的那种事物的本质是虚、假、空的，除此之外，是没有其他方法来根本解决问题的。有一位患恐怖症（不敢见人）15 年的患者，经过疏导治疗以后，不断地提高自我认识，按照"习以治惊"的原则，不断提高自我矫正能力，在不断实践中取得了良好的效果，他在反馈中写道："我是这样体会的，在调动主观能动性与'怕'字作斗争时，我越是不敢见人就越是要见。当然，这要有个过程。我上班后第一次参加小组会，心情非常紧张、恐惧，我就逃避矛盾，不敢与别人目光相视，就看天花板，看机器。组长说：'你为什么开会思想不集中，乱看？'这时引起大家都看我，我满头大汗，矛盾激化了。我擦擦汗，下决心，越不敢看人的眼睛我越要看，我就毅然将目光盯着组长眼睛，结果倒是他害羞了，不敢看我了，我第一次感受到了胜利的喜悦。为了建立乐观情绪，克服孤僻的性格，解除疾病的痛苦，我决心找一位小提琴老师学小提琴。但见到他我就感到拘束、紧张，他讲 GDAE 弦，我脑子里就出现强迫思维，为什么不叫 ABCD 弦或其他名称，等等。这时我想到应该明辨是非、分清真假，我认识到这是因为我对小提琴不了解，乐理知识差，又伴随着病。我端正了认识，坚持学习了有关方面的知识。一个星期后，老师说我进步很快，我很高兴，心情舒畅，当天症状就消失了 80%，但见到老师仍紧张。我又想，为什么见到家中人及同学不紧张呢？因为彼此有了感情。以后我不但向老师学习，也和他谈家常，还邀请他去我家做客。这样慢慢就有了感情，紧张感也就消失了。我讲话时一紧张就口吃，为了克服这一病态，在小组会上，我故意和人辩论，越辩论越不紧张，也不口吃了。就这样，经过长期锻炼，获得了意外的疗效。"

在实践过程中，一定要为自己创造一个良好的心理条件，建立起自信心，发动或强化治愈的内在动力，积极主动、自觉不懈地克服困难。一般来说，在实践中取得效果的大小与自信心的大小成正比。可以说，自信心犹如混凝土建筑的钢筋，是在实践中立身行事、克服“怕”字的精神支柱。有些患者长期用药治疗无效、丧失信心，在心理疏导治疗中受到启示和其他病友迅速治愈的感应，就会逐渐树立并增强自己的自信心，通过大胆实践，症状减轻，就会感觉心境异常的愉快。这样，他们的精神就会充实起来，自觉地进一步调动向疾病作斗争的能动性，就会产生压倒一切困难的力量。当然，这对某些人来说不是一件容易的事，特别是那些性格固执、自省力和自制力差、满脑子都是“怕”字的患者，他们不能辨明是非真假，遵循客观规律，缺乏实践的勇气，而且经常无根据地胡思乱想，无限度地忧虑，这样自然很难取得疗效，偶尔取得也不能巩固。那些视野和胸怀狭小的患者，在实践中遇到困难和阻力时，情绪就会低沉下来，病情反复波动，进而怨天尤人，悲观失望，唉声叹气，认为自己没希望了。这种情况对治疗极为不利。要知道，我们在任何实践过程中，都会遇到困难和挫折。在心理疏导治疗中，精神状态处于逆境，病情出现反复，这对多数患者来说是难以避免的，是正常的，是一种客观存在，甚至有些患者会出现暂时性的濒临绝境、无路可走。因此我在这里要着重讲一讲在心理疏导治疗中，如何正确对待在实践中可能遇到的困难和挫折，情绪低沉时采取什么样的态度，是垂头丧气，还是顽强战斗？这是获得治疗成效和巩固治疗成效的关键问题。我们在掌握了一定的科学知识，认识了疾病的规律之后，在实践中遇到困难挫折或病情反复时，决不要犹豫和灰心，而是要敢拼敢搏，始终保持稳定的情绪和顽强的战斗精神，要牢固树立“处逆境而不馁、遇反复而不惧”的积极向上的自我革命精神。这个自我革命精神不是一个空洞的口号，而是必须实实在在地革自己不良性格的命，革消极、软弱、动摇、颓唐的精神状态的命。这种革命不能打一点折扣、不能有半点虚假，否则就会失败，前功尽弃。在心理疏导治疗中，要达到预期的目的，取得巩固的效果，不可能是轻而易举的。一个强迫症、恐怖症患者，在“怕”字面前，决定胜负的除自己的实力和掌握的战略战术以及客观有利条件等因素外，敢不敢与“怕”字拼搏（勇于实践锻炼）至关重要。前面讲了，怕的特点就是你一退却它就纠缠住你不放，你在前进中稍一颓靡，整个精神支柱就可能坍塌，你原来的优势就可能化为乌有。相反，如果你有压倒一切敌人的气概，信心十足，乐观、轻松，不屈不挠，奋斗不止，就可能化险为夷，转败为胜。总之，在提高认识、增强自信心的基础上，以无所畏惧的强者姿态，勇猛进击，与“怕”字拼搏，不怕阻力障碍，也不怕病情反复，努力奋斗，加以坚持，就会胜利。临床经验证明，在“怕”字面前的屈服退缩、颓丧动摇，历来都为有志于心理治疗者所不取。必须明白，每个患者在艰苦努力、斗争锻炼中的失败及其经验，比逃避矛盾或轻易侥幸地在一时激情下偶然取得的胜利更有价值。因为这两种过程和效果反映了两种截然不同的精神境界。从长远看，逃避矛盾而得到的一时平静后面隐伏着危机与失败，而主动地向矛盾挑战，经过艰苦努力的斗争遭到的失败中，却孕育着胜利和持久的疗效。

人们一般总是把在实践中取得的成功看成好事，是自己的幸运，而把挫折和失败看成是坏事，是对自己的打击。但是一个智者和强者却能做到胜不骄、败不馁，只要精神不垮，善于总结经验教训，坚持斗争，最后总是会胜利的。实践证明，任何成果都是经过多次失败以后才获得的，其中每次失败对成果的获得都有它的贡献。"失败是成功之母"这句话，如能平心静气地想一想就不难领悟其中的真谛。我们要学会从多种角度去观察事物，善于看到事物的各个方面，化不利的消极因素为有利的积极因素，使事物向好的方面转化。

下面再讲讲"濒临绝境"的问题。在实践锻炼中，由于种种主客观原因，常常会出现困难和障碍，甚至濒临绝境。例如有一位21岁男大学生小C，在8岁时，因为门齿更换，同学们开玩笑叫他"没牙老太"，以后他见人就不敢讲话，怕张嘴时别人看见他没有门牙。高中二年级时，他突然感到自己的嘴巴和眼睛不好看，认为别人看了会难过，又怕别人因此而取笑自己。考取大学以后，他从北方来到南方，由于环境改变，使他在生活上和人际关系上处处感到困难，症状逐渐加重。在治疗中，他认为自己的嘴巴和眼睛就是难看，情绪极端激动，不能接受心理疏导，认为自己到了无路可走的地步，决定跳江自杀。表明态度后，他转脸就走。这时医生对他厉声喝道："站住！"这种一反常态的命令式口吻，使他突然愣住了。这时医生温和地劝他坐下，请他立即回答一个问题："纸老虎能不能吃人？"问话时态度十分严肃果断。他说："不能。"医生说："能，肯定能！"他说："我认为不可能！"医生说："告诉你吧，这只纸老虎确实吃了不少人啊！但它吃的不是武松那样的人，而是在'怕'字面前屈服后退的弱者。"这时他突然领悟了，伤心地流下了眼泪说："是的，能吃人，吃的就是像我这样的人。"交谈一会儿以后，他那病态的激情慢慢消失了。恰好在这时，另一位男性青年工人小D前来复诊。小D平时忠厚老实，工作埋头苦干，可他荒唐地认为自己的脚宽、屁股大，太难看，十分痛苦。他进诊室后，医生给他和小C作了介绍，让他们认识了。接着就向他们提出要求，先请小C看看小D身上的缺陷在什么部位。小C上下看了一番说："没有发现他有什么缺陷。"医生说："你往他脚上看！"小C看了看，说："他穿的是一双漂亮的火箭式皮鞋，挺好看的。"医生说："你再看他的臀部。"小C又看了看，说："他身材很匀称，肌肉也很发达，我没有看出他什么毛病来嘛！"医生又请小D找找小C身上的缺陷。小D看了半天，摇了摇头说："没有发现什么！身高至少一米七五，长得挺帅的。"医生说："你再对小C的嘴巴和眼睛作个客观的评价可以吗？"小D说："他的嘴巴和眼睛是我最羡慕的，大眼睛，双眼皮，水灵灵的；嘴型不大不小，薄薄的嘴唇，我要是有他这副长相就好了！"小D说的完全是真心话，因为他个头比小C矮，眼睛又小，皮肤又黑又粗，脸上有痤疮，但他对这些都不以为然，却固执地拘泥在别人从来没有发现过、实际上并不存在的脚和臀部的"宽"与"大"上。他俩互相知道对方的症状后，一种共情的关系很快建立起来了，互相鼓励，互相启发，小D对小C说："你这种想法真是地地道道的虚、假、空的东西，真是可笑，这是很容易摆脱的事，因为它根本不存在嘛！"小C对小D说："我对你的那些想法也感到很可笑，如果你的问题在我身上就不是问题了。"他们都轻易地看清了对方的错误认识，都认为对方的症状很容易克服，可对自己症状的认识就模糊不清了，在主观认识与客观实际上就不相符了，在实践中更有寸步难行之感。你们大家的毛病也是这种主观认识与客观实际的不一致。你们看到他们的症状有可笑之处吗？其实你们也是一样的。所以你们要尽一切努力使主观认识尽量接近客观事实，然后努力使认识与实践同步，经过刻苦锻炼，你们就会感到轻松、愉快，在不断认识与实践的基础上，你们会尝到甜头的，就不会像小C那样出现濒临绝境的状况了。

现在我们再继续谈谈小C的情况，他经过一场由"激情"到平静的斗争，心理状态有了很大转机，自杀意念消失了。但他走出了心理疏导治疗室后，并没有感到轻松，仍然继续作思想斗争。当晚他写了一份对大家都有借鉴意义的反馈。

小C的反馈

今天我取得了令人振奋的成果，现在我要及时把它记录下来。今天下午我从心理治疗室出来，还一直回味着"可笑"二字。我想，我的恐惧难道不是可笑的吗？我真是个没用的人，我为什么要怕呢？难道我就不能像医生说的那样，对什么都不怕吗？这时我心里说，我这回就要什么都不怕，非战胜这个"怕"字不可！

以前，每当我下这个决心的时候，就会被随之而来的抵制心情和压抑感征服。我就不敢再往下想，并开始向反面想了。但是，今天我暗暗下定决心，我一定要顶着压力上，我就是偏偏要想，要想一想我为什么要怕。于是我顽强地往下想，想着想着我仿佛觉得压抑在减小，而我的"冲劲"在增大。这时我突然想起了医生的话：怕的特点就是你越怕它，它就越强；你若越强，它就越弱。同时，我感到一股强大的力量在支撑着我。我暗自说道："思想斗争是很痛苦的。痛苦吧，我迎着你上！！！"于是我就这样进行了长时间的苦战……

当时思想斗争的另一个焦点是我在苦苦思索：问题在于自己怎样想，如果自己那种可笑的想法不存在了，不就等于没病了吗？

回到宿舍后，我克制着自己，一反平时烦躁的情绪，与同学们说了几句笑话，同学们见我很高兴，一个个也显得很高兴。当时我觉得：我今天可能是在走向正路了，可能正在走向光明。我努力回想着一路上的思想斗争，想着想着，我突然感到了一股喜悦涌上心头，我真想喊一声：我又高兴了！这喜悦的心情，虽然没有持续很长时间，但我并没有因此而消沉。我冷静地努力地保持着良好的情绪。我认为只要我坚持思想斗争，保持那股韧劲，坚持着斗争下去，斗争到底，是一定能胜利的。

我总结了一下，今天的成绩是由于坚持了这两个观点：一个是"顶着困难斗下去"，这个最重要；另一个是"即使出现反复，我也要竭力顶住"。

总之，我认为今天成绩非同小可，起码是一个小的突破。

从小C的这个反复过程中，可以看到，小C对死是那么勇敢、果断，但他竟对并不存在的“嘴眼不好看”的荒唐观念不能自拔！他宁愿让纸老虎吓死，而不肯在纸老虎身上打上一拳！以致最后“濒临绝境”，但他毕竟顶过来了，胜利了。可见只要下定决心，坚持斗争，就可以摆脱绝境，出现柳暗花明的新局面。有的患者被“怕”字逼得无路可走，走向绝路，被抢救过来以后，还抱怨不应该对他进行抢救，说什么应该让他到“幸福的世界”去，活着的痛苦没有死了更平静。从这些话中间，可见他对纸老虎，对虚、假、空的东西是如何俯伏在地，可是等到他一旦制服了“怕”字，再想想那次死，那才是真正可怕。人的生命只有一次，所以认清是非、分清真假、顽强斗争、拼搏不止对你们来说是多么的重要。从大家的反馈材料看，每逢濒临绝境就想到死是比较普遍的现象。这很危险，很不好，一定要努力防止。从小C这个事例上大家应该清楚地看到，他平时是带着灰色眼镜看自己的嘴眼及周围的环境的，所以他看到的一切事物都是灰色的。他认为自己的嘴眼不好看，影响到别人对他的关系。其实，他从来没有大大方方看过别人一眼。明明是由于他自己性格孤僻、退缩，难以接触，却觉得是别人都认为他的嘴眼可怕而远离自己。当他摘掉这副灰色眼镜（改变了心境）以后，他才看到事物的真面貌，一反往常（病理心理改变了），与别人说几句笑话，同学们也都很高兴。当他戴着那副灰色眼镜，即当他不愉快、悲观绝望时，他就认为到了山穷水尽的地步，于是濒临绝境，走投无路，为虚、假、空而自杀。你们都应该从小C的例子中得到启发。

大家要克服“怕”字，首先要把灰色眼镜拿掉，看清事物的真面貌，改变心境，这样就能勇往直前了。你们可能都有深刻的体会，自己的症状轻重与自己的心境密切相关，当处于悲观、绝望的心境时，“怕”会由一点突然扩散，以致最后陷入处处可怕的境地，感到无路可走；当轻松愉快，心里充满光明和希望，对事物感到美好可爱时，就会感到你害怕的症状明显减轻乃至消失。由此可见，你们应在什么样的心境之下去付诸实践，才能取得预期的效果呢？这就要求你们根据小C这个范例，结合你们自己的实际经验，深入地回味，摸索出一条适合自己认识实践的路子。

现在总结一下，强迫症、恐怖症的治疗分三个阶段：第一阶段是基础阶段，第二阶段是大胆实践锻炼阶段，第三阶段是解决矛盾阶段、挖根阶段。经过这三个阶段的治疗，多数人的症状消失，少数人出现新的偶尔一时的强迫症状，但与治疗前不一样，没有明显的焦虑抑郁，表现出有点无所谓或是有点厌恶，不过是有点残余的东西在干扰自己。对于这些患者，继续努力实践很重要，有的人需要医生或家属帮助，当然最好不要人帮助，自己由被动向主动转化，加强自我矫正的能力。要做到自我分析，自我控制、自我努力、自我鼓励、自我誓约、自我命令、自我禁止、自我监督；想做的，坚决不做，不想做的，坚决去做，直到取得全胜。

附:A 患者反馈五

今天,医生给我们具体地讲解了治疗的过程,即:不知—知—认识—实践—效果—再认识—再实践—效果巩固。

我的疗效是可喜的,在与“怕”字的搏斗中,我体会到,要战胜这个纸老虎,必须首先认清它的本质,即虚、假、空。这样才能不断地鼓起信心和勇气,百折不挠地与它斗争下去。韧性的搏战是要付出巨大的意志努力的,有时甚至是很痛苦的。这种痛苦不同于肉体上的疼痛,它是一种发自内心深处的、剧烈冲突的、难以形容的痛苦。可是一旦咬牙拼下来,取得了胜利,喜悦也是由衷和巨大的。我还体会到,遇到困难或障碍决不能绕开或逃避,决不能怀有侥幸心理,贪图一时的轻松。要主动迎战,给予这只“纸老虎”迎头痛击。这样才能使自己处于主动地位。占有主动权,胜利也就有了希望。否则,只会让纸老虎得寸进尺,更加嚣张,而自己却更加痛苦。

我还对自己的个别问题进行了较细致的分析解剖,它使我深深认识到“怕”的根子还是在于我的性格。我的确是过分地认真、严谨、拘泥、审慎,过分地追求完美、追求绝对、追求百分之百。而性格一旦形成便习以为常,从不认真的反省剖析,自己平时不易注意到。一定要改造性格,挖掉这个根子,才能从根本上彻底解除病痛,消除心理障碍。

感谢医生的精心疏导,我终于彻底解除了由于对手淫的错误认识而长期背负的精神重荷。现在,我对于手淫问题有了比较透彻的理解,因而感到非常轻松愉快。我想,甩掉了这个包袱,轻装上阵,战胜强迫症我就更有信心了。

另外,我平生最怕洗澡,每次洗完澡,都像死了一样,好几天都缓不过来。今天正好是星期三,我们单位的澡堂开放。我一想到这个念头,先是一阵害怕,不自觉地找理由为自己开脱。可是我还是收拾东西去了。不凑巧,澡堂已经关门,我心里一阵轻松。可又一想,这样开头不行,于是我骑车子到外面澡堂去了。虽然少不得又是紧张和恐惧,但我坚持下来了。这是又一个良好的开端。从此,越是我害怕的事,我就越去接触,看能把我怎么样。原先我害怕与人接触,总觉得不自然,我就故意找人谈话,先是认识的,在一起的同学、同事,再就找借口与不认识的人谈,一段时间下来,我的恐惧心理减去了很多,有时已不觉得它的存在了。可也有反复,有时突然对自己失去了信心,疲惫极了,好像被打垮了,一点还手的力气都没有。但我想到这样退下去只有死路一条时,我也就硬挺下来了。

现在,一切对我来说都是新鲜而有趣的,生活对我来说不再是上帝的惩罚,而是在观看和演出一个美妙而幽默的剧目。

以上是我又一次收获,我感到很欣慰。

此外,对于斗争中可能出现的反复与波折,我要做好充分的思想准备,以更大的勇气和信心来面对它们,决不气馁,决不退缩。改造性格绝非易事,我要准备付出长期不懈的努力。

第八节 集体治疗第七讲

经过几天的努力，从大家的反馈信息看，我们这个登山队已经完成了第一、二阶段的计划，现在已经从山下爬到半山腰了。就在这个半山腰，好多朋友感到视野开阔了，站得高了，可以看到以往看不到的景象，感到心情与以前不一样。如果我们爬到顶峰，那将又是怎样一番景象啊！所以在这个半山腰，我们要休整一下，总结一下这段历程，并决定下一步怎么办。下一步怎么办？无非是上或者下两个决策。如果要上，我们必须付出加倍的努力和代价，去披荆斩棘，开辟道路，攀悬崖，登峭壁，在崎岖的路上一步一步地攀登。这确实需要我们拿出更大的勇气和毅力，才能达到顶峰，看到那无限美好的风光。如果要下，那很容易，只要你稍微情绪低落、丧失信心，就能滑下去；不过到那时你要再树立攀登顶峰的信心和勇气就更难了。现在我们回过头来再说前面提到的那棵大树。现在我们大部分同志对“怕”字都有了正确的认识，通过实践检验，证明了“怕”字确实是虚、假、空的东西。有些同志的症状基本消失了，也有些同志明显减轻了，基本上做到了使这棵大树的根干分离或大部分分离。但是要记住，多数人仍然会出现一时性的强迫、恐怖症状，但这会由以往的焦虑、恐惧转为厌恶或无所谓。一般来说，强迫症、恐怖症治愈以后，其症状还要不同程度地保留一个不等的时期，症状的程度和保留时间的长短各人有别，关键是各人的努力程度如何。这时我们千万不可掉以轻心，必须毫不妥协、毫不退让地继续进行斗争，以便尽可能快地全部彻底消灭症状，连痕迹也不留下。这个过程要与改造性格缺陷紧密联系在一起。这个问题不解决，就有复发的可能，或出现新的强迫、恐怖症状。

性格缺陷是强迫症、恐怖症发生、发展的内部基础，它们之间是一种因果关系。要挖掉病根，取得永远性的胜利，就必须抓紧改造性格缺陷。俗话说得好“江山易改，禀性难移”，说明了改造性格的艰巨性，它比消灭症状、治愈疾病需要更长的时间。由于性格改造是一个长期的艰苦过程，因此我们说艰难的路程还在后面。我们宁愿把它说得严重一点，以便引起大家的重视，有足够的思想准备。

拿我们这个集体治疗班来说，这棵树，最小的 16 年(16 岁)，最大的 59 年(59 岁)。因此说，这个“根”挖起来不容易。16 年的根比 59 年的根扎得浅，但他缺乏社会实践经验；59 年这个树根扎得深，自然条件差些，但他社会经验丰富，所以两者各有所长，各有所短，各人都要发挥自己的优势，充分利用有利条件，努力达到预期的目的。

当我第一次讲到你们的性格有缺陷时，你们也许会感到不自然，有的甚至不能接受，现在你们可能认识到这个问题了。为了加深你们对这个问题的理解，我再讲一讲。本来，一个人忠厚老实、严谨慎重、伦理道德观念强、做事认真、对自己要求严格等都是好品格，是社会要提倡的，我们教育儿童和青少年也都是这么要求的。我现在讲的似乎是和社会上的一般认识唱反调，硬说你们性格上有缺陷，这是一种误解，其实我是很理解你们的。以我长期的临床经验，深知你们都是好学生、好职工、好干部，总之一句话，都是好人。问题是你们好过了头。我这句话是从你们的性格特征上讲的。物极必反，事物发展到极端，就会向相反的方向转化，成为它的对立面。什么叫好过了头，就是说这个“好”影响了你的学习、工作、生活和人际交往等等，这还能算好吗？我们来到世间是为了什么？我们的价值观、人生观、伦理观、道德观是什么？用马克思的话说就是完善自身，造福人类。可是你整天感到不舒服、恐惧不安、陷入痛苦中不能自拔，不能正常生活，能幸福吗？你不能好好学习和工作，你和人的交往别扭得很，你给家庭、社会带来了严重的不安，这怎么能自我完善和奉献社会？你这个过了头的“好”难道不是一种严重缺陷吗？就拿小B说吧，他严格谨慎到成年累月、时时刻刻担心自己会去偷东西，闹得自己和全家都不能安宁，这不是过头了吗？从小B的发展史来看，他从小伦理道德观念过强，事事处处过于严格谨慎，结果产生了病理心理，导致目前这种状况，这就是辩证法对他的惩罚。再说小E吧。他讲卫生，这不是很好吗？可他也过了头了。他怕看到痰盂，一看到痰盂就惊恐不安。前几天你们都看到了他那种紧张的样子，大家都哄堂大笑。大家笑他什么？还不是笑他过分了、过头了吗？可他现在矫正了，不怕了。今天他来得很早，主动地把教室的痰盂拿去洗。在这个问题上，他说：“我已跳出了自己给自己划的圈子了。”这就是说他不那么过分了，变得随便了，他也就自由了，快乐了。

我再给大家介绍一个患者，他胆小、爱面子，办事犹豫不决、深思熟虑、严格细致，他怕死人、怕死，他性格孤僻，喜欢一个人做事，而且要求十分完美，一旦遇到困难，或者事情不是自己所想象的那样，就会灰心丧气。像这样的人不免屡碰钉子，于是就会受到压抑，把一切想得很坏，做事总想到坏的后果，越想问题就越是犹豫不决，越紧张越不能完成，致使出现强迫思维，就是个“想”字，整天幻想、瞎想、乱想，想得焦急不安。以后症状加剧加多，又出现大小便后系裤带要系一个多小时，家里人说他，他系的时间更长。每天不停地洗脸刷牙，担心这担心那。热水瓶放在那里，要不停地摇，不停地盖上打开，盖上怕爆炸，打开怕水凉，睡觉时不敢上床，怕从床上掉下来，一个人睡5尺宽大床，每天测量床的宽度，怕滚下来。整天弄得疲乏不堪。1978年5月来门诊，经疏导治疗症状很快消失了。痊愈后7年努力矫正，各方面进步很快。他来信说：“我从根本上认识到我的症状来源于性格缺陷。我努力进行改造，并将自己联想丰富的特点用于有价值的方面，有了一些发明、创作，因此我担任了市青联创作协会的理事和化学研究分会的理事长。今后我要继续开发我的智力和才能，为国家为人民多做贡献。事实证明，没有科学道理的不着边际的想象，只能是愚蠢的。”

你们既然知道了造成你们得病的内部原因是性格缺陷，那就要改造性格。改造性格就是改造过分，纠正偏向，使之恰到好处。关于性格能不能改造这个问题，我们一直在说这么一句俗话："江山易改，禀性难移。"昨天讨论的时候，有人说这句话不对，秉性是不可能改变的；有人说性格是可以改变的，但改变起来比较难；还有个别人说只要有决心也是容易改的。我认为最后这句话是非常科学的，符合唯物辩证法的，对我们改造性格具有指导意义。"难移"是事实，但"难移"不是不能移，而是能移。性格是我们多少年来，有意无意形成的一种相对固定的心理和行为模式，要加以改变，确实是困难的。所以我说，改造性格是长期的、艰难的过程，有时候是非常痛苦的。但是无论多么艰难，这个改造是可以完成的，也是必须完成的。否则不是旧病复发，就是新病产生。有些老年人患了病，由于性格脾气不好，急躁、激动、忧虑、紧张等，这种性格特征必然导致病情加重。因此说如果性格缺陷得不到改造，在任何时候都会引起不利的影响。这里需要坚定不移的意志和坚持不懈的努力，否则不要说改造性格了，就是改变一个不良习惯也难以成功。拿抽烟来说，有些人明明知道抽烟有百害而无一利，可以导致许多严重疾病，但戒烟却很艰难，有时自己下决心强忍一个阶段，可是当受到外界影响时，又动摇了，于是再度抽起来。因此，我在这里要重复地说，改造性格绝不是可有可无的，不改造是不行的。这棵大树的树干给砍掉了，树根还留在这里，又可能长出树芽、树枝来，再麻痹大意，又可能长成大的树干。

性格形成后，成为相对稳定的动力定型，自然而然地从各方面顽强地表现出来，成为持续稳定的行为。这种持续稳定的行为又反过来加强性格。但是尽管性格具有相对稳定性，它仍然具有较大的可塑性。只要能够调动主客观方面的有利因素，并努力创造条件，坚持不懈地进行锻炼，定能收到成效。例如有一位大学生，经过心理疏导治疗，强迫观念大部分消失后，再三向医生提出没有勇气改造性格缺陷。当他与患者们一起讨论其性格形成的原因时，了解到他的父母都具有强迫性性格，他自幼的衣食住行都必须按照他们制定的规格去作，否则便受到惩罚。他已是大学三年级的学生了，却仍然在父母的保护伞下生活。因此他自幼性格发展受到压制，整天处于精神紧张状态，以致发病。后来通过家访，给其父母做了大量的疏导工作，使他们认识到自己不健康的性格对孩子造成的不良影响。他们觉悟后，改变了过去一贯的做法，帮他进行矫正，获得了良好的效果。

在改造性格缺陷的过程中，不断提高自我改造的主观能动性十分重要，要尽可能地多想些办法。主观能动性调动起来，办法是很多的。一位女研究生，自幼性格孤僻胆小，爱面子，从大学四年级开始怕见生人，不敢到有人的地方去，不敢正眼看人，尤其不敢接触异性。每当与人交往时，她就感到很不自然、紧张、脸红、心慌，总觉得别人在注视着她的一举一动，手脚不知如何放，眼睛不知朝哪儿看，不能集中思想与人交谈；听课时，上述症状更为严重。后来发展到不敢到教室上课，不敢到食堂打饭。她虽然没有正眼看人，但总感觉到两侧有无数目光向她袭来，心神不安，严重地影响了学习，成绩越来越差。在无法正常学习和生活的情况下，她前来请求治疗。

我们诊断为社交恐怖，经过心理疏导治疗一周，以上症状基本消失，回校继续学习，她病愈后，心情愉快，学习效率提高。硕士研究生毕业后，又考取了博士研究生。病愈后第四年，她参加了国际学术会议。在这次国际学术会议上，她作了两篇学术报告，报告时她表情自然，镇静自如，谈吐大方，一切正常。这次会议后，她来信给医生说："我可算是一个最优化的病例。当我经过疏导治疗后，抓住了主要矛盾，克服了爱面子、虚荣心强等思想。回校后，我不断地大胆进行锻炼，积极地发挥主观能动性，想方设法改造性格缺陷，开展人际交往的锻炼，最终不仅扩大了战果，巩固了疗效，而且改造了性格。我可以举一个小小的例子：为了克服我孤僻的性格，从长远的利益着想，我找了个性情开朗、处世积极的对象，以求今后对我发生良好影响，使我们俩的性格进一步综合发展。现在我有了小小的成就，并能获得幸福的生活，全得感恩于您。对此，我永远铭记。"

强迫症、恐怖症患者多具有过分认真、一丝不苟、要求过高、拘泥固执或对自己能力估计不足、缺乏自信、犹豫不决、懦弱自卑等心理性格特征，一定要认识到这些都是消极不良的性格特征，都是性格缺陷，不要为它们辩护，不要敝帚自珍。同时还要发现自己性格中的积极良好因素。不要又走向另一个极端，把自己的性格看得一无是处。其实，在你们的性格中肯定有许多积极良好的部分，一定要充分认识它们，肯定它们，让它们发挥优势，在改造性格缺陷过程中起主导作用。改造性格，贵在坚持，坚持不断，水滴石穿；锲而不舍，金石可镂。我们应该记住这些话。

改造性格缺陷的武器，工具很多。不是要挖那棵大树的根吗？针对你们的情况，我今天给你们提供六个牌号的挖土机，它们是：乐观、轻松、勇敢、果断、灵活、随便，你们把它们开动起来吧！

附：A 患者反馈六

听了医生的这一讲，感到收获很大。我现在对性格问题有了比较透彻的认识。性格是一个人比较稳定的总体心理特征，它无时无刻不在影响、控制着人的思想和行为，而我们自己却难以察觉。我的所有的怕和紧张都来源于我的性格缺陷，也就是过分地认真、刻板、严谨、拘泥，对自己要求过高，脱离实际地追求完美。我在做一件事之前，往往先给自己画好一个框框，定下一个标准，提出了严格的要求。由于担心自己达不到这个要求，心理就紧张起来。在做事过程中，因紧张情绪的干扰，常常出现错误和偏差，不能达到预先划定的标准，从而心理更加紧张，感到难以忍受，进而陷入强迫。由于性格的作用，我时刻处于紧张状态。即使没有出现差错，达到了所谓"理想"的标准，获得了暂时的轻松，也不能消除心理上长期持续的、由紧张而造成的痛苦。由于这种性格，我长期精神紧张，不仅学业难以精通，而且对生活丧失了乐趣，使整个行动陷于瘫痪。不良的性格是我的痛苦之源，这是千真万确的，为了彻底消除疾病、恢复健康，为了生活的幸福和事业的成功，我一定要改造自己的性格。

常言道："江山易改，禀性难移。"这话不无道理。人的性格确是很难改造的。但是，难改造并不等于不可改造。由于性格是后天环境影响和教育的产物，是社会实践的产物，而不是先天的固定不变的东西，所以，就存在着改变性格的可能性。况且，这里所说的改造性格，并不是说要将原来的性格特征全部改变，代之以全新的性格，而只是要改造性格中的缺陷，改造那些过头的、病态的部分。因此，我一定要树立坚定的信心，拿出勇气来付诸实践。

医生所教给的六种挖根工具：乐观、轻松、果断、勇敢、灵活、随便，使我有了对付病魔的有力武器。我要努力学会掌握使用它们，不断与困难作斗争，每天挖土不止。这两天我试着学开“轻松牌”挖土机，有了一些收获。我体会到，轻松意味着要具有宽阔的胸怀，能够面对现实、承认现实并乐观地接受现实；要达到“大腹能容天下难容之事”这么一种境界，不论发生任何事变，即使泰山崩于前，都能够不恐惧、不慌乱，保持镇定自若；凡事都要想得开，没有什么了不得的。通过这样的认识和自我暗示，我能够顺利地实现身心松弛，“怕”的念头也比较容易驱除掉了。

改造性格之难，不仅在于性格形成时间长、扎根深，还在于它的不易察觉。我们做任何一件事情，都不知不觉受着性格的操纵。就是在我们改造性格的具体行动上，它也在影响着我们的态度、方法和感受。试想，要是以病态的性格来“改造”病态的性格，怎么能成功呢？所以，我们一定要加强自我认识，时刻反观自身，反省自身，从而保持清醒的头脑，采取正确的措施。改造性格不仅需要信心、决心，还需要恒心，要做好进行长期斗争的准备。

如果把“怕”字比作一只纸老虎，那么也可以把性格比作养虎人，正是在它的豢养、唆使下，这只纸老虎才能张牙舞爪，吓人，吃人。要消灭这只纸老虎，必须要消灭这个养虎人。这场斗争是长期的，艰巨的。

我现在已基本能够掌握和运用“习以治惊”的方法，并尝到了甜头。越是害怕、紧张的事就越是勇敢地去做、去尝试；越是感到恐惧的情境，就越是去经历。这样做有时是很痛苦的。但我坚信，只有对“怕”越来越熟悉、越来越了解、越来越习惯，才能最终消除它。“怕”的本质是虚、假、空的，它的特点是欺软怕硬，只有顽强地与它作坚决的斗争，才能最终战胜它。

第九节　集体治疗第八讲

昨天我们讨论了为什么要改造性格缺陷——挖根问题。只有把树根彻底挖出来，才会永远不长出病树来。对于这一点，大家的认识是统一了，大家都赞成一定要挖根。今天我们继续讨论性格怎么改造、树根怎么挖法的问题。大家都看过中国古典小说《水浒》，里面有一回写了“花和尚倒拔垂杨柳”的故事，你们看，鲁智深一使劲，一棵大树就连根拔掉了，又痛快，又省事。可惜这不过是文艺作品虚构的故事，现实生活中没有这样的大力士，可见挖树根用手拔这方法是不行的。于是有人说，我用双手刨土，可双手刨了一点儿土，就满手血泡了，这方法也不行。于是又有人说，用锄头，当然用锄头是可以的，只要有愚公移山的精神，也许是能挖出树根来的。但是大家想一想，你一锄一锄地挖，要挖到哪天呢？这方法是不是太慢了？而且这边挖，那边长，还没等你把树根挖出来，一场大雨，新的树芽也许又长出来了；等你再去砍树芽时，又顾不上去挖根了。最后有人说，我用挖土机。这就对了，挖土机能够又快又好地进行挖掘，确实符合最优化、高效率的原则。可要用挖土机，就要做好一切准备，例如要具备使用挖土机的条件——基本治愈、身体基本健康，有一定实力；还要了解挖土机的制造原理及性能，学会驾驶——掌握性格形成的原因及其发展过程；挖掘过程中遇到障碍或中途机器损坏要会修理——具有自我矫正的能力；还要能在复杂变化的情况下坚持工作——能够适应环境，坚持实践；还要不断提高技能，使机器正常运转并提高工作效率——不断摸索、积累经验、提高疗效。然后就这样一直挖下去，直至完成挖根——改造性格的任务。

用挖土机挖树根的基本方案确定了，大家统一了认识，下面就要选择挖土机了。用什么样的牌号呢？牌号很多，我们要根据具体情况选择。现在我这里有六个牌号的挖土机，经过实践证明，许多强迫症、恐怖症患者都使用过，效果很好。所以我要向大家推荐，这六个牌号的挖土机请大家交替、综合使用。这六个牌号是：乐观、轻松、勇敢、果断、灵活、随便。让我们开动这六种牌号的挖土机努力去挖根吧！同志们，我刚才是一种比较形象的比喻，目的是便于大家理解。我的意思是，你们要经过努力，使自已具备乐观、轻松、勇敢、果断、灵活、随便的性格特征。现在看看，你们自己已具备了哪一种牌号，也就是说，上面所说的这六种性格特征，谁具备了，具备了几个，请大家回答。（小F回答："我具备了'轻松'"。小G说："你要真具备了轻松，你就不会得这种病了。你哪有一点轻松啊？你什么事都紧张、都害怕，谈得上什么轻松啊？"），小G说得对。仔细想想，你们都不具备，一个也不具备。确实，具备这些性格特征就不会到这儿来了。我们怎样理解这六个概念呢？例如"轻松"这两个字讲起来容易，但要做到就很不容易。这个"轻松"是你在长期社会实践中形成的比较稳定的心理状态，它会不自觉地表现在各个方面，无论待人、接物，无论顺境、逆境，无论成功、失败，时时、事事、处处都感到轻松。这可不像小F同志谈的，这两天他的"怕"字去掉了，症状消失了，心里高兴，一时感到轻松，而是要稳定持久地感到轻松。这就不容易了。目前，大家都具备的是什么呢？是这六个概念的反面，六个概念的反面是什么呢？就是悲观、紧张、害怕、犹豫、固执、拘泥。我们要求的是，用乐观、轻松、勇敢、果断、灵活、随便作工具去挖掉它们的反面，建立什么，去掉什么，这个改造性格的原则是十分明确的。

例如有一位男性大学生，他是学心理专业的，他胆小、自卑、孤僻，做事刻板认真。他学习成绩一直很好，特别喜爱英文。但不知不觉地开始讨厌写a和g。老师在上面讲课，他在下面嘴里默默地念a、g，重复数十遍。他到别人家里作客，一边攀谈，一边心里在念"a、g"或"a、b、c、d、e、f、g"。以后他又讨厌第三人称单数谓语动词后加 s，凡遇到这种情况，心里就不是滋味，要重复念语法有关规定。有时重复得头脑发胀，就用拳头打自己的脑袋，并且说："我这个人怎么这个样子？"等到加 s 的讨厌过去了，又讨厌 a、g，来回反复，交替进行，弄得头脑整天昏昏沉沉。看书时，看到后面想到前面，又要看看前面。如果书上有滴墨水点或破损地方，就要多次找到那个地方，并用手指指着那点说："就是这点。"桌上有个小洞，钢笔上有个破的地方，衣服上有个斑点，都要左看右看，并指着说："就是这个洞。"后来发展到坐立不安，对生活失去信心，只好前来就诊，诊断为强迫症。经过心理疏导治疗，症状消失。他在病愈后来信说："这一年里，我完全像正常人一样地生活、学习、工作和娱乐，我就是根据医生所给予的'六个牌号的挖土机'——乐观、轻松、勇敢、果断、灵活、随便来不断挖掉自己的性格缺陷：悲观、紧张、惧怕、犹豫、固执、拘泥的，从而保持了心身健康。回想当初，我这个被病魔（'怕'字）折磨得悲观失望、痛不欲生的人，踏进医院大门时抱着侥幸试试的心理，绝没想到好得这么快，这么彻底。这个变化连我这个学心理学的都感到十分吃惊。"后来，他被分配在某大学任教，工作成绩突出，与一个医生结了婚，并有了一个男孩，家庭幸福美满，又被晋升为讲师。经 7 年随访，一切良好。所以，改造性格也就是去旧建新，这六个概念对我们来说是必须建立的新结构，它的反面则是我们要去掉的旧结构。现在，这个改造性格的原则与目标已经确定了。大家要坚定不移，努力去做。

要求你们改造性格并不是叫你们来个 180 度的大转弯。什么事情都不可绝对化、走极端，也不要搞表面的东西。例如，平时性格爱静、少动的人，不可能一定要去蹦蹦跳跳、吵吵闹闹。我们要求的主要是改造一个"过"字，把那个不适应社会生活的"过"字削削平，回到一般社会生活所要求的水准上来就够了，切不可矫枉过正。矫枉过正就成了另一种缺陷，失去了改造的意义。

改造性格重要的是采取行动、付诸实践，同时要拿出意志、毅力，把改造性格的实践持之以恒，认识了一点就去做一点。这样就能取得效果。有些患者文化程度很高，理解能力很强，讲起来头头是道，样样都懂，认识非常透彻，但他们只说不做，最后仍是失败。有些患者文化程度不高，甚至不识字，理解能力比较低，但他们能认识一点就做一点，结果收到良好的疗效。例如，有一位 50 岁的女退休工人，是个文盲，患强迫症 25 年。她平时要强、胆小，做事一丝不苟、认真、负责。她自幼就怕鬼。在她 25 岁那年，邻居有一位老人病故，其家属将死者用过的被褥晒在她家门前的树上，她看见后，突然觉得头像要崩裂一样，从此不敢从晒过那些被褥的地方走过。她还怕戴黑纱的人、怕运垃圾的。她一个人待在房间里，不让家人进房间，将门窗都紧闭，怕有灰尘跑进房间。她怕手上有细菌，每天不停地洗手，洗完后仍不放心，在煤炉上烤手消毒。她洗手时要别人替她开关水龙头，没有人时，就把新棉胎上的棉花撕一块，包住水龙头开关。一床新棉胎撕光了，为了包水龙头又将新衣服一块块剪下来。为此与家中人造成剧烈的矛盾。她洗一条裤衩，能连续花 7 个小时；每天洗脚好多遍；脱一件衣服洗一次手，每晚洗脸擦身还要洗澡，有时一夜不睡从晚上八点洗到早上六点。她自己明知不对却无法克服，因此痛苦不堪，自杀多次被救。对她曾用各种方法治疗（包括服用氯丙咪嗪），但收效甚微。1982 年前来接受心理疏导治疗，症状很快全部消失。她为了改造性格缺陷，虽然已经退休仍然坚持社会实践，坚持上街买菜、做家务，一切感到自如。但她并不满足，又在菜场做卖菜生意。问她为什么要选择这一职业，她说卖菜很脏，这样能锻炼自己的性格。7 年来，她的情况一直良好。

在改造性格过程中，要注意处于逆境时如何调节自己的情绪与心理状态。因为在顺利的境况中心情愉快，性格也就显得灵活些，改变性格比较容易。但在遇到困难和挫折时，特别是遇到与自己的切身利益发生激烈冲突的情况时，顽固的性格缺陷就会自然而然地从各方面表现出来。在这种时候，情绪低沉、恶劣，性格改造也就很难付诸实践了。因此，你们要学会预测事态发展的未来趋势。例如遇到重大的问题时，或者与自己利益有直接矛盾冲突的问题时，先要有个思想准备，最好能站在比较客观的立场上，甚至站在与自己相对的立场上去看待事物。这样我们就能看得清楚一点，能够冷静一点。所以说，你们在病愈以后，如何确立一下自己的人生观、价值观是十分重要的。如果我们有了一个比较正确的价值观，就要沿着这个目标勇往直前。遇到与价值观无关的事情不去理会它；遇到与价值观有冲突的事情时，首先努力保持冷静，分析一下主客观原因，找出一个正确的处理办法，妥善地加以解决，使自己始终有一个良好的情绪。这样我们就会少出现或不出现波动，使疗效得到巩固，使性格得到改造。

前面已经说过，你们忠厚老实、严格谨慎、伦理道德观念强、做事认真负责、一丝不苟的特征，本来是社会提倡、鼓励的。你们在改造性格过程中要掌握好分寸，时刻提醒一下自己注意这个“过”字也就可以了。不是要你们又走向另一个极端，支持狡猾奸诈、油腔滑调、办事马虎潦草、不负责任。又如对己要求严格的问题，是要你们不要太“过”，“过”得不近情理，实际上达不到或难以达到，结果形成一种沉重的心理负担，导致疾病。但这并不是要你们放弃对自己的要求，放任自己。恰恰相反，在许多问题上，例如个人的名利、地位这些问题上，是应该有要求的，应该要求自己看淡一些，看远一些，多关心别人、集体和国家。这不仅是一种好的思想，也是一种好的性格，它有利于身心健康，从长远看也并不吃亏。有些人，过于看重自己个人的利益，在恋爱、婚姻、工作等问题上，往往过于拘泥固执，或者只看到眼前一点，看不到长远利益，心里别扭、难受，以致损害健康，甚至危及生命。实际上，这些问题也正像你们病愈后，想到以前在病理心理支配下的那些想法与行为是一样的可笑。因此，你们要学会勇于克服困难，善于解决矛盾，遇事能冷静沉着，开朗乐观地对待，这就要求你们时常运用我推荐给你们的那六个牌号的挖土机不断地操作。虽然它们是六个牌号，事实上这六部机器是互相联系的，只要开动其中一部，其他五部就会开动起来，发挥作用，产生效果。

例如有一位男性患者，自幼性格善良、拘谨、自尊心强、固执、直爽、做事刻板认真、对自己要求高、读书成绩好。15 岁开始出现强迫症状，如晚上担心门关不紧，信投进邮筒后怕写错地址或没封口，到商店买东西要反复检查，买到后又想调换而到商店交涉，如果调换不成就想扔掉重买新的。后来又出现 1 加 1 为什么等于 2，为什么不等于 3 的强迫观念。他自知这些念头很荒唐，可又无法控制，因而苦闷、焦虑、自卑。他曾就诊于中医，诊断为“痰迷心窍”。他又想痰迷了心窍说明病情越来越重了，于是更加苦闷。后来他又看到有关精神病学书籍上说强迫症无法治疗而产生悲观厌世情绪。开始怕见人，整天在家里不敢外出，不敢看别人眼睛，不敢抬头，不敢讲话。曾在某市专科医院就诊，诊断为精神分裂症。服氟哌啶醇后，症状更加严重。后来又住进某省精神病院，服用大剂量抗精神病药，症状无改善。1974 年前来就诊，诊断为强迫症，给予心理疏导治疗，配合服氯普噻吨每晚 50 毫克，很快消除了焦虑抑郁情绪，树立了信心，掌握了向疾病作斗争的主动权，症状逐渐消失。以后他每年由外地前来接受巩固心理疏导治疗，并与医生保持密切的书信联系，主动自我锻炼。两年后，他能在数千人大会上表演小提琴独奏，生活正常。五年后，他考入中医学院。后来在婚姻等问题上遇到挫折时，他能正确对待矛盾，情绪稳定，不仅疗效巩固，而且性格得到改造。他来信说：“8 年来，我感到不但战胜了疾病，在工作、处事和学习上都感到格外轻松愉快，在改造性格上我真正尝到了甜头。”

你们在疾病痊愈回到工作岗位后，如果出现反复，自己战胜不了的话，请及时与医生联系，以便进行巩固治疗，继续帮助你们提高对客观事物规律的认识，帮助你们发挥能动作用，在实践中战胜反复，巩固疗效，不断改造自己的性格。

最后要求朋友们能从整体观念去深化理解心理疏导治疗，巩固已取得的疗效，不断地向高层次进军。请你们记住我的最后赠言：善于设疑，精于理解，巧于联系（自己），勇于实践，贵于检验（总结）。

附：A 患者反馈七

参加集体治疗以来，在医生的疏导下，我一边实践，一边总结，对自己的病情做了进一步的剖析。我深深认识到，性格中的“过”字，是强迫症的内因所在。由于“过”字的存在，使自己的思想不自觉地处于一种紧张状态，而自己又不易察觉到这种情况，一遇到诱发因素——外界刺激，就使兴奋与抑制失去平衡，从而产生心理的障碍和行为的失控以及躯体的疾病。这些病态又加重了思想紧张和忧虑。就这样恶性循环，致使强迫观念和强迫行为越加严重。通过这几天的实践和总结，同时又使我意识到，之所以产生正常人无法理解的各种各样的强迫观念和行为，其中最主要的因素就是联想思维所引起，自己的思维活动距离正常思维区域越来越远，从而产生的强迫观念和行为越来越多，越来越重。

通过这几天的实践和总结，取得了明显的效果，具体表现如下：

1. 强迫观念明显减轻，有时接近基本消失的程度。不像过去那样整天脑子里充满强迫观念，也不像过去那样看到什么东西都不自觉地与病态联系起来。但在外界条件影响时，有时还有一时性的病态反映。

2. 强迫行为大有好转。不像过去那样做件事怎么也做不好，摆一件东西，怎么摆也不行，现在要随便多了，今后更要加强锻炼。

3. 联想思维明显减轻。以前脑子整天无法思维，一想问题就不自觉地与病态思维、紧张、恐惧、焦虑等联系起来。现在自我控制能力有明显的加强，基本上能控制自己不去这样无限制的胡思乱想。

4. 以前那种各式各样"怕"的症状基本消失，特别是怕听、写、看与死人有联系的人、事、字等，症状好转更为明显。

5. 情绪明显好转。恐惧、烦躁、易怒、忧伤、怕惊、情绪低落明显减轻，但有外界因素影响时，情绪还不稳定。

6. 由于上述症状的减轻和好转，身上症状都有不同程度的减轻和好转，睡眠情况一般也比较好，晚上不服药，能睡6～7个小时，且睡得实，无梦。

病情好转的原因及治疗方法：

以上病情的好转，是在集体疏导的指导下，以自我心理疏导为主，辅以晚上服少量的阿咪替林(1～2粒)的结果。

通过几天的实践和总结，我觉得注意以下几方面对症状的好转和减轻起了很大的作用：

1. 不断掌握病情的特点和规律，采取相应的措施对待之。以前，我的强迫症状之所以越来越重，产生各种强迫观念和行为，出现各式各样的怕，除了性格缺陷和诱发因素外，最重要的就是无限制、无根据的胡思乱想，以及联想思维所致。因此，我随时随地以很大的毅力来控制这种胡思乱想，并随时随地注意中断这种联想思维，使原有症状没有加重，有时有不同程度的减轻和好转。

2. 对待强迫行为的办法：做事时，事先提醒自己，事后不去琢磨，顺其自然。一旦出现强迫行为，切记不以病态压病态，即分清什么行为是对的，什么行为是错的，对的就坚持，错的就不管它，这样强迫行为引起的难受感便减轻。

3. 按照"习以治惊"的原理，去习见、习闻，采取强迫的办法去适应那些不敢见、不敢听、不敢写的事物，久而久之便做到了"见怪不怪，其怪自败"了。这样"怕"的症状便明显减轻了。

4. 灵活机动的战略战术有助于战胜强迫症。对待强迫症总的思想是要有敢于拼搏的精神和不逃避的态度。但是经过几天的实践我有一个粗浅的体会，即在病情严重反复时，采取适当的不理它的态度，不去硬顶。这正如攀登高峰一样，在极端疲劳的情况下，暂时休息一下是必要的，这样更有利于继续攀登。否则，只会使病情加重。但是一旦减轻，就要主动进攻，争取全面的胜利。

5. 注意保持情绪的稳定，逐步培养自己战胜强迫症的信心，是战胜强迫症的先决条件。这在实践中，确实不是一帆风顺的，常常出现反复，有时甚至出现暂时性的濒临绝境。这时情绪往往易于波动，自信心也就出现动摇。但我不像以前那样，任其发展，使病情愈加严重，以致达到不能自控的程度。现在出现这种病情反复，情绪波动时，我就常常翻阅医生讲课的记录，牢记精神状态处逆境不可怕，可怕的是患者丧失自信心，以努力稳定自己的情绪。另外，要保持情绪的稳定，其他病友的经验也是需要借鉴和吸收的，其一，对今后的事情不去做可怕的预测，要坚决果断；其二，要控制不去回想那些不愉快的往事，也要坚决果断。我觉得这两点对一个伴有紧张、焦虑的强迫症患者来说，其稳定情绪的作用是不可忽视的。

话又说回来，要树立坚强的信心和保持稳定的情绪，对强迫症患者来说不是一件轻而易举的事，需要有很大的耐心和坚强的毅力，需要进行艰苦的努力，有时甚至是极端痛苦的，几乎要随时随地与强迫症进行不懈的斗争。在这种情况下，就需要有顽强的战斗精神和坚忍不拔的毅力，才能够转败为胜。

第十节　集体治疗总结

朋友们，通过七天的集体治疗，今天我们做一个简要的总结。首先我代表我们治疗小组向大家表示祝贺，祝贺大家都获得了不同程度的进步。大家经过积极努力，掌握了解放自己的武器。这次集体心理疏导治疗，参加者 90 人，连同陪伴者共百余人，如此大的规模，是前所未有的。据资料记载，集体治疗最多的人数一般不超出 30 人。开始我们也有些担心，是否能够将这样大规模的集体治疗组织好并取得预期的疗效？现在看来，在大家的积极努力和配合下，克服了重重的困难，取得了预期的效果。这说明大家真正发挥了自己的能动性，在此，我代表医疗小组的同事向大家致谢。

正如朋友们在反馈中所说的，心理上的痛苦比生理上的痛苦不知要重多少倍。我作为一个医生，对此是很能理解的。所以我一定在今后更加努力地为解除更多患者的心身痛苦而探索和实践，不辜负患者的期望和要求。

我们就要分别了，在这短短的几天里，我们之间建立了亲密的战斗友谊，医生和患者，患者和患者，家属和患者之间，团结一致，情同手足。我们看到，开始时，大家都有着自己内心的痛苦，有着自己不敢公开的秘密。可随着友谊的建立，理解的加深，大家都敢于公开交谈了，把病友当做最亲密的人，向着互相解除痛苦这个共同的目标前进。你们能在短期内做到这样，我也深受感动。朋友们能取得良好的疗效，跟大家的努力和互相帮助是分不开的。今后大家回到各自的工作岗位上，还应加强联系。在这里我需要指出，面临着分别，从昨天起，有些朋友已开始出现了情绪波动，可能在今天、在今后，还有朋友会在精神上处于逆境。大家在短短的时间里建立起深厚的友谊，突然分别，的确令人留恋。个别朋友甚至会影响病情，出现反复。我提醒大家这一点，并希望大家认识到，我们思想感情的纽带已经连结到一起了，不要因这种分别而影响了自己的情绪，影响了自己的健康。通过这次相聚，我们取得了很大的收获，在今后漫长的生活道路上，我们还有困难要克服，我们应当坚强起来，把这次分别变成对自己坚强自信心的一次考验。我在这里向大家提出这个问题，是要引起大家的注意，尽可能避免出现反复。大家回去以后要继续独立自主地进行战斗，要用学到的理论和方法反复认识和实践，巩固疗效，扩大战果。

另外，我希望朋友们回去以后，都返回到自己的工作岗位上去，发挥自己的光和热。我们不但要把自己从心身痛苦中解脱出来，还要为他人的幸福贡献自己的力量。我从你们的反馈中已看到大家都有这样的决心。你们在这七天里已经得到了训练，懂得了如何提高自己的心理素质，如何来保护自己的神经系统，如何去战胜自己的心理障碍，你们应当用自己所掌握的武器去帮助周围的同志，去解脱他们的痛苦，向他们宣传注意心理卫生的重要性。

此外，我们的心理疏导治疗是一个新生事物，它的理论和实际应用都还不很完善，有待于在不断的实践中逐步完善和提高。在此，我希望大家根据自己的掌握和理解，对它提出宝贵的意见和建议，以不断完善我们的理论，指导我们的实践，去解脱更多患者的心身痛苦。

今天，我就谈这几点想法和希望。下面就开始总结座谈，希望各位患者以及陪同的家属把自己的感想和意见毫无保留地提出来，作为我们的宝贵借鉴。

附：患者发言(1)

这次集体心理疏导治疗就要结束了，此时此刻，我的心情无比激动。回想起我刚来接受治疗时的情景，当时被强迫症害得寝食不安，整天高度紧张，一步三回头，好像到处充满了恐怖。通过七天的治疗，我好像换了一个人，走入了另一个世界，一个充满了光明、美好的世界。在这个世界中，即使再出现一些挫折，我有了医生教给我的有力武器，就再也不会只是被动挨打了。

刚才许多战友都表达了对医生的感激之情，他们所说的也表达了我的感情。作为一个患者，对医生的感情是真挚的，是毫不虚伪的，对此我不必多作重复。我觉得，医生所要得到的真正的感谢，是我们回去以后健康地生活，努力地工作。几天的相聚是短暂的，在治疗期间，我对自己的生活进行了反省，现将一些体会奉献给各位病友。

第一点是树立正确的世界观。我认识到：我们这些强迫症患者，往往就是对事物产生了一种不正确的认识，导致了我们对自己的一种不信任感。医生一针见血地指出了我们的这种对事物的虚、假、空的认识。这种认识来源于我们的性格缺陷。所以我觉得我们首先应该树立正确的世界观，应该认识到世界是永恒的，也是统一的,是一个矛盾统一体。也就是说,世界上有大的就有小的,有好的就有坏的,有美就有丑,有幸福也有不幸,有胜利也有失败,有光明也有黑暗,有坦途也有曲折,如此等等。既然如此,在这个世界里,我们遇到各种事情都应坦然地对待,做到“心底无私天地宽”,也正如医生们讲的,既来之,则安之,反正天塌不下来,就是天塌下来也不用绝望。在生活中,人们都会遇到逆境和挫折,关键是我们怎么去对待它。我们这些患者就因为常常将自己的感情沉浸于一种幸福或痛苦中不能自拔,结果导致心理疾病。这个教训应该记取。

第二,我觉得要树立一种正确的生死观。我们许多人都怕这怕那,归根到底是怕死。在这里我奉献给大家一首小诗,名字叫《偶然》,它是这样说的:“来是偶然,去是必然,该来的来,该去的去,来去之间,能留下多少,就留下多少。”这就是说,我们对生和死应该正确地看待,每个人都必然要离开这个世界,这并没有什么可怕。问题是我们如何珍惜今天的宝贵时间,去为今天而奋斗,我愿和大家共勉,在生活的道路上共同前进。

患者发言(2)

我现在总结一下几天来集体治疗的体会。

过去,我曾为我的病——懦弱的性格和荒唐观念四处求医,吃了不少药,但总不见效。至于心理治疗,我也曾写信给某医学院,对方回信只是空头的许愿,说我将在3个月内恢复,结果是不言自明的。我决定豁出去了,但是不知如何下手,心灵的冲突更大了,感到更加痛苦。长久以来的习惯使我不相信医生,怀疑他们的诚意和能力。我是抱着治病和好奇的心理参加这个集体心理疏导治疗班的。这次心理疏导治疗没有让我失望,也改变了我对医生的看法。

参加心理治疗第一天,看到一屋子的人,大都是和我一样的年轻人。我心里轻松了些,甚至还有些兴奋,人也很放松,没有和医生两个人对面而谈的那种拘束感。医生先讲了几个病例,然后讲了些心理学常识。我最大的收获就是消除了异常感,知道自己患了一种疾病,与头痛脑热是一样的,自己必须与之作斗争,而且能够战胜它。医生又讲各种心理疾病的形成,主要是家庭、社会因素对性格的影响,认识到自己生病的根子在于性格软弱,好胜心强,对自己太苛求。医生讲了习以治惊的道理,有了明确的目标和方法,我的信心就更强了。万事开头难,现在我已经尝到了敢作敢为的甜头了。我决心以后要按医生说的去做,刻苦地去改造性格。

心理疏导治疗这段时间不算长,但在我度过的23年中,它是那样的突出,是以往的任何一个阶段都不能比拟的。在这段时间里,在我身上发生了巨大的变化,过去衰弱和绝望使得我快要死了,今天代之而起的是一个连自己也吃惊的崭新的人。虽然这个过程中也有反复,心理也有骚动和不安,但和以前毫无希望的挣扎不同了,而是充满了信心,并在同自己弱点作斗争中得到乐趣,越发感到自己的力量。在这个过程中,尤其是医生给了我巨大的帮助,可以说,如果没有这种帮助,我的恢复是不可能的。

患者发言(3)

集体治疗今天就要结束了。我的心情非常激动。在共同的战斗中,我们结下了深厚的友谊,心里有很多的话,但不知从何讲起。我曾几次自杀未遂,这种心理上的痛苦,只有病友们能够深切体会到。我万万没有想到能在短短的几天心理疏导治疗中获得新生。现在我基本上能够适应各种环境和事物,因而感到一身轻快,每天有说有笑了,这是我患病6年来从未有过的精神状态。

我体会,我的新生实际上是医生所教导的"分清是非,贵在实践"在我身上的体现。在症状十分严重、自我控制能力基本丧失的情况下,服用一定的药物以使症状缓解是必要的,我已服氯丙咪嗪两年多了。一旦症状有所减轻,自制力有所恢复后,药物的作用就处于次要地位,而按照医生的启发进行自我心理疏导则变为主要的了。在心理疏导方面,我主要总结为"三自一转移"。"三自"是对待疾病在精神上做到自我矫正、自我抵制、自我改造;"一转移"就是转移思路。下面我就谈谈怎样进行"三自一转移"的。

强迫观念和强迫行为时时在缠着我,使我有时濒临绝境,老是往病态上联想,从而产生了不正常的强迫观念。要使病情减轻以致痊愈,首先在认识上就要来一个大转变,即进行自我矫正,当不自觉地出现不正常的思维活动——强迫观念时,我就立即认识到这是病态,并马上中断这种思维,换一个思维内容,也就是进行自我抵制。这样久而久之,许多强迫观念淡薄了,只偶尔出现,有的则基本消失了。"自我矫正"和"自我抵制"的效果还体现在对待强迫行为上。过去我的强迫行为也是很严重的,如有的东西只能这么放,不能那么放,有时这么放不行,那么放也不行。做事也是如此,这么做不好,那么做也不好,结果弄得自己一身难受。我首先在认识上给矫正过来——这些病态完全是自己给自己划的框框,自己给自己套的枷锁。正常人是怎么做的我也应该怎么做,对病态的行为,要进行抵制。这样矫正和抵制的时间长了,就逐渐形成好的条件反射,有些强迫行为就自己消失了,其他一些也在慢慢地减轻。"习惯成自然",这一切都形成了一种良好的习惯。

另外,由于我的"过"字的性格缺陷,办事过于认真,过于胆小,做什么事都要求十全十美,对自己要求过严,不能叫别人有看法,说闲话等等。在患强迫症以后,又产生了一种新的病态,说话、办事总要回过头来琢磨、细想,什么事都放不下来,疑心重。对于这种不良性格所产生的病态,在没有得到医生的心理疏导以前,思想上认识是很不足的,或者说基本上没有认识,更谈不上进行性格改造了。医生在对我个别疏导时严肃地指出:"你要是按我讲的能做到20%～30%,病就不会有大的反复。"对于这一教导,我在这几天的实践中体会越来越深了。在今后漫长的岁月里,我要时刻记住医生的话,进行性格的"自我改造"。每当我不自觉地去回想琢磨时,就提醒自己这是性格缺陷而产生的病态,就有意识地去进行"自我抵制",改变这种思维方法。我冷静地想过,像我这样严谨的人一般是不会做错大事的,即使偶尔做错点事或说错点话,也不必预先去做可怕的推测,做到"不要想得太多,到哪座山唱哪首歌"。一旦出现不自觉的回想、琢磨,就设法去想别的问题或别的事情,这样坚持下来,那种回想、琢磨的症状就逐渐减轻乃至基本消失了,伴随着的疑心病态也明显减轻。从这里,我真正尝到了性格改造的甜头。

所谓"转移思路",在上面我已谈到了其中的一个方面,即当不自觉地出现强迫观念时,有意识地去想别的问题或别的事情,以改变过去老是往病态上进行联想。经常这样有意识地转移,强迫症状就越来越轻。转移思路的另一个方面,就是我已休息近两年了,这次回去后就去上班,这是不自觉地转移思路。上班时做些自己力所能及的工作,去思考和工作有关的问题,无形中就转移了思路,避免一个人闷在家里或闲在那里在强迫观念里绕圈子。

上面总结汇报了最近几天来自己进行"三自一转移"的收获和情况,通过这一段时间的锻炼,收到了可喜的效果。但是,在开始的实践中,的确是相当痛苦的,几乎时时、事事、处处都要进行苦战。经过这些苦战,给自己带来的却是胜利的喜悦。由于强迫症状明显减轻,随之抑郁、焦虑情绪也大为减轻,食欲和睡眠也都好了,真是一好百好。但是,这种病是相当顽固的,我不能掉以轻心,要在初胜的基础上继续奋战。

患者发言(4)

几天的学习就要结束了,我感到受益匪浅,在今后的生活道路上明确了方向,我对前途充满了信心,手中掌握了战胜病魔的武器,今后要靠自己的勇气和意志了。

"一切看淡一点",它将成为我今后生活的座右铭,我希望今后在根治自己疾病的过程中,依照医生所讲的理论结合自己,走出一条适合自己的路来。在今后漫长的人生道路上也是如此,使自己成为一个真正快乐而幸福的人。

此时我感到我们几天来的相聚是如此之短暂,依依惜别之情油然而生,在今后的生活中遇到困难,希望继续得到你们的帮助。

我现在刚满19岁,我未来的生活道路还很漫长,我相信自己会在以后的工作中取得一些成绩,那时我要首先把自己的成绩向医生汇报,因为这一切都应归功于医生。

我回去后会尽我的能力为旁人分忧解愁,尽我的能力使周围的人和自己分享快乐,我会争取做一个精神上的强者。

我感谢医生,我相信不光我如此,多少人被医生从死亡的边缘拉了回来,给多少家庭带来了幸福,此时我已无法用语言表达对医生的感激之情。我只有一句话:愿医生更加珍重自己,在心理疏导这门学科里取得更大的成就,使更多不幸的人重获新生。

患者家属发言

我是患者的家属。因为我是搞医的，所以我知道在医学上取得一些成绩是不容易的。尤其是对强迫症，一直是个难题。我们在医院实习时就看到，这些患者神志非常清楚，但进了医院，无论用电休克还是胰岛素都根本无效。现在有一种新药氯丙咪嗪，可能这里不少人用过，在焦虑时可以暂时缓解一下，但也不能解决根本问题。我的爱人是个大学教师，他原是个很有抱负的人，由于长时间的“怕脏”，很耽误时间。我和这儿的朋友一接触，发现他们都是各方面的尖子，一旦他们的病治好了，都能做出一些意想不到的成绩。但是他们在疾病的折磨下，却看不到这一点，甚至还有自己一套一套的“理论”，说得井井有条，一般人难以说服他们。所以不到一个心服口服的境地，他们的病态是绝对攻不破的。正如医生所讲的病理性惰性兴奋灶和周围的广泛抑制，他们对别人所说的根本听不进去，只有他自己的“理论”才是最正确的，所以我从一个医生的角度来看，这次心理疏导所取得的效果确实不容易，进行这项工作所要顶住的压力我也能体会。西方在弗洛伊德和巴甫洛夫等学说基础上进行医学心理和行为治疗等研究，进行了那么长的时间。我国的医生没有受过心理治疗的训练，在这方面还处于空白。现在随着改革开放，竞争越来越激烈，对人们适应社会能力的要求也越来越高。就是我们正常人，到了更年期或在其他什么时候也面临着一个性格改造的问题，而对患有这种病的人来说是绝对适应不了社会的。在这种情况下，鲁医生能够经过自己的努力，在这么短的时间内走出一条中国自己的路，这是非常难得的。他通过大量的病例刻苦地研究，创造了一套适合中国具体情况的心理治疗方法，非常可贵，也非常及时。我不是在这里唱颂歌，我自己确实深有体会。我们中国人有中国人的特点，长期以来，辩证唯物主义强调人的主观能动性，认为外因是变化的条件，内因是变化的根据，鲁医生就是抓住了这个特点，在治疗中充分调动患者的能动性。而国外的行为疗法就不是这样，只是告诉你就那么去做，就像条件反射一样，不用去想，只要跟着我去学，你怕脏就带你去接触脏东西，这是一种强大的压力，患者往往接受不了。在一个人自己没有认识到的时候，要这么去做是很困难的。鲁医生的一系列理论就是调动大家的能动性，并把治疗的武器交给每一个人。一旦我们好了以后，每个人都能成为医生，不但能治自己的病，还能治好很多这样类似的病，这是一个独到之处。

再一点就是集体治疗。我们集中住在一起，虽然各人症状不同，起步不一，但首先大家可以互相交谈，多少年隐藏在心里的、不能被人理解的东西，现在说出来了，这本身就是一件令人轻松的事。我是一个医生，平时患者跟我说话就比较紧张，可能是出于一种求医的心理，要看我的情绪，他往往不一定都说，病情也就暴露不全面。可是在患者之间，大家都有病，都是来求治的，互相就可以毫无顾忌地说，非常坦率地把从自己家庭到个人成长的种种不幸都说出来，首先就轻松了一半。在这里我深深感到大家的互相信任，发现大家都是一些特别好的人。在周围的社会里，能遇到这样一些人，确实很可贵。

听鲁医生讲课，一步一步跟着走，的确很有劲，走一步就是一次收获。刚开始可能还不太理解，可后来越来越好。开始时很多人说，十几年甚至几十年养成的东西，要想几天就彻底改掉是不大可能的。但只要掌握了这种方法，今后就能自觉地注意改造自己的性格缺陷，正如鲁医生所讲的，直到最后闭上眼睛那天为止，才结束了每个人性格的改造。鲁医生所讲的是一些共性的东西，患者当中情况各不相同，他们往往对别人的症状看得清清楚楚，就如旁观者清一样，某个患者的一句话往往对另一个患者的心理疏通产生决定性作用，使他一下子就领悟过来。所以我们在一起的患者，大家互相尊重、互相理解，觉得比兄弟之间还要亲密。对鲁医生的这种集体治疗，我真正佩服。我在今后的诊疗工作之中，要把心理疏导的方法加进去，为这种我国自己的心理疗法的不断发展和完善而努力，使它能够在保障人民的心身健康中发挥更大的作用。

第六章　强迫症、恐怖症的心理疏导治疗

第一节　强迫症、恐怖症概述及疏导治疗原则

强迫症、恐怖症是神经症中的常见类型，在以往的疾病分类中统称为强迫性神经症，因为它们的症状相似，有时难以分开。近年来，由于恐怖症具有独特的回避反应，故从强迫症中分化出来，单独列为一种疾病。当恐怖和强迫两种症状同时存在时，临床上一般诊断为恐怖症。尽管如此，由于强迫症与恐怖症病因相同，症状近似，治疗原则和方法基本相同，所以本章一并论述。

强迫症（也称强迫性神经官能症）是指主观体验到源于自我的某些观念和意向，这些观念和意向的出现是不必要的，或重复出现是不恰当的、不合理的，但又难以通过自己的意志努力加以抵制，从而引起患者强烈的紧张不安和严重的内心冲突。患者的重复动作和行为，往往是为了减轻自己内心的紧张不安，屈从于令人不愉快的观念和意向，或为了与之进行对抗而呈现出来的继发现象。强迫症的临床常见类型大致有：(1) 强迫观念。主要症状为脑子里不断出现某些想法，虽然明知那些想法是不恰当或不必要的，但无法摆脱，引起紧张不安和痛苦。如出门后老想着门是否关好，抽屉是否锁好；信寄出后老想着有否写错地址，是否封好；稿子交出后老是想着是否有写错的字等等。或者脑子里反复思考一些毫无意义的问题，如一些与自己无关的事情，一些无意义的公式、数字、单词，一些无中生有的怀疑，一些离奇古怪的想法，等等。(2) 强迫情绪。主要症状为心理上出现某些难以控制的不必要的担心，如担心自己会丧失自我控制能力，会精神失常，会出现违法的或不道德的行为，等等。(3) 强迫意向。主要症状为在一定的情景下出现某种强烈的内在驱动力或立即就付诸行动的冲动感，虽然这种冲动实际上决不会付诸行动，却使患者感到异常紧张和担心。如站在一个高处会出现往下跳的意向，担心会跳下去；在某些场合出现性冲动意向，担心自己出现不轨行为；看到贵重物品时出现据为己有的意向，担心自己会偷东西等等。(4) 强迫动作和强迫行为。主要症状为患者屈从于强迫观念，或者为了对抗强迫观念而表现或产生出来的重复性动作或仪式、检查行为，如强迫性反复记数，强迫性反复洗手，为避免不祥而反复进行的仪式行为等等。

恐怖症是指在某种特殊环境下，与某些物体或人接触交往时产生的一种异乎寻

常的、强烈的恐惧或紧张不安的内在体验，常以逃避现实的方式来减轻自己的焦虑和恐惧不安。其特征是：患者虽然明知其不合理性和荒唐性，但一遇到相应的场合即反复出现上述异常体验和回避反应，影响正常生活和工作，而又难以自控。恐怖症的临床常见类型大致有：(1) 社交恐怖。主要症状为怕见生人或怕见某些熟人，怕人注视自己，怕自己注视别人，怕与别人(尤其是异性)目光相遇，也不敢与别人交谈和接触交往。(2) 处境恐怖。主要症状为怕登高，怕深渊，怕独处室内，怕过街、过桥，怕乘船、乘车，怕进学校、商店等。(3) 物体恐怖。主要症状为怕尖锐物，怕某种动物，怕细菌，怕不洁物，怕骨灰盒，怕坟墓，怕尸体，怕戴黑纱的人，怕流血，怕某种疾病等。

强迫症、恐怖症患者往往明知其症状是毫无根据甚至是荒唐的，但却无力自控和摆脱，陷入极度的内心矛盾冲突中。因为感到极为痛苦，所以不仅影响正常的学习、工作和生活，而且时间长了还会对一切失去信心，以致产生轻生观念和轻生行为。

目前，强迫症和恐怖症已经成为神经症中的多发病。由于它们多起病于青少年时期，病程长、痛苦大、症状顽固，往往影响患者终生的事业和生活。根据笔者多年的临床和研究资料统计，我国强迫症、恐怖症患者的起病年龄为 10～54 岁，平均 20.2 岁；平均就诊年龄 25.3 岁；高中以上文化程度者占 90%；多数智商偏高；家族史中有神经精神病史者占 4.4%；父母有性格偏差者占 63.3%；95.6%的患者病前性格为不均衡型，其中 60.2%伴有强迫性格特征；其性格形成与所受教育和环境的影响有密切关系者占 71.1%。在病情的发展过程中，症状的轻重明显地受情绪的影响，并随着病程的延长或减轻而趋于单一，或加重而趋于多元；没有显示发展为重精神病的倾向。病症的发生多数与幼年时期受不适当教育和训练有关。根据多年的临床研究，笔者总结设计了一个对强迫症、恐怖症统一进行心理疏导治疗的模式。经过对 6 000 多例强迫症、恐怖症患者的临床实践及疗效观察，治愈率(痊愈和症状明显缓解)达 86%。为了满足多数患者治疗需求，又在进行个别心理疏导治疗的基础上，不断总结经验，进一步摸索治疗规律，创立了对强迫症和恐怖症的集体心理疏导的治疗方案。关于心理疏导治疗强迫症和恐怖症的近期疗效从统计学处理结果来看，集体治疗均较个别治疗的效果要好。强迫症集体治疗治愈率为 84.7%，个别治疗的治愈率为 79.6%；恐怖症集体治疗治愈率为 90.4%，个别治疗的治愈率为 82.5%。因为集体治疗中会进行系统讲解，组织患者展开讨论，交流体验，便于加深理解，患者之间互相启迪、互相激励，能促使患者主动锻炼；患者们同病相怜，互相理解，在短时间内结成向疾病作斗争的亲密战友，能发挥集体的智慧和力量。集体治疗不但收效快，疗效高，而且节省时间和人力，值得进一步探讨和推广。这当然不是排斥个别治疗，集体治疗方法就是从个别治疗中摸索出来的。个别治疗能更深入地帮助患者挖掘心灵深处的隐痛，更准确地把握疾病的症结所在，更有针对性地给以疏导。在集体治疗过程中，也需要辅以个别治疗。

近年来，我们对集体治疗进行了实况录像，以便对来参加治疗有困难的患者进行治疗，通过临床使用，深受患者及家长的欢迎。广大患者一致反映：

1. 这种形式不但病者可以受益，而且其家属及朋友也可受益，增加对心理卫生知识的系统了解，对预防及治疗心理疾病具有积极的作用。

2. 方便：随时可以反复观看，节约时间，不误学习与工作。

3. 经济：特别对外地病友大有益处，不但可以节约食住行费用，也可以避免因医生工作繁忙而无暇为病友亲自治疗的矛盾。

4. 可以长期保存：遇到问题可根据视频顺序及自己的记录内容，随时与医生交谈，找到答案，解决困难。

下面介绍一位听录音磁带（现为视频）治疗而取得“最优化”的高中学生的反馈实例。

病情摘要

男，16岁，高中学生。

患者在两年前出现害怕忘记学习过的知识的强迫思维，不断地想：“我要是忘记了这个公式怎么办？”“要是忘记这些课文怎么办？”虽然知道自己已经记住了公式与课文，但仍控制不住地担心、害怕。他每遇到一件事情总要往坏处想，明知道那些担心完全是不必要的，但思想上反复斗争，越想摆脱就越要去想，反而摆脱不了，以致上课注意力不集中，严重地影响了学习。他曾到某心理卫生中心就诊过，但效果不佳。后到本中心进行疏导治疗，症状消失，取得了优化。病愈后，该同学由普通中学考入了省级重点中学，仍名列前茅。下面介绍他靠听音带如何克服强迫思维的信息反馈材料。（注：因患者不愿公开家史，所以第一阶段反馈省略）

反馈一

今天听了11～12盘，知道现在已是与“怕”短兵相接的时候了。

鲁教授用一棵树形象地说明强迫症的结构。由于我的性格中存在缺陷，因此，当遇到困难、刺激时就会束手无策，产生心理障碍。您给我指出了一条治愈强迫症的道路——根干分离，即消灭“怕”字。

回忆我以前所怕的所有事情，的确没有一件事情如我所怕的那样发生过，一次也没有！但我却整日陷入了极度的恐慌中，担心那些莫须有的危险会随时袭来，从而不能自拔。现在我知道了，到目前为止，我所担心害怕的东西都是“虚、假、空”的，没有一件是“真、实、有”的，而且它的脾气我也掌握了，这种“怕”只不过是只小猫而已。而当我的心理受到一点刺激，不能起到正常镜子的作用而只能起到哈哈镜的作用时，这只小猫通过我病态的心理反射出的却是一只大老虎。这样，主客观不能统一，在平常人看来很正常的事在我看来却十分危险。比如，一次我在电视上看到一家因使用不当，导致电视机爆炸，看到那家被炸后的情景，我受到了刺激，害怕自己家里的家用电器（不仅仅是电视机）会突然爆炸。后来，我的房间装了空调，由于它是窗式的，运行起来声音比较大，于是我就很害怕它会爆炸。因此，一进我的房间心里就乱了套，做什么事情都颠三倒四，时刻担心它会爆炸。以前我也曾强迫自己坐在房间里，但心里仍然想着它，结果，不一会我就会胆怯，不是赶紧把空调关了就是立即逃出房子。现在我掌握了方法，摸清了它的脾气，就不再怕它了。下午看书我就是在房间里进行的，而且开着空调。这次我按照“习以治惊”“少想多做”的原则去实践了，恐惧感基本消失，“怕”字步步紧逼的感觉也没有了，虽然还不像没病时那么轻松自如，但比起发病时那种感觉要好多了。在实践过程中，有一个情况与我在实践前想的不同，一是“怕”字并没有怎么顽抗，恐惧感就消失了；二是并没彻底忘掉自己所怕的东西，心里也不像想象的那么轻松。

反馈二

今天我写这篇反馈时，心情十分愉悦，因为我的症状全部消失了，一年多来积压在心头的恐惧、压抑一瞬间完全消失了，取而代之的是轻松、愉悦，就像没得病以前似的。即使想到所怕的东西，我也丝毫没有了害怕的感觉，并且完全像正常人一样。只是在没有这些痛苦折磨的情况下，我反而有些不自在，甚至不知道该干什么。这时，我想到了鲁教授的话：心理障碍就像感冒一样，好了就好了，于是我就告诉自己：大胆、轻松地生活吧！你的病已经治好了，不必再去担心它会不会复发，即使复发了，你也有了经验，而且是成功的经验，下一次就不会再被动挨打。虽然我还有些不自在，但我坚信，只要我努力、努力、再努力，就会习惯的，就会使疗效巩固，做到“最优化”。

下面我总结一下我的体会。当我遇到一个症状时，我首先用客观的眼睛去看它，不带丝毫主观意见，确认它是虚、假、空的。并且看看其他正常人对这一事物有没有恐惧感，如果没有，我就完全肯定它是虚、假、空的，接着就实践，按照“习以治惊”的原则多接触它，在实践中提高认识，真正认识到它是虚、假、空的。使主观与客观认识相统一，慢慢地我就克服它了。在这一过程中，我还是很注重“少想多做”，并且使自己形成一种条件反射，只要确认那种“怕”是不真实的，我就不去想它，就正常地工作、学习，使自己全身心地投入到生活、学习中去。

我的症状已经全部消失，但无论这种病有没有根治，我都要坚持不懈地努力提高自己的心理素质，真正做到“处逆境而不馁，遇反复而不惧”。下面几天我还要在鲁教授的指导下，去挖掉我的病根——性格缺陷，彻底去改造自我。我坚信，经过我的不懈努力，我会成功的，一定会的。

反馈三

今天是第二阶段的最后一天，我已经爬到了半山腰，在这里我要做个休整，也就是对一、二阶段做个总结，为以后的治疗做准备。

前几天里我了解到，要治愈强迫症，首先必须根、干分离，消灭“怕”字。要彻底消灭“怕”字，必须在认清它的“虚、假、空”的本质，摸清它“欺软怕硬”的脾气之后，在“习以治惊”“少想多做”原则的指导下，时刻保持理智、清醒的头脑，敢于实践，敢于拼搏，决不给纸老虎以喘息的机会，穷追猛打，不把它们打死决不罢休，然后就是挖根。

在以上思想的指导下，我的收获不少。首先我认清了自己，掌握了武器，树立了信心，坚决抵制“怕”字，症状已大部分消失，更主要的是我掌握了方法，这样，即使遇反复我也不会惊慌失措，而是有条不紊地与之斗争。的确，斗争是艰苦的，甚至是残酷的，因为它要消灭的不是别人，而是自我，是一个旧的自我，然后从斗争中创造出一个新的自我，一个崭新的、乐观开朗、沉着冷静、积极主动、适应力强、勇于克服困难、善于解决矛盾、情绪稳定的高心理素质的我。这场斗争是长期的、艰苦的，它长期到生命一刻不止，斗争一刻不停；它艰苦到必须在心灵的最深处去解剖自己、认识自己，而且进一步去改造自我的性格缺陷。为了取得斗争的胜利，我将决不宽容自己，决不为旧的自我开后门。我坚信，我将永远是一位和自我斗争的勇士。

现在，我已到了半山腰，不进则退，前面只有两种选择，一是做个懦夫，被纸老虎逼下山，一口吞掉；二是做个勇士，明知山有虎，偏向虎山行。我的选择永远是第二条。如果说前一阶段我只是陷入迷宫，不能自拔，那么现在医生为我指出了一条走出迷宫的路，那就应该披荆斩棘，付出加倍的力量去开辟一条成功之路，登上山巅，一览众山小。

反馈四

今天我听了20～23盘，对性格问题有了比较透彻的理解。我的性格中既有缺陷的一面，又有好的另一面。而性格缺陷正是各种心理病症的基础，一日不铲除它，我就一天不得安宁。由于我的性格是16年来我有意无意中形成的一种相对固定的心理与行为模式，而且性格一旦形成就有了相对的稳定性。在我的日常生活、学习中自然而然地从各方面表现出来，比如虚荣心，由于长期的社会和生活环境的影响被有意无意地加强，在没有条件表现自我的虚荣心时，它就进而表现出自卑、孤僻等不良性格，而要改变它，就要以自尊、自爱去代替它，代替的过程是痛苦的，因为这是一个人生观、世界观和价值观的改变过程。即使在写这段时，我都有点不寒而栗，因为这意味着要把自私改成大公无私，把虚荣改为自尊……这需要极大的决心、信心和恒心，特别是决心，如果自己对自己打一点折扣，放松一点，旧的东西就可能卷土重来，就可能前功尽弃。我希望今后鲁教授能经常来信提醒我，监督我，使我时刻保持清醒、理智的头脑，勇猛无畏地同性格缺陷做一场长期斗争。我已把我的性格缺陷列上了黑名单，它们是：依赖性强、暴躁、自制力差、虚荣自卑、孤僻好静、敏感多疑、胆小怕事、有事不外露、任性自负、以自我为中心、过分善良、老实、刻板、认真、循规蹈矩、自我要求过高、凡事追求尽善尽美。找到了自己性格上的弱点，也就找到了向它们进攻的缺口，医生给了我六种牌号的武器，我一定要利用这些武器来消灭它们。

在乐观、轻松、勇敢、果断、灵活、随便这六台挖土机中，我选择了"乐观牌"挖土机。乐观，顾名思义，它本身就意味着凡事看开点，尽量往好处去想，即使事情的结果令人懊恼，只要你乐观一点，也不致于在精神上有多大损失。保持"乐观开朗"的心情，不悲观、不懊恼，做到"宰相肚里能撑船"，即使再大的事也能轻松地应付，不致心理失衡。

在改造性格的过程中，我还要发挥自己的性格优点，那就是善良、认真、热情……做到处世积极，让性格优点充分发挥主导作用，在性格改造中充当主力军，为性格改造贡献一份力量。我坚信，在我的"三心"——决心、恒心与信心的支持下，性格改造不是神话，最终会成为现实的。

反馈五

第二阶段是第一阶段的进一步深化，是运用第一阶段理论进行实践的过程，同时也是第三阶段的基础，是连接一、三两个阶段所必不可少的重要环节。

在第一阶段中我了解到心理障碍的实质是大脑疲劳。因此，我只要运用鲁教授所教的正确方法去消除疲劳就可以了。鲁教授把心理障碍比喻成一棵大树，树冠是各种症状，树干是"怕"字，树根是我们的性格缺陷。现在我所要做的是砍倒树干，消除"怕"字。这一过程就是使主观认识与客观事实相符合，认识与实践同步的过程。只要能做到这一点，"怕"就没有了，恐惧就消除了，症状也就消失了。因此在了解了"怕"字虚、假、空的本质，摸清它欺软怕硬的脾气后，为自己创造一个良好的心理条件，建立起自信心，充分调动和强化对治愈的内在动力，按"习以治惊，少想多做"的原则去努力实践，同时做到"处逆境而不馁，遇反复而不惧"，勇猛顽强地斗争下去，不断巩固疗效，形成良性循环，"怕"字就一定可以消除。

下面谈一谈我自己的实践。我由于怕圆规的针尖会刺到我的眼睛，因此一看见圆规就十分紧张。经过这几天的疏导，我认识到要消除这个"怕"字，解放自己，只有通过实践，不断提高认识，努力使主观与客观保持一致才可能办到。因此，我首先分析"这个圆规好好的放在我后面，没人去动它，怎么会刺到我？"而且通过观察，我认识到这种想法在客观上完全是"虚、假、空"的，由于我胆小怯懦，根本没有考虑它怎么会刺到我，只是考虑到可怕的后果，这使得主观与客观有背离。在确定它是"虚、假、空"之后，我就坚决去实践，我把锁在柜子里的一个大圆规放在我身后，自己则像正常人一样学习、看书，少想多做，自己全身心地投入到学习中去，告诉自己，"我一定要看看它究竟能不能刺到我，看看到底能不能发生这种事。"事实是最好的老师，它不容争辩地说明了这个"怕"是完全没有必要的。这一过程是不知→知→实践→认识→效果的过程。在此过程中，我注意做到一点，那就是一个症状消失了，以后再碰到这一事物(比如圆规)，我就不去想"我究竟害不害怕"，也不去担心"怕"字会重复出现。换句话说，我不是为治病而治病，不是刻意去注意它。一个症状消失就消失了，不要再去想它，轻松点，乐观点，用正常的方式去生活，去实践，把善于联想这一特点用到学习中去，不去"助纣为虐"，一旦这一特点为"怕"字服务，去联想可怕的后果，就立即中断它，不去怕它，平时也不要去刻意注意自己的症状，用"乐观、轻松、勇敢、果断、灵活、随便"来武装自己。同时注意改正自己的性格缺陷，让"怕"字连痕迹都不留。

反馈六

今天是听录音治疗的最后一天，我的收获是很大的。我学习了关于使用"挖土机"的一些原则，如要具备使用"挖土机"的条件，了解"挖土机"的制造原理及性能，学会驾驶与修理等等。同时，我明确了性格改造的目标，认识到该建立什么，去掉什么。性格改造就是要改造一个"过"字，把阻碍我们进行正常生活的"过"字削平，回到一般社会生活所要求的水准上来。在改造中要建立乐观、轻松、勇敢、果断、灵活、随便等性格特征，去掉悲观、紧张、害怕、犹豫、固执、拘泥等性格缺陷。

无疑，改造性格的过程是痛苦的，重要的是要采取行动，付诸实践，持之以恒地坚持下去，认识一点就去做一点，"锲而不舍，金石可镂；锲而舍之，朽木不折。"我相信，只要我坚持住，哪怕是一小步一小步地爬，我也是在前进的，我终会取得巨大的进步。这里，您所讲的一些思想十分值得我认真学习：

1. 吃小亏占大便宜。这句话一语道破了许多人的玄机，有收获就得有付出，那些整天为小事斤斤计较，贪图小便宜的人，表面上看似乎占了一些便宜而没吃亏，但实际上，他们利欲熏心，不但失去了朋友，而且心理向不健康的方向发展，最终得到的肯定是可悲的结局。我的体会是："在任何情况下保持身心健康和从长远利益出发去考虑问题是占大便宜的正确做法。"

2. 成功时多想想别人，失败时多想想自己。这是一种高尚的情操，这实际上也是"吃小亏占大便宜"的一种具体表现，因为这样做虽然在名、利上有些损失，但你取得的却是别人的信任与尊重，这是一些人都要得而得不到的，真正是占了大便宜。

3. 坚持原则，不拘小节。这意味着在非原则性问题上看淡一点，不要"得理不让人"，为了一点小事与别人斤斤计较，争得你死我活，这是完全没有必要的。

4. 节约时间，珍惜自己，不要把时间浪费在虚、假、空上。回想起 1992 年我没有发病的那段时间，我的学习、生活一切应付自如，那时候，我对学习十分感兴趣，把学习看作一件快乐的事，并把大量的时间，几乎全部的时间都用在学习上，结果一切都很好，虚、假、空的东西根本无法钻入我的大脑。但到了1993年，我的强迫症又复发，这次复发是因为我的胆小懦弱，结果病情日益加重，但学习并没受太大影响，到了高一，我的学习目标变了，变成了为学习而学习，为高考而学习，结果为“高考”所累，成绩一直不如以前，现在我认识到了，因此，下学期我将以新的面貌去迎接学习，坚决抵制虚、假、空，达到“最优化”。

5. 临危不惧，少猜疑。除了上述鲁教授提到的一些思想外，我自己认识到一些。

以往我的人际关系很差，可我并没完全认识到是我的性格缺陷造成的，总认为别人不易接近，现在我的认识转变了，这一切都是我自己造成的。那些某方面比我强的，我不愿意去接近，实际上是由于和他们在一起，我的虚荣心得不到满足，产生了深深的自卑感。这次我认识到任何人都有长处和短处，即使我一点长处也没有，但至少我还有“善良”的好性格。因此，和他们在一起，我根本不必要自卑。下学期开学，我要主动去接触他们，让他们的开朗乐观同化我的冷漠。

我认识到和别人相处时，不要唯我独尊，要尊重别人，用平等的眼光去看别人，这样，你尊重别人，别人同样也会尊重你。因此，我要努力做到：乐于助人，平易近人，真诚待人，多为别人想一想。并首先从自己做起，让自己的行动去感化别人。也许，这很难，因为这些良好的性格特点我以前总是把它们记在脑子里而没有去实践，没有努力地做到它们。现在我不但认识到了，而且要努力实践，把这些性格特点以实际行动表现出来，把那些16年来形成的不良性格丢掉，而且要坚决丢，真正做到“该丢的坚决丢”。以前，我总是对自己、对别人要求过高，现在我清醒地认识到一个最深刻而又最浅显易懂的格言“金无足赤，人无完人”，不要说过去，就是现在、未来也绝不可能出现一个“完人”，一个也没有。因此，我那种要求自己、要求别人成为完人的思想完全是脱离实际的。人就是人，有好的一面也有不足的一面。我们所努力追求的是把自己的大部分变成好人，这就够了。

以上是我的一点体会，但这不是主要的，更主要的是我要在实践中去巩固疗效，不断改造自己的性格。

强迫症、恐怖症的心理疏导治疗八项原则(具体治疗方法参考集体治疗示范)：

1. 首先认识及消除阻碍强迫症、恐怖症心理疏导治疗的三个要素：性格缺陷、逃避现实、言行不一。

(1) 强迫症、恐怖症的症状是由性格缺陷衍生而来的，大多数发病在青少年时期，早年的性格偏移往往不能引起家长及本人的重视，作为一种怪癖、坏习惯，病程迁延数年至数十年方来求治，这正是治疗难、预后差的主要原因。

(2) 性格是自幼年开始养成的，家庭教养、社会影响、自我教育等潜移默化地对性格的形成起着主要作用。性格缺陷已成为自身精神面貌以及心理活动的一部分特征，改变性格缺陷是心理疏导治疗的根本任务。

(3) 病理心理形成定势后,由于自己习惯于它,要消除这种顽固的病理心理定势本身就很困难,而多数患者表现言行不一,逃避现实的自我意识是干扰治疗的最大阻力。

2. 强迫症、恐怖症的心理疏导治疗应该是一个长期目标,因为性格改造是一个长期的、艰苦的过程。根据我们研究中心数千例的疏导治疗实践证明,凡取得“最优化”的案例都是在症状减轻及消失后,不断地根据医生引导,继续付诸改造性格而取得的。病情反复、半途而废的患者百分之百是因为在症状消失后放弃了长期的、艰苦的性格改造。坚持不懈地改造性格是强迫症、恐怖症取得“最优化”的重要环节及要素。

3. 引导患者做到认识与实践同步。要认识一点做一点,避免“什么都懂,什么也不去做;什么都知道,什么也做不到。”实际上是抱着“惰性兴奋灶”死不肯放,终日陷在“痛苦”的泥潭中,怨天尤人,强调种种理由及变相地为“病”辩解,逃避现实。“丢了一万之实,只图万一之虚,避一时之苦,造成终生贻误”的习惯,是强迫症、恐怖症的致命杀手。

认识与实践同步的目标是在提高心理素质、改造性格中,点点滴滴地将认识与实践结合起来。“实而不思则罔,思而不实则殆”,达到“反省内求”的心理境界,即实(践)的具体应用。“知行统一”“知行合一”“慎言力行”就是少说、少做虚、假、空的胡思乱想,而想到、说到、做到,禁忌“言不顾行、行不顾言”的言行分离做法。

4. 克服“病态心理”,一切要从自己的客观实际出发,辨别是非真假,凡是真的、是的坚决去做,假的、非的果断地丢。从认识中找出固有的,而非虚假的、臆造的规律性,即自己性格形成及社会环境影响的内在联系,作为行动(实践)的指导,以实践为检验病理思维的标准。自己的思维及行为是否符合实际?是否达到“适应社会”的标准?归根到底,要看大多数人的思维及行为是怎样想、怎样做的,以此为自己认识与实践的标准去判定自己。不唯书,不唯上,随大流,以实践来判断思维及行为的是非对错,减少或消除克服病态心理过程中的阻力,这是对强迫症、恐怖症改造性格、具体务实的概括要求。那么具体改造目标是什么?应建立的又是什么?在临床实践检验中,我们把改与造分解、提炼、归纳出24个字,即改掉:紧张、悲观、恐惧、犹豫、固执、严谨;建立:轻松、乐观、勇敢、果断、灵活、随便。

这24个字,是通过临床实践总结,融科学性、普遍性为一体的概括,一般人都能接受这些喜闻乐见、容易记忆的概念,并作为改造性格的远期目标的指南。

5. 疏导过程中,要克服病理思维,要在认识深化、疏通引导中通过理解、联系、转化、反思等信息加工过程,实现病理思维的转化,使自我认识不断提高,冲破顽固、陈旧、僵化的病理观念(惰性兴奋灶)的束缚和禁锢,从认识性格中过头的偏向入手,从逐步适应现实社会环境出发,以长远利益为目标,社会实践活动为标准,客观地分析病理思维的原因,揭示病理思维形成的实质及性格根源、病史发展和自我认识,克服观念上及行为上与现实的矛盾，去鉴别是非真伪，做到“自我解放”，即从病理思维到正常思维，从陈旧观念到现实观念。首先实现思维变革，使正常思维奋起，并代之以适应现实要求的新的思维观念。综合性格改造，以顽强的精神付诸实践，不怕反复、不怕逆境，不逃避现实，最终才能达到应有的自我认识的深刻与彻底，达到“最优化”的目标。

6. 在疏导中能抓住自身和外部的有利时机，不断深化自我认识，及时解决克服病态心理过程中各种复杂的矛盾和问题，避免干扰治疗进程，强化心理转换过程。

7. 对强迫症、恐怖症的治疗，无论病情轻重，症状多少，都不能脱离正常的社会活动（学习、工作、人际交往等正常生活）。自我封闭，与社会隔离，对治疗没有好处。

8. 借鉴理论，联系自身具体实际及他人取得优化的经验，有创造性地、有针对性地、灵活地付诸实践，并反复进行检验。要树立和发扬敢想、敢做的两同步精神。只有正确的认识，没有勇敢的行动是不行的；而没有正确的认识，是不可能有勇敢的行动的。这都难以达到真正的心理转换。同时，既要正确认识心理发展的全面性及其对立统一的规律性，又要打破逃避现实的顽固的病理观念模式，这样才能消除病理思维，实现心理转换。注意使自己的性格多点灵活性，尽可能地忠实于客观现实。因为长期受严谨、僵化模型的性格特征的束缚，所以一旦禁锢自己的病理思维被解除了，就会感到不习惯。因此，必须加强信念，不怕反复，不断强化新的观念，警惕因循守旧的病理思维重来。巩固良性兴奋灶的基础就是信心与价值。

这里介绍一位南京女患者的情况。患者因诊断精神分裂症伴发强迫观念，前后三次住院计 508 天，曾用各种精神药物治疗及休克治疗均无效，建议送精神病疗养所长期疗养，出院时维持使用各种抗精神病药物，如氟哌酊醇、氯丙嗪、氯丙咪嗪等，患者曾多次企图自杀，但都被救。经心理疏导治疗，药物减至晚上睡眠剂量，半月后病情明显好转。后来将她的门诊病历、检查记录以及患者的书面反馈材料，先后经七位曾诊治过她疾病的病房主任医师和心理治疗医师双盲观察一年半，一致认为她已痊愈。

病情自述（病情明显好转后所写摘要）

我是新疆某农场支边知青，1976 年患病由家中接回南京治疗。1978 年 12 月至 1980 年 3 月三次住院，经各种治疗不见效果，最后出院被建议送慢性精神患者收容所。因我的户口不在南京，所以没有被收容所接受。我的主要症状是强迫观念，对什么都不放心，以致扰乱其他居民的正常生活。如我父母居住的 41 区有五幢楼，我想到大家的安全问题，每天都去看邻近的几幢楼房，哪家的窗子没关我就到哪家去督促，并反复问别人家里几口人？每天上班穿几件衣服？哪家用煤气？哪家回来吃中午饭？吃什么？男的还是女的烧饭？男的炒不炒菜？每月吃几次油炒饭？吃多少水果？晚上在哪里？业余时间做什么？……稍有出入就要一直重复问下去，非问出个眉目不可。人家上班后，我一幢楼一幢楼去看人家的窗子。经常累得汗水湿透全身衣裤。在烈日下察看，有时昏倒后被人送回家，清醒后又去看。有时半夜想起来也要围着一幢幢楼转到天亮。在家里不许父母两人单独讲话，如果要讲，只能父亲在门里，母亲在门外，我站在中间，否则我就难受哭闹。每看到大侄儿一件毛绒衣上有花，我就要查清上面有几朵花，哪几朵是对称的，一朵花织几针等，不查清楚就不让他走。每天早上天一亮就坐在床上数被面上的花及图案，看各种图案旁边有几朵花，有多少个叶子，一个图案织出的横有多少，大横、小横、直横、叉点、大小间距、横向线条等等各有多少？就这样反复看，从早到晚不吃不喝地看、数，看不清、数不清就焦虑不安，大哭大闹。白天没看完，夜里继续打着电筒看，有时要看一夜。内心十分痛苦。三年来，我被强迫症折磨得很少能吃一顿好饭。

在医院里，我每天纠缠医生和护士，比如问护士为什么穿白衣服，护士值班按什么顺序，人为什么会失眠，医生包里带的是什么东西等等。自己在没有办法抵制时，就要求护士将我捆在床上。自己实在无能力克服，就想死。一次看到楼梯铁丝网坏了，就从洞里跳楼自杀，结果造成腰椎压缩性骨折。第二次出院后我在家想到某主任上班时包里带的究竟是什么东西，从早晨到晚上一直站在医院大门口，不吃不喝，后来病房医生告诉我他出差了，我就感到焦虑不安，被母亲接了回去。最后一次也是在出院后，我感到自己的病已无希望治好了，又跳入秦淮河寻死，从河中被救出时已昏迷不醒。后来又服河南草药，晕倒几次，每服一次就要呕吐数小时，花钱很多，还险些送了性命。自己还去算过命，也请过巫医捉神弄鬼，只要能好，花多少钱家中不问，但仍没有一点效果，病情日渐加重。

今日的我与昔日的我真是判若两人，一个星期的心理疏导，我的情绪已较稳定，症状明显减轻了。

反馈一

今日回来，围着花一直从下午看到天黑，看花上的图案，颜色的深浅，每朵花叶片的大小，排列是否对称等。晚上十二点又想起上述的事及以往记的花朵图案的排列是否对称等。第二天天亮又偷看了花的组成特征，但思想斗争很激烈，心想按昨天的速度一天也看不完，还不如不看，就这样止住了(在此之前还怀疑是医生减药的关系)。睡午觉前，我脑子想的还是昨天叶子的大概形状，想过去看看。同时，我还想不知道强迫症有治没治。总之，今日过得还算愉快。

反馈二

醒来后，重想了一遍整个看过的东西。今日不知何故头昏，把吃进的早餐都吐了，以前吐后头不昏，今日吐后仍头昏，一个多小时后才好转。万事都急，但给医生写反馈材料是第一位的。

反馈三

以前我常想:这样的日子过得有什么意思?自从与你的三次谈话之后,昨天与今天我就不这样想了。别人能战胜病魔,我也能,我找回了信心。我很想知道别人是经过医生何种指导神奇般地战胜了疾病?也不知您用何种妙手能使我回春?我对病是否能治好还有点怀疑。这两天,只想过一次被面上叶子的组成,回忆毛巾上有一片叶子是朝下的。看了一眼窗帘上的几个点子。当我想到医生那样有把握地大胆减药,我的病情开始稳定,我就觉得您的医术真是高超。父亲看了我写的字,大大地赞叹道:“字虽然没有过去写得好,可以前(指患强迫症时)写的字连自己都看不清楚,现在能写成这样的字,看来病是好多了。”

反馈四

又是愉快而无图案回忆的两天过去了。以前的医生、护士都认为我是无疗效的,只能进收容所,而唯独您说我是可以治愈的。在您所列举的多方例证和心理哲学的谆谆诱导下,在您坚定而热情的“能好”的回答中,我树立了战胜疾病的坚强信心。家里人都说我变了,变得开朗了。您有这样大剂量的减药经验,但愿我能一天天好下去。您对我的教诲和我的体会,我对家里人全说了。

反馈五

回忆往事,现在看来都是可笑的。现在我每天饭量正常,睡觉又香又甜。脑子里已几日不想任何问题了。于是心情豁然开朗、轻松、愉快,家务事也能做一些。强迫症的痛苦折磨了我三年的时间,摆脱痛苦的初步快乐是难以用语言来表达的。我要牢牢记住您关于“树干如‘怕’字,一切枝叶都是由它引起的,‘怕’字实际上是个‘虚、假、空’的东西”的教诲,在今后漫长的时间里,特别是在引起图案回忆的斗争中奋力抗争,积极陶冶自己的性格。现在我怕病情会反复,由于多年受尽了疾病的折磨,所以仍有恐惧心理。

反馈六

承蒙教诲十二字为同疾病作斗争的工具,本人初步体会是:

1. 要灵活、果断:尽量少想,勇于少想,凡事最多瞅两遍,一掠而过,不去寻思。遇事要机动多变,不要过于刻板。

2. 每接触累赘之事,要勇于割断。要树立长远乐观的信心,勇于同反复作斗争,勇于反馈对比,增强战胜疾病的自信心。

3. 保持轻松愉快的情绪,调节和丰富生活的内容,除干家务活、打毛线衣之外,看报、听收音机、哼哼歌曲,即使有时没耐性而抑郁时,只要勇于反馈,同过去比,心向未来，开阔视野，保持无所谓的态度，勇于针锋相对的斗争，疾病是一定能够战胜的。

反馈七(患者父亲写)

我女儿第三次住院结束时病情未有丝毫好转，相反更严重，主治医生认为无疗效，出院时建议送精神病收容所继续治疗(此收容所不是医疗单位，而是收容性质的)。自 1981 年 6 月出院回家后，七八个月中她一直在闹，折磨人、抱怨、失望。听医生说此病比较难治，她就认为活在世上没有情趣，不如死了好。有次跳河被人救起。为了免生意外，她先是嘱我誊写她住院时所写的东西，后来就在本村各户楼上楼下乱跑，问长问短，纠缠别人，跑得汗水直流，衣服湿尽，一天要换三四次衣服。坐立不安，睡不着，吃不下，面色苍白。如此折磨当然痛苦是很深的。而我们一对老夫妻伤精苦神，提心吊胆，日夜不得安宁，其滋味真不好受。乱跑一个多月后停止，后来就在家里乱闹，量写字台，打毛线查点，家里所有的东西都要问价值，看窗帘布花，看盆里的花及被面的花。每天不断地量、看，有时夜里也是如此，达不到目的就发急、哭骂、撞头跺脚等，真使人受不了。闹得深夜也不得安宁。每天服药剂量是相当大的，中晚两次要服 30 粒。自从进行心理治疗后，药量逐渐下降，现在每天只服晚上一次 6 粒药，中午已停止，中、晚睡眠都很好，食量亦增加，思想也扭转过来了，认为活在世上是有意义的。不抱怨、不悲观失望，主动要求做家务事，写字也恢复正常，不看以前非看不可的东西了，坐得住，不向外跑，能打毛线衣、做针线活、看报唱歌，变得轻松愉快多了。向恢复健康的目标前进，摆脱了痛苦，真是想不到的事，我们全家皆欢天喜地。这都是在您以丰富知识及实际经验的教诲下，用十二字方针，经过自己的努力所取得的成绩，真使人感到兴奋鼓舞。

第二节 强迫思维(观念)的心理疏导治疗

在临床实践中，不少强迫思维患者认为克服“怕”字，按“习以治惊”的原理去纠正不适合自己。强调“我是强迫思维，不存在怕的问题。”实际上，强迫思维也同样存在“怕”字，不然那么多的重复、不放心等等，是什么作怪呢? 用“习以治惊”这个中国古代的方法去检验一下你所怕的事物是不是“虚、假、空”的，当你的认识真正清楚了，你的“怕”字也就不存在了。这里特别要强调的是，克服“惰性兴奋灶”要与改造性格联系起来。下面谈谈性格改造的认识及做法。

强迫思维及恐怖症是由特殊的性格衍变而来的，其特征多具有“过分”二字。严谨、拘泥、心地善良、墨守成规、循规蹈矩、不善应变、认真刻板、做事有序、负责有恒、原则性强、伦理道德观念过强、追求十全十美、情感幼稚、依赖性强、独立性差、执拗教条、追根求源，甚至作自我牺牲等等，这种特征原来是正常的，在许多健康人身上也都具有的，但在强迫症患者身上往往发展过于极端，形成了独特的性格特征。这在其他类型的神经症中是不具备的。具有这种性格特征的人，一旦在大脑中形成"惰性病理兴奋灶"，强迫症状这种"惰性"就朝着既定方向运动起来，以后它会持续下去，难以停止或转变方向。因为这种性格是从幼年起在家庭教育、自我教育等社会环境影响下，潜移默化形成的动力定势，是根深蒂固的，所以具有强迫性格倾向者，可以妨碍其事业上的创造性，他们只有待在一个充满规章制度而不需要任何主动性的环境中才感到满意。作为一名学生，他可能是学习成绩拔尖的优等生，作为一个工作人员，他可能也是最优秀的。由于其思维刻板僵化，往往产生内在的不安全感，对自己的一切都提出过高的要求，当这些要求不能或难以完成时，就感到极大的焦虑不安，对新环境尤难适应。

强迫思维也常伴有人格解体和现实解体现象即对自我和周围现实有一种不真实的感觉。有时会因偶然的对立观念而发展成强迫思维。强迫思维的表现多种多样：如患者去办一件急事时，常常被一些毫不相干的思维反复地纠缠不清而无所适从；他原来若是一个伦理道德很强者，可以因其充满与自己子女或父母有性关系的幻梦与思索而无法生活下去；又如常想着"1＋1＝2 为什么不等于 3 或其他数字"等等。明知这些问题毫无意义，十分荒谬，难以通过空想而得到任何答案，但他非一直想下去不可。有些患者以数字为内容的强迫思维也是一种常见的形式，如一些患者专门注意过路汽车牌照号码，汽车、火车票发票的号码，把它记在心里，并用它来进行数学计算，反复不停地想着、记着。

根据临床资料分析，大多数患者诱发于精神创伤。81.2％的患者其父母双方或一方有大学文化，多数强迫思维及恐怖症发生在知识分子的家庭。74％的患者性格有双重性，表里不一，即患者在外面往往一切正常，表现胆怯、退缩、宽容友爱，回家后称王称霸。94％的患者家庭在患者幼年时过分保护，又过分苛求，致使患者的自我生存能力特别差，往往不会料理自己的生活，外出不会与人交往，不能适应环境，对自己要求又过高，产生心理冲突。他们中的 95％早年学习成绩优异，是尖子学生，家庭过度包办、干预，导致患者失去独立自主地学习处理问题的机会。在患者成长走向社会后，遇到学业、人际交往、工作、生活受挫时，就会为自己的无能而怨恨和自卑。由于依赖性强、独立性差，往往出现强烈的心理冲突，出现各种明知不对而又无法控制、无能为力的强迫思维（观念）及动作。

改造性格必须在自我认识的基础上，才能由积习难改到积习能改。所谓难改，是因为性格是从早年起在长期的生活、工作中养成的，也就是习惯成了自己的自然。然而难改不是不能改，改的关键是在自我认识的基础上做到认识与实践同步。"认识自己"是世界上最难做到的，千百年来许多伟人学者都为此而困惑。拿战国时期的庄周来说，他算是学富五车、满腹经纶，可他梦见自己化成了蝴蝶，醒来后十分纳闷：是蝴蝶变成了我，还是我变成了蝴蝶？他困惑了。唐太宗李世民，雄才大略，然而也苦于认识不了自己，找了魏征作一面“人镜”，帮助自己辨明得失。

在今天，提高心理素质，改造性格，首先的难题依然是“认识自己”。做不到这一点，就谈不上心理素质的提高，也谈不上性格的改造；就无法痛定思痛，不能有所省悟。老子把“认识自己”作为人生的最高层次去评价：“自知者明，自胜者强”，这是一种十分有见解的古训。它阐明了正确认识自己才是贤明，战胜自己的缺点、错误，处逆境敢与自己拼搏的人，才算得上坚强者。“认识自己”包括认识自己的性格缺点、优点、心理能力及水平等等。

我们应该在“认识自己”中去“寻找自己”“创造自己”，应该有自己的欲望，有自己的情感，有自己的思维，有自己的价值。如果自己的生存方式是整天处于一种僵化模式和“无欲无求”的惰性规范观念中，反复地磨灭自己的意志与生命，其结果将是个体价值泯灭，主体意识退化，成了一部“机械的编码机”，只能强化平庸与奴性。人的价值是一要生存，二要发展，而具有强迫性格的人则只求生存，无所谓发展。一个人只有形成能将自己看成认识对象的自我意识，他才有发展自身、改造性格的愿望，才能向自己提出“我应当改造性格”的问题，并通过创造性的行动对比作出回答，完成“旧我”到“新我”的过渡，即完成一个从寻找“自己”到创造“自己”的过程，从而实现克服病理心理的目的。性格改造、性格发展的愿望，也就是由一个寻找“自己”到创造“自己”的过程。尽管每个患者的“回答”可能各不相同，尽管每人创造出的“自我”各不相同，但都能从“半个死亡”僵化模式中获得追求解放自我的动力，创造出一个优秀的“自己”。如果继续学会为“自己喝彩”，去“感动自己”，这个“新我”就能巩固下去，因为自己活得轻松而不再痛苦，活得真诚而不再逃避现实，活得实在而不因“虚、假、空”而恐惧，活得认真而不再因性格“过头”而忧愁。总之，有了自己的人生价值。

例如，某单位职工，男，21 岁。自幼胆小，爱面子，拘谨，遇事犹豫不决，做事深思熟虑，细致，孤独，严肃，怕死。自小学三年级起总想一个人做事，而且要做得十分完美，一旦遇到困难或不能按照自己愿望实现，就灰心丧气，把一切都想得非常坏。做事和考虑问题总想到坏的后果，因此犹豫不决、重复多遍。自己越想快点完成，越因紧张而完不成。以后出现“幻想、瞎想、奇怪的想、激情满怀的想、丧失信心的想”等观念而摆脱不掉。参加工作后症状加剧。大小便后反复系裤带要一个多小时；每天重复洗脸、刷牙；怕热水瓶盖塞紧了爆炸，又怕盖不紧水凉，反复查看；晚上睡觉后不停地测量床的宽度，一个人睡 5 尺宽的床仍怕从床上滚下来而不敢入睡，以致疲乏不堪等等。来我院门诊时，焦虑、紧张不安严重，故在心理疏导治疗的同时，给予安定 5 毫克每日 3 次，三周后症状完全消失，恢复正常工作。随访八年余，一切正常，目前已成为某大厂的技术骨干。患者病愈后，又以自己如何锻炼改造性格获得痊愈的经验帮助一个要好的患强迫症的同事，也获得了很好的效果。

他病愈一年后来信写道：“鲁医生，您好！快一年没给您写信了。这封信告诉您两个好消息：一是经过您的疏导和三年来的努力，各方面的情况有了相当大的转变。我从根本上认识到：我的一些症状来源于不好的性格和意识，不必要的和过多的联想往往使事情向坏的方面发展。我决心将联想丰富的特点运用于创造美好的和有价值的东西，不要作没有价值的人，所以我几年来各方面的进步都很快。由于一些发明、创作，我担任了某市青年创造协会的理事和化工研究分会的会长。我要继续开发我的智力，发挥我的创造才能，为国家为人民多做贡献。第二个消息是上月17日我爱人生了个5斤8两的女孩。我过去常想，今后结婚会怎么怎么，实际上这些想法都是多余的。现在当我出现病态联想时，我不怕这个强迫思维，而是把丰富的联想转移到学习、工作中去。"

认识自己就是检查自己对外界事物、环境是否实事求是、恰如其分地评价与估量，不掩过、不溢美，还自己以本来的面目。做到这点实非易事。在实际生活中，人能认识自然，揭开自然秘密，但却窥不破自己内心世界的隐秘，对自己性格一无所知或知之甚少，当进入各种心理误区后更是茫然无知了。凡是有狭隘与自私、懦弱与胆怯、依赖与刻薄、封闭与守旧、虚荣与固执等性格缺陷，难以适应社会发展，导致心身障碍的人，无不都是不能正确认识自己的人。强迫症患者常把认识自己和认识别人割裂开来，当两个同样患强迫症的患者相互交流时，一方总会把另一方的病态表现看得太"容易"克服，当他解剖对方病态表现时，往往"解剖刀"十分锐利，有条有理，理直气壮地说："你想的太荒唐，这太容易克服了。"等等，一旦用到自己身上，这把"刀"立刻就变钝了，他往往还辩解："我的想法是有根据的，不能与他比，确实太难克服了，万一……"这就是所谓"旁观者清，当事者迷"。"迷"在何处？是什么阻碍着他正确地认识自己呢？主要是怕自己的惰性和惯性受到损害。因为性格缺陷已是他自己的一个部分，不能抛弃，否则就好像失去了自己的完美。实际上，只有摆脱了自己"惰性与惯性"的纠缠，才能突破自我认识的障碍，才能对自己有一个客观公正的看法，才能提高改造性格的认识能力。

临床上许多案例说明，改造客观世界和改造主观世界（提高心理素质，改造性格缺陷）是相辅相成的。只有自觉地改造主观世界，才能在改造客观世界的实践中不断取得胜利。正确认识自己，正是改造性格，提高心理素质的重要内容。

面对不能适应现实社会和痛苦感不断撞击的情况，如何认识现实，如何在与强迫观念的斗争中及克服性格缺陷时超越自我，并最终形成一个正确的自我认识及价值观，这是治愈强迫症、恐怖症的现实的、重要的问题。要充分认识到克服性格缺陷的艰苦性、长期性，而且是要付出代价的。在社会实践中，不能为眼前的一点痛苦而灰心乃至失掉与"怕"字拼斗的勇气，要做到不悲观、不逃避、能随大流。既然自己具有非凡的智力和争强好胜、要求完美的进取精神，如果能在认识自己的基础上，树立强烈的自信心，增强适应能力，不断警惕性格上的"过"字，那么，造成诸多症状的那个"怕"字也就迎刃而解了。这样，你就会变得灵活、开朗、思维敏捷、头脑清醒、情绪稳定，你的理想就会变为现实，就能转败为胜，势不可挡。改掉你性格中的“过”字，恢复你原来较完美的性格，你的潜力就能发挥出来，你在社会实践中就会获得成功。不要怕与自己斗，能与自己斗就是个永不寂寞者，你的面前就没有困难，你处事时就会冷静沉着，工于心计，潇洒稳健，情绪稳定，能承受强大的心理压力和疾病痛楚。信心与勇敢，果断与灵活，能使你获得成功，因为许多美好的东西都是从斗争和牺牲中获得的。任何人在“最优化”的征途中，都会遇到各种各样的困难、挫折和障碍。遇到各种矛盾时和在逆境面前，具有坚强性、情感稳定性、自我控制能力等性格特征，是获得成功的根本保证。

性格改造必须要有一点韧劲。改造性格是一个长期的、艰苦的斗争过程，并不是一朝一夕的事，更不能指望毕其功于一役，而是要无限期地、不屈不挠地坚持下去，要有坚持不懈的精神和坚忍不拔的毅力，要有水滴石穿的恒心，要多一些韧劲。在临床疏导治疗中，凡是初步取胜后又陷入困境者，都是因缺乏韧劲而败北的。之所以会如此，并不是哪个人的主观臆断，而是事实和其发展规律使然。从每个人在疏导治疗中“取胜—反复—再胜—再反复—再胜”的情况来看，要想取得“最优化”，都要经过几次的较量，大量临床实践已确凿地证实了这一规律。在集体治疗中，我以一棵树来形象地比喻说明了去掉树干不易，更说明了挖根的困难性和长期性。若稍有松懈，那树根必然会发芽，再次生长。

是的，我们在主观上确实都期望自己情绪稳定、轻松、愉快、祥和、平顺地适应一切，度过短暂的人生。也正是为此，我们才需要提高心理素质，改造性格缺陷，才必须用韧劲及拼搏精神坚持不懈地在社会实践中斗争、改造。久而久之，就会将这个由性格缺陷造成的强迫思维难题抛到九霄云外。如果没有坚持不懈的精神，或是对自己有所放松，那么在遇到困难或处在逆境中，或是因为一点小事，就会把已经一刀两断的东西再捡回来重新接上。刚踏上平坦的道路，却会被不显眼的小石块绊倒，爬不起来；原来认识到了的，现在又会是非不清了，一切又回到原来的病理心理境地，不能自拔，就不可能在改造性格的曲折而坎坷的道路上勇攀高峰。

在整个人生过程中，改造性格，提高心理素质是人人都要做的修身大事。没有良好的心理素质不可能平顺地完成学习与工作任务，更谈不上生活美满、充实，创造新环境、新秩序及良好的人际关系了。

逃避与斗争是向性格缺陷进攻胜败的关键。在心理疏导治疗的过程中，逃避是“怕”字对自己的灵魂和精神的渗透和蚕食，它使自己永远不敢抬头，终身压抑、痛苦，直到濒临绝境，葬送一生。在此情况下，我们不进行长期的、艰苦的斗争，不敢拼搏，缺乏韧劲，长期无休止地与它周旋，能行吗？人生苦短，岁月无情，自己糟蹋时间并耽于心理误区之中，年华虚度，生活得太累，不可惜吗？只有把自己的时间视同自己的生命一样宝贵，正确地认识和估价自己，才能走出误区，更好地前进，人生才能相对地延长。

用心理疏导疗法来改造性格，提高心理素质，有它的特殊形式，特殊性质，同时也有它的特殊功能和特殊作用。它能够在不知不觉中影响你的精神，熏陶你的情感，滋润你的心身；它能够融认识、实践、启迪、教育和鼓舞作用于一体，从而起到其他方法不可代替的作用。

改造性格，克服“怕”字也要有一点韧劲。因为“怕”字具有水中葫芦一样的特性，你不斗争，它是不会自动沉下去的；斗争不坚决，被你按下去了，一会儿它又会浮上来，要它不往上浮是不行的，对它按一阵、放一阵也是不行的。唯一的办法，就是坚持斗争，长期不懈地使大劲把它按捺在深水之下。只有这样，才能赢得稳定的心理平衡，才能平顺地适应复杂多变的社会环境，促进自己的心身健康。鲁迅先生说过“改造自己要比改造别人来得难。”他所提倡的“韧性战斗”对我们的性格改造是大有启发的。性格改造时，应把痛苦看成黎明前的黑暗，痛苦就是成功前的磨难。对每一次跌倒又爬起来的尴尬能保持平稳的沉默，痛苦就会把失败化为希望，把自私变作良知，把过去的一切融为教训的感召。正如一位19岁的大学三年级学生在症状消失后，改造性格过程中所体会的：“其痛无比，其乐无穷。”“在痛苦时，你低着头，它便愈发强大，而你若抬起头来正视它的时候，它便会跪在你的脚下。”他的亲身体验十分深刻，虽然他年纪小，但他用自己的心在社会实践中掂量出了自己的分量，做到面对现实，正视人生，由一个痛苦者转变成一个乐观者，他不是已取得初步的“最优化”了吗？

这里介绍一个案例，患者因受强迫症折磨，长期在各大城市治疗无效而绝望服药自杀，经抢救后第七天来宁，疏导治疗十天，症状基本消失。同年，在《疏导心理疗法》荣获部委级科技进步奖并撰写成专著的过程中，他主动要求协助修辞整理，借此深入钻研心理疏导疗法的理论，结合自己患病的亲身体会以及与病友共同学习讨论的情况，进一步提高自己，不断取得优化。

现将他的全部治疗过程刊载如下，以供读者借鉴、参考。

病情自述

我是家里最小的孩子，从小聪明伶俐，深得父母偏爱。五岁上学，期期考第一，深得老师的偏爱和同学的尊敬。我在中、小学时期性格很开朗，上大学后由于组织劳动太多，耽误了学习时间，心中不满，闷闷不乐。后来眼睛疼痛，到处检查都说没毛病，就担心会瞎了，心里十分痛苦，曾经觉得活着没多大意思，一个星期瘦掉10斤。后来有个老师同我谈了一个下午，一句话解开了思想疙瘩，她说：“人的生命是延续的，历史是永恒的。”我原来就嫌人生太短，没意思，她这么一说使我想开了。

1962年大学毕业后，分配到北京工作。当时很多综合性大学毕业的学生都去当中学教师，仅有几个能到该单位，应该说这是最好的工作单位了。但我不喜欢这个工作，希望调到研究单位去，结果受到组织批评，说我个人主义严重，我因此很不痛快。不久，让我下放农村劳动，紧接着搞了3年农村“四清”，我由一般四清工作队员到当组长，直到担任县团委秘书。四清工作很累，每天只能睡四个小时，长期失眠，加上同工作队长产生矛盾，心中闷闷不乐。

“文化大革命”中，我本来是个逍遥派，后来不得已参加了进去。当时对运动很不理解，心情十分紧张，情绪很不好，觉得搞得不像样子，很不满。

1969年参加了一个批判会，批判某人的反动日记。我脑子里突然闪出一个念头：以后写字可千万要小心，千万不能写出反动口号。后来，这个念头越来越重，以致不敢写字了。当时到医院治了两年多，有所好转，但远未根除。

1970年底我被诬陷为“五一六”，被军代表搞逼供信，关了两年。因不服气，受尽了折磨。两年后病情稍见好转，能正常上班，但并未根除，写字仍然不放心，怕不小心写出反动口号来。后来担心的反动口号越来越具体化，像这样的境况持续了近八年。1984年春节，因爱人得病，孩子出了意外，心里着了急，病又严重发作。到医院治疗，有时好些，能勉强参加工作，但每年几乎都要休息3个月。近两年来病情日益恶化，脑子里总有“枪毙”二字，老怕写出来成为一个反动口号。今年以来更严重了，洗手，怕此二字写在手上；洗脸又怀疑此字写在脸上；洗头怕洗到头上，心里十分痛苦，生怕写出“枪毙×××(指国家重要领导人)”来，有时痛不欲生。医院的医生说：“你绝不会写出反动口号。”我却总是不放心。

还有一个怕，就是怕脏，特别怕尿，总怀疑脸上、手上有尿，怕脸上沾了尿会影响眼睛看字。因此，不停地洗手洗脸，有时要洗二三小时甚至六七小时，今年“五一”节白天洗至晚上九点多，还不肯离开水龙头，弄得全家无法做饭进餐。医院的医生一再说明尿并不脏，我也不信。而且脑子里总有尿的观念，一接触水，洗脸洗手，它就出现，于是口中常常念“自来水”“美好”等语，企图排除那两个强迫观念，但也无用。有时洗脸反复多次，就记在纸上加强印象，企图减少再洗的次数，往往也不成功。

有时也怕眼镜上有尿，老是擦，擦几百次还不放心，有时用自来水冲洗，有时自己控制不住了，就让爱人帮忙拧手巾，洗眼镜。脑子里特别痛苦时就不想活了。去年“五一”用脑袋撞墙，用拳头捶脑袋；今年“五一”也较严重。由于住房的厨房厕所紧挨着，中间仅隔着一堵墙，坐的马桶和厨房水管水池遥相对应，就以为尿会返回到自来水中，每次洗时更为紧张。组织上为照顾病情，将住房调换，厕所、厨房分开了，心情稍有好转。七月底至国庆前上了两个多月班。国庆后，病情又严重了，可能因赶发国庆重点节目工作累了，有一天审阅了七八篇稿子，甚至十篇，当时不觉得怎样，次日就有反应。孩子不太听话，也使我着急、生气。“十一”后病情恶化，有一二十天围绕生和死的问题而斗争，终于在十月三十一日，乘家中无人，服了400片利眠宁，被家人发现后，送进医院抢救过来了。在抢救时，接到鲁医生的通知。医院和单位领导坚决劝说来治，并提供了许多方便和照顾，才使我下决心前来求鲁主任诊治。

反馈一

今天上午听了鲁主任的讲课，我觉得我的病完全属于心理障碍。我是搞新闻工作的，得病前从来没想到自己会写错字。1969年“文化大革命”中，一次参加批判会，批判一个人的反动日记，听着听着，突然产生心理障碍，不知为什么脑子里突然产生一个念头：今后千万小心，别不当心写出反动口号。又如病前，并不觉得尿可怕，也是突然出现心理障碍，怕尿怕得不得了。从此怎么也摆脱不开，排解不了。

我觉得我的思维障碍严重，明明知道自己不会写错字，更不可能写出反动标语，可就是不放心，生怕万一写出来，而且怕得要命。又如明明知道手上没尿，但就是怀疑，控制不住，反复去洗。

在多年的治疗过程中，我曾订过自我治疗计划，力求战胜强迫观念，但是只执行了几天，就成了一纸空文，执行不下去，这说明我的意志薄弱。多年的治疗过程中，医生都说我神经过敏，神经脆弱，做事没有必要地过分细心。

我的性格内向，喜怒无常，特别容易生气，一点小事，我就可以生气几天，甚至气得不吃饭，整夜不睡觉，我想这都是我心理上的弱点。

我还觉得我最大的问题是多疑，在日常生活及工作中都容易多疑，怕写出反动标语和怕尿也是多疑所致，要是克服了多疑的毛病，我想我的病就会好了一大半，甚至全好。

我今天听了鲁主任的讲课，对战胜疾病充满信心，我一定和鲁医生好好配合，鲁主任要我怎么做，我就一定怎么做，力争这次把病治好。

反馈二

昨天我写的反馈中已经认为我的病是属于心理障碍，也就是今天鲁医生说的心理疲劳。我觉得治愈我的病是不成问题的。

下面进行我的性格分析：

我小时候聪明可爱，深得父母钟爱，学习成绩又好，深得老师偏爱，这种偏爱有时到了过分的程度。比如我和同学发生矛盾，老师总是指责别的同学，对我却倍加安慰。这样，我从小就形成了骄傲的性格，很主观，自以为是，自尊心特别强，受不得一点非难和委屈。记得我六七岁的时候，有一次父亲说了我几句，我就生气，一天不吃饭，妈妈再三劝慰，到晚上才吃了几口饭，心里还气鼓鼓的。

到了青春期，虚荣心也很强，听不得别人半点议论和非难。一听就生气，心里不舒服，甚至别人不是议论我，我也怀疑是议论我，心里就不痛快。

我性格严谨、拘泥，忠厚老实，为人正直，正派，待人诚恳，对虚伪的及刁钻古怪的人很讨厌。我做事认真负责，不论是学习和工作都一丝不苟，也很刻板、固执，循规蹈矩，自我要求过高，总想做出一番惊人的事业。我的独立思考性强，从不人云亦云，自信心也很强，相信自己能做出一番事业。我觉得不做出一番事业，等于白活一辈子。

在一般情况下我并不胆小怕事，有时也相当胆大，什么事都不在乎，天塌下来都不怕。我特别神经过敏、多疑，又充满幻想，老想做出一番大事业，得到世人尊重。

我表里如一，心里怎么想，嘴里就怎么说，最讨厌心口不一的人。我性格特别强，心里有什么想法，就非按照做不可，别人怎么劝也不听。

以上这些我觉得是我性格上的弱点，是导致心理疲劳的原因。

下面讲我的兴奋和抑制这对矛盾统一的情况：

我是属于以兴奋为主导型的。我从小活泼好动，上学以后学习特别用功，不做好作业，不做好复习、预习，我是不肯玩的。工作以后，不完成工作，无论多晚多累，我也决不肯休息。平常容易激动，看了一部好电影，看了一部好小说，一个星期内都激动不已。爱想事，晚上睡觉前总要想好久，很难入睡。

性格补充：中、小学时，由于学习好，老师喜欢，同学尊敬，性格十分开朗活泼。入大学后，由于组织劳动太多，影响学习，我很不高兴，总是闷闷不乐。性格内向，不合群。工作后，对我的工作性质不满意，也总是闷闷不乐。

反馈三

我的惰性病理兴奋灶确实不是一下子形成的，而是神经长期紧张，逐渐积累，突然爆发的。

我在中、小学时期神经也是紧张的，生怕学习不好，一遇考试心理就不自觉地紧张起来，只怕考不好。有时偶尔考试成绩不佳，就很长时间心里不痛快，自悔、自责。别的同学考试不好，满不在乎，在我就是了不起的大事。还有一个问题，有些事情别人觉得没什么，不在乎，我就觉得很严重。初中毕业时，学校保送一批同学上技校，开始有我，后来学校要留下我上高中，因为我想早工作，负担家庭，所以对此事就极为看重，几天急得不得了，仿佛天要塌下来似的。

中、小学时，我成绩好，但也有精神负担，就是生怕考不了第一，落到别人后面，为人耻笑。这种精神负担一直都是很重的。

上大学后，我抱负很大，决心成名成家，有所成就。不料正好遇上大跃进，学校老是组织学生劳动，工厂、农村、商店哪儿都去，光修海河我就去了五次。这种状况使我极为不满，认为耽误学习，发表了不少不满言论，受到学校批评。学校让我当团支委(我在中小学一直是班校学生干部)，我坚决不干，我对他们说，我是来学习的，不是来担任什么干部团支委的，结果受到批评。因此，大学五年我长期闷闷不乐。同时为了补偿劳动浪费的时间，我就拼命挤时间学习，有时夜里一两点才睡觉，早上四五点就起床了，一天到晚钻到图书馆和教学楼不出来。什么恋爱问题、同学关系等从来不考虑。我在大学就是这样长期处在紧张状态的。

大学毕业后，我虽然分配了当时最好的工作(当时正是调整时期，各单位裁减人，大学生分配不出去)，但我不满意我的工作，看不起记者，认为记者老是围着名人屁股转，太不自尊。工作一个月后，我要求调到研究单位工作，结果领导批评我个人主义，我不服，就和领导辩论，说他是形而上学。直到现在，我对我的工作也不满意，几年来一直要求调动，但领导坚决不同意。这说明我二十几年的工作是不大顺心的。

我在电台工作不到一年，领导说我个人主义严重，把我下放到农村，这对我当然也不是高兴的事。几个月后，又调我参加农村四清工作队，一共搞了三年。四清工作十分紧张，每天只能睡3～5个小时，身体长期处于疲劳状态。后来我和一个工作队长发生了尖锐的矛盾，经常争吵，这也令我闷闷不乐。

“文化大革命”开始后，我非常不理解，十分反感，特别对武斗、打人、虐待老干部十分悲愤。对社会秩序混乱也十分不满，这些事隐藏在心里又不敢说出来，因此心里十分苦闷。这种长期的苦闷、不满、紧张，到了1969年一次批判会上一下子爆发了。当时批判一个国民党员记反动日记(日记中的确有不少话是反动的)。听着听着，我脑子里突然产生一个念头：以后千万小心，可别写出反动口号。这个惰性病灶形成以后，惰性极强。某医生反复对我说：“你永远也不会写出什么反动标语来，绝对不会，我以人格担保。再说，写了也没关系，你写，写出来，看会把你怎么样。”但我就是不信，老是怕。别的好多医生也都是这么对我说，但我都听不进去，老是担心，结果至今没有去掉。

再如怕尿，我老是不断地洗手洗脸，一洗几个小时，无论我爱人怎样劝说我都听不进去，劝多了我还生气，说：“你别管，我再洗洗。”接着又洗，洗的时候精神上特别痛苦，但是控制不住要洗。

反馈四

今天上午鲁主任讲惰性兴奋灶的形成就在一个“怕”字，而“怕”字在普通人面前是虚、假、空的，毫不可怕。“怕”字的又一特点是欺软怕硬。要治好病就要作一个精神上的强者，就要敢于实践，敢于联系自己跟“怕”字斗。我觉得这是真理，完全符合我的病情。我下定决心作一个精神上的强者，坚决去掉“怕”字，把病治好，信心比昨天又强了。

下午讨论，我又强调提出我怕写反动标语，非常苦恼。没想到您马上让我进行实践，拿出黑板让我写出那个害怕的反动标语。我当时一惊，感到突然，有点不敢写。但是我已保证要和鲁主任好好配合，一切听鲁医生的(因为只有这样才能治好病)。于是我只好硬着头皮写了，没想到写完以后病友们都发出笑声，鲁主任也举起黑板笑着让大家看，说：“你看有没有人告发你。”这样我一下子就轻松了许多。接着鲁主任又要我到另一个屋里去反复写，我心里虽然还有点发怵，但也不那么害怕了。我满满地写了一张，交给了鲁医生，鲁医生看来很满意。过了一会儿，我又主动要求再写一张，我又写了满满一张，写的时候，我的心情很平静，甚至觉得挺可乐，一边写一边笑，心里一点也不紧张。

我觉得我今天是一个很大的突破，以前见了那两个字，有时要吓得发抖，今天写了满满两页却心不惊。在这样的情况下，我觉得我的病治好是比较有把握的。

我衷心感谢鲁主任，我不仅佩服鲁主任医术的高明，尤其敬佩鲁主任医德的高尚，这么耐心地把着手教导我进行治疗实践，终于使我取得了较大的突破。

今后，我一定更好地与鲁主任配合，认真听课，善于设疑，精于理解，巧于联系，勇于实践，精于总结，而且更加充满信心，争取以后取得更好的治疗效果。

反馈五

今天遵照鲁主任的嘱咐，开始向怕尿进攻。实践前我想这也不是什么太难的事，但当我把尿撒在盆里，准备用尿洗手的时候，心里就有点犹豫，总觉得尿是脏的。可是当我思想斗争了一下之后，蹲下去就洗起来，洗了大约二三分钟，还用鼻子闻了闻，心里想，也不过如此。接着我就去倒尿，洗盆。由于觉得尿毕竟是脏的，洗盆洗了比较长的时间，反反复复大约洗了 20 次，接着我再洗手，洗的时间就更长了，一边数一边洗，大约洗了两百次。

今天的向尿进攻，虽然有胜利，但还不能算大的突破，因为我洗盆和洗手的时间实在太长了。这说明我脑子里对尿还是有一个“怕”字。在怕尿的问题上我还是要继续努力，继续拼搏。我相信，这个堡垒，经过我的不屈不挠的斗争实践，下大决心和“怕”字斗，也是能够攻破的。

另外，我在洗脸洗手时，嘴里老是念“自来水，自来水”，企图以此排除脑子里尿的观念。这一症状，我相信在和尿的斗争中也会逐渐消失。

反馈六

经过七天的治疗，我已经有三次大小不同的突破。这都是鲁主任把着手让我冲过去的，因此并不感到特别困难。但我并不十分乐观，觉得前面还有艰苦的战斗，甚至还要攀登悬崖峭壁。我觉得我还没有取得根本性的突破，病还没有全好。原因是我自己主观努力不够，没有把鲁主任讲的原理、方法和各种病例与自己紧密联系，缺乏主动性和自我革命精神，过分依赖鲁主任。我相信鲁主任，这是对的，但过分依赖鲁主任就不对了。过去的七天里，我把一切希望寄托在鲁主任身上，任何问题都要问鲁主任，鲁主任说了，我就信，问题解决；鲁主任没有说的，我就存疑，找机会再问鲁主任，连任何一个细枝末节也是如此。今天经过鲁主任的启发，知道这是不对的。第一，鲁主任太忙，不能把精力放在我一个人身上；第二，我不能一辈子跟在鲁主任身边；第三，只有自己认识了、克服了、战胜了的病症才是最巩固的；第四，只有自己积极主动向病态进攻，收效才会更快。从今天下午回家开始，无论写字、洗手、洗脸我都时时积极主动和病态作斗争,不让任何病态在我面前张牙舞爪,而是让它们在我面前降级。

这是我的决心,决心一下,决不食言,一定争取好得快,好得彻底,不辜负鲁主任的艰苦劳动和一片苦心。

反馈七

今天开始进入挖根阶段了。我觉得这是个非常重要的阶段,不挖根就不能将病彻底治好,不挖根也不能使疗效巩固,容易出现反复。所以对挖根阶段决不能掉以轻心,必须下大力气,而且要长期坚持。

挖根就是改造性格。性格能不能改变?我认为改变性格确实很难,因为它是长期形成的,有相对的稳定性,但我肯定,性格是能够改变的,只要下大力气,有毅力,有决心,积极主动,时时注意,处处留心,并且持之以恒,性格是可以逐渐改变的,我有这个信心。

今天鲁主任讲的六种性格:轻松、乐观、勇敢、果断、灵活、随便。我具备的却是它的反面,比如随便,我的情况则相反,总是过于认真,过于细心,过于重视,过于看重一切。但是经过刻苦努力,我就不能变得随便一些,马虎一些,不在乎一些吗?我认为是能够的。从今以后我就要开始这样去做。举一反三,其他多方面的性格缺陷,我都要来它一个反其道而行之。功夫不负有心人,只要工夫深,铁杵磨成针,世界上没有什么做不到的事情。再如乐观,我的情况也与此相反,平常总是不大高兴,愉快喜悦不起来。我定下心来细想,我究竟有什么苦闷的事情呢?我的家庭是美满的,我的工作是有成绩的,同事们对我是尊重的,组织上对我是重视的,亲友们对我是真诚的,如此等等!我有什么理由愁眉苦脸呢?我为什么不能变得乐观起来呢?我想是完全可以做到的。所以改变性格虽然较难,我也是完全可以做到的。

反馈八

我这次来南京找鲁主任治疗强迫症是勉勉强强的,并没有多大信心,抱着试试看的态度,但是经过10天治疗,出乎我意料,没想到会取得这么大的效果。现在我已经掌握了疏导疗法的基本理论,掌握了战略战术。现在我真正懂得了得病的原因和过程,找到了病根,明白了怕的本质和全部病态的虚、假、空,知道了与疾病作斗争的方法,树立了战胜疾病的信心,知道了乐观开朗和主动地与疾病斗争的重要性。同时,我已经全面开始了实践,向疾病发动了全面的进攻,并且已取得了初步效果。现在我的心情是乐观的,舒畅的,情绪是高昂的,相信我的病是能够彻底治好的。在这里,我要向鲁主任衷心表示无法言状的感激之情。

回去以后,我一定自我革命,百折不挠,继续和疾病斗争,时时处处都不放过实践,不回避矛盾,不放松自己,力争进一步巩固疗效和扩大战果,直至全胜。同时做好了思想准备，遇逆境而不馁，遇反复而不惊，万一出现逆境与反复，一定以坚定不移的意志顶住，不急躁，不焦虑，以乐观主义精神对待它。通过战胜逆境和反复，使疗效更加巩固。

另外，我要下决心改造性格，凡是于疾病不利的性格，我都要一个一个地克服，彻底挖掉病根。同时，我要合理安排和对待学习、工作与休息，使它们不致成为我治病的不利因素，反过来，要使它们成为巩固疗效和扩大战果的有利条件。我还要参加一些体育锻炼，没有条件，哪怕散散步也行，使身心处在松弛状态。我还要和同志们及亲友多作交往，使人际关系宽松，使自己情绪乐观开朗。我还要经常和鲁主任保持联系，经常汇报情况，并及时向鲁主任请教。

总之，我要做到：巩固疗效，扩大战果，力避反复，彻底治愈。

反馈九（患者妻子所写）

这次我陪爱人来接受心理疏导治疗，短短10天见奇效，确实出乎意料。作为患者家属，真是惊喜万分，对您的感激之情实在无以言表，请接受我们由衷的谢意！

我爱人患强迫症长达十七八年，多方求治无效，近三年来严重发作，越来越丧失治愈的信心，由于难以忍受疾病折磨的痛苦，终于在今年10月31日服药400片（利眠宁），企图了此一生。在送医院抢救中，接到治疗通知，他开始不抱希望，一直责怪不该救醒他。医院的医生则力主前来接受治疗。单位领导和许多同事纷纷给他打气，大力支持南下诊治。为赶在11月10日前报到，他是抱着药性尚未完全消除的身子来宁的，初到几天走路不稳，有时还迷迷盹盹，第一天写病情时，他还不肯自己动笔。

由于鲁主任深入浅出地讲解了心理疏导疗法的科学理论，循循善诱引导患者做好信息反馈，引起他的重视和兴趣，他听得十分认真，十分专心，第二天就能拿起笔来写反馈材料了，以后一天比一天进步，直到鲁主任拿他做突破口，让他写出最怕写的所谓反标，他那天真是如释重负，卸掉了十多年来背上的大包袱。他对鲁主任无比钦敬，到了一切听从鲁医生安排的地步。经过您耐心启发开导，使他进一步掌握了战胜病魔的武器和钥匙，逐渐增强了自我革命的能力。随着进入挖根、改变性格的教育，他已有了比较全面的突破。现在，他对前途及生活充满信心，作为陪伴患者的家属，我也受到了莫大的教育和鼓舞。在他服毒后，我的痛苦是难以言表的，也还担心今后再发生怎么办？现在这个忧虑消除了，鲁主任不仅使患者绝处逢生，也是我们全家得以免除痛苦和深重灾难的救命恩人。

在北京某医院治疗时，医生也曾多次引导他写那几个他怕写的字，并用人格担保绝不会有问题，但他始终不肯写，不敢写。这次在鲁主任鼓励下，终于写了。这是由于鲁主任系统地、科学地、生动地讲解了医学科学知识，步步深入，因势利导，消除了患者的紧张心理，使患者同医生建立了感情，创造了好好配合治疗的有利条件。

这充分说明了心理疏导疗法的强大威力。同时，也说明集体治疗好处多。上百位来自全国各地病情相似的病友，性格特点相近，同病相怜，通过一起听课，集体讨论，有了感情交流，正如您所说的成为同一战壕的亲密战友，每次见面彼此都要亲切地问候，真诚地互相激励，互相鼓舞，这也是较快获得显著效果的重要原因之一。初来时，我爱人曾嘀咕过，集体治疗要比个别治疗效果差，事实给了他很好的回答。

以上是我伴医中一点肤浅的心得体会。

10天来鲁主任时时处处为解除患者心身痛苦着想，一切从患者需要出发，除了集体辅导，还耐心细致地进行个别治疗，星期天也不休息，全天进行辅导，嗓子哑了仍然不顾劳累坚持讲解，堪称患者的良师益友……

患者返家后给医生的来信

尊敬的鲁医生：

收到您的来信和回答，我非常感动。您这种急人所难的高贵品质，全心全意为人民服务的精神，对患者深厚的感情，我都无法用语言文字来表达，我只好将它深深铭记在心中，作为我终生学习的楷模。但是我不是您的好学生，主动性差，依赖性强，是个弱者，我愧对您了。当然，我决不甘心这样，我要作一个强者，在您的帮助下，不管多么艰难困苦，我一定要战胜疾病，不辜负您难能可贵的好心。遵照您的意见我已上班了，先适当地做点工作，慢慢地加大工作量，同时不断同疾病作斗争，直到最后胜利！

1986年12月16日

下面是患者痊愈取得最优化后，自己也成为一个心理咨询工作者，全国一家权威杂志报道他的事迹摘要：

……经过艰苦努力，他不仅战胜了心理疾病，而且在医学心理学和心理咨询医疗方面受到了很深的启迪。就是从此开始，他萌生了当一名心理医生的想法。在自我实践的基础上，他刻苦钻研疏导疗法理论，自学了医学、生物学、心理学等方面的大宗书籍及资料，边读边做笔记。同时开始接受心理疾病患者的咨询，疗效往往出人意料的好。不久，他便以自己的观点和亲身体验，完成了一本著作，经过患者及其亲友相传，全国各地前来找他看心理疾病的人越来越多，其中包括强迫症、恐怖症、焦虑症、抑郁症及心身疾病患者。他的有关心理医疗专著也流传到国外。许多读者来信说，他们的子女或亲友在国外学习、工作，因为不堪心理重压，患了心理疾病，买了他的书就等于为患者请了一位医术高明的中国心理保健医生。

第三节　恐怖症的心理疏导治疗

恐怖症是指患者对某种客观事物或处境有强烈的恐怖感，恐怖的程度与实际危险极不相称，患者明知恐怖是过分的，不合理的和不必要的，但无法自我控制。

恐怖症患者往往疏于考虑事物的客观性，过分地相信个人的主观想象，过分紧张，失去理智，分不清是非真假，结果对这种恐怖产生"逃避反应"的行为，并且极力为它辩解，这是恐怖症的一个重要特征，也是使之难以治愈的主要阻力。这种心理障碍病程持续迁延的时间长，主要与患者对疾病的逃避与退缩、拖延治疗有关。恐怖症的发病率尚无确切数据，从我院心理门诊统计看，有逐年递增的趋势。尽管患者的恐怖认知行为与实际差距极大，但根据临床观察：患者发作时往往有显著的植物性神经系统紊乱的症状出现，如心跳、脉搏加快，面色发红或苍白，血压增高等，也有些表现瞳孔扩大或缩小、胸闷、气短、眩晕、颤抖、恶心、腹痛等，持续数分钟至数小时不等。中途终止其病态行为时，往往会过度恐怖，大发脾气，失去理智，病态行为从头再来。患者自述"难受""恐惧"，但具体不知道为什么，只知其然而不知其所以然。这种"恐怖""怕"的习惯是后天逐渐形成的，都是从幼年起"培养"的，因而根深蒂固，有些人到老也难以改变。

第一节已对恐怖症类型作了简单叙述，本节重点讨论恐怖症的心理疏导治疗原则。恐怖症的心理疏导治疗原则如下（恐怖症的治疗基本与强迫症的心理疏导原则类同——参考第一、二节集体心理疏导示范）：

1. 心理疏导目标是着眼症状矫正，着力性格改造及心理素质的提高。在沿着目标前进转化的过程中，要在实践上下工夫。原则是目标不变，方法必须根据患者的不同情况灵活变化。在提高自我认识的基础上，患者认识往往出现极端，总是以敲打自己的短处为主，瞄准自己的缺点深挖不止，这种"同位补差"的认识，在改造性格过程中有它的消极之处，即不容易激励患者的自尊心、自信心，较少承认自己的进步与价值，使患者在"知易行难"的改造性格过程中，心理上笼罩了较多的阴影，两眼只盯着自己的缺点，就会焦虑、艰难，有时会感到眼前一片漆黑，自己一无是处，心情不舒畅，自信心越来越小，自卑感也就渐渐增强，这对于矫正症状和改造性格是极为不利的。因此，必须防止由于认识出现极端而产生的"同位补差"现象。

2. 在心理疏导中，必须引导患者随时看到自己的进步，承认自己性格中的优势，尊重自己的价值。这是疏导的起点，也是改变患者的归宿。应以开发患者的长处优势为主，实行"移位补差"的办法，主张两只眼至少用一只去寻找自己的长处。从细心体察发现患者点滴的进步及特点入手，让其发挥特长，如毅力、自强，若能由病态转向，就是成功的开始。继之要严格要求，以长补短，最后达到全面认识，患者就能感到眼前一片光明，树立积极向上的心态，这就需要患者、家属、医生三方面的积极配合。

要搞清楚恐怖是一种因认识偏差引起的恐怖想象，凭自信心把恐怖付诸实践中去检验，恐怖就会像阳光下的水珠，很快消逝。面对恐怖而投降者，他的恐怖就会涨成一条流不尽的大河，淹没自己的心灵。通过与"怕"字斗争而使自己逐渐成熟，有了对"怕"字敢于斗争的勇气，出现恐怖就通过实践去解除疑问，只要在"怕"字面前不消沉，不逃避，顶住干下去，让信心引路，勇敢导航，就会到达胜利的彼岸。

3. 协调患者与家庭成员间的关系，使其融洽、沟通。恐怖症患者，都具有性格内向、兴趣狭隘，缺乏热情及有强迫性格等特征。与自幼受宠、溺爱过多，保护及防范过度，但又苛求过严等不良教养有关。在生活及能力培养方面全都由长辈包办，为了防止受伤害及受外界不良因素的影响，将孩子封闭起来，不让他与外界交往。在学习及传统伦理道德方面又过分地要求，如勤奋学习、智力开发等。前者以感情代替理智来判断患者行为，后者不分场合，不讲事由地斥责管束，过爱与过严两个极端的偏向致使儿童时期正常的心理发展受到阻抑。由于对患者幼年期"捆绑"过紧，在这样得天独厚的环境中使患者性格基础存在严重的"娇""骄"二气，生活不能自理，力所能及的事都不会干，社交无能为力，观察事物犹豫不决，智力水平及躯体健康方面都较好，但性格与心理素质方面却存在着严重的问题。特别表现为独立性差、依赖性强、固执、任性、懒惰、胆小、拘谨、怕事等，这些不良性格强化固定下来，往往患者与父母情绪对立，教育作用甚微。

例如，一位大学三年级学生叙述自己在怎样的家庭环境中被塑造出来时说：我的父母都是对自己要求过于严谨的大学教师。我从出生到上小学，几乎没有出过大门，上学后每天只准在规定的时间到校，平时不准上街，不准到同学家，不准带同学来家，不准身上有汗，不准衣服弄脏，不准大声讲话，每天都要按父母定的规格去做。如果讲话做事稍出规格，轻则骂，重则打。平时什么事也不让做，说："只要取得好成绩……"我从小不知道什么是乐趣，没有痛快地玩过一次，整天总是提心吊胆怕前怕后，考了 100 分，受表扬，受奖励，考了 80 分，严受责罚。我就是在这样紧张而恐惧的心理状态中从出生到大学，朝着父母指引的那种"好"学生的方向前进的。为此，作者认为家长对子女提出一定的要求，给予一定的管教是完全必要的，但若过分苛求，影响了孩子的心理发育，结果往往适得其反。

当患者出现恐怖症状后，也有些家长为了帮助患者逃避现实，百依百顺。如患者怕手上沾上某种东西，自己拍手一百次，也叫家人同时拍手一百次等等。与患者同步表现病态行为来满足、强化、巩固患者逃避现实的病态心理，这对患者矫正病态是极为有害的。因此，治疗恐怖症，消除患者逃避心理，必须首先纠正紊乱的家庭关系。有些家长辩解说："如果不听患者的，他就会闹得天翻地覆，甚至打人骂人。"但又说："为什么患者正在大打出手的时候，外人敲门时，患者能一切正常？他在外面与人相处时也都表现正常，唯独对父母等人如此呢？"有些家长被打成骨折而不愿向医生讲实情，"家丑不可外扬"，进一步助长了患者的依赖性，对治疗十分不利。因此，帮助患者与家庭成员沟通，就显得十分重要。只有如此，才能共同认识恐怖症的特性，帮助患者树立自信心，使其不低估自己的力量，确立一切都是可以改变的观念。只要共同努力，以恰当的态度对待疾病，帮助患者提高认识，克服逃避反应，恐怖症就再也不会是那么可怕的东西了。

4. 除了需调节紊乱的家庭关系外，更重要的是家长与医生要施以正确的爱心，让患者克服“逃避”心理，了解“怕”的实质是虚、假、空的，在医生耐心的疏导示范中，让其体会到医生与家长的真诚以及对他的关心与爱护，从而激发他由“逃避”“自闭”心理转向面对现实。如果在患者没有接受疏导、改变认识的情况下，强迫患者去实践，很容易造成患者更大的恐惧和逆反心理，这两种心理都意味着心理疏导治疗的失败。对待患者常见的以下两种极端的态度都是不对的：① 过分迁就，百依百顺，促使患者逃避，实际是在强化巩固疾病，它是使疾病久治不愈的根源；② 不管不问，在患者病态发作时讽刺、打骂、惩罚，采用粗暴手段，给患者心理造成更大的恐惧。

一般恐怖症患者在恐怖病态发作时往往表现出卓越的毅力及韧劲，超人的吃苦耐劳精神。如怕衣服不清洁，冬天只穿单衣裤在冰冷的冷水中洗个不停；为了怕细菌传染而洗手、洗脸，可以把皮肤洗破，仍没完没了；在病态的控制下，为了做到完美无缺，总是数十倍的忙碌，数百次的重复，弄得遍体鳞伤也从不自怜。其实恐怖症与强迫症患者拼命想追求完美的思维与行动，本身就是不完美的具体表现。

例如，一位恐怖症患者怕失火，一次骑自行车将烟头丢在马路上，回家后突然想到香烟头丢在靠商场的路上了，就怀疑会不会将商场烧掉？一定要母亲到很远的商场看看不可，解释无用，否则就吵闹不休。这类逃避反应表现各式各样，更有的换花样恶作剧式地折磨亲人与自己。

又如，一位患者与母亲同来就诊，见到医生先问：“我是活人还是死人，刚才过马路有一辆汽车从我对面经过，我好像被它压死了。”其母解释说没有被汽车压着，患者说：“你说不行，非让医生回答不可。”医生回答说：“你首先判断自己是死的还是活的，你想好后再来告诉我。”他最后向医生说自己是活的，“第一，我若是死的，不能走到这里。第二，不会再问医生。第三，……”逃避现实、依赖心理、无自信心的表现是恐怖症患者的具体特征。

提高心理卫生知识水平及坚持治疗原则，纠正家属及患者的认识误区是治疗恐怖症的前提。对患者的疏导，要求：

1. 要主动耐心“切入”，争取抓住最佳时机，对患者逃避现实及敏感、棘手的问题要激励患者敢于迎难而上，鼓励其正面交锋，直接对话，决不能让患者犹豫退缩，逃避现实（矛盾）。

2. 给患者创造适当的环境，解除心理压力，以表扬鼓励为主，批评要把握适度，给患者一个较为宽松的、独立的生活环境。

3. 抓住患者主线、焦点，引导患者掌握主动权：

（1）遇到有反复时，要抓住症状焦点、主线，做好引导工作，首先要疏通其阻塞的心理，这是一大难题，其原则性、艺术性、灵活性都是很强的（因为患者都能认识，讲得头头是道，但做的时候就什么也不成了）。掌握主动权，从焦点及主线出发，引导患者承认“逃避”是客观存在的，要敢于接触现实，少想多做，想到就做。

(2) 帮助患者区分轻重,辨别真假。必须增强引导的艺术性,明确目的性,重视示范性与实效性。落脚点一定要放在解决实践问题和树立自信心上。让患者经常总结自己生活中的成败、经验教训,从中发现优势,以利于纠正。

(3) 在实践阶段,做到把握有"度",不打无准备之仗,不讲做不到的话,引导要恰到好处。让患者学会把握情绪变化,思维以及生活方式、情趣多样化,培养乐观、平静的情绪,有意识地陶冶情操,丰富社会生活内容,积累社会生活经验,从中不断体验自身价值。

4. 矫正病态行为:在提高认识的基础上,按"习以治惊"的原则矫正病态心理。

"习以治惊,经曰:惊者卒然临之,使之习见习闻,则不惊矣。"我国上古时代对惊恐患者治疗的理论及方法与现代脱敏方法极为相似。基本原理在于,当患者对其认为有害的因素产生恐怖时,重复地多看看,多听听,多接触,直至习惯成自然,不再紧张恐怖,病态反应即能消除,心理保持轻松。具体作法如下:

(1) 首先,症状矫正前必须做好心理疏导工作,并以此作为基础,循序渐进。心理疏导原则与强迫症的治疗原则大致相同(具体程序与内容见集体治疗示范):要求认识自己,提高心理卫生知识水平和心理素质。讲明此病形成的机理,治疗方法、步骤、目的、意义,使其了解治疗过程,建立治疗信息,主动配合治疗,达到预期的目的。针对每个病友的疑点,解疑解难,仔细考虑每个病友的心理承受能力,进行入情入理,生动形象的疏导,唤起他们产生热切的"期待心理效应",避免实践中出现"逃避反应"。总之,通过心理疏导使患者在潜移默化中提高自我认识,按预期的目标行动,改进和消除他们的病态行为(不但是外显活动症状,同时改变认知过程及不良性格)。这种实践是检验自己怕的东西到底是"虚、假、空"的还是"真、实、有"的,让患者有充分的心理准备。

(2) 在提高自我认识的基础上,找出症状的主线,也就是本人最严重的,影响最大的恐怖症状。例如,患者恐怖花圈、黑线、骨灰盒、灰尘……它的主线是"死人"。确定主线后,引导患者突破主线,其他症状有时会迎刃而解。因此,在集体治疗中讲到心理疾病时把其形象地比喻为一棵树,树的主干就是"怕"字,枝叶代表由"怕"引起的众多症状;根部则代表患者的性格缺陷及不良的心理素质。如果能作到根、干分离,枝叶自然就会枯萎……为此,突破主线,克服"怕"字是治疗恐怖症的一个重要环节。根据治疗条件,随时帮助患者,如在集体治疗中,在实践阶段,找一位平时症状较重,大家都知道的老大难病友作重点示范。首先让患者在集体治疗中讲述自己怕的主线是什么?在医生疏导后自己的认识是什么?然后医生与他共同实践检验这个主线可怕不可怕?有无危险?如某患者数年来害怕吃东西,主要怕把针吃到肚子中,因此,吃后就呕吐,极度消瘦。所以医生就以这位患者作示范,医生拿出食物先作尝试,说明无针,然后鼓励患者同样进食,患者在集体鼓励下就会自动进食而不呕吐。稍后让患者再谈进食时的感受,食物好不好吃?吃后感觉如何?然后进一步让患者继续进食，同时拿出针来，让患者看着针同时进食，再让患者拿在手中继续吃，吃完后再问患者把针吃进去没有？患者愉快地说："没有。"在大家的掌声中患者获得了对主线的突破。取得初步胜利后，将自己的体验记录下来，继续巩固成果。这样，患者不但自己治愈了，而且在集体治疗中起示范作用，能帮助众多的病友提高自信心及自我对比认识和转化。

下面介绍一位患病30余年的女教师，1935年2月生，1983年5月就诊。自50年代初美国在朝鲜发动细菌战以来，患者开始恐怖细菌，怕孩子遭到意外，每天上班将孩子锁在家中，不幸遇到邻居失火将孩子活活烧死。自此病情逐渐严重，影响丈夫工作及家庭生活。

病情自述

我16岁参加工作，17岁时组织上送我到北京某学院学习3年，1955年毕业后担任外语翻译工作，1957年1月结婚，有3个孩子。曾担任过外语教师，后又脱产学习两年英语，教英语一年。1971年家中失火，小儿子被烧死，受到严重刺激，改做一般的行政工作。爱人任某省厅副厅长，女儿27岁，做医务工作。

1951年我刚参加工作不久，美国在我国东北使用细菌武器，领导上抽调我去接受培训当防疫员。在学习中，我了解到细菌武器的知识，感到细菌很可怕，从此就处处注意卫生，爱洗手、洗衣服，害怕细菌传染。1957年我生第一个孩子时，因小孩脐带常流水，怕感染细菌，每次洗完尿布都要用开水煮。对家人也有许多要求：从外边进家门要扫衣服，不能穿着外衣上床睡觉，每天晚上都要抖床单，瓜果蔬菜也比别人洗的时间长。

1970年我在某地当教师，有个学生拾了条细绳给我，我拿在手里揉搓，忽然感到手背及手臂"扎"得很，听别的老师讲这种东西叫玻璃纤维。后来我从京剧《海港》里听到一句台词："玻璃纤维吃到肚子里，粘到肠子上，就会有生命危险。"对此，我信以为真。认为玻璃纤维细如尘埃，不易清除、洗尽，其危险性也不易被人认识和察觉，特别是怕吃到肚子里以后，粘到肠子上，刺激肠道上皮细胞产生癌变，从而危及一家人的生命。于是自己就竭力要求家人躲避。

1970年调到另一大城市工作，我发现我们单位不少人家用玻璃纤维制品(一种外面看像人造革，里面是用玻璃纤维织成)盖在箱子、柜子和沙发上，我就处处躲避使用这些东西的人和家，并劝说他们除掉。当时，我还想到给《工人日报》写信，呼吁禁止出售玻璃纤维。如果有和玻璃纤维直接或间接接触的人碰着了我，我总要到没人的地方脱下抖抖，对家人也是同样要求，并背后监视他们。

1971年11月30日，因当时外面正流行肝炎，我把6岁的儿子锁在家中，怕他在外面受到感染，可没想到不幸失火，悔恨交加，从此得了恐怖症。

上班后，我了解到班上许多人都有直接或间接地与玻璃纤维接触，我更加提防、躲避。不许孩子到人群里看电影，只许站得远远地看。无论春夏秋冬，每晚我都让家里人用大量的水冲洗腿脚及衣服，然后才能上床睡觉，如果停水，就全家坐着等水，有时一直等到天亮。

1980年，我在工会负责搞计划生育工作，因一被罚款的人带一家六口砸我家的门，对我进行恫吓，谩骂。当时只我一人在家，担惊受怕，问题又没及时得到处理，致使我的心情更加郁闷，病态更加严重起来。此外，在我家附近有一家的门锁是用玻璃纤维布遮盖着的。每当路过他家门口，我的心情总是处于高度紧张状态，只怕碰到那块布。我家门廊里的电表也是用玻璃纤维作包线。每次上楼，我都是两手抱着双肩向上跑，只怕碰到两边的墙。后来，上班时忽然想到把家里的衣服拿出来会弄脏，接着自己就不敢拿家里的钥匙了，而让爱人拿着。洗的衣服也不敢晒在外面，尽管这样仍不放心，还是逼我丈夫将晾在家里铁丝上的衣服重新再洗。我晾衣服时也必须别人看着，证明没碰着别处，才从盆里把衣服捞出来，搭在铁丝上。若别人洗衣时，必须有一个人在房间里拉着我的手，并和我说着话，证明我没到别的屋子里去过，或将我反锁在房间里，才能洗。如果不这样做，我会立即感到害怕，就得让别人把洗过的衣服拿下来重新洗一遍才放心。

我最不愿意让别人知道我怕玻璃纤维和我爱干净的毛病，抖衣服要到没人的地方抖，也不让家里人对外人讲。1981年春节，因让爱人洗被子吵起架来，知道他和别人讲了我怕玻璃纤维的事，以及准备把我送到精神病院去的事(因医院条件不好没住院)。从那以后，我的秘密被人知道了。因我爱人是领导干部，得罪过一些人，我怕别人到我家偷放玻璃纤维害我们，就在家看门，不去上班了。我家连厨房是四间，为防备外人进来及怀疑自己把衣服拿出去弄脏，便把这个屋全锁上。我不敢拿钥匙，让爱人拿着。如果我偶尔看见了钥匙，便怀疑自己进了里屋，把衣服拿到楼下去了或碰了走廊上的电表。这样，全部衣服就得取下来重洗。如果我发现爱人把钥匙暴露在外，便认为这些锁已经失效，必须全部换成新的，而且必须由我亲自去买。爱人上班时，我就让他把我锁在屋子里，三顿饭都是他从食堂打来给我吃。

后来，我既心疼他常洗衣服累，又怕看到卧室床上的衣服及被子，怀疑自己会拿出去，所以不敢进屋睡觉了。晚上就在厨房里睡在3只方凳上，不铺也不盖，枕着一个容易冲洗的塑料油桶，就这样睡了5个月。到8月份，看看实在不行，我爱人请人坐飞机把我送到了某矿务局精神病院。在那里打胰岛素、服氯丙嗪等药，住了9个月后出院，出院后稍有好转，但没过几天我发现现在这个新房的电表仍是玻璃纤维做的，邻居的纱窗也是，思想上又开始紧张起来。门窗都要关得紧紧的，要冲洗厨房的一切用具。家里人不与我配合，我就歇斯底里地吼叫。又让家里人把我锁在一个屋内，并从门上的玻璃监视我。别人到我家来看我，人走后就开始冲洗客人接触过的桌、椅、墙、床单。家里的铁丝又被我晾得满满的。

经熟人联系，我来到“南京脑科医院”，我不承认我有病，认为我的想法是正确的，但承认有不正确的地方。我认为靠药物治不好我的病。在医院里我不像在家里那么紧张，不用担惊受怕。

反馈一

这几天您在百忙之中抽出很多时间对我进行疏导，但我辜负了您的教导，我现在对玻璃纤维仍存在恐惧心理，认为这种东西质地坚硬，又不会腐蚀掉，扎在衣服被子上都不易去掉，吃下去怎能无害，若是扎在眼睛里还会扎瞎眼睛，所以还是避开为好。对身上沾有玻璃纤维的人也躲着为好。今天早上换新床单，有个护士故意将邻床的脏被子放在我刚换过的干净床单上，我很恼怒但又无可奈何，思想上特别烦躁不安，就把床单拿下来抖了一抖，思想上顿觉轻松一点，但仍睡不着觉，感到特别别扭，只有睡在我认为是干净的床单上才能轻松愉快地安睡。

反馈二

听了您两次耐心的指教后，我认识到我怕脏、怕细菌和玻璃纤维的强迫观念是心理活动的表现。对这些东西，有时也能客观地认识到没有必要怕，但主观上仍然控制不住自己，说服不了自己，很苦恼。这些东西普遍存在，为什么别人不怕，只有我自己怕？我认为玻璃纤维普遍使用，其危害性尚未被人们所认识，玻璃纤维是可怕的。

我的这种强迫观念的存在固然有一定的客观原因，而主要是表现在我的主观方面，这也和我的性格有关系。我的性格是近似于您所说的强弱不均衡型，性情比较急躁。从小学习时很聪明，一贯主观、任性、执拗、自信，这是我的强迫观念相继产生和存在长达三十年之久的根源。亲人的劝告和医生的疏导都听不进去，总是自以为是，过分的自信与主观害了我。

反馈三

今天听了鲁主任的谈话后，觉得自己应该做一个精神强者，应该砍掉“怕”这棵大树，应该剖析一下自己为什么“怕”。

我怕细菌、怕脏，是听了反细菌战时的防疫报告，怕细菌和脏导致疾病；怕玻璃纤维是因为它的质硬，不会腐烂，扎到衣服上不容易弄掉，带到家里，掉到食物和餐具上，吃到肚子里会刺激胃肠黏膜，使上皮细胞增生，发生癌变，扎到眼睛上会损坏眼球使之失明。主要是怕我爱人及女儿受害，所以对于这些东西格外的小心、紧张、害怕。害怕到会出现瞬时幻觉的程度，就要洗、抖，别人的阻拦和劝告都听不进去，总认为坚持得有理。这几天经过您的耐心启发疏导及家人的劝告，开始认识到这些东西固然有害，但只要做到一般的防备就行，用不着过度的紧张、害怕。因为这些东西是普遍存在的，人们都在接触它们，不都很好地生活着吗？

反馈四

为了帮助我摆脱精神上的枷锁，您以高尚的自我牺牲精神，竟把玻璃纤维吃进嘴里，这一举动动摇了我十几年来的观念，动摇了“怕”这棵大树。我回病房后，立刻感到一阵轻松，什么也不怕了，走路也不怕别人碰了，床也不怕别人碰了。我开始考虑玻璃纤维到底是否可怕？

午睡起床以后，我的思想又斗争起来，但怕的程度轻了，不像过去那么小心翼翼地草木皆兵了，因为我已认识到它对人的身体没有什么危害性了。

反馈五

今天您带领我向“怕”字进行了第二次冲击，你不顾危险地把玻璃纤维向眼睛揉去，这使我惊恐万分。我衷心地告诫您今后不要再伤害自己的眼睛了。

今天我回来后发现自己的床上有不少棕毛。如果在以前，我一定会抖床单的，可是今天我的勇气战胜了“怕”字，我勇敢地躺在床上睡了午觉。

对于玻璃纤维惧怕的程度较以前轻了，把它缝在衣袖上也能若无其事地坐着谈话，对我的女儿把玻璃纤维装在衣袋里也不那么紧张了。

反馈六

今天鲁主任又耐心地疏导我，说战胜疾病好似爬山，目前正爬在半山腰上，再往上爬还会遇到艰难险阻，若往下滑则很容易，而要爬到山顶就要作一个强者，否则就是一个弱者。我要作一个精神上的强者。

玻璃纤维放在女儿的口袋里我处之泰然，没有什么惊慌情绪。女儿、爱人都不怕，劝告我：“鲁主任放进嘴里，往眼睛里揉都不怕，你还怕啥？”别人都不怕我还怕啥？话是这么说，但思想上还有斗争，不过没有以前的那种恐惧心情了。

自从进脑科医院以来，我从不睡别人的床，昨天我已经敢睡到别人的床上了。

反馈七（患者家属写）

几天来，我陪着爱人到您这里看病，见您热情而耐心地向患者讲解病根，讲的是那么透彻，由浅入深地说明道理，使患多年顽症的患者开了窍，有的是经您医治好的患者现身说法，使患者看到了光明，确立了治好病的信心。

从这几天的医治中使我见到了希望。我爱人从害怕玻璃纤维到敢于接触，同时精神上也不那么紧张了，这是一个进步。虽然她现在还怕家里人接触，但我相信在您的精心治理下，她一定会好的。

反馈八

这几天，我在实践中与“怕”作斗争。

过去，由于我的性格过于固执自信，总认为玻璃纤维是可怕的，不许进我家的门，所以格外谨慎小心，对可能沾染上玻璃纤维的人也要躲得很远，现在我就不怕了。

过去在家里，明明被子、衣物在家摆着，我会忽地一下幻觉到被我拿出去碰上玻璃纤维了，就洗个没完，抖个没完，使家里人也跟着受苦；可现在我的周围都有玻璃纤维，但是我却没有这种幻觉了，情绪稳定，不怕了。

过去，只要有人碰了我的床，我就要抖一抖，可现在就是有人碰了，我也不抖了。现在，在病房里的长木椅上，我也敢躺着睡觉了，也不怕脏了，而这在过去是不可能的。

过去，我从不敢碰人家的床和被子，嫌脏；现在我能帮助护士换床单，套枕头套，或帮助别人叠被子，不怕脏，而且做完事也不洗手了。

反馈九

听了您第三阶段的疏导，我在苦思冥想：应该从哪个方面突破来改造我的性格。现在我考虑到还是应该从随便、无所谓方面突破，因为我的性格是过于认真、刻板、固执。比如，过去怕脏，我就反复洗衣服；怕玻璃纤维，就反复抖或反复洗衣服、床单，拆洗被子，那样，不但自己痛苦，也给家里人带来苦恼，使爱人、儿女跟我受累。

根据我的情况，要改变性格就应该从勇敢、随便入手，对于脏和玻璃纤维抱无所谓的态度，即马马虎虎，不在乎的态度，以此去克服其对立面紧张、恐惧的心理，渐渐地把各种怕字去掉，作一个精神上自由愉快的人。

反馈十

今天听了您的谈话和看了您写的论文后，很受启发。我回忆我童年时期就曾经受过我母亲疑心病的影响。她每次锁完了门，明明是已经锁上了，可她还是用手握住门把，一面嘴里念着一、二、三、四……一面拽门，生怕没锁好，这就影响着我，后来我锁门时也是反复地推好几次才罢休，才放心。

对玻璃纤维，我一定要去掉“怕”字，改变性格。对过去怕的事物采取马马虎虎、无所谓、随便的态度。我以前从不用别人的针线，而现在就用别人的，不怕脏了。过去，我女儿带杯子来冲牛奶喝时，我从不把杯子往桌子上放；现在杯子和别的东西都放在桌子或长椅上，我也不怕脏了。

矫正“怕”字只能在克服逃避心理的基础上才能进行，对恐怖症患者来说改掉“怕”字，迈出第一步往往是十分困难的。各种各样的恐怖症患者表示愿意与“怕”字一刀两断，愿意在实践中配合，但一旦恐怖症状出现时，他们只会以逃避、投降来缓解焦虑、恐怖、不安的状态，以妥协、失败而结束。实际上他们是舍不得丢掉已成为自身一部分的不良习惯，既然是自身一个部分，丢掉了好像就失去了自己的完整性一样。不少病友对这个问题都不肯承认。“我怎么舍不得丢掉啊！都受罪死了。”实际上像戒毒者戒断毒瘾一样的难。就说戒掉香烟吧！有几个不为自己抽烟而辩护的呢？虽然他们明知其有百害而无一利，但他们不敢正视现实，痛下决心，又何况自幼养成的习惯呢？改掉确实就不习惯了。这就是恐怖症患者的致命要害——“逃避反应”。对他们来说，克服“怕”字将会伴随而来所谓的痛苦、难受，因此而不敢前进一步，“甘愿终身痛苦，只求一时平静。”所以，应当认识到只有忍受一时的“痛苦”，只有舍弃多年来形成的坏“习惯”，才能走在胜利者的前列。

因此，给患者创造一个轻松的环境，让患者在潜移默化中自动提高自己的认识，在没有准备的情况下让他先谈自己的认识，然后医生与他共同操作，以通过实践检验、证实他所怕的东西并不可怕。在突破第一步后应该紧接着让患者自己操作，从被动转为主动，由紧张到轻松。对患者的恐怖症状不要过多地责怪，而应该循循善诱，多进行疏导，只要打破病态心理的恶性循环，就能慢慢地一步步走出恐怖的误区，焕发出本来就应属于自己的青春活力，在社会上找到属于自己的人生位置。其实，他们也都在极力寻找自己在社会中的坐标，盼望有朝一日能发挥自己的潜能，在社会的大舞台上施展自己的才华。正因为有了心理障碍，自幼缺乏表现的机会和勇气，有自卑感。应当让他认识到“怕”字是病的根源，治疗中要给予更多的表扬，以增强他们的自信心。恐怖症患者的性格是不健全的，矫正过程必然有失败，要激励他们跌倒了迅速勇敢地爬起来，引导他们在失败中找到潜力，正视挫折与失败，坚定信心，发挥优势，使其产生(萌发)敢于面对现实，敢与“怕”字作斗争，勇于实践的意向及意志，并付诸行动，争取下一次的成功。

与“怕”字作斗争，要相信自己所担心顾虑的“怕”实际上根本不会存在任何危险，自己要全力以赴与其斗争，在“怕”字面前敢说“不”，避免退缩、消极，大胆地给自己提出要求，要正视失败，怕失败往往是过多地梦想成功与完美，而成功之前往往是经常的失败。世界上没有十全十美的人，也没有永久的失败者。为了一次有价值的成功，一百次的失败又算得上什么？一个病态的表现有时就重复上百次、上千次，这不是失败吗？要大胆地调个位置，对“怕”字检验一下。为此，要革故鼎新，激浊扬清，想方设法通过实践检验自己对“怕”字的错误认识，拿出病态表现时那种执著的毅力与韧劲来，与“怕”字碰碰、顶顶看，有信心、有勇气、有韧劲，胜利必然是属于你的。如果你抱住“逃避”不放，经历一次失败，就顿时成了泄气的皮球，或者根本无信心去实践矫正，应付一下，骗骗自己，就必然紧张难受，那才是真正的失败。在治疗中也有不少人已站在成功的门槛边，只要再迈一步就可以进去，可是却因“逃避”停止了前进，功亏一篑。也有的已迈进门内，因“逃避”反应而重新跑回原位，并且为“怕”字说情说理，“慢慢来嘛，我有病嘛！”原谅自己，实际是一种退却。所以一旦经历一次失败，不要泄气，再试一下，第二次与第一次是绝对不同的，如果第三次顶过去了，就更不同了。“再来一次”，你付出的努力越多，信心越足，成功的希望越大，“失败乃成功之母，持恒乃胜利之本”，恐怖症的治愈隐藏在坚持“再来一次”中，成功就属于您了。

医生在进行疏导时，要注意让患者纵横比较，自我激励，引导其将病态心理韧性转向与“怕”字拼搏的韧性，对其点滴的进步要及时鼓励和表扬。恐怖症患者需要得到社会承认，但需要不是终结，而是改造性格、适应社会的开端。恐怖症患者要做到自我肯定和自我激励，引导自己与自己不断对比；自己的现在和过去逃避时对比。这种纵向比较，能使其清晰地看清“自我”，让他在饱尝了解除病痛后的喜悦，向改造性格寻找差距，继续努力。要从“耐心”出发，动之以情，晓之以理，导之以行。每个恐怖者都有很强的依赖性和孤独症状。从各方面对其施以爱心，目光短浅的爱是姑息，是百依百顺，这种氛围是阻碍消除恐怖症状的大敌。爱与情感的原则性，应该是鼓励和帮助他摆脱依赖性，对患者来说更应注意情真意切。要把握患者的情绪，抓住其心理弱点及性格缺陷的主线进行有效的疏导，这是很难的硬功夫。尤其对各种文化层次，对性格极为敏感、固执、主观、任性、自幼爱钻牛角尖者，必须注意心理疏导的艺术性和针对性，使其易于接受且受之中的，就必定会循序渐进地使患者走出误区，迎来光明，踏上胜利的征程。

下面介绍一位男性恐怖症患者从病到愈的治疗及反馈过程。

病情自述

我是一名25岁的青年工人。在我17岁那年，由于各种原因，不幸得了失眠症，后来发展到恐怖症。经过多次治疗，没有显著疗效。八年来，疾病折磨得我筋疲力尽，痛苦不堪，一天中的大部分时间处在紧张恐惧之中，而且又得不到别人的理解。逐渐地，我对治疗不抱什么希望了，只能任其发展。可就在前不久，我到病友家串门，希望之火又在我心中燃烧，因为他向我介绍你们的心理治疗，并且告诉我，他已经取得显著疗效，恐怖症已基本消失，心理状况良好，情绪是积极的。这一点我从他那乐观轻松的表情能够看到。后来又让我看了您的《疏导心理疗法》一书，使我更受触动。下面是我八年前的得病经过和以后的情况以及现状介绍。

那是1981年我上高一的时候，有一天上早自习，由于起晚了没吃早饭，就带着馒头去了学校，到校后我边听课边吃东西，老师并没有因此而指责我，还是那样专心致志地讲，我也聚精会神地听。可就在这时，教室后门的小窗户里，有一双眼睛正往教室里窥视，我偶然回头，正好与这目光相遇，使我一怔，原来是我们班主任，一位三十多岁的女教师，正用阴冷的目光盯着我，盯着我手里的馒头。我马上转回了头，停止了吃东西，可心里感到有些不安。果然，下课后班主任就把我叫到办公室训了一顿。回到教室，我心里更加不安，总是回头看那个小窗户，怕老师盯着我。这个平时并不讨厌的小窗户，现在变得可怕了。回到家后并不紧张，比较顺利地度过了一夜。第二天早上继续上学，没上课时比较轻松，可一上课又觉得不安，总怕班主任从小窗户看我。这样我就不时回头看那小窗户，可一下课就又好了，比较轻松了。放学以后也很好，睡眠也可以。第三天上课时，仍旧害怕那个小窗户，仍不时地回头看，害怕老师盯着我。情况比头两天更厉害，更紧张了。其实从那以后，我并没有违反纪律。就这样，持续一段时间，而且一天比一天厉害。后来，失眠、噩梦，成绩越来越差，有时紧张到了极点。没过多久，又出现了办事不放心的现象：放汽油瓶总怕放不稳，怕万一倒了，流出来挥发后遇到明火会造成火灾；关门也特别小心，总怕没关上，反复地关；上厕所不敢从女厕所门前路过，怕走错门，只好绕一圈进男厕所；晚上睡觉必须把鞋摆正了，枕头也要摆正，若不这样就感到紧张不安。在这种紧张、恐惧的折磨下，我度过了高中阶段。

上技校后，我认为脱离了那个教室，情况会有好转。可实际上仍不见好，以前的症状依然存在，整日惶恐不安，干事情不放心，跟女同学很少说话，跟男同学很融洽。

1984 年工作以后，强迫症依旧存在，影响工作和学习。不得已，我于 1985 年初到某医院看病，诊断为强迫症，给了多虑平、舒乐安定、谷维素等服用。后来又服过氯丙咪嗪，可强迫症状依旧存在。

我的父母都是本分的工人，父亲特别老实、厚道，文化不高。母亲也比较老实，但脾气暴躁，干什么事都要按她的主张办，否则，就说我们有意气她。小时候，父母很少带我们兄弟出去玩，也极少跟我们谈思想、交流感情。一句话，精神生活很贫乏。有一次，母亲知道我游泳一事，就用鞋打我。由于我生性老实、懦弱，只好忍受，不敢反抗。以上谈的是我的弱点及我的性格缺陷。但我的性格也有积极的一面，比如我的想象力就在一般人之上。这一点在近几年几次革新设备、提供合理化建议活动中已得到证实。另外，独立思考、爱读书的习惯使我懂得了很多知识。但要消除强迫症，去掉令人捉摸不定的烦恼与痛苦，还得依靠您，我真心希望尽快接受您的治疗。谢谢！

另：根据报纸上的消息，我先后用肌电生物反馈、激光疗法、气功疗法、森田疗法等治疗，但是强迫症状依然存在。

反馈一

接到集体疏导治疗通知后，我没有再犹豫，当机立断，做了决定。坚定地说服了家人，向单位也说明了情况。所以这次来接受治疗，心情很激动，立志要达到最优化。第一天很荣幸地见到鲁教授。今天又听了鲁教授的首次疏导课，给我留下了很深印象，使我进一步认识了心理学，了解了疏导疗法的形成、发展与完善过程，认识到了提高心理素质的重要性。另外，由于我兴奋不起来，感到无精打采，注意力不够集中，所以，今天听课不算太理想。现在的主要症状是大脑后面感到死板，精神不振，消化不好，吃饭、洗澡都很慢。但是，今后几天，我决心努力克服自身困难，积极配合治疗，珍惜这次宝贵的机会，争取全胜。

反馈二

今天我感到很受启发，看到您讲得那样认真，那样生动，我没有理由不集中精力听讲，下面谈谈今天的收获。

首先，您使我明白了没有良好的心理素质，个人才智的发挥就会受影响，这一点通过您举的例子足以证实。此外，我还明白了保持任何情况下的心理平衡是多么重要。前一阶段，我的肠胃功能一直不好，吃饭很慢，吃完后肚子就胀，当时情绪不够好，现在也一样，情绪一不好，食欲就减退。另外，您还讲知—情—意的心理过程。我现在是知与情脱节，表现在看到结核病防治院就有怕的感觉；情与意脱节，明明讨厌重复动作，但自己还是要重复；知与意脱节，明明认识到早去疏导治疗班的重要性，但却产生不了坚决去的意志。总要磨磨蹭蹭，所以我办事经常迟到。

下午，我懂得了兴奋与抑制的关系，我现在是该抑制不抑制，比如晚上睡觉应该抑制，我却不能抑制，白天无精打采，兴奋不起来。这证明睡眠有了障碍。您讲到睡眠的好坏是衡量人的心理平衡的标志。看起来我的心理就不够平衡，导致了心理障碍，影响了生理功能。可有的时候情绪特别好，心明眼亮，注意力集中，身上觉得轻松，食欲也旺盛，动作非常有力。以上说明了我情绪极不稳定，很容易受外界影响，过分敏感，性格上有缺陷。比如，今天鲁教授说要把反馈写得少而精，不要重复。晚上写反馈时，我又害怕了，总提醒自己千万别重复，提心吊胆地写。至于对自己的病，我已清楚了，既不是神经病，也不是精神病，这一点我没顾虑了。今天您讲的强迫症的好多实例对我影响很大，人家那样严重的强迫症和恐怖症，通过努力都能好，我为什么就不够好？所以我要以那位女护士为榜样，努力听好课，面对现实，脚踏实地，勇于解剖自己，反映真实情况，力争达到最优化。这是我人生的一个转折点，由于既往接受过一些治疗，所以我有准备，没有急于求成。

反馈三

今天针对自己的情况，我谈谈想法与认识。我的青春期是可悲的，糊里糊涂过来了。由于我的父母没有多少文化，所以在教育孩子上轻视精神教育，使得我们对很多问题都迷惑不解，包括性的问题。我早期的性知识是从同学那里听来的，包括一些下流的东西，当时对这方面特别好奇，在15～16岁时尤为严重。有一次，邻居家里放了一本解剖图谱，我非常害怕，但强烈的性欲望驱使我看了女性生殖器图，看后更加紧张，又怕家里人发现，小心翼翼地捆好了书。当时我的脸通红，出了很多汗，那时正值初中毕业考试。我到学校一看到女的，就想那个图，愈想愈紧张，感到自己太无耻，太下流了，连续两周，上课注意力分散。

我从小就过分老实，父母也是这样认为的，所以什么事都不让我办。我母亲脾气很暴躁，父亲老实，他们俩经常吵架，有时就对我发火。母亲以自我为中心，什么都认为她是对的，很少让我们平静地陈述自己的理由，但在物质方面对我们格外地照顾。现在我明白了，我的性格缺陷是怎样来的，也懂得了好的性格是什么。今后我力争通过疏导治疗和加强自我教育，使自己达到良好性格的标准，中间型的。

另一个就是睡眠问题，现在我有了新的认识。原来我认为不睡足8小时身心就会受影响，通过您举的例子，我解除了负担，再次感谢您。对顽固恐怖症也有了新的认识，知道了惰性兴奋灶的作用。今日感觉良好，明日我还要克服一切自身困难，专注于您的讲解上。

反馈四

今天听了您的课，感到任务重了，您把我的病比作一棵树，很形象，我能够接受。我的性格基础、心理素质很差，心里有话不愿讲，胆小怕事。那时睡觉我不敢一个人在屋里睡，和同学吵架有理讲不出。母亲骂我窝囊、懦弱，使我很紧张，我对一切只能默默忍受。在感情上没有人关心我，在家里常常感到一惊一吓的，内心很苦闷，充满了愤怒与恐惧。后来我说话时无论是好事或坏事，都没好气说，要是用平静商量的口气说话就感到不自然。直到现在我还怕母亲。我也理解母亲，她省吃俭用、勤劳、好强，但就是对她产生不了感情，并由此而对任何人也一样。还有，我的对象说我是一块冰，没有温暖、没有感情、不会体贴人。但谁又能理解我？得病9年了，家里没有人问我，都说我没病。事情已经过去，已成为事实，我就要面对它、正视它，冷静地分析它，然后加以改善。通过分析，我认识到了客观环境不易改变，主观认识和适应能够改变。通过几天的学习，认识到了自己的性格缺陷，比如，敏感多疑，凡事要求完美，循规蹈矩，伦理道德观念过强。现在看来是过分了，另外对性方面的书不敢看，怕看后不能控制自己去做伤天害理的事。

今天的讨论会，我感到收获很大，当没有人敢于说出自己的缺点而隐瞒自己的缺陷时，我站起来了，勇敢地说了自己的缺陷，说出了平时不敢讲的怕字（怕女青年、怕见生人）。当时有很多人在场，包括一些女青年。虽然我的话语无伦次，前言不搭后语，有气无力，很失面子，但我毕竟迈出了第一步，终于说出了“怕”字。所以我感到心里很痛快，很轻松，自由多了，好像一切都好了。虽然快结束时有个患者提出了问题，说他最讨厌语无伦次的人，手舞足蹈的人，我当时敏感地意识到他在说我，因而有些紧张，但我马上意识到这是纸老虎出来了，坚决按鲁主任讲的去打跑它，因为它对我的治疗不利。我来这里的目的是治病，而不是来显示自己的才华，满足自己的虚荣心的。所以，我分清了是非也就不怕了。排除一切干扰，朝既定的目标前进，对此决不动摇，而且要加强认识，继续实践，达到效果巩固的目的。以后对治疗有益的事，我要坚决去做。下午从医院回来的路上，我有意识地抬起头观看每个人。特别是女的，还有些不自然，但比前两天好多了。明明知道自己的外表与内在都不次于别人，但还要怕不如别人，这显然是虚、假、空的，不存在的，所以我看她们也没什么不对的。今天在路边饭馆吃饭时，由于自己胃口很差，所以吃饭很慢。另外，平时在旅馆总是不停地整理头发，怕自己的面貌不清洁，影响别人对我的印象，所以很紧张，表情木然，后脑发胀，今天晚上有意作了实践，随便拢了一下就不去管它了，当时很紧张，过了一段时间，不太紧张了。这期间我抓紧看书，转移了注意力，不知不觉就忘了。这时的表情很轻松，感到很自然。旅馆的人都跟我说话，很自然，并没有因为头发乱而不理我，这说明这种怕纯属是虚、假、空的，是一个地地道道的纸老虎。

反馈五

今天很多病友谈了他们的实际症状，大家听后都捧腹大笑，我也笑得不得了。我心想，这些问题在我身上是没有的。看他们讲得很痛苦、很认真，其实怕的都是荒唐的幻影。昨天我已作了实践，证实了自己的认识是对的，已取得了初步的胜利。下面谈谈今天的实践。

早上起床，洗漱完毕，我没有再像往常那样拼命的长时间整理头发，而是很随便地拿手拢了两下，就不管它了，可还是紧张，怕不整洁，头发乱。但又一想，今天的任务就是要克服这一主线，而且我在医生的帮助下已认识了怕的本质，所以我没有理由再去满足病态的愿望，使惰性兴奋灶得到强化。虽然仍紧张不安，但我赶紧做别的事，用坚强的毅力，执行了正确的行动，获得了胜利。饭后，我穿戴整齐地出发了。由于自己个高，总爱弯着腰走路，怕别人看到自己丑陋的面容，实际上我的外表属中等水平的。今天我想一定要征服它，因此我就直起腰板，大踏步地前进。当时非常紧张，心跳很快，两眼直勾勾的。但我有我的目标，不管别人怎样看我，也要坚持走下去，慢慢地，紧张感就下降了，走起路来也变得协调了，自然了，可两眼还有些慌乱。明天我准备突破这一关，继续巩固已有的效果。原来晚上睡觉总要摆正了枕头，今天我也有意与它较量，按正常人的标准随便的一放就睡，但我还是怕旅馆里的枕头弄脏了我的头发。由于正确的观点在头脑中已很有实力了，所以纸老虎抖动了几下就不敢再干扰我了。另外，还有一些联想思维经常纠缠着我，比如在旅馆里，有一位餐厅女服务员给我的印象很深，虽然她的外表不算漂亮，但她的稳重、机智的气质与良好的态度，使我对她产生了好感，好像她就是我早已崇拜的偶像。看到这个服务员符合自己的标准，就联想起来了。后来一想这是不可能的事情，来这里的目的是治病，而不是去办对治疗有副作用的事，所以分清了是非，我就坚决地丢掉，把全部的注意力集中到治疗上来。通过几天的治疗，我在某些方面能够把握自己了，对此我感到很高兴。

反馈六

今天我感到很有收获，在昨天的实践基础上，又有了新的认识。现在虽然取得了一些成绩，但还不巩固，所以不能骄傲自满，放松警惕，应该继续迎难而上，不逃避困难。原来我认为经过10天的疏导，我的病就会彻底解决的，懦弱的性格也会一下子改变的，现在看来是不现实的。另外，那位最优化患者的情况原以为他是没问题的了，现在清楚了他也出现过反复，甚至濒临绝境，但他能正确对待，善于使用手中的武器，不断地提高自己的心理素质，结果情况很稳定。正如您讲的那样：在心理治疗中，要取得持久的、永恒的效果，不是轻而易举的，而是要克服重重困难，艰苦努力，勇敢拼搏，这样才能取得持久的效果。

今天上午，有句话对我触动很大，就是您说的，这个世界上，没有救世主，只有自己救自己。医生只是引路人，帮你认识自己，找准方向，然后就靠你自己去走。只要自己勇敢地迈动双腿，自然会产生力量，最终能到达顶峰，看到无限美好的风光。

目前我的主线是走在马路上怕见女同志。今天我从医院走到旅馆，挺直了腰板，心想别人不怕，我也不怕，虽然控制不住紧张情绪，但我毕竟走到了旅馆，方向是朝着“山顶”的，不是朝着“山下”的，所以明天我还要走，直到不紧张为止。

反馈七

今天听了您的课，我深化了认识，懂得了改造性格的必要性和重要性，而且是长期的任务，需要通过长期的艰苦努力，克服重重困难，才能得到的。这几天来，您不辞辛苦，帮我们认清了自己，教给了我们提高心理素质的办法，对此我终生难忘，将对我的人生产生积极的影响。

今天我又从医院走到旅馆，挺直了腰板，紧张、恐惧的情绪比昨天轻了。原来我最怕易燃、易爆的物品，通过实践我也不怕了。

反馈八

疏导治疗班很快就要结束了，针对今天的讲课内容，我谈谈体会。原来我总爱向别人讲自己的过去，自己的痛苦，埋怨父母，推卸自己的责任。现在看来这样做不好，对改造自己的性格极为不利，因此，我应该向前看，前边是光明大道。

今天您讲了许多个人经历，我很受感动，我要以您为榜样，在任何外来的打击下，能维持心理上的平衡，做到“吃小亏占大便宜”。回去后，我要开辟新的未来，用您教的方法去改善人际关系，克服自卑心理，消除心理障碍，实现自己的价值观，得到社会的承认。

第七章　社会适应障碍和抑郁性疾病的心理疏导治疗

第一节　概　　述

一、社会适应障碍的基本概念

“适应社会”是人类的基本生存要求，是“适者生存”原则的体现。“社会适应”是人类学、社会学、文化学、心理学、医学等学科研究的基本概念之一。在纷繁复杂的人类社会里，“适应”是人们之间交换物质、能量、信息的行为，是人类基本的生存活动方式之一。在我们的社会生活领域里，适应社会有着广泛的需要并发挥着多种多样的功能。它是连接社会网络中个人与个人、个体与群体、群体与群体之间的桥梁，是促进人们心身健康、自身全面发展、保护社会有机体稳定发展的强有力的纽带。医学心理学将个人最佳的适应社会结构的形成视为实现心身健康的主要任务之一，而这种适应结构的形成也是促进患者康复，保障患者心身健康的先决条件。社会适应起到了提高人们心理素质、完善人们性格的作用，使人们在复杂的、难以预测的社会环境中顺利地生存。在现代信息社会中，需要有较强的适应力来沟通和传递信息，需要具备适应现代化与多样化的社会实践能力和较高的心理素质，这就需要在社会实践中锻炼和陶冶；人生价值的体现，也需要在社会实践中完成。总之，“适应社会”已成为人与社会生活的基本需要和内容。

人们要生存，必然要不断地适应社会，但如果适应不了社会的发展，跟不上时代的步伐，就必然会出现适应障碍。那么，什么是适应障碍呢？适应障碍就是因个人心理素质低，遇到外界社会环境对抗力量时所引起的心理紧张。广义地说，因主观与客观不相适应所产生的心理压力都可称为适应障碍。换句话说，有明显的社会事件，特别是生活环境或社会地位的改变作为诱因，由于患者的适应能力不强，无法顺利地处理这类事件，就会出现以情绪障碍为主的临床表现，如烦恼、不安、抑郁、不知所措、胆小害怕等，同时有适应不良的行为（如不愿与人交往、退缩等）和生理功能障碍（睡眠不好、食欲不振等）。适应障碍是当前社会心理障碍中人数最多的一类，它包括学习、工作、人际关系、生活等社会环境适应不良，严重影响着人们的社会生活，也妨碍了自身健康的发展。

人在数十年短短的道路上，要面临着内、外环境的各种挑战，犹如应答一张长长的答卷，在这样的答卷上，不断引发出困惑且难以预测的一道道“大题”的关键因素是什么？若让心理医生回答，是“心理素质”，这是一个人的“终身大事”，用这么个沉甸甸的字句形容是恰如其分的。的确，心理素质关系着一个人的成败，关系到事业，联系着社会，关系着一个人一生的幸福以及心身健康。现实社会环境是五颜六色、极为复杂多样的，是变化无常更是难以预测的。没有一个良好的心理素质，是难以生存下去的。

在当前社会中，适应障碍广泛存在于人们的各个年龄阶段，以青少年及老年为最多。以大、中、小学生为例，根据全国各地的调查研究表明，心理障碍患者的数量呈逐年递增的趋势。

这些有适应障碍的青少年长期处于抑郁、焦虑、恐怖、紧张、偏执、强迫状态，这种不良状态往往导致自身心理失衡，注意力分散，记忆力、思维能力、想象力、观察力、智力因素等降低。

值得注意的是，世界卫生组织总干事警告人们：21 世纪世界头号杀手将是生活方式疾病——主要指情绪紧张、不良饮食习惯、烟酒等造成的疾病。这些疾病都属心理社会因素的范畴，情绪紧张是疾病的根源，一切对人不利的影响中最大的是恶劣的心理状态，它不但影响人们的生活、工作、学习、人际交往等，而且可以降低人体的免疫功能，造成心理和躯体疾病。其中包括心身疾病如心脑血管疾病、胃肠溃疡及癌症等。美国心血管专家威廉斯曾对 225 名大学生进行长达 30 年的追踪观察，发现对人经常有厌恶、不信任及有对立情绪等心理素质较差者，死亡率为 14%；而情绪较好较稳定者，死亡率仅为 2.5%。作者在 60 年代也曾对 24 名心理素质较差的 16～25 岁男女大学生进行追踪观察，发现：这些人在中年时有 65%患有心身疾病或已病故，大多是高血压、动脉硬化、心肌梗死及各类胃肠疾病。分析另一组 192 名心理素质良好者，患病及死亡率仅为 15%。这些心理素质差者，长年服用镇静剂保持情绪稳定，且长年服用各类补品，但他们整天感到有巨大的社会心理压力不能摆脱。心理素质良好者情绪乐观开朗，工作生活潇洒充实。心理素质低并不是导致疾病及死亡的直接原因，而是因心理素质低，长年处于紧张不平衡状态，最终导致心理生理失调，神经、内分泌功能失调，免疫功能降低，这些因素直接影响到疾病的转归。相反，良好的心理素质能使人们在严重的病魔袭击时，排除烦恼，保持乐观、自信、积极向上的情绪，有利于调动神经内分泌的功能以及人体防卫机制，从而战胜疾病，恢复健康。而心理素质欠佳的人，身患疾病，处于逆境时，则往往消沉、悲观，不利于病情好转，甚至加重病情。另外，心理疾病的预防与传染病的预防截然不同，不健康的心理素质所造成的心理疾病根本不可能用注射疫苗来作预防，而且不良的心理素质对心身健康的危害多种多样，不但对健康而且对人的一切活动都是不利的，不良状况往往会造成恶性循环，加重心理障碍而成为终身大患。为此，提高心理素质、保障心身健康，延长人的寿命，使自己在学习、工作、人际关系、生活方面都达到一个更完美的境界。

总之，培养良好的心理素质是人生的一大课题，是完善自身，造福人类的必备条件。对于少年儿童来说，首先应该科学地培养他们良好的性格，使他们具备良好的心理素质，这对于他们一生是最重要的。否则，即使体格健壮，智力超群，也可能中途受挫，甚至夭折。一个人具备了良好的心理素质，才能在学习、工作、社会交往中立于不败之地。即使是在逆境或危急关头，也能泰然处之，甚至“猛虎行于前，泰山崩于后”，也能镇定自若，以不变应万变，转危为安，转败为胜，有所作为，有所创造。

二、适应不良的心理—社会刺激因素

心理—社会因素是人们在日常社会生活中自发产生的一种不系统、不定型、不可预测、层次较低的社会认识。它主要是通过认识情感、情绪动机、态度需要等形式反映出来的。作为心理刺激源的社会—心理因素，是根据个体参与社会活动经常发生的自我评价而产生的，特别是当前改革和经济迅速发展过程中，社会心理也发生着各种各样的变化。心理不稳定的刺激源增多，心理被动的频率加快，幅度加大。这种心理—社会因素可划分为两类：一是社会刺激因素；二是心理因素。下面分别介绍这两类因素。

1. 社会刺激因素

(1) 学习问题：学习负担过重，主观努力与客观要求超出本人能力及限度。如考试或升学失败，老师及同学之间关系紧张，在校受处分，受歧视，对所学专业无兴趣，新入校不能适应环境等。

(2) 工作问题：职称、职务晋升，工资调整，奖金分配，先进评定等个人利益或精神受挫，对工种不满意，工作受到批评与处分，工作调整频繁，不能胜任，被解雇解职，退休离休，失业等。

(3) 社会生活问题：

① 恋爱、婚姻与家庭问题：在当前社会心理重大刺激源中较常见的为失恋，求偶受挫，自己或对方有外遇被发现，离婚，夫妻分居，一方长期在外工作，情感破裂，性生活不协调，性格不合，夫妻一方患病或出意外事故、手术及丧亡等。由于我国经济生活的重大变革，传统的家庭关系受到剧烈的撞击，在恋爱、婚姻与家庭领域内最引人注目的是离婚率大幅度上升，家庭内部矛盾，两代或三代成员之间(较为突出的为婆媳之间)关系不和睦及经济、劳务分配不均，老人照料矛盾，遗产纠纷，信仰分歧等，还有子女学习、品德表现低劣，考试、升学和就业受挫及失败，子女就业远离家庭，家庭成员残废(躯体、精神)、赌博、吸毒、犯罪、失业、酗酒等，都是对个体急剧或缓慢(长期)的精神刺激源。

② 社会生活中群体与个人的特殊遭遇：包括灾害(自然与人为)，如战争、水灾、

火灾、地震、空难、海难，以及难民迁移、政治迫害、社会偏见等传统的精神刺激源。当前社会的特点是心理动荡刺激源增多，频率加快，由于社会的变迁及改革的深入，必然使生活节奏加快，竞争激烈。在当前社会生活中对社会群体及个人造成心理不稳定及较大影响的如：物价上涨，机构精简，收入差距拉大，就业、住房、医疗等制度的改革等，打破了已适应的"铁饭碗"、"大锅饭"及平均主义、低承受力、心理平衡机制和一切问题靠国家、集体解决的依赖和习惯。个人特殊遭遇如身患难治之症（癌症、艾滋病等），意外伤残，事业失败，失业，无业，第一次远离家乡，生活规律重大变动（饮食、睡眠规律改变），经济破产，政治冲击，法律诉讼，被侮辱、虐待、歧视、遗弃、强奸、绑架、拘捕，超标准生育，子女升学（就业）失败，子女管教困难，父母不和，家庭经济困难，欠债较多，住房紧张等等。

③ 社会热点转移过快，如网络交往、经商、下海、第二职业、股票、工资改革等，刺激性十分强烈的信息使人眼花缭乱，使不少人烦躁不安，原来不烦恼的事情开始烦恼，原来从未想过的事开始担心，想干这干那，但又都干不了。社会心理刺激源增多，使一些人感到心理紧张、疲惫、茫然。

④ 西方文化糟粕的冲击，封建文化沉渣泛起，社会犯罪率增长。

2. 心理因素

（1）引起社会适应障碍的内在因素首先决定于一个人的心理素质与主观评价，它反映了个体的精神面貌，性格特征，立场，观点与处理事物的方法，所接触的社会环境，教育，风俗习惯与家庭传统、道德伦理观念，行为准则，特殊经历，兴趣爱好，愿望，情感倾向等等，以及由此引起的心理情感上特殊的敏感点。

（2）同一个社会环境因素，对于不同心理素质的人，可以引起不同的心理生理反应。因为这些人的心理素质不同，表现出对外界刺激敏感性与承受能力的不同。三者既有联系又有区别。心理素质相近者也会因不同的性格及社会因素刺激的强度、速度、持续时间等的不同，出现不同的应激反应。

（3）同一个体在不同的生理状态下，相同的社会刺激因素可产生不同的反应。如在感染、中毒、外伤、疲劳等情况下，又如在经期、妊娠、分娩、更年期、衰老等情况下，由于神经系统的代偿能力及免疫功能的削弱，对社会刺激因素的耐受性及抵抗力的降低，原来不至于引起疾病的刺激源，此时就有可能成为致病（适应障碍）的原因。一般心理素质较高的人在挫折、不幸、失败中获得了锻炼，增强了抵抗力，提高了适应新的社会刺激因素的能力。心理素质低的人，遇到新的社会刺激因素就可能形成适应障碍，导致心理病理的脆性增强，遇到环境刺激，易使其触景生情，一触即溃，进而产生心理障碍。

三、适应障碍的表现

适应障碍主要表现在两个方面：一是心理反应；二是生理反应。

1. 心理反应

(1) 偏执,胆小怕事,敏感多疑,以自我为中心。其心理素质越差,自卑感、虚荣心、依赖性、恋旧感、孤独感等就越强;心比天高的不现实的幻想越多,显得面对现实的能力越不足。欲望得不到满足,情绪就不稳定,往往把一切都看得过于理想化,无法接受现实的一切,遇到小小的挫折和意外都难以承受,把自己的失败统统归咎于外部因素,很难从自我认识上找到经验教训,往往失落、意志消沉、抑郁、焦虑、紧张不安、恐惧悲观,出现负性情绪等等,整天被缠绕不清,最终不能达到自我满意,而被社会所冷落。

(2) 在学习、工作、人际交往及生活中既渴望自立自强,超过别人,却又过分依赖于家庭或别人。如有些青少年,家庭环境优越,身体健康,智力良好,个人条件在别人看来是很不错的,自己也很愿意向上,但在学习、工作、人际关系及生活中经常遭到挫折与失败。这些人常说自己生活得很累,心理常处于情绪不宁、紧张、焦虑状态,因做与想都不现实而感到自卑,不能尽其所能。一个心理素质低的人遭到失败时,他不敢面对现实,分析失败的原因,汲取教训,采取相应措施,主动认识自己,而是以逃避的方式看待面临的问题,以迂回的态度来维护和满足自己的虚荣心理,具体表现则多种多样。

(3) 懒于与人交往,对别人不平等的要求,害怕竞争但又渴望自己高于一切,常常怀疑自己的能力,怕唱“主角”。表现独立意识强,但又常常放弃自我,缺乏主见。这种矛盾不克服,在复杂多变的现代社会机制中极有可能成为被淘汰的对象。旧传统、旧观念、旧思想时时在捕捉一些意志薄弱者,这种人(包括一些年轻人)宁肯抛弃自己所拥有的生存竞争的优势,无视自己的尊严而甘愿依赖(附)于他人,使自己的命运为他人所左右,难于适应社会,总是怨天尤人。

(4) 总感到缺乏一份满意的工作,自己虽然不承认缺乏敬业精神,但敬业精神正是他所不具备的。他们觉得从事的职业不尽如人意,主要是因为把自己心理上大量不现实的附加条件归入工作之中,且过于看重这些附加条件,而看不到自己心理素质的实质,因此,即便是不断跳槽,变换工种,仍然不能找到适合于自己的岗位。然而,适应障碍的病态心理必然致使他们对工作条件及人际关系越调越不满意。

(5) 有的人生活得苦些,工作累些,但心理上可能感到充实。而适应不良者往往活得很累,像一叶扁舟飘荡在汹涌的大海上,随时都有被淹没的危险。他们吃山珍海味如同嚼蜡;住豪华别墅如同坐牢;走很短的路也觉得很漫长;艳阳高照的天空在他们看来好似乌云密布;人家对他笑,他说是讥笑;人家尊重他,他说是虚情假意;兜里揣着大把钞票,却感到自己很穷甚至一无所有;名利地位应有皆有,他却感到自己最可怜。精神空虚,一切都似乎不属于自己。

2. 生理反应

适应障碍能引起躯体(生理)机能变化和机能障碍。这种心理应激反应往往引起机体内各种神经介质、内分泌激素增加或减少，可引起生理一系列变化。

(1) 胃肠道：食欲减退，厌食，恶心，呕吐，便秘，单纯性腹泻，胃液、胆汁及其他消化腺体分泌的增减发生变化，导致溃疡病及胆囊炎等躯体疾病。

(2) 心血管系统：心动过速或过缓，心律不齐，心前区疼痛，血压增高，颜面潮红，四肢厥冷，昏厥，虚脱，短暂的意识丧失。

(3) 呼吸系统：胸闷，气促，哮喘。

(4) 泌尿系统：尿频，尿急，尿失禁，排尿困难。

(5) 皮肤毛发方面：神经性皮炎，皮疹，白发，斑秃，脱发，多汗等。

(6) 内分泌系统：月经不调，闭经，乳汁分泌减退，甲状腺功能亢进，糖尿病等，严重适应不良者还可能恶化体质，如皮肤黑色素沉着、黏液性水肿，极度消瘦及代谢障碍。

(7) 心境与情感：抑郁、焦虑及易暴易怒。

(8) 心身障碍：多数有睡眠障碍，入睡困难，睡眠中断，食欲减退，体重减轻，精神萎靡，性欲减退；有疑病观念，思考力减退，注意力不集中，对日常生活兴趣丧失，反应迟钝，自责，想死等。

四、现代人应具备的心理素质标准

为了适应快速发展的社会环境，保持心身健康，促进生活充满活力，作者认为，应该有一个适应全社会的心理健康的准则。作为心理健全的人，一般应具有以下的心理素质：

1. 认知能力方面

(1) 具有轻松、乐观的态度，富于直觉，对环境有敏锐的感受力，可以觉察到别人不易注意的现象，并对它有洞察力，心理适应性强，愿意并能够接受新事物，有旺盛的求知欲和强烈的好奇心理，驱使自己积极进取。具有安全感，积极解忧，不信天命。在处于心理逆境时，能以积极的态度控制。对待新生事物宁愿暂不作判断，也不愿用事物的光明面轻易肯定。不愿随大流或听天由命，能从紧张和危机中解脱出来。

(2) 能够树立正确的人生价值目标，深信自己所从事的事情的价值，有较强的自信心，即使受到阻挠和诽谤也不动摇信念，直到实现预期的目标。以工作为乐，清心寡欲，不管社会对自己如何不公平，自己都会积极自乐于自己的成就，这是一种有责任及有意义的心理满足。不在无意义的事情上多花精力。

(3) 追求事业成功，不计较名利地位，只要成就，不图发迹。变通性强，思维通畅，善于举一反三，能想出有益于社会的点子，做出出色的成绩，而不做野心家(野心家常隐蔽自己真实的感情及意愿)。

(4) 标新立异，不循成规。不靠陈旧的做法建功立业，不盲从，敢大胆地提出疑问,冲破陈旧观念的束缚,勇于弃旧图新,提出与众不同的见解与方法。心理素质高者并非智力超常,智力超常是创新的先决条件,但未必是"成功"。

(5) 能着眼于未来。思维活动不只存在于现在,它可以追溯过去,也想象着未来。思维中新的观点,来自合理的想象,善出难题,解决难题,不追求权威、地位和自我形象,不断提高自己处理现实问题的能力。时间观念强,讲究计划性。具有自觉性、主动性,有革新和改变现状的思维倾向。甘认不知,善于探索——没有糊涂,就没有领悟。敢承认"我不知道",这是创新的先决条件。只有着眼于未来,才能克服当前的某些不足,关心公事,承认不同意见的存在是合理的。

2. 情绪方面

(1) 情绪稳定、轻松、愉快、有活力、能持之以恒,保持心理平衡,能从紧张不安的情绪中很快解脱出来,会享受生活。善于调节自己情绪,使之积极向上,以作为改善学习、工作、人际关系以及生活环境等的动力,有自我满足感。

(2) 善于和别人友好相处,有普遍的信任感,对别人不(或少)猜疑。

(3) 在社会关系方面能够相互满足,尊重他人。

(4) 能够以自己的恻隐之心及爱心,设身处地采取助人为乐的态度。

(5) 具有给予和接受"爱"的能力,培养"公平待人"的观念。

(6) 能忍受一般人无法忍受的恶劣境遇,能将敌对心理用于创造建设性方面。

3. 意志方面

(1) 具有百折不挠的毅力,不在困难和挫折面前轻易低头或放弃努力奋斗。

(2) 刻苦学习,有坚强的意志与毅力及拼搏精神,来完成有益于人类的事业,工作中朝气蓬勃,不慕虚名,埋头苦干,不懈努力,创造新生活。

(3) 有竞争观念,在竞争中头脑清醒,自我感觉活动空间大,有较强的自制力,通过竞争,激发开拓进取精神,检验自身价值,明确方向,保持旺盛的生命力。

(4) 热爱劳动,用自己的辛勤劳动去建设可爱的祖国,有自觉性与自豪感。

第二节　心理素质与现代社会适应障碍

心理素质是一个人整体素质的要素之一,是指个体在认知过程、情感过程、意志过程中所表现出来的心理倾向,即个人的心理能力在社会环境的适应过程中所作出的反应评价,个人接受外部事物后,自身内化的自我认同系统。它是一个人自幼年起在一定的社会环境中潜移默化逐渐培养而形成的,它是主导个人立身处世的心理行为准绳。它包括性格、意志、情感、智力、世界观、理想、信念、传统习惯等要素。它不仅表现在个人的心理品质、性格特征等对外界事物评价的数量方面,也具体表现在个人学习、工作、人际关系及生活等综合行为适应能力的完善等质量方面。具体地说,一个人的心理素质即对外界环境综合适应能力的高低,直接影响着一个人的心身健康及各方面发展的生机和活力，心理素质对一个人的社会贡献及他自身的心身健康关系极大。在当前社会中，提高心理素质对每个人来说都具有不容否认的紧迫性及重要的现实意义、长远意义。

每个人都是社会中的一员，社会是在不断运动中发展的，个体的生存就必须随社会的运转而活动，也必然接受外界事物的撞击，在撞击中不断地发展。因此，心理素质良好者在撞击中不断得到提高，逐渐锻炼成为具有弹性力的铜墙铁壁，在任何环境中都能经受住冲击。每冲击一次受一次冶炼，个体活动的自由度最终就会越来越大，一生中真正达到了潇洒充实。否则，就经不住社会环境的撞击，一碰就变形，甚至倒了下来，就很难适应复杂的社会环境，常常被动挨打，时刻都会感到很累、很苦。

当前，我国正处在改革开放、新旧交替的信息时代，在现实社会中机会与挑战并存。一个纷繁复杂、日新月异的现代社会环境客观地推到了人们面前，如科学技术的高速发展，政治、经济、文化的重大变革，伦理道德的调整，社会节奏的加快，竞争的加剧等。与封闭、保守、变化缓慢的旧体制社会相比较，这个世界确实丰富多彩，充满生机，这就必然冲击到每个人，从而需要人们有一个相应同步发展的良好心理素质，才能平衡、适应、发挥、创造。但从另一个角度看，不少人已经习惯了平静安定、大锅饭、怕竞争等守旧思想，遇到突发的、难以预测的精神刺激，心理上就难以承受，不能保持平衡。当前大多数家庭、学校对下一代的教养模式与现代社会环境要求偏离较远，如只重视智力发展，轻视社会应变能力、自我生存能力及做人能力的教育和培养。长辈对子女从幼年起就过分溺爱、纵容、护短、事事包办、物质刺激等，这些不良教养使他们在提高自己的“知、情、意、行”素质发展过程中受到限制，给个体心理素质潜移默化地打下了不良的基础。所以说养成良好的心理素质必须从幼儿、童年、小学、初中阶段这一关键时期抓起，进入青春期，到了高中、大学阶段已表现出来了。因此，心理素质的高低不在于年少年老，在各个层次都能显示出来。

心理素质的高低、优劣，是关系到个人一生成败及心身健康的一项重要因素。

一般地说，心理素质高者性格倾向均衡：乐观开朗，冷静沉着，善于克服困难，勇于解决矛盾……其心理素质越高，自豪感、自尊心、自信心也就越强，认识自我和改造内（自身素质）、外（外部事物）环境的信念也越足，他的适应能力、自控能力、应变能力、耐受程度、康复功能、社交能力、自我评价能力等都能同步提高，就能更好地面向世界、创造未来，在这个复杂多变的社会里始终保持心身平衡，充分展示自身的才能，创造辉煌的成就，从必然王国进入自由王国。

心理素质高者一般具有以下表现：

1. 坚忍不拔，充满自信

每个人都是在克服困难中努力实现自己的人生价值，但并不意味着每个人都因此变得坚韧。“坚韧”是特指那种对于看来难以抵抗的巨大困难所拥有的特殊心理承受能力。心理素质高者就具有这种特殊的心理承受能力。从空间上说，面对突如其来的打击从不失落；从时间上说，能长久地经受困难的挤压直至胜利而不仓皇逃跑，能在风云变幻的严峻时刻丝毫不惊慌失措，因为胜利的产生总是来自与困难的抗争。伟大的生命是由一连串的身心磨难构成的，正是在种种磨难与痛苦中，生命才爆发出耀眼的光芒。正如鲁迅所说："伟大的心胸，应该表现出这样的气概——用笑脸去迎接悲惨的厄运，用百倍的勇气来应付一切不幸。"他们能够于闹市中得闲庭之境，不脱离"火热"的社会生活又能保持平和的举止及心态。

2. 明辨是非，从不困惑

心理素质高的人能在复杂的社会中识别各式各样的真话、假话、实话、空话、套话、马屁话，能认清众多嘴脸，尝试各种苦乐与爱恨。对人生不困惑，有成熟的从容，不盲目怀疑一切，更不完全相信一切，相信自己的判断、自己的见解、能把握自己的抉择，能把握住"度"。而做人处世的"度"恰如名厨之火候、大师之韵律、巨匠之色调，是一种可意会而不可言传的匠心独运，是一种难以定格的抽象美。

3. 心胸宽阔，少讲多做

心理素质高的人心胸宽阔，这种宽阔不是自吹自擂，不是故作姿态，不是权宜之计，而是产生于一种彻悟人生、洞微世事的智慧。不计较鸡毛蒜皮之琐事，不为小小的成功所动，不喜怒形于色，能用事实说话，而不是声嘶力竭的争辩和喋喋不休的解释。对诋毁和伤害，只报以淡淡的一笑；对那些小心眼、小权术、小动作，只投以无所谓的一瞥，因为不屑。有一种宽容和大度，能透出人格的超脱和心灵的充实。懂得听的价值，能悟出沉默的微妙，知道少语是一种人生智慧，能将听到的尽可能地都收在心里，显得含蓄深沉，具有成熟的魅力。

4. 对美和爱有更深层次的理解

心理素质高者眼中的美，首先是表现在心灵、胸怀、气质、神态上的美，着重真实、纯净、天然、质朴，是一种生机盎然的生命活力。他们力量饱满、视野开阔，能够感悟生命的意义，把对国家、民族的责任和对自身命运的把握化为一种坚实的敬业精神，一种随遇而安的达观态度。不骄不躁，不卑不亢，兢兢业业做事，本本分分做人，甘愿做伟大建筑物上的一砖一瓦而无愧于人生。能顺生随缘，不雕琢，不卖弄，不拘谨，不刻意追求或模仿什么，可以雅，也可以俗；可以穿名牌，也可以布衣草履；可以住星级饭店，也可以睡地铺；可以坐贵宾席，也可悠然自得于某个角落。一切都顺其自然，唯自然而享有轻松和不经意的潇洒。

目前，在我国，个人心理素质的重要性尚未引起社会的普遍注意和重视。长期以来，人们对生理卫生以及环境卫生较为关注，提倡讲卫生以防止疾病（如各类传染病）的发生，而对人生的重要一环——"提高心理素质，讲究心理卫生"却不明确甚至毫无认识。所以，我们必须改变当前人们不知道心理素质究竟是什么，要改变社会上大部分人不重视心理素质培养教育的现状。

从系统论的观点出发看当前我国家庭、学校对子女及学生的教育培养的社会模式，大多数家庭、学校认识不够全面，每个家庭都希望子女成才，但多数都以“溺爱＋苛求”为教养原则，集中一切投资用于其智力的开发，而忽视了他们生存能力及性格的培养。

社会上普遍接受的成功模式，从主观条件看，为：

一个人的成功＝才智＋勤奋

如设　A⟶成功

B⟶失败

x⟶勤奋

z⟶才智

y⟶心理素质

则大家普遍接受的模式为：$A=z+x$。但从系统论观点及临床心理学角度看，这个公式是局限的、错误的。古今中外大量的事实表明：一个人的成功主要决定于他的心理素质而不仅仅是才智。心理素质高者若具备了才智与勤奋的某一方面就有可能通向成功；而心理素质高再加上一个人的才智及勤奋，成功是必然的。反之，心理素质低，即使有了才智与勤奋，最终的结局只能是失败。

下面是比较合理的教养模式：

$$\left.\begin{matrix} y(\uparrow)+z \\ y(\uparrow)+x \end{matrix}\right\} \text{可能}=A$$

$$y(\uparrow)+z+x=A$$

$$y(\downarrow)+z+x=B$$

以上不难看出，心理素质的高低是决定一个人成败的关键因素，我们应该选择的最佳教养模式是：$y(\uparrow)+z+x=A$

注：“成功”与“失败”的概念是模糊不清的，因“得中有失，失中有得”，这是一个辩证关系。作者所说的“成功”的含义是指一个人在学习、工作、人际关系与生活等过程中处处能达到自我满意。能保持良好的心理状态就是最佳的“成功”。

著名的科学家，微生物学奠基人巴斯德说：“告诉你使我达到目标的奥秘吧！我唯一的力量就是我的坚持精神。”大发明家爱迪生说：“创造发明只要求 1 份的灵感，但必须付出 99 份的汗水。”这“汗水”是指什么？就是良好的心理素质——坚强的意志和性格。美国教育家戴尔·卡耐基在调查了大量名人之后认为，一个人事业上的成功，只有 15％是靠他们的学识和专业技术，而 85％要靠他们良好的心理素质，善于处理各种困难、矛盾和人际关系。古今中外大量的事实表明，良好的心理素质的发挥能够创造奇迹。由于良好的心理素质产生的良好的心理状态，会使人们的智慧、才能、精力、胆略等等提高到难以预料的水平，使人们的巨大潜能意想不到地释放出来，从而形成异乎寻常的超凡的创造力。

我们在临床上见到不少心理障碍患者，实际上他们的智力水平很高，但心理素质极差，他们缺乏挫折及磨难经历，一旦离开了保护伞，便经不起风吹雨打，更谈不上暴风骤雨，因对社会适应不良而败下阵来，他们的才能及勤奋就会被淹没，发展平庸，难以达到自我满意，有的出现严重的心理障碍及精神疾病。

下面介绍一例适应障碍的中学生的情况。

男，17岁，高中学生，自幼聪明勤奋，深得家庭宠爱，从小学到高中一直为三好学生，成绩一直名列前茅，平时性格内向，虚荣心强，与人来往较少，高中三年级时出现严重嫉妒心理，对于考试成绩好的同学开始嫉恨，整天左顾右盼，常常出现注意力不集中、失眠、胡思乱想等适应不良症状，成绩下降。曾在门诊误诊为早期精神分裂症，建议住院，经疏导治疗，症状全部消失，提高了心理素质。患者在大学四年中取得优异成绩，在学习、工作、恋爱等方面都达到了自我满意。下面是他自己的总结：

有一位著名的心理学家曾说过：只有身体健康、心理健康和社会适应能力强的人才是真正健康的人。几年前我就是因为心理素质不高，社会适应能力差而险些铸成终身大憾。回想这几年我与心理上的病魔作斗争，不断提高自己的心理素质，提高社会适应能力的历程，真可以说是百感交集。

4年前，我是重点中学的一名高三学生，当时我的性格内向、细心、胆小，而且对自己信心非常不足，虚荣心极强。临近高考，学习的压力、社会的压力像两座大山压得我喘不过气来。内因是根本，外因是条件。在这内外因素的共同影响下，我开始失眠、焦虑、烦躁，以至于后来有3、4个月无法正常地学习。在病榻上我想：高考快要到了，同学们都在争分夺秒地复习，那些原来不如我的人都要超过我了，我要考不上大学了，我要成为一个废人了等等。这样那样的想法无时无刻不在纠缠着我，使我心里极端的痛苦。平时的期中、期末考试，为了多争一分，我会和同学拼命较劲，为了提高一个名次，我会通宵达旦地学习，而现在……我真的觉得已经和同学差之千里了。我心里拼命在安慰自己：今天生物课没什么关系，老师说只是对答案而已；下午语文老师说有事，不一定能赶回来……然而一节两节课不去，一天两天课不去可以，但一个星期两个星期我却无法睡个好觉，无法去上课。渐渐地我再也无法去安慰自己了，我陷入了一种绝望的境地。无法描述当时的那种心境，一个高中学生，没有任何社会经验，学习、考大学是他唯一的精神支柱，而一下子这根支柱倒了，一个人完完全全像处在汪洋中小小的孤岛上，叫天天不应，叫地地不灵。

不幸中的万幸，一个偶然的机会，我遇到了鲁龙光教授。很凑巧的是，第二天他所主讲的集体心理疏导班就要开课了。当时父母劝我上这个课，我毫无信心，觉得没有人能救我了，然而仅仅上了几天课，奇迹就出现了。在这个治疗班中，鲁教授首先从生理和心理的角度对心理障碍等进行了深入浅出的阐述，逐渐消除了我的疑惑：我到底得的是什么病？有多严重？这个问题的解决是此后走向好转的一个基础。通过学习、反馈、再学习，我初步认识到（当时只是初步认识）我的问题出在心理障碍上，这只是一种相当普通的疾病，几乎每个人或多或少都存在这样的偏向，而我只是严重一些罢了。心理障碍的产生就好像一条小河中有一些杂草、石头阻断了河道，而通过心理疏导，疏通“河道”，心理活动就可以恢复正常了。在社会群体中，在日常生活中，人所遇到的各种压力、挫折、不快等都有可能在心中聚积成“障碍”。有一些人由于心理素质较高，能乐观、豁达地对待人生，这样的人实际上是不知不觉地随时在疏通可能造成阻塞的心理障碍；而另外一些人却不一样，像我谨慎、细心、内向、多疑，遇到心理上的问题，处理的方式就和前者不一样。我这样的人虽然比较善良，但同时也比较严谨，甚至有些木讷，一条路走不通，我就是不知道转弯，更不会灵活地选择道路，常常会把一些不开心的事闷在心里，不讲出来，甚至遇到心理的困惑、痛苦，再难过也羞于开口，久而久之，“障碍”就越聚越大。对我而言，除以上提到的，我还有一些导致我发病的原因，而这些实际上都是社会适应能力不强所造成的。比如说我这个人好胜心极强，把自己的目标定得非常高，面子看得非常重，渐渐发展成强烈的虚荣心，而当虚荣心得不到满足的时候就会相反形成自卑心理。另外，我从小和父母在一起的时间不长，长期寄住在外公外婆家，从小就有一种寄人篱下之感，性格上并不开朗、乐观。而和父母在一起以后则比较任性，受到过多的娇宠，很少参加劳动，这也是导致我产生社会适应不良的重要原因之一。劳动能帮助一个人了解自己的能力，通过劳动，看到自己劳动的成果常常能够使一个人的自信心大大提高；通过劳动，知道了人的生存就是为了以劳动创造社会的精神财富和物质财富的道理，对人活着的意义也就清楚、现实多了，不大会常常陷入各种各样的迷茫、困惑中去了。你会发现，常劳动而且善于劳动，善于自己解决问题的人很少发生这种疾病。

在学习班中，有一个良好的治疗气氛，病友之间互相尊重、相互理解、互相帮助，有助于打开自己紧闭的心扉，并体会到助人为乐之乐。在交往中，我发现自己的病和有些重病患者比较起来真是微不足道，而且我年轻，前面的路还长，这样想就增加了我抵抗疾病的信心。在学习后期，我更有了进一步的提高，逐渐认清了自己当前的处境。我当时的不利条件在于，我已经很长时间没有上课，但是最后阶段的复习与前两年半打下的基础相比，起决定性作用的毕竟是后者。我现在的有利条件是我的心理素质有了一定提高，有了对付心理障碍的办法，而且我也不像以前那样认为“考不上就完了”，认为可以明年再考，心理负担由此大大减轻。认识提高了，不和别人比了，轻装上阵，重新拿起书本，拼出好成绩。每看一点书就对自己说，你又多懂了一点，多复习了一点，离可以参加考试的水平就近了一点，给自己正向疏导。做题目的时候，看到题目稍稍难一点，不能一下子反应过来，就会有一种莫名的紧张感，我告诉自己不要怕，并不断地鼓励自己，渐渐找回了自信。

心理素质提高以后，我重新回到了学校，虽然担心学习跟不上，担心老师、同学以异样的眼光看我，但我还是告诫自己，克服心理素质低的毛病是一个漫长艰苦的过程,如果连这点勇气都没有,还谈得上什么从头开始过新的生活?我想,这次不能再蹈覆辙,不能为了一点虚荣心再把身体搞垮了,我现在可能比别人差得远,但是我的目的是学一点是一点,能考上大学最好,考不上大学也为明年再考打点基础。就这样我对未来的困难有了心理准备,主动降低了标准,开始灵活地看待一些问题。事实证明,以这样的心理状态复习,始终保持乐观、积极的情绪,不再与别人攀比,不知不觉中,我的成绩渐渐提高,慢慢赶上去了。

正当我为取得的进步欢欣鼓舞的时候,我又面临了一次大的考验。按照学校规定,部分平时成绩好的同学可以免试进入大学学习,而我在前几个学期的成绩相当好,班主任老师就把我列入了保送名单,并征求我的意见。我当时认为去与不去的选择权在我手中,虽然这所学校不是我理想中的学校,但毕竟对我来说已是极大的喜讯了。我告诉父母、朋友,他们都为我高兴。我答复老师说愿意去。正当我为此兴奋不已,并且打断了正常的复习近一个星期之时,老师突然告诉我,说学校因为我有几个月没有出勤而取消了我的保送资格。

这对我来说,无疑是一个晴天霹雳,美好的希望转眼间就变成了泡影,脱离正常的复习将近一个星期了,刚刚赶上去的成绩已经落后,现在要重新拿起来,一切好像都变得灰暗起来。这时候我首先想到了鲁教授。鲁教授耐心地听完后,告诉我:“你很有才华,又很勤奋,前阶段为什么失败了呢?因为心理素质差,把你的一切优势都淹没了。现在不同了,你已对自己有一个认识了,心理素质也有所提高了,如在今后不断的克服困难中提高自己将会更好。你的学习基础好,又十分努力,再有一个坚强的自信心,考取理想的大学,应该说条件是具备的,你说对吗?”仅 15 分钟的交谈,指点了迷津。我在回家的路上轻松了不少,回想过去在心理危机的关头转败为胜,就是通过遇到一个问题,克服一个问题,提高一步,再遇到问题,再克服,再提高这样的过程实现的。现在就是要认清现实,面对现实,承认现实,做自己能做的和应该做的。想到这里,我豁然开朗,又一次体会到心理负担解除后的快乐。面对现实,学会为自己解脱,你会发现你走进了一个全新的境界,往往能干得更出色。

这以后,我发现我的心理素质有了明显的提高,原来认为可怕的学习变得轻松愉快,紧张的人际关系也逐渐平和,感觉处在一个极温馨安全的环境中,人活得很踏实、愉快。就这样,我轻松地参加了高考,发挥出自己的正常水平,考取了理想中的大学。我后来常想,如果当时我为了保送的事又一次陷入情绪危机,我怎么还能取得现在这样的成绩呢?乐观地对待人生,宽容地对待自己,学会热爱生活,在各个方面都会越走越好。

从我考上大学的成功事例来看,我认为,当时自我认识提高了一步,正确地走上了优化的道路,那就是:

1. 考上考不上大学无所谓,自己反正赶不上人家了,不拼命强求,步步为营去干一些事,干一点就觉得自己成功一点,这样实际上也就把自己“过高的目标”降下来了。

2. 用自我疏导法给自己鼓励，提高自信心，克服“怕”字。

3. 勇敢地面对现实，在放下书本3个月后重新拿起来，并坚持看下去。

4. 医生的帮助、鼓励。

进入大学以后，我担任了学生干部，工作上干出了一些成绩，同时学习也没有掉下来，当时自己对自己也比较满意。这时候我遇到了恋爱问题，有两个女同学对我有好感，我明显感觉到了，觉得很新奇，很想与女孩交往，但不知如何面对，就很快告诉了鲁教授。他告诉我，恋爱问题在大学里很普遍，很多人并不能成熟地对待这样的问题，很难把握好，有可能对自己的学业、以后的事业、家庭带来不利的影响，劝我在一、二年级谈恋爱要慎重考虑。我接受了鲁教授的建议。以后的事实证明他是对的。我从中学考入大学，才17岁，各方面都还很不成熟，而且学业也刚刚起步，需要大量的时间、精力的投入。如果这时谈恋爱，一是时间、精力上必然要分散；二是自己思想、心理都不稳定，如果遭受打击，以我当时的心理素质可能不一定能承受得起；三是如果学业荒废，事业就没了保证，爱情的根基也不会稳定。为了现在，为了以后着想，我与她们作了普通朋友。这里我要向各位朋友真心地建议，当你遇到一些问题难以解决的时候，不要闷在心里，要找朋友、找长辈诉说，而有些朋友可能与自己的同辈很容易沟通，但与长辈则觉得无法交流，甚至觉得他们的思想有些不合时尚。但我要说的是，我们的长辈都有着比我们多得多的生活经验，有些问题他们经历过后有着深刻的理解，如果能听取他们的建议，往往能使年轻人少走弯路。

这4年的大学生活，我觉得过得比较顺利，心理素质也有了较大的提高，对社会的适应能力也逐渐增强，但是直到现在我还是会经常有反复，这说明改造性格的长期性及艰难性。但我并不害怕，我相信我一定能克服，虽然时间可能比较长，痛苦也比较大，但我正信心百倍地面对生活，追求美好的未来。

随着年龄的增长，我的学业取得了进步，思想也逐渐成熟起来了。这时候在别人的介绍下，我认识了现在的女朋友。刚刚交往的时候，没有什么经验，两个人在一起的时间太多，以至于互相影响学习，而且感觉到，两个人各自的生活空间都变小了，我和父母、同学、朋友在一起的时间就少得多，她也是这样，慢慢地，两个人觉得互相之间可以交流的东西越来越少，互相吸引对方的东西也越来越贫乏。因为在一起的时间太长，双方缺少了一种距离美感，这样反而无法增进感情，一个重要原因是我的性格，我这个人细心、严谨，总觉得处处要为对方着想，有时候甚至体贴周到得有些过了，反而把两个人的手脚都束缚了，为此还闹了些矛盾。其实，在大学里，彼此都有各自的学业要完成，应该有各自独立的时间和空间去发展、完善自己的性格，在一起时应该是互相帮助、互相促进，在事业成功的过程中培养出的感情更牢靠。在一次交谈中，我发现她的想法和我完全一样，我们取得了共识后，现在一切都非常好。

大学期间,还有一个比较重要的问题是就业问题。我们进入大学提高了自己的知识水平,是希望将来能够找到适合自己发展的工作岗位。我是这样想的:将来的竞争会越来越激烈,每个人都要具备尽可能好的心理素质和比较完善的知识结构,掌握了真本事,即使暂时不一定能找到好工作,但我相信,只要坚持去完善自己,优化自己,总有成功的一天。选择工作关键看自己在这方面有没有兴趣,有没有发展的潜力,这是非常重要的,如果只是一味地挤到自己并不喜欢的工作中去,可能长时间精神上并不愉快,也不可能真正的成功。

总的来说,这几年我渐渐学会了以灵活、勇敢、果断的方式来对待生活、工作、学习中的难题,渐渐摆脱了心理上的障碍,取得了比较大的成绩。

总结我这几年来遇到的无数次的反复,它使我体会到,提高心理素质是一个漫长、遥远的征程,然而前景无比美好。在每一次反复之后,我都回过头去看看经过的一切,就像我考上大学后第一次回头看看我那段艰辛的过程,有一种豁然开朗的感觉,觉得以前自己深深陷入的泥潭,回过来看看,"不过如此",甚至为自己当时的愚蠢、不善开脱和保护自己而惭愧。通过总结,心理素质一步一步地提高,虽然每一次都很痛苦,但熬过来,人就在心理上成熟一步,那样的感觉真好。

在这几年中,我不断总结、提高,当然也走了许多弯路,但我有一些经验或者教训介绍给大家,供大家参考:

1. 身体是本钱,任何时候要记住保护身心健康。

2. 做一件事,只要自问无愧良心,就大胆地去做,做了也不要去多考虑别人怎么说,不要患得患失。

3. 要记住自己并不是为了和别人比才来到世上的,做自己感兴趣的事,坚持下去就有成功的一天。

4. 有时候要强迫自己不去想一些事,而且说忘就不要再去想,非想不可时,要善于转移注意力。

5. 大目标可以定高一些,但眼前的目标一定要切实可行,符合实际。

6. 多交朋友,与知心朋友可以敞开心扉谈,至少要有1~2个知心朋友。

7. 多找一些事充实自己的生活,不要总让自己闲着去胡思乱想。

8. 要善于用自己的脑子分析当前的客观现实,要冷静,不要自己吓自己,不要总给自己找出一些让自己怕的事来。

这些虽然有的都是在各种书籍上常常可以看到的,但这些体会对我来说每一条都是历尽艰辛和痛苦才得到的,才有深刻理解的,只希望能对大家有所帮助。

第三节　如何提高心理素质

心理素质涉及每个人立身处世等社会活动以及与人有关的各个领域的事物,包括社会与自然环境，是个既抽象而又具体的人生重要课题。人的历史就是一部与社会环境、自然环境的交往史。人一出生就开始了对自然及社会的认识，随着个人的发展不断步步深入，不断适应社会，掌握外界事物的变化规律，不断提高心理素质，人们才会有所前进，有所发现，有所创造。

那么，如何提高心理素质呢？

1. 要从婴、幼儿时抓起

心理素质是人一生如何应付内、外环境的心理条件，要从婴幼儿时抓起，在幼小的心灵中播下优良的适应环境的种子，重视培养他们认识自己与认识社会的能力，使他们各方面能力得到全面的、同步的发展。

提高心理素质是一项深入细致的系统工程，不可能一蹴而就。这是关系人生成败的终身大事，我们要下决心，持之以恒，深入持久地进行下去，为提高个人心理素质水平而长期不懈地努力。我们祖先非常重视人生初始形象直观、具体的"学做人，学适应"的教育，把修身列为人生第一课，充分运用"砸缸救友""让梨敬兄""温席孝长"等故事使孩子们懂得和学会如何处世。以"孟母三迁""岳母刺字"等喻之以立志、自强、自信的人生哲理。

孔子说过"少成若天性，习惯成如自然"。人生轨迹无不表明少儿时有了扎实的"人生功底"，则会终生受益无穷。如果一个人从孩提时就多接触实际，参与社会生活实践及体力劳动，长大后自立能力就强，就会做好每一件事，不怕吃苦，不怕困难。如一个人从小缺乏礼貌、情操、劳动、意志等方面的修养，其后在社会适应方面必定需重新补课，而这往往有很大的难度，甚至是事倍功半。从适应社会的全面发展看，自幼养成的习惯是很牢固的，即所谓"天性"与"自然"，成年时再让其学说话，学生活，学做人，学举止，学生存，那早已形成的不良习惯与品性正是"积习难改"和"禀性难移"了。

提高社会适应能力，关键在于：

(1) 家长与社会，特别是家庭和环境因素的影响，不容有半点忽视。要建立适应儿童正常学习与生长的良好的家庭与社会机制。

(2) 每个家长都应意识到，在向子女实施教育前，自己要先学点科学的教养方法，因为孩子的社会适应能力的培养及心身健康的发展首先取决于长辈自身的素质。

(3) 如果一个合格人才的"毛坯"自幼儿起就有了扎实的基础，在人生发展过程中，虽不能说一帆风顺，自然长进，却能够达到理想的境界。

(4) 个人的病态习惯无不反映出一个人的文化教养与认识境界的不足，而病态习惯许多都是从幼年起养成的，所以根深蒂固，有的人甚至到老也改不了。比如生长在穷人家的孩子，从小知道生活的艰难，一般能吃苦耐劳，对于苦活、累活、脏活全都不在话下。而那种从小衣来伸手、饭来张口，被宠坏了的"小皇帝"，则易养成娇纵和好逸恶劳的习惯。然而习惯是可以改变的，它受心理的支配；心理受着社会环境的影响。习惯形成于后天，形成于潜移默化的不知不觉中，其中，性格缺陷往往也起着重要的作用。要提高心理素质，改造性格缺陷，一刻也不能松懈，随时注意改造旧习惯，树立新观念。好习惯的建立与形成必须从孩提时代抓起。

2. 认识自己是根本

社会环境和自然环境是人类发展的摇篮，每个人出生后就开始了对外部环境的认识，同时促进自己整体素质的增长。随着个体的成长，对内、外环境认识的不断发展、深入、提高，整体素质可达到相当高的程度。所以，正确认识自己与所处的社会环境与自然环境的关系，摆正个人在外界环境中的位置，可以增强自己与不良的社会及自然环境作斗争的信心和勇气，适应并改造社会，利用有利时机，把握自己，保护自己。

在漫长的岁月里，为了认识适应并改造外部环境，必须首先了解和认识自我心理素质。只有能够做到认清“自己”、说服“自己”、征服“自己”、解放“自己”、赞美“自己”、感动“自己”、挽救“自己”、忠实“自己”、成全“自己”、磨难“自己”、提高“自己”，做自己的主人，才能在千变万化的复杂社会环境中保护自己。只有通过努力实践真正认识了自己，才能与外界环境保持心理上的平衡，才能在学习、工作、人际关系及生活中感到自我满意，在理智上获得胜利；心理素质上不断升华，表现出潇洒、充实、充满魅力的成熟的人生，能处处向前看，从容地走自己的路，才能有力量征服一切逆境、挫折、不幸与疾病。通过磨难、逆境、失败，对人生加深理解，有所醒悟，有所教训，教会自己怎样去度人生之旅，并逐步走向成功。有了自知之明，才能使自己在困难中精神振作，忧愁时自我排解，绝望时看到光明，每一个人对每一件事物的态度几乎都是自己在影响着自己。所以，人最危险的敌人就是他自己心理素质的低下，人最大的不幸就是自己与自己在抗衡中失败。痛苦和失败也只是痛、败在自己手中。那么，真正的胜利者又是谁呢？“自己”。一个人要活得充实，就必须找到自己，认识到自己的生命价值。一般认为生命的敌人是疾病，其实，说到底应该是不良的心理素质，因为不良的心理素质既能损害躯体又能伤害心灵。因此，珍惜生命必须培养良好的心理素质，否则，即使心脏还在跳动，甚至躯体脏器都很健康，也只不过是一具活着的木乃伊，他的真正的“生命”可以说是不复存在的。因此，要让生命发光，必须保证心理健康。人生的价值只有在认识自己、正确地看待自己和创造自己的基础上去领会。

外界的一切事物都是客观存在的，实践是认识的基本源泉，通过“认识→实践”无限的反复循环，在实践中找到事物的运动规律，步步深入，走向主动，就可以把自己的心理素质不断推向新的高度，就能够对许多复杂的社会环境及现象作出解释，并能适应它们、改造它们。

那么，究竟如何认识自己呢？

(1) 通过现象认识本质。只有提高内在心理素质，才能从四面八方透视各种外部现象,对社会事物有个全面的深层次的了解,正确把握自己与社会事物发展的关联,通过社会实践来检验自己、提高自己。

(2) 抓住整体,规范布局,局部服从整体。每个人的心理素质、生理素质与社会、自然环境存在着相互联系、相互制约的关系,构成一个复杂的系统工程。无论做什么,只有从整体利益出发,合理地、有计划地实施才能获得好的效果。提高心理素质,保持心身健康也是如此,都必须考察各方面的因素,努力做到内在(心理与生理)与外在(社会与自然)因素的统一。

(3) 抓住重点。"认识自己"是个含义很广的概念,认识自己一定要从普遍性中找出特殊性,突出关键环节,抓住主要问题,要把我们周围的世界作为认识重点,从自己的实际出发,了解社会环境,考察周围事物,抓住自己心理素质及性格优劣的重点,扬优除劣。

(4) 用发展的观点认识自己。社会及自然环境充满着矛盾并在不断运动、变化着,每个人在这个世界中的地位及作用也永远是处于动态的相对平衡状态。在认识社会环境中认识自身,在改造社会环境中改造自身,在矛盾中不停地运动,在动态中开拓提高自身。认识自己和利用社会的能力是每个人心理素质水平高低、影响个人全面发展进程的两个标志,能在多高的层次上认识自己、利用自己、改造自己,自己就能在多大程度上得到发展,得到多大的自由度。害怕认识自己,在社会环境中束手无策,无视自己的信心及威力,只凭自己的想象及任性去处理问题的脱离现实社会的人,都会加剧自己与社会的矛盾,最终导致自己对自己的报复。

3. 建立价值目标

(1) 价值观与事业心。价值观是人们生活的追求目标。如果一个人没有价值目标,他就会感到无所作为,感到人生淡而无味。有了正确的人生价值目标就会具有活力和动力,内心充实地铸造自己的信念,自觉地为价值目标去追求和奋斗,纵然遭到一些磨难,失去一些个人利益,却能为他人创造幸福,自己恰好从中得到更高层次的幸福与满足感,生活得有滋有味,潇洒豁达。在事业上想真正能有所成就,首要的是要有一颗强烈的事业心,以事业为重,为实现自己的价值而"入迷",为追求价值目标而孜孜不倦地忘我劳动,在自己迷恋的世界中再苦再累也会觉得其乐无穷。价值观具有激励人心的思想内涵,真实反映了一个人的奉献精神——事业心。有了事业心,一个人就能无比热爱自己的工作,自觉自愿地调动自身最大的潜能,不怕苦,不怕累,潜心钻研,锲而不舍,勇敢地面对一切困难和心理障碍,并且战而胜之。执著地追求人生价值目标者,其生活的确不会轻松,他的肩上有压力,每天匆匆忙忙,辛辛苦苦,要说不累是不客观的,然而他并不觉得这种累人的生活难以忍受,反而乐在其中,因为他明白自己对社会、家庭,对每一个人都负有不可推卸的责任与义务,因此,价值目标的实现无不伴随着艰苦和某种牺牲。这种牺牲,从人情、人性、伦理的角度来看是令人遗憾的、酸楚的、甚至是残酷的,但如果从社会的需要及事业的大局出发，又是崇高的、感人的。这种崇高的牺牲精神所得到的报偿，是金钱及任何物质所不能代替的。例如，作者认为，一个医生的价值观应是："为患者解除痛苦，为家庭创造幸福，为社会带来安宁。"当一个心理疾病患者从心理痛苦中摆脱出来，将紧张、抑郁、焦虑、悲观、痛不欲生的心态转为轻松、愉快、开朗、快乐，并在社会上发挥其重要作用时，那种幸福、激动、自豪等等的情感就会涌上心头，自己会感到无比的充实与满足，同时更进一步受到激励与鞭策。一个人只有投身于伟大的事业，进入"有所作为"的最高精神境界时，才能从他人的幸福中体验到自己的幸福。对一个有正确的价值观的医生来说，没有比看到患者为康复而欢快更富有乐趣的了。作为医生，我的"付出"与"收入"大致是相等的，我支出的是创造性的劳动成果，收入的是满心喜悦和巨大的价值观满足的乐趣，这也是我的人生精神境界上的真实体现。

一个没有正确的人生价值追求的人，必然无所事事，虽然可能在优越的条件下享受着舒适的物质生活与亲人的抚爱，在表面上看来是非常幸福的，但他可能常常会出现心灵的空虚与失落感，甚至对人生产生厌倦，这就是所谓的"空虚病"(心理障碍)。因为生活本来就不是躺在前人的树荫下乘凉，而是朝自己人生价值目标不断地艰难跋涉，去创造，为别人、为社会也为自己，只有这样，才能体会到生活的真谛，体味到自己的创造所带来的幸福。如果"空虚病"等心理障碍长期存在，发展下去，他将感到人生虚度和厌倦无聊。虽然我们终日忙忙碌碌，在希望和现实中苦苦地奋斗，在人生的十字路口，曾有过惶惑、犹豫、紧张、恐惧、厌倦、焦急、忧伤，但我们不逃避选择。每天早上一起床，绵延的生活道路就在自己脚下伸展，应该怎样迈出坚实的一步？每天晚上上床，白天留下的纷繁的人与事物又会汇集在你的脑海，自己又将如何作出取舍？这既是对众多问题的求索，也是对某些欲念的割舍。抉择，也许能为自己带来愉快与惬意，或许又将带来懊悔与痛苦。人既然不能逃避抉择，那么就应该做抉择的主人。信念的锋刃可以帮助你作出正确的抉择。在利欲面前，价值信念教自己廉洁奉公，以构造品格的高尚；在生死关头，崇高的信念教会自己舍生取义，以完成生命的辉煌。这样便活得潇洒，活得舒展，也活得有光彩，对人生就不再会惶惑或厌倦，不再会逃避现实。由此，自己也拓宽了自己的眼界和心胸，开拓了一个新世界，自己会不知疲倦地为实现自己的人生价值目标而努力，即人人为我，我为人人。

(2) 依价值目标来培养人生情趣。一个对人生充满悲观灰色色调的人也许会因有了价值目标而改变对人生的态度，但只有把坚定的信念、韧性、探索精神和严格的规律等等各种优秀的心理素质加起来，才能造就一个较好的价值观。价值观往往可以反映一个人的人生态度，刻画一个人的人生轨迹，影响一个人的事业曲线，规范一个人的性格特征，但它不是像胎记一样从胚胎中与生俱来，而是后天努力的结果。价值目标的潜能会在你整个生命过程中自然而然地释放出来，其能量是不可低估的。缺乏价值观的生活是枯燥的，没有幽默，没有风趣，没有个人爱好，没有动力。

价值观的确是怡悦心身，陶冶情操，培养进取向上，鼓舞斗志的动力之源。一句话，它是提高心理素质、改造性格的动力。

4. 总结过去，着眼未来

任何人若能向前看而不留恋过去，都会保持心理平衡。有些人常回顾自己童年美好、幸福的生活，有些人回顾过去的艰难与痛苦等等，与现实相比，他们都会有一种心理不平衡感。对于心理素质差者，过分留恋过去、沉缅怀旧常常是出现心理危机的一种诱因。特别是老年人，怀旧的心头总是笼罩着对已经逝去或正在失去的过往事物所产生的一种淡淡的悲哀。由于心理及性格偏重于对过去的一切一往情深，适应于遵循传统习惯，对各种新生事物本能地产生抵触和恐惧心理。这在临床上及现实生活中经常可以看到。有的人年纪轻轻的因回忆过去而出现"叹年华已逝，功业难成"的感慨，心理障碍者往往试图借回忆过去来排遣内心的抑郁和不平。

然而，整日沉湎过去犹如抽刀断水，令人烦恼丛生，出现焦虑、抑郁、烦躁等负性情绪。长期负性情绪刺激会导致神经内分泌功能失调，免疫功能下降，从而促进衰老和疾病发生，是心身健康的大敌。尼克松曾两任美国总统，因"水门事件"被迫下台，饱经人间沧桑和世态炎凉，但他心胸豁达，始终精力充沛，积极进取，在他 80 寿辰时，美联社记者采访他健康长寿的秘诀时，他回答说："千万不要回顾过去，要向前看。人总要为某些东西而活着，否则便虽生犹死。"这确实是提高心理素质的真知灼见。

5. 珍惜时间，把握机遇

随着时代的进步，我们的祖国必将会走入世界先进的行列。这是一个召唤人们建功立业的时代，新生事物层出不穷，新领域、新技术、新高峰等越来越多地需要人们去探索、开创、攀登并填补空白点。在这个信息社会中，作为跨越两个世纪的当代人，在现实社会生活中珍惜时间，把握机遇，驰骋在各个领域，展现自己的才华，摆脱或改变可有可无的社会边缘角色的状况，成为这个时代不可缺少的人，现在正逢其时。

然而，正如认识自己一样，认识现实并不等于认识和实践同步，它只表明你比历史上祖辈幸运一些而已。而你能否真正把握现实时机，脱颖而出，参与社会实践，推动时代的发展，投入到火热的生活中去，那就要看你的具体情况而定，也就是前面所述的天才、勤奋、机遇与心理素质的关系，其中，心理素质是主要的。因此，作为一个社会成员，可贵的就在于自己有良好的心理素质，真正懂得胜利的含义，以竞争中取胜为乐事，敢于战胜艰难险阻，敢于拼搏，而不是与世无争，听天由命。也就是说一个人可贵之处在于他的眼睛总盯着他所不曾达到的目标与高度，并为之奋斗，不是每天总担心"风摧秀木"而退避三舍，追求平庸，得过且过。始终能脚踏实地，不断提示自己和强化自己的竞争心理与技能，以争取优胜，而不是整天愁失落，叫苦闷，觉得生活太累；或自命不凡，贬损一切；或牢骚满腹，只见弊短；或怨天尤人，苛求环境；

或心烦意躁，嫉贤妒能；或漂浮油滑，投机取巧……整天躺在床上做几个好梦是永远不会成功的。所以，一个心理素质高者从不寄希望于空想和侥幸，而是拼命学习知识，拼命锻炼能力，参与社会实践，作一个知识丰富、能力充实、自信心强、坚忍不拔的人，处处能达到自我满意。

世界上没有绝对的、抽象的机会。对每一个特定的人来说，所谓机遇总是与他特定的需要、意愿、能力以及具体情况相联系的，没有任何机会适合于所有的人。因此，每个人都必须根据自己特定的需要、意愿、能力和环境去把握、寻找和创造机会。不要自卑、自弃、自悲自叹，只要双手曾用力敲打了，即使产生的痕迹太浅，世界也因此留下了这点印记；只要智慧闪烁了，即便火花太弱，世界也会因此增加一点光亮。这便是参与的结果。怕的是大事做不来，小事又不愿做，那样，只能成为一个望洋兴叹的"局外人"，或者是一个好高骛远的"空想家"，亦即时代可有可无者。

6. 不要过分追求完美

世界是无限的，一个人的生命是有限的，如果在这有限的时间里，想对一切事物都明察秋毫，这是做不到的。事实上，从古到今，除强迫性格者以外，世上从无这样的先例，否则，事物就不再需要发展了。但有些有心理障碍的朋友，总想在某些事情上作个明白人，不愿当糊涂人，因此，对任何事物都过分认真，要追根究底，非弄明白不行。结果是恰恰相反，像一盆糨糊，如何能将水和面分开？分不清是非真假，整天黏黏糊糊，浑浊不清。实际上，完美与不足，糊涂与明白都是相对而言的。人生在世，谁愿糊里糊涂而不想明明白白地生活呢？当一个人进入心理误区后，如一些强迫症和恐怖症患者，常常表现得似乎要在自己有限的精力与时间内把事事、处处、时时的一切事物都弄个明白，百分之百地达到完美的目标。这根本是不可能的，到头来也只能落个痛苦。因此，追求完美要切合实际，要适度。

明白与糊涂，从认识上说，是人在主观认识与客观实际的关系方面的统一程度。主观符合客观叫做明白，主观未能反映实际情况称为糊涂。话说回来，古往今来，有谁能在一切事物上都能作出主观符合客观的判断，明镜高悬呢？这样看来，明白与糊涂是同时存在于一身的，不同的是在各个人心中明白与糊涂的比例有所差异而已。问题的关键，是要看一个人在什么情况下明白，又在什么事情上糊涂。各种事物如果以大小划分的话，那么明白与糊涂就应做到大事清楚、小事糊涂。也即原则性问题要清楚，要有准则；而对生活中无原则性的小事不要认真计较。而大事糊涂，小事清楚；大事清楚，小事也清楚；小事大事都糊涂这三种人中以第一种较常见，并且多见于心理障碍者。对大事小事都清楚或都糊涂的人极少。在常见的大事清楚、小事糊涂和大事糊涂、小事清楚这两种人中，当然以前者为佳。但再深入一个层次，这里所说的大事清楚，小事糊涂不等于一切大事都清楚，一切小事都糊涂。世界上没有一个人对所有的大事都清楚，也没有人对全部的小事都糊涂的，只能说是"一般""基本"而已。此其一。其二，大事中有最大的事，小事中亦有最小的事。比如，少拿几块钱,遇到不中听、看不惯的事情,别人的批评尖锐了点,暂时受点委屈、吃点亏等等,这都是些极小的事。遇到这些小事就没必要斤斤计较,耿耿于怀,而应一笑了之。这就是一种“小事糊涂”,对自己心身健康颇有裨益的、吃小亏占大便宜的态度。做到小事糊涂、大事清楚,首先要明白保护自己的心身健康是占了最大的便宜,这样在改造性格中才能引发个人的自知力,达到学习、工作、人际关系乃至生活的成功(自我满意)。在此基础上发挥自己的潜力与创造力,使自己将更多的时间专注于某项重要的工作,成为一个不严格追求完美的人,胸襟就比较开朗乐观了,也就能够接受别人的意见,更容易适应转变,不会过于固执、偏激、狭隘、死板。这对克服不良性格,保障心身健康十分有益。消除焦虑、孤寂等对抗情绪,把更多的时间用于享受人生。

7. 胜不骄,败不馁

胜不骄,败不馁,胜败不形诸于色,是提高心理素质及性格修养的重要措施,即做到“失意泰然,得意淡然”。诸多杂念及心理—社会紧张刺激因素一概置之度外。正是这种波澜不惊的心理素质,在保障个人心身健康及在学习、工作、人际交往和生活中达到自我满意,事业上才能成大器。东晋时有位名将谢安,出奇制胜,以八万兵力击败符坚百万大军,捷报传来,他正与幕僚下棋,只是淡淡地说了声“知道了”,仍埋头继续对弈,声色不动,真可谓大将风度。有些人胸中早就“运筹帷幄”“志在必得”,往往事先在心理上就已稳操胜券,自然也就不会闻捷而喜形于色了。万事皆一理,一个心理素质较高者就是执著事业,淡泊名利,兢兢业业,勤勤恳恳,专心致志,以求事业有成。淡泊名利,对名利不要看得过重以致迷失本色。对我们每个人而言,不论干什么事情,要想有所作为,必须淡化功名利禄心理。看见别人好于自己不眼红,有信心有勇气向他人学习与竞争,能做好自己现实的一切。这个道理《菜根谭》说得最精妙,“塞得物欲之路,才堪群道义之门;驰得尘俗之肩,方可挑圣之担。”这不是“平庸心理”,与不求进取、甘居下游、落后而不知追、昏睡而不知醒的迟钝、愚昧心理有着本质的区别。心理素质高,并非不争强求胜,而是从大处着眼,从长计议,“谋大局者不计小利”,有所不为而后才能有所为。心理素质高,可使人获益匪浅,大获全胜。在失败中保持平静,把成败当成过去,一切从头再来。但愿我们都能做到“宠辱不惊,静看庭前花开花落;得失无意,漫望天外云卷云舒”。

8. 能正确面对情感挫折

我们在临床上见到不少因恋爱受挫而心理不平衡,造成严重后果的。实际上,失恋,特别对于初恋者,是一种心理逆境,其痛苦悲伤,往往令人难以承受,不能冷静地对待它。失恋者的心理失衡,往往导致心理障碍甚至产生严重不良的应激反应,以致丧失理智,做出违法犯罪等许多愚昧至极之事。如某大学一研究生与其同班一女同学恋爱,在交往过程中,对方发现其自私等缺点,拒绝作为好友相处。后该女与另一男同学交往密切,他便产生了严重的嫉妒及憎恨心理,杀害了对方,成了杀人犯。也有的因为对恋人往日的爱慕无法挽回而自杀，更多的转变为自暴自弃，丧失生活信心，长期沉陷于失眠、抑郁、消极……终于导致了心理障碍及精神疾病等，结局悲惨，令人惋惜。

一个人如能在失恋后保持较为冷静的态度，认真地分析总结失败的教训，认识自己的不足，发扬自己的优越条件，转劣为优，以利再“战”，就不会为失恋而付出重大的不现实的代价。那么，怎样才能保持较为冷静的头脑及心理平衡呢？

(1) 失恋后首先在心理上要自我保护，认清现实及现实与自我的关系。如果你摆脱不了情感的纠缠，不妨提醒自己，冷静地分析一下是非真假，究竟你们之间是性格不合，还是你有缺陷，或是她(他)见异思迁，玩弄情感？如果是你负有责任，你应该自我反思，自己有哪些优点，有哪些缺点，有哪些令人喜欢又有哪些让人难以忍受的地方，总结教训，不断提高自己，以免今后重演；如果是对方的原因，你应该为失掉这种爱情而感到庆幸。

(2) 爱情是双向的，你给别人爱，别人接受你的爱并同样以爱报之，两者结合为“爱情”。如果你给别人爱，别人不能接受或不以回报，你利用其他手段(如怜悯、权威、物质等)达到的所谓爱情，实际上那不是爱情，这样的结合必不能长久，这种“爱情”给双方的各方面都带来不利，必无幸福可言，而且时间越长痛苦越深。如果认清自己，理解对方，在友谊的基础上能保持良好心境，在情感处理上恰到好处，不去幻想，面对现实，就能克服情感失落之苦，不致影响到你优点的发展，你就会最终在恋爱方面真正胜利。

(3) 在人生过程中，得与失是常有的，会把握生活者，懂得如何千方百计地争取属于自己的一切，也懂得怎样理智地放弃不属于自己的东西。你们的相识也许本来就是生活中的误会，你们的相离，也许就是合理而理想的结局。无论是谁，总会有一个适合于自己的异性需要你去发现和争取，应该鼓起生活的风帆再度寻找。

(4) 认清现实后及时转移自己的注意力，积极寻求心理补偿，让更多了解自己的亲朋好友分担你暂时的痛苦，听听他们客观的评价，深化认识事件的实质，拓宽你的眼光与心理境界，保持一种豁达开朗的生活态度，这是摆脱你心理困扰与逆境的好办法。失恋者应该从失魂落魄的迷惘中清醒，把原有的爱的动力转移到新的有价值的目标上，以失恋为转机，去奋发努力，在事业上积极追求，实现自己的价值目标。在人际交往中主动、积极，寻求真正属于自己的爱情。在生活中保持乐观向上的积极态度，不懈地努力，做出成绩来，你的意中人应该就在你的生活和工作圈子之中。请记住，如果失恋不可避免，你可不能把自己的优越条件一同失去而进入恶性循环。

(5) 没有真爱的婚姻是不道德的婚姻，也是不会美满的婚姻，婚姻双方的自信和相互信赖，均来源于相互之间纯洁真挚的爱。毋庸讳言，深切的、宽容的爱，会允许双方各自保留一点小小的隐私，友谊加爱情的伴侣在许多方面往往形成一种共识，交汇融合得如同一个人。最为丑陋的是出于功利的“爱”，如果带着浓厚的功利色彩，就丝毫也谈不上纯洁与真挚，这种所谓的“爱情”实际上是买卖关系，是不可能结出幸福之果的。一对幸福的伴侣往往从一开始就不仅仅是丈夫和妻子，而且是最好的朋友。在此基础上就有了宽容豁达、不苛求的胸怀。爱情如果伴随着些友情，就会变得更加相互尊重、相互促进，爱情也会变得更加巩固，愈变愈美好。一个婚姻顺利的普通人，要比一个婚姻失败的天才幸福得多。道理就是这般浅显，人们完全应该付出极大努力去追求和谐幸福的婚姻。对于婚姻中的种种复杂不尽如人意处，应有承受力和清醒的认识，茫茫人海中，面对这道“大题”，有人可拿高分，有人则只能拿低分，更有人不仅拿不到分，甚至取“负值”。

9. 把握人生之“度”

凡事都要有个度，在度的界限内，事物的量变不会引起质变。否则，超过度的界限，事物的量变就会引起质变，“只要再向前走一小步，虽然是向同一方向迈进的一小步，真理便会变成谬误。”物极必反，乐极生悲，欲速不达，过犹不及——这是古人极富哲理的遗训，也是某些心理障碍者认识自我的指南。烧饭、炒菜要掌握火候，否则不是夹生就是焦煳，这是人们的生活经验。凡此种种，都说明了这样一个道理：适度则立，过度则废。

在疏导治疗过程中，对某些病友性格“过头”的问题，临床实践证明，要认识它绝非易事，要克服它则更为困难。不少病友就败在这个“过”字上。因此，要求统一对“过”字的认识规定一个标准是十分困难的，企图规范千千万万、大大小小的“过度处”更是一件办不到的事情。因此，每个患者在改造“过”字上必须根据自己的实际情况而定，要密切防止从一个极端走向另一个极端，让一种倾向掩盖另一种倾向，正确把握“过”字的概念和“适度点”的界限，在实践中不断认识自己、分析自己，提高自己对外界事物的处理和承受能力，保持心理平衡，从而不断提高心理素质，保障心身健康，良好地适应社会环境。

10. 凡事要看淡一点

有些心理障碍者喜欢讲理，经常为一点小事讲个没完。如走路时两个人碰了一下，没有造成损失，对方说声：“对不起”，应该了事，但有些人一定要分出个是非来。在旁人看来，这个人过分计较，不大度。这种认理好胜的人，往往因小失大，弄得自己气恼万分，心身受到损害，全家人也都不得安宁。这个理需要讲吗？

有一次，一个小伙子骑车子差点将笔者撞倒，他停下车来，笔者没等他开口就说了声对不起，但他还不罢休，说：“你长了眼睛没有？”笔者承认没有，他才骑车走了。事后笔者觉得对那位青年朋友怀有深深的歉意，笔者骗了他，说了个“没有”，睁着两眼说瞎话。实际上他看到笔者长着两眼睛，他竟情愿受笔者的骗而将笔者放行。但如果笔者讲了实话，说句“长眼没长眼你看不到吗？”不知他又该如何。这件事，说明在日常生活中的所谓“小节”，你稍有认识、谦让一下也就过去了，自己不吃什么亏，何必去追究对方长没长眼睛呢？最后来个“不讲理”，明着骗他，他却满意而去，他这也是自我欺骗。当然,笔者并不提倡不讲理,只是希望不要过分认真,要能随遇而安,这样对人对己都好。不是吗?

下面介绍一个16岁的女中学生的心理疏导过程。

病情自述

我从小学到初中成绩一直很好,初三时同宿舍的三个同学冒充一位和我相处得不错的男生给我写情书,结果我把那个男生大骂了一顿,并且与他断绝了交往,爸爸知道后也在家里大骂那男生。后来我患阑尾炎开刀在家休息时,那三位同学来看我,告知我事情真相,我很内疚,加上生病请假在家,怕学习跟不上,父母又要上班又要照顾我,深深感到自己是个累赘,一直心情不好,吃了6片安眠药,想以死了却心理负担,结果6片安眠药只让我睡了一天,却使父母非常伤心。接下来就要考试了,我强迫自己拼命读书,成绩还算可以。

升入高中后,我大胆和同学来往,遇到问题就请教同学,所以成绩上升很快,心情一直很好,干什么事情都有劲。但到了高一下学期,我的信件开始有丢失,宿舍里的人开始对我风言风语了,对她们用一些捕风捉影的事伤害我,我反抗过,可没有用;这期间高三学生要毕业,几位同学请我留言,于是又谣言四起。我只能躲避宿舍里的同学,后来谣言越传越凶,简直使我无处立足,我对一切都失去了信心,觉得自己一无是处,坏透了,又觉得对不起父母,打算要么出家,要么自杀,于是给家里打了个绝命电话,父亲感到事情严重,第二天把我接回了家。

我万念俱灰,只感到冷,不想讲话,也不吃饭,体重减了8斤多。后来稍好一些,我返回学校,这时已是考试最后一天了,我想,不能参加考试没有成绩怎么办?在老师陪同下回到宿舍,几个同学都哭了,我觉得又是我的错:让同学写检查,影响她们的考试情绪。当时是个大热天,我只感到头昏、发冷,情绪极为低落,回家后又吃了6片安眠药,妈妈抢得快,不然我会把20几片安眠药全吃了。我希望克服自己性格上的弱点,我有信心成为一个生活的强者,希望得到鲁教授的疏导。

反馈一

今天一天的心理疏导使我对心理科学有所了解,同时也有了和心理疾病作斗争的勇气。

我知道我的心理素质不高,一遇到实际问题就容易着急,还容易发脾气,依赖性强,遇到不顺心的事情就沉不住气,受了委屈或挫折,不愿告诉别人,只想回家,躲在屋里不和外面接触。这些毛病对于消除心理障碍有阻力,我一定改掉这些坏毛病,提高心理素质。

反馈二

我对心理科学的认识又进了一层，知道了神经病、精神病和心理障碍是怎么回事。但我觉得和实际情况似乎联系不多，不知道遇到实际问题时能否运用所讲的知识。比如我现在面临开学，在宿舍里和讨厌的人面对面，会不会像以前一样躲开她呢？要是她再骂人我该怎么办呢？

现在听课后睡眠很好，不像原来容易醒；比过去爱活动了；有好几天没发脾气了，坚持下去，我那些毛病会慢慢改掉的。

反馈三

这个阶段主要是和实际联系起来，找出病根，自己除掉。我遇事总爱想个一清二楚，比如一个人说我坏话，我就认为她对许多人讲了，而且大家都会相信她而不相信我，再见到那个女孩就浑身不自在，甚至怕她。现在想来很可笑，她是人我也是人，为什么要怕她，理亏的又不是我，要说害怕，那不该是我而是她，再说别人有什么理由只信她而不信我？谎言与事实到底谁怕谁，为何不反驳她？以后我一定不躲避她，也不会躲在教室不回宿舍，应该少想多做。

反馈四

当前我正处于青春期，但心理还像小孩一样很幼稚，总希望彼此间和孩提时一样简单，这就和现实不符，造成心理障碍。我是家中唯一的女孩，又最小，所以备受疼爱，要什么有什么，老想在家里享福，不习惯和外界打交道。我做事特别认真，做不好就不放心。还特别担心别人说我闲话，担心给别人留下话柄。对自己要求特别严，不允许自己成绩下降一点，也不允许自己做违反一般规律的事。可以说，我生活得很不轻松。

现在我真正放松了，我的症状在所有患者中是最轻的，别人能治好，我为什么不能治好？

反馈五

很多患者听课后立即投入实践，因为刚听过课心情很好，实践取得的效果也挺好。我却不行，必须回到学校才能实践，因此，我现在停留在认识这一步。当然，我会保持这种轻松愉快的心情，并把这种心情带回到学校去，带到我原先害怕的人身边去，并在学校生活中改掉我不利于和别人交往的性格，和同学多接触多交谈。这些在我心理素质提高后是不难做到的，这样做也不会分散我的精力，影响我的学习，只会对我有帮助，使我充满精力去迎接每一个困难。我不后悔参加这个原先认为“浪费时间”的辅导班。

反馈六

前两个阶段的辅导课结束了，我和大家一样都爬到了半山腰，要到山顶就不如原先那么轻松了，要靠自己的努力。想想过去真觉得是做了个梦。父亲原想让我休学，听课后我感到很幸运，因为休学就会和实践分开。当初我出现心理障碍后回家休息，与外界一点也不接触，脑子里免不了胡思乱想，家里人总说安慰话，越讲越让我想起学校的事，话说不到心坎上，于是动不动就发脾气。现在想来很不安，这也是我性格缺陷造成的，所以改造性格对我来说既是需要，又是必要。

反馈七

今天的心理疏导进入了改造性格缺陷的阶段，在此困难很多，要一下彻底改掉是不可能的，时间并不是一天两天，而是一个很长的过程，这期间我要和性格缺陷不断地斗争，不能让它死而复生，又重新抬起头来。今天教授说的"重在自我表现"对我非常有意义，我以前就是看不到自我，别人说什么就是什么，把自我表现扔在一边，被人牵着走。今后我一定记住这句话，自己该怎样就怎样，不能再因为别人的话改变自己，我就是我。每个人在这个社会都有表现自我的机会，我为何要放弃？

反馈八

我已从悲观失望的泥潭中走了出来，恢复了应有的自信和乐观。能发生这么大的变化是因为我的心理素质提高了，不再从一个很有限的范围看社会，不再因一点点挫折而全盘否定，而是学会了全面思考问题。现在我轻松愉快，正一步步走向胜利，当然也有反复的时候，但我知道我所怕的是"虚、假、空"，我运用鲁教授的办法去和它斗争，所以"反复"没有阻碍我前进。世界不再像原来那样黑暗，而是五彩缤纷，我要用信心和勇气去迎接生活给予我的每一个挑战，去战胜每一个困难。我要去实践这些理论性知识，虽然今天和病友分离，孤身作战，但我不会退缩、逃避，不会在逆境中气馁，不会惧怕反复，因为我有了以前所不具备的心理承受力，我能用微笑去面对困难，相信一切都会迎刃而解的。有一个好的性格我一生都会受益匪浅，所以不论攀登的道路有多长，有多险，我也要登上顶峰，取得最后的胜利。我在这里重新肯定了自我的价值，重新具备了生存的勇气！谢谢鲁教授。

第四节　抑郁性疾病的心理疏导治疗

一、概述

忧郁性疾病也被称为抑郁症，是一种常见的心理疾病。根据2014年我国一项全国性的流行病学调查显示，目前我国已确诊的抑郁症患者约为 3 000 万，但能够接受正规治疗的不到 10%。

一般受挫后的悲伤和消极情绪每个人都可以体验到，这是正常的情绪变化，只有当这类情绪强烈、广泛而持久存在，并干扰日常活动时，才是属于病理的。然而，抑郁症状的表现，正常与病态之间的界限并非十分清晰。一个人在进入抑郁性疾病的过程中，很容易扭曲现实与自我，其基本行为表现为三低：① 情绪低沉。患者十分消沉，终日无一丝笑容，无论对往日生活或对日常生活都失去珍爱，更没有获得欢乐的能力，对前途悲观失望。② 运动活力低。表现为运动性抑制，轻则感到全身无力，动作缓慢，一些日常活动如衣、食、住、行都成了心理负担。重症患者则卧床不起，不动，少语，少食。③ 思维活力低。表现为思维迟钝，患者思维活动受到抑制，自觉"脑子变笨了"，以致连十分简单的问题都理解不了；学习、工作效率明显降低，并认为自己成了社会的"包袱"，甚至认为自己有严重错误和罪过，从而产生轻生念头。

长年以来，临床心理学家对抑郁症的病因进行追踪研究，但由于精神和躯体的病患时常纠结在一起，所以其病源至今未能被完全揭示。大多数归因于生物致病因素，归诸于神经细胞和大脑某些化学物质的消长，认为抑郁是种脑化学物质（神经传递介质和激素等）相互影响、相互作用的结果。另据研究表明，外界客观因素促使心情紧张压抑，受到创伤，也可导致抑郁症。

广义地说，抑郁症应具有一种以上的主诉，如抑郁、悲伤、不幸、哭泣、运动迟缓、乏力、无助或缺失快感（即心境障碍、思维障碍、自杀观念、精神运动性障碍、躯体及植物神经系统功能障碍等）。这里主要指非双相抑郁症。

儿童抑郁症表现为：表情淡漠、反应迟钝、不爱说话、不愿表达自己的思想感情。长期抑郁者食欲不振、营养不良、身体抵抗力下降。

二、分类

1. 内源性抑郁症

(1) 冷淡

① 精神迟钝（思维语言迟缓、贫乏，甚至一字一字地吐出，思维模糊）。

② 无力（缺乏精力、活力、意志消沉）。

③ 缺乏快感或淡漠（五无：无兴趣、无价值、无望、无助、无用）。

④ 工作效率下降。

⑤ 病情晨重夜轻。

(2) 激越

① 行为表现可有粗大动作增加（搓手、徘徊）。

② 不同程度的呻吟以示其精神痛苦。这种行为又可导致躯体对抗刺激疼痛（搓手、扯发、撞头、损伤皮肤）。

(3) 悲伤

包括其他症状，如睡眠紊乱、厌食、失望、自杀企图，以上症状也见于其他抑郁类型。

内源性抑郁症患者病前社会功能良好，临床缓解完全，发作前后的症状有明显区别。

2. 慢性抑郁性格

(1) 抑郁是其自身性格特点。

(2) 相当大的精神压力或生活方式的变化可促使其抑郁加重。

(3) 往往长期不善交际，对社会环境适应不良。

(4) 常说自己不幸福，不满意，爱哭泣，遇到不顺心之事耿耿于怀，觉得受骗吃了亏。情绪不稳，有戏剧性表演行为，引人注意。

(5) 回避责难，要求多，诉述多，依赖性强，悲观易怒，自怜、焦虑、疑病。

(6) 对周围事物和人与人之间的关系敏感，能作出相应反应。

3. 更年期抑郁综合征

(1) 可与其他任何抑郁性疾病共存。

(2) 有时本病常被视为单相性内源性抑郁症。

(3) 更年期抑郁的重要特征和症状包括激越、偏执或近于妄想(罪恶、疑病)。

4. 境遇性抑郁综合征(反应性抑郁症)

(1) 由严重的精神压力所致，如丧偶、失业或破产等。

(2) 悲伤反应(包括哭泣、沉思，对损失萦回脑际)。

(3) 紧张不能自拔，食欲减退、失眠。

(4) 对欢悦和兴趣保持反应能力，但中心转移到某一事物上。

(5) 生活环境的改变可以使其迅速缓解，一般数月内缓解。

(6) 有时可出现内源性抑郁症状。

三、治疗

目前对抑郁症的治疗，主要给以抗抑郁药物，力图改善大脑中不同生物化学物质水平，由此减轻病情，一般 3 周左右见效。我们采用心理疏导治疗，对轻型抑郁者往往不用药物能在短期内达到症状改善乃至消失；对重型抑郁者以心理疏导的同时，施以抗抑郁药物，往往能达到单一治疗所达不到的效果，如缩短疗程，减少药物用量及药物副反应等。下面重点介绍对抑郁性疾病的心理疏导治疗原则。

根据症状表现，针对患者的行为表现，一般的心理疏导治疗原则如下：① 对轻型抑郁者及时作心理疏导治疗，同时注意保持良好睡眠，给予适当的安眠镇静药物。针对其发病诱因，有序地进行心理疏导治疗，往往能取得良好的效果；② 对重型抑郁症患者，特别是对无自知力、自杀企图严重者，除给予抗抑郁药物外，应尽早住入病房，以便监护治疗，防止发生意外。

根据一般心理疏导原则，结合患者病情和接受能力，由浅入深进行交谈：

1. 消解抑郁自卑，减轻心理压力。一个人进入抑郁状态后，由于扭曲了自我与现实环境之间的认识，往往对自己有不恰当的苛求，一改往日行为，表现谨小慎微，做事总不放心。患者总感到自己变笨了，太差劲了，对人对事总是退却、放弃、回避，不敢行动，总向消极、坏的方面去想。因此，要引导患者认识现实与自己，不过多地考虑别人对自己怎么看，怎么想；不要怕别人取笑，或者怕失面子而不敢示人，要相信自己的能力与价值。曲解自己就会使自己合理的思维和以往的活跃情绪及创造力夭折。不必太在意外界的议论，别人的想法更不必过虑，不要以社会环境来限制束缚自己，这只会带给自己消极、悲观与忧愁。不要总与别人比，更不要以别人之长比自己之短，要自己与自己比。古人云："胜人者自胜"，要想胜利，必须首先战胜自己。自己与自己比，要准确把握好"比"的尺度，从一个条件出发，撇开不可比的因素，才能客观地了解自己。也只有如此，才能轻装上阵，看出自己的成绩。要冷静、沉稳地接受心理处于"逆境"的考验，坦诚地认清自我，当情绪进一步优化时，就会感到精力的充沛和心身健康的高度统一。

2. 要注意避免使用否定自己或消极想法的语言，如"我不行""我没有用"等，这些往往能强化负性情绪，使自己思想充满失败感，加深自卑抑郁心理。医生要引导患者打开积极进取、乐观、自信的思维大门，要鼓励他们理直气壮地说："我能行""我有用"，并用实际行动从一点一滴的小事做起，"从事我的工作""完成我的任务""成就我的事业"。要积极、自信地去做，去行动，去尝试，因为只有行动才是达到成功的唯一途径，退缩与回避只能带来自责、消极、悲观与失意。唯有如此，你的自信心才会随之产生，才能看到自己的进步，你的心境才会逐步恢复到最佳状态。

3. 要看到自己的长处。情绪低落时总觉得自己不如别人，不敢见人，不与人多交往，觉得羞怯、畏缩、低人一等，对外界反应十分敏感，容易接受消极的暗示，甚至产生厌世轻生的念头。如果只看到自己的短处，看不到自己的长处，经常用自己的不足去攀比别人的优势，那么就会情绪低落。在认识自己的不足（如自卑心理）的同时，还要记住自己的长处，每个人都有自己的长处和值得自豪的潜力，恰似冰冷地壳下的岩浆，一旦地表出现裂缝，它就会喷涌而出，不可抑制。在抑郁的心境中总感到自己碌碌无为，消极悲观。应该客观地看到自己蕴藏着的潜力，只不过在病态低沉的心境中没有意识到而已。丢掉不必要的回忆与推断，不必为过去的一点点小事、错事或一次不顺利的经历而整天忧心忡忡，认为"祸不单行"。一切要往前看。如果能把情绪低沉当做一种醒悟，抓住这一契机，就能在人生答卷上认真做好这道填空题，找到自己的心理坐标，让它重新焕发出勃勃生机，以赢得属于自己的生活乐趣。

4. 换个角度看自己。当自己进入病态时，大脑处于"兴奋与抑制的紊乱状态"。这种状态支配着自己的思维及行动，在消极沮丧心境下感到整个世界都被一片黑暗所笼罩。其实这并不是事实,但情绪低落时,情绪与思维的变化使自己扭曲的心理产生抑郁的心境,不敢面对现实而越陷越深,不能自拔。因此,要尽量在认识的基础上,设法克服由此引起的思维与行动上的偏差,以积极豁达的态度去排除心头灰暗的阴云。认识到抑郁、消极的想法对自己实际上是一个心理误区。① 如果不断对自己说:"我行",尽量设想一些美好的事物情节甚至做个"白日梦",使自己的心理松弛、舒展,或者自我陶醉一下,这多少是对自己的一番肯定。敢与自己的抑郁、烦恼、消极心理对抗,这本身就是一个胜利。记住"失败是成功之母,持恒乃胜利之本"。② 正确地对待自己,建立自爱心及自信心,不能无限度地贬低丑化自己或误解与责难自己。能看到自己的优势及劣势,长处与短处,强项与弱项,位置与作用,心理与病理等等,确实不是一件容易的事。一方面处于抑郁状态,认识能力有限,另一方面则是不愿正视自己或是不敢正视自己。举例说吧,假如对自己最心爱的孩子或最亲的人,你难道愿意侮辱、贬低他们,整天将他们说得一无是处,一钱不值吗?当然是绝对不会,只有尽力使他们感到欢畅。但是你为什么不能用同样的情感与方法对待自己呢?在抑郁自责的心境中,敢于找自己的闪光点,找点快乐,给自己一点欢乐与兴趣,这就是战胜自我,就是对抑郁的变革,对自身正确的肯定,是从实质上战胜抑郁心境的力量,也是一种很大的超越。

5. 跨越抑郁误区,树立人生价值。"我为什么活着?""为什么要活得充实?"对这些问题,抑郁消极的心理总是让患者曲解现实,甚至颠倒黑白,这就使患者在抑郁中越陷越深,失去信心,并痛苦不已。如何跨越这个误区呢?主要有以下三点:

(1) 激励引导抑郁疾病患者参与或从事各种活动,从一点一滴的小事做起,帮助他们由被动到主动,一直到积极参加与投入,建立兴趣。如结合患者平时的兴趣、爱好,引导强制其参加一些社会活动和家务劳动,陶冶情操,扩大生活接触面,广交益友,与家人或亲友多进行交往和倾诉、交谈,以克服自我感觉社会冷落,心灰意冷等观念。这些都必须耐心疏导,及时鼓励,恢复与增强自信心。进一步培养高雅的情趣,蓄积腾飞的活力,重振精神,走出与世隔绝的孤独心理误区。开挖与沟通人际关系的契机,从而能自觉地调整修正自己消沉的心理,使自己在美丽的旋律中成为众多音符中极为和谐的一个。

(2) 根据病前性格、家庭环境、教养方式、文化智力等,考虑激励方式,因人施治。患者进入抑郁状态后,在大脑神经细胞抑制占优势的情况下,都不愿活动。因此,要采取精讲、多问的疏导措施。精讲是指对患者内心思虑的问题要讲到位;多问指的是多提出问题,要有耐心,从简单到复杂,激励患者回答问题,着重锻炼患者勤思维、多讲话,纠正他总感到脑子是空的,思维不起来,不会讲话等感觉,增强其表现欲。根据症状轻重,对层次不同的患者,提出能引其入胜的各种问题,引导启发患者回答,注意保护患者的自尊心和主动性。重建自尊心是促使抑郁者上进的动力,是恢复正常心理活动的极为关键的一环。确立自尊心对抑郁症患者的治疗能起到巨大的作用。我们在对患者的临床治疗中发现，自尊心恢复越好，其转归抑郁症状越轻；自尊心越差，其抑郁消极症状越重。确立自尊心能给抑郁者提供一种良好的心理背景，促使患者心理状态复活，使其具有容纳外界事物的倾向，提高对社会环境的适应能力，增强自立性和独立性，接受、宽容他人，肯定自己。如果抑郁患者自尊心得不到恢复，自卑消极心理就会发展扩大到自责自贱等，以致失去生活动力。

(3) 当自己能意识到通过毅力与意志去改变抑郁心境时，就会精神振奋，自信心不断增强，走向社会实践，走向生活。故医生必须全面了解、评价抑郁患者，特别是对心境极差、悲观绝望、出现心理危机的患者，要在他们身上捕捉闪光点，并及时激励他们重新生活的勇气。要使患者相信，别人能做到的事，自己经过努力也一定能做到。这种信心确立后，再帮助其分析悲观失望的原因，改变其看外而不见内的思想方法，以及那种怨天尤人而不省自身的错误心理。

四、战胜抑郁的自我疏导十项法则：

在你感到抑郁消极，心境极坏时，认识以下问题，可帮助你自我解脱：

1. 不要下没依据的结论。如猜测别人看不起自己，认为到处都是灾难和不幸，老想“这是命”“我犯了错误”，甚至把别人做错的事都归诸自己。这种自责是荒谬的，往往使你无所适从。应当正确地评价自己，变压力为动力，使自卑心理消解而转换成心理能量、能动性和内驱力。有了自动力，认识上就会方向明确。

2. 在抑郁中，常常感到自己好像做了许多坏事，把抑郁情绪当作做错事的现实，实际上是一种认识上的扭曲。

3. 病后的认识易走向极端，常常用显微镜去寻找、看待自己的缺点，同时又缩小对自己的优点与能力（力量）的估计，这样对人对事只能是有弊而无利。

4. 自卑心理支配着你的思想和行为，是消极抑郁的根源。如常想“我不如人”“只能算一个无能者”等等。这种心理状态可以破坏你的生活，使你充实不起来，阻止了你前进的步伐。

5. 要认识到，当你进入抑郁怪圈时，你的情感被自己曲解，你的认识也就变得荒谬了。只要认真地、现实地对待问题，你的抑郁情绪就会大为减轻。

6. 如果你的心理已被抑郁情绪曲解，你应该这样想：支配这种认识及想法的依据是什么？这种被曲解了的逻辑是认识太局限、太片面、太消极灰暗和过度自卑或臆测悲观造成的。心境的好坏取决于认识，当你感觉做得对时，也正是你有了积极认识的时候。

7. 找出导致你抑郁的原因，尽最大的努力，点点滴滴地把它记录下来，别让它在你的脑子里作怪，占据位置。凡想一件事，首先要有信心，有了信心便有了动力，也就可以变消极为积极了。能跨出这第一步，自己就一定能成功。尽早不让抑郁情绪把自己的认识与情感曲解，把它在纸上消灭掉。

8. 将记录下的抑郁原因或已被抑郁曲解了的错误心理，向心理医生或自己信任的亲人倾诉，求得帮助，建立正确的认识，改变心理状态。随着认识的转变，抑郁情绪就会逐渐好转；即使你的病情较重，只要坚持这样做，经过一段时间也会好转的。

9. 要把自我评价建立在自己的成就上，看到自己的优越条件及自我价值，然后对自己说："我行。"用更积极现实的心理，去代替那些虚无的使你消极的心理状态。

10. 要爱戴和赞许自己，增强自我的固有价值，找出妨碍你自信及压抑你勇气的原因，只要有这点敢于承认自我的气魄，就可以帮助你走出自卑抑郁的误圈。

下面介绍两例抑郁症病例。

病例一

男，32岁，工程师，抑郁症患者，情绪低沉，思维迟钝，对人对事无兴趣，要求心理治疗。

病情自述

当我提笔向您倾诉我的经历时，思绪很乱，不知从何讲起。我的脑子里经常出现一片空白，我怕拿起笔写东西，怕动脑筋。脑子里好像装了一块大石头，硬邦邦的，压得我抬不起头来，也动不起来。神经总是很紧张，办事、说话总是谨小慎微，怕这怕那。但是真的干起事来或说起话来又常常是冲动、焦躁的，事干不好，话也说不好。事后，自己脑子里老是摆脱不掉刚才干过的事和说过的话，想着当时的情景，想来想去，担心这，担心那。走路想、坐车想、办事想，吃饭也想，一刻不得安宁。然后就更加怕干事、怕讲话、怕与人交往，甚至怕见人。每天感觉都很疲劳、很累，但内心里对一切又都不服气、不甘心，很想干一番、说一阵。这种十分矛盾的心理使我非常痛苦。这种状况在我的记忆里已经十四五个年头了。

15年前，我考入某重点大学后，自我感觉记忆力差，学习时注意力不能集中，反应比其他同学迟钝，并有厌学情绪，晚上睡不着，白天头昏，总是感觉处处不顺心，总爱胡思乱想，有时过分关注自己身体的某些变化，担心自己身体出毛病，如心、肺、肠、胃等器官的功能失调，身体稍感不适就赶紧到医院去看病。后来整天都为自己的身体健康担忧。精神紧张时，上述情况更明显、更强烈。

参加工作后怕见人，尤其是怕见熟人，不敢与人对视，否则就感到全身不自在，脑子就像要凝固了似的。结婚后，生活还算顺利，但总是感觉疲劳，情绪不佳，连报纸也不想看，总想睡觉，可体力总是不能恢复，感到生活无任何意义，有时候轻生的观念长时间在脑子里盘旋。我深深感到这种恶劣的情绪若不能得到心理医生的治疗，将给我带来终生的磨难。

经过心理疏导治疗后的发言

今天我太激动了，高兴得不知说什么好。

我在一个偶然的机会来到了心理疏导集体治疗班,这10天的疏导使我沉寂已久的心又开始跳动了。

今天是我很长一段时期里首次去父母家探望两位老人。我把自己的心理变化和目前的状况向二老讲述了一番,二老脸上都露出了少有的笑容。是啊,多年来,二老对儿子不理解的谜终于揭开了。这是因为我认识了自己,理解了自己,才能被父母、妻子、领导、同事了解……他们是何等高兴啊!……

病例二

男,26岁,大学毕业后分配在某新闻单位工作。自尊心过强,自认为患有附睾炎,情绪低沉,对任何事情不感兴趣,陷入极度苦恼之中,无法工作,轻生观念严重,自杀一次,未遂。诊断为抑郁症。

病情自述

轻生的念头像恶魔一样时常袭扰着我,似乎已不能自拔,内心非常痛苦。我知道自己非常软弱、卑微,想理智、清醒地走上绝路,还积极地为自己走上绝路寻找种种依据,确认自我毁灭已是必然的结果。我确信:我过去留给人们的印象是热情、单纯、正派,无论外表还是心灵,都给人们留下颇好印象。而现在人们已经知道了自己全部的隐秘(所患多年的附睾炎以及如此软弱无能的性格),自己的形象完全改变了,而且工作一旦改行(我确认这是必然的),自己的懦夫、脓包形象将永远留在人们的心目中,自己将一辈子抬不起头。以这样的形象活在世界上,还不如死去的好。我在痛苦地等待着这种结局的来临,并在考虑届时以何种死法为好。10多天前,我甚至买了去黄山的旅游票,决定去那儿寻找归宿,只是因为一个从常州赶来看我的同学再三劝我,我才打消了那个可怕的念头。由于有了轻生的念头,我对周围的一切都不感兴趣,甚至强迫自己对任何事物不感兴趣。这真是自甘堕落到了极点。

眼下我的记忆力严重衰退,反应迟钝。我所能看到的任何东西,我都呆呆地注视、思考,但都茫茫然考虑不出什么结果来,搞得脑子乱糟糟的。思维很分散,思考任何问题都不能逻辑地连贯起来,常常是这个问题还没考虑完,那个问题又冒了出来,真是杂念丛生,控制不住。10多天前,我严重失眠了,一天只能迷迷糊糊地睡上3个小时左右,目前睡眠好多了,一般在5～6个小时。然而,不管睡眠好坏,我都情愿躺在床上,任自己懒散,胡思乱想,弄得整天萎靡不振。目前最大的精神负担就是害怕到单位上班,害怕见到同事,甚至害怕一切自己认识的人。我确认任何人只要知道了我生理上的疾病及性格上的软弱,都会对自己嗤之以鼻。原来的一些好朋友发现我如此软弱、自卑,先是好言相劝,继而不知不觉地变得疏远起来了。这样一来,我又增加了思想负担,而且这种思想负担像雨天背稻草,越背越重。我知道这一切都是由自己造成的,到头来一定是众叛亲离。这一段时间,一些还不知道我情况的同学找我办事，我一反原来那种热情的态度，竭力找理由回绝，搞得人家感到奇怪，继而也产生看法。因为帮助这些同学办事，我要去同熟人打交道，而我现在自惭形秽，不愿去接触人。我知道这是一种病态心理，但不能克服。我曾冷静地分析了自己的未来：本职工作是肯定不能胜任的，自己在新单位的工作将更糟，对一个身体有病（这种暗疾一般来说是为人所忌讳的），而且如此软弱的人，谁能看得起呢？今后又有哪个姑娘能看上这种没有男子汉气概的男子呢？我从工作、家庭、朋友等诸方面都已失去了精神寄托，活在世上还有什么乐趣呢？我完全对自己失去了信心。

上述的那种精神状态根子在哪里？我自认为这是性格的悲剧。从今年五月份起，我便愈来愈明显地感到工作上很吃力，并意识到这是平日不努力钻研业务所带来的必然后果。当开始在工作上尝到由自己所酿造的苦酒时，我便紧张、焦虑起来，感到有很大的压力。这时，我那软弱、怯懦的禀性就表现出来了，我不是把这种压力当做前进的动力，而是在困难面前产生畏难、退缩的消极情绪，公开认为自己适应不了新闻工作，头脑笨了。自信心一旦崩溃，原来所有的工作能力也随之下降了，似乎是自己有意在造成这种状态。当我出现这种苦恼、抑郁的精神状态后，处里领导及同志们很是关心，安排我去进行不带任务的旅游性采访，但我已经自暴自弃，对工作已失去了兴趣。在6月中旬，我随记者协会组织的采访团去某地采访期间，因爱面子，怕暴露自己水平低，便在一次酒席中假借喝多了装病，一直"病"到采访结束，结果什么收获也没有，从这件事中可以看出我有多么可笑的虚荣心和自甘落后的惰性。

再谈谈附睾炎对自己心理的影响。我患慢性附睾炎已10年。上大学以前曾断断续续到医院治过，但未根治。上大学后，我不大将此事放在心上，也从未对人说起过，思想情绪还算正常，但一旦想起这个问题，就悲观起来，认为患此病肯定不能结婚。在校期间，个人问题考虑不多，情绪还算稳定。参加工作以来，由于自己许多方面给人们留下了较好的印象，为自己介绍对象的人不少，光本单位就好几个。这使我陷于矛盾之中。一方面，因为患有附睾炎，我对那些给自己介绍对象的同志托辞说工作两年再考虑个人问题；另一方面，我暗中去省中医院治疗，并感到病情有明显好转。这时我决定考虑个人问题，并确定了自己的择偶标准，答应人家给自己介绍对象。由于种种原因，自己始终未接触一个姑娘，有的是因为自己看不上，有的是自己又考虑到疾病，感到自卑，在未接触之前便主动回掉。这样，凡是关心我个人问题的朋友，或者认为我的要求高，或是认为我已经有对象啦，都不知道我有难言之隐。因为附睾炎时常使自己感到不舒服，所以经常精力分散，这大概也是造成我业务水平提高缓慢和影响思想情绪的重要原因。同志们劝我回家休息一段时间，在家休息半个月，情绪丝毫没有好转，反而更加懒散。回单位上班后，我知道自己的"新闻"（附睾炎和性格上的软弱、厌世情绪）已被许多人知道，更觉自卑，陷入不能自拔的恶性循环之中。

我的可悲在于自己对许多道理也懂，但就是不能付诸实践，自甘软弱、沉沦、毁灭。

下面是患者经心理疏导治疗后给医生的来信。

第一封信

尊敬的医师：

我欣喜地向您报告，我那长达几个月的噩梦（现在确实意识到是一场噩梦）已渐渐消失。目前，我几乎完全清醒过来，神智也日趋明朗，思维的机器像上了润滑油，那上面的锈斑已消失殆尽，运转渐趋灵活起来。什么记性不好、杂念丛生，什么胡思乱想、害怕见人，这一切将很快成为过去的历史。人的心境变化真像魔术师玩的戏法，使你感到那样不可捉摸和难以理解。昔日我是怎样的一种形象啊，整天愁眉苦脸、焦急万分，甚至生出那极其亵渎生命的念头。回忆起来，我真感到自己在精神上经历了一次死而复生的“涅槃”。而这种变化是同您那真诚的关心、耐心的疏导、谆谆的教诲所分不开的。我现在感到，您那颇有造诣的心理治疗确实在患者身上起到了一种潜移默化的作用，使其向好的方面转化。说您是塑造灵魂的高级工程师，那是一点也不过分的，您既是患者的医生，更是患者的朋友。正因为您具备了医生和朋友的双重性，患者才肯消除任何戒备，把一颗受了创伤的心灵全部袒露在您的面前。

您所总结的改造性格的十二个字，即“轻松、乐观、果断、勇敢、灵活、随便”是多么可贵啊，它是医治一个人性格缺陷的灵丹妙药。然而服用它并见成效，那可是一个艰苦漫长的过程。不过，只要坚持从现在做起，从点滴做起，那是一定可以逐见其效的。我眼下就显得轻松愉快多了。当然，虚荣、软弱、过分的老实等性格缺陷是日久形成的，如果不注意改造，那么，它们所造成的病态心理还会卷土重来。因此，对这些病根要发扬“每天挖山不止”的精神。我真渴望能具备您那博大的胸怀，“世间有坎坷，毕竟欢乐多”。“大腹能容容天下难容之事”，“慈颜常笑笑天下可笑之人”。假若能做到这样，一个人便能充实、乐观，才能在生活的风浪中勇敢地搏击。

我现在仍在原部门工作，做版面编辑工作。我干得愉快，很有兴趣。看来，我是再也不想调换工作了。想当初，我竟执意要调到外单位，真是可笑至极。我现在是在抓紧时间，多考虑工作，尽量排除那偶尔冒出的杂念。总之，由于受治于您的缘故，我现在是“噩梦醒来是早晨”了。

第二封信

尊敬的医师：

还记得我这个曾让您耗费几多心血的抑郁症患者吗？大概是 1985 年 7 月吧，我病愈后第一次出差回来，将自己采写、发表的稿件带到医院给您看。从那时至今，一直未能去拜望您。每逢新年来临，我寄的贺年卡不知可到了您手中？我已经结婚生子，爱人是高校英语教师，儿子才 16 个月，长得挺可爱。我现在工作生活情况还好。1987 年，我评上了中级职称，次年，报社分给了我一小套住房。回首大学毕业后步入社会以来的经历，特别是 1984 年那段难以忘怀的日子，我真是感喟不已！

今天我值版面班，看到我处实习生写的一篇稿件中提到了您，我忍不住提笔给您写几句，祝贺您在事业上取得的丰硕成果，更感谢您为众多患者解除精神上的痛苦，使他们重新焕发生命之光。

第三封信（10 年后随访来信，患者现已成为单位的领导干部）

鲁主任：您好！

您还记得我吗？10 年前曾一度钻入生命误区的我在您的循循善诱下恢复了对人生价值的信念。每当记起您，一张慈祥长者的面庞便浮现在我的脑际。如今，我事业顺利，家庭美满。对于您曾赐予我的关怀、教诲，我终身铭记。

我仍在报社从事新闻报道工作，平日工作挺忙，欢迎您抽暇光临敝舍。

病例三

病情自述

……现在我终于无牵无挂了，终于可以决定自己的命运了；也许命中注定我只有 21 年的生命历程，可我又不甘心，真的不甘心，因为我好想活下去，而且好好地活下去。我的生命还可以通过人类的力量来挽救吗？

我老了，尽管才 21 岁。我曾因为自己的成熟而骄傲，而今这种成熟已变成一种衰老，一种让人绝望、让人死亡的衰老。我说我老了，因为我对人生、对命运看得是那么明了透彻，我在死亡的边缘，而现在依旧看不到一线希望。

这个世界最痛苦的莫过于精神上的折磨，人类最大的不幸莫过于孤独，而这一切全降临在我的身上。让我把一个完整的自我展现在您面前。

我是一个城南人。父亲是他的兄弟姐妹中最小的一个，他太软弱、太自卑，所以当年在林业学校读书时受不了离家的孤独而退学。但这不重要，要命的是他暴躁、多疑和孤僻，从我有记忆时起，我就知道我的家庭永远处于争吵中，母亲太随和、太无能而常受委屈，父亲与别人永远不和。从我懂事起我便决心要离开这个家，可爸爸从小就很宠爱我，所以我永远生活在又恨又让我不能离开的家庭中。

我考上了重点高中，看上去成熟老练，然而却有一颗无比懦弱的内心，我是来自所谓第三世界的人（城南人），我的父母是工人！心理上的压力导致了一场灾难，我不幸得了肺结核。从那以后我的成绩每况愈下，看书怎么也看不进去，考试的时候甚至怀疑自己的名字是不是搞错了，一个题目要看好几遍才敢下手，期终考试我的数理化亮了红灯，高考对我更是一场难以形容的灾难。

也许我比别人的情感强烈、丰富，从高中时我便与自己的表妹谈恋爱，或许是忍受不了学习造成的心理压力，或许是寻找精神寄托，我有了拥抱、接吻。与表妹的关系一直维持到我在夜大毕业前与美的相遇，从那时起我便认为我是这个世界上最幸福的人。然而最终却走向了死亡，走向了自我毁灭的极端。为什么？为什么？是什么造成了我这种性格，我怎么会是这样一种人呢？

美是保送入大学的高材生，聪明又漂亮，父母都是大学教授，而我算什么呢？在我自信的外表下，永远有着一种无与伦比的自卑感。我们曾以为是天下最热恋的一对，可彼此的心里都清楚，这只是短暂的瞬间，永远无法长久，我除了宠她、爱她，还能干什么呢？

夜大毕业后我应聘进了一家房地产开发公司，分在管理部门工作，可我厌倦那种应酬、吃喝、虚伪的场合，我更讨厌整日待在工地，讨厌与农民工打交道，我孤僻的性格也使我不善于跟领导、同事交往。我在厌倦工作的时候，还要对美保持笑容，不时地像她一样，向对方暗示自己工作的愉快与美好的未来，可我的未来在哪里？我常常在她走了以后泪流满面，伤心不已。

维持关系一年半后，美终于提出了分手。这对我是怎样的一个打击。尽管我知道这一切终究会来临，我还是垮了，我赖以生活的精神支柱倒了。我对自己彻底失望，我软弱、孤僻、暴躁的性格是不可能适应这个社会的。我的痛苦是由于失恋而带来的人格缺陷的暴露，我看了我灵魂深处最丑陋的东西，于是我想到毁了美，然后再去死，我杀她绝不是因为我恨她，而是我爱她。

我孤僻到整日把自己封闭起来，感觉自己已被这个世界分离了出去，又感到自己像头困兽，任凭怎样挣扎也逃不出去。我恨我的家庭，恨我的父亲。我得了病，我萎靡不振，我真的死定了。

工作快一年，我就要转正定级了。而我对这个世界是那样厌倦，我在悬崖边缘，在死亡边缘跟您讲话，我该怎么办呢？我孤独、空虚、乏力，我真的太累了。清晨醒来，想着离晚上上床还有整整的十几个小时，该怎么打发？

反馈一

听了您的录音磁带后，现在我的心情很平静，仔细分析自己，再联系您讲述的道理，现在我真该把自己放在手术台上好好剖析一番。

我生活在一个充满争吵、相互埋怨且孤独的家庭环境之中，从小身体就不好，父母对我非常宠爱，造成我自负、骄横、依赖性强、独立性差的性格，这些性格使我每逢一些重大的挫折便承受不了。这次失恋更是诱发我绝望的一个主要因素，然而“塞翁失马，焉知非福”？它却使我真正有了自我认识的机会和自我改造的决心和勇气。

我的情况也许与别的患者不太相同，尽管在我身上也有不少强迫症状，如做事犹豫不决、买东西挑三拣四、寄信贴邮票要检查好几遍等等，但真正折磨我的不是具体的症状而是我的不良性格，它使我太不能适应社会了。我在单位里给人的印象是内向、不爱与人交往，实际上是我逃避现实的态度，如果不提高心理素质，性格不改造，注定要在社会上碰壁。

我对家庭不满，我讨厌父亲，尽管他对我很好，我却无法接受他。这个家庭孕育了我不健康的性格，使我对待问题太不切实际，好高骛远，失恋使我痛恨自己的无能，原以为与美的分手主要是因为家庭与自身地位的悬殊，但在理智清醒的时候，我知道真正分手的原因是我性格上的软弱。我目前最迫切的是要提高自己的心理素质。

我知道自己应该放松情绪，可谈起来容易，虽然自己也充满信心，可真正做起来就难了。世界上最难的事恐怕就是改造一个人的性格了，因为这不像普通的躯体疾病那样，治疗中医生占主导地位。性格缺陷是性格条件加社会心理因素长期作用而形成的定型，认识它难，改造它就更难了。但通过自己坚持不懈的努力，不断实践，也是可以达到改造目的的。

我现在深深地意识到，我的毛病的根源绝不只是因为失恋，为一个女孩子想不开！它只是一个引爆的雷管，造成爆炸的炸药应该是深埋在心底的性格缺陷。

是的，我活得实在太压抑了，我有家却不愿回，我有工作却不想干，我多么渴望自己能够改变。听着您的教诲，我觉得自己又充满了信心和决心，可这种信心和决心随着时间一分一秒地消失，也淡忘了。因为现实使我感到压抑。看到过去的女友与别的男孩在一起，我又陷入崩溃的状态中。我唯一的念头、唯一的避难所就是跑到您这儿来，跪在您面前痛哭一场，发泄一次。我知道我的承受力很差，也知道我的心理素质极差，甚至不敢想象，若她知道我是这样的一个人该怎么轻视我。我逃不开这一切，而最逃不开的还是我自己，我的灵魂、我的精神。

晚上与别的病友在一起深深地交谈，真诚而又热情地劝导，又让我感到这个世界充满了理解，充满了爱，还有许多人的不幸远远超过了我。我依旧困惑不解的是，一个人的幸与不幸，乐与苦该怎么评价呢？

人生如梦，我是一个被主宰的弱者，所以总感觉一切是梦，有一天我成为主宰自己的强者，到那一天我将永不做梦。

反馈二

您说我这人是不是太自私、太虚伪、太脆弱了？在您面前我不想隐瞒内心深处的任何想法、任何秘密。我从前是那么真挚地对待女友，而同时我的占有欲又是那么强烈，我不隐瞒与她有过关系。按理说分手后我至少可以得到一点点平衡，可我还是无法忍受她与别的男孩在一起，想到她与别人会有的亲热，我简直要发疯，受不了，我甚至会用手淫来发泄。上帝，你可知道一个人的灵魂和人格扭曲之后，有多可怕，我痛恨自己怎么成了这样一个可怕的魔鬼，我还能算是人吗？

看了这些，知道了我的灵魂，您一定更看不起我，会更鄙视我吧？我想任何人都会瞧不起我，就像我对自己充满敌视甚至仇恨一样。

反馈三

我已决定好好地活下去了。

我从来没有像现在这样对自己有深刻的认识，也从来没有对生命、对生活的价值能有如此清晰的了解。经过一系列的“打击”之后，我才发现自己是一个精神上的弱者，一个心理素质极差的人，一个极其脆弱以至无法适应这个社会的弱者。这短短的10余天里，我最大的收获便是认识了自我；而当我知道人的性格主要是在后天环境中形成，虽说“江山易改，禀性难移”，但只要调动我的主观能动性，还是可以克服这个“难”字的。我心中的疑团终于被彻底解开，于是我又有了继续生活下去的勇气，虽然这个“难”字对我这个精神脆弱者更是难上加难。

其实，我与很多病友相比，自己又真的很幸运，我的经历算得了什么呢？我更幸运的是自己还年轻，而且找到了可以理解、帮助自己疏导的您。我曾想逃避现实，更想毁灭这个世界。回想当时自己的冲动有多可怕。其实人永远也逃避不了现实，最实在的办法还是面对现实，努力地自我改造自身，从而改造环境。

我决定根据自身的客观条件并结合对生命、生活的意义的充分认识，为自己以后的人生道路选择一个目标，而最根本的是我必须首先确定一个价值目标，再确定自己的奋斗方向，最终目的是为了一生的幸福。以前我曾一度彻底地否认工作、学习的意义，现在才知道性格确实是第一性的，但良好的性格必须在工作、学习中得到锻炼，在社会实践中得以培养，如果没有了实践的土壤，一切都是枉然。

现在的我，必须脚踏实地、真正地为自己定一个现实的目标，做到少想多做，趁着自己年轻，还有许多有利条件，坚定地走自己的路。我相信这一定会成为我人生的转折点，也相信一定会走出一条属于我自己的路，最终能够获取成功，获得幸福。

反馈四

这个世界怎么会一下变得如此广阔，我怎么会变成现在这样，我不敢相信这一切是真的。我的性格在短短的几个月内已起了极大的变化，变得连我自己都不认识自己了，我还是以前那个懦弱、空虚、无能、自私的我吗？似乎很难再找到我以前的影子，因为我已不再流泪。这个世界原来是如此美好，在我身上潜伏着的能量居然有这么大，一旦释放似乎一发而不可收。

现在我单位的同事说我完全变了，我与每个人都有说有笑。从前我怕见经理，怕到经理室，现在我能以平常心跟他们聊聊，同事们觉得我可爱了，在心理素质提高以后，原本具有的调侃能力在不知不觉中发挥出来了。老同学、好朋友见到我更是不敢相信，以为我的活跃仿佛是喝醉了酒，又处在情绪高潮，只有我自己最清楚、最了解自己，我不是一时冲动，而是心理素质提高以后自我解放的表现。我没有了自卑，在心理上我已完全战胜了自己，而且常常战胜别人。以前，我为我的家庭，为我的条件自卑，那种悲痛欲绝的感受，那种被整个世界分离出来的感觉是怎样的一种痛苦啊！

挫折可以让一个人生，亦可令他死，我现在真正知道心理素质提高以后能给人带来多大的喜悦和多大的自由。现在的家还是那个家,现在的公司还是那个公司。情感的变化使我觉得在这个世界上,在这个社会中,我真正成了主人,我有了一种强烈的自我意识,而这不是以我为中心,是一种为自己付出了爱以后所得到的回报,一种收获后的喜悦。我爱人人,才会人人爱我。

整整3个月的抑郁症把自己折磨得痛苦不堪,我现在才真正站了起来。人在社会中不战胜自己就无法战胜别人,到头来终生得不到幸福,只能怨天尤人的生活在痛苦之中。这个世界是在运动变化和发展着,没有改变不了的东西,性格也一样。

我深深地意识到性格改造是个长期的过程,可不管怎样,既然现在我活得很好,我就要保持下去,让我的好心情一天天保持下去,做到良性循环。相信自己今生一定会活得很好,一定会在工作学习中做出一些成绩的。

衷心感谢我的救命恩人。

第八章 性功能障碍的心理疏导治疗

第一节 人类性功能及性功能障碍

性功能的存在是人类生存和发展的必备条件，也是人类幸福的重要因素。谈性色变是愚昧无知的表现，禁欲和纵欲同样是违反人性的。人类与动物的性功能有着截然不同之处，对动物来说，性功能完全是一种本能的、低级的、简单的无条件反射，一旦性成熟就能进行性行为，而人类性功能则涉及多种生理反应和心理活动，是由有序列的条件反射加上无条件反射来完成的。性的无条件反射是天生的、本能的，如以物理手段刺激阴茎、阴蒂可引起勃起等，性的条件反射则是后天学习培养而得到的，如视觉接受有性刺激的文字和听觉接受有性刺激的语言能够引起性的冲动。心理活动可使性兴奋或抑制，大脑对性活动起着重要的作用，性功能受心理及社会因素的影响和支配。因此，人类性意向的萌发与性行为的产生并不直接连接。性腺的成熟是性动力的基础，但对人类而言，它的作用还受到心理活动的制约。

人类性成熟较晚，性意向和性行为受到长期生活经历的各种心理—社会因素的影响，这就必然大大增加了性行为的复杂性。性生活的美满与性行为、性感活动等相互关联，并受心理活动的支配，而不仅仅是一定年龄的生理内分泌的作用。由于人有着高级而精细的心理活动，严格受到社会规范、伦理道德、思想、理想等社会因素的制约，在性冲动时，有着自我约束、自制、自控的能力，从而保持社会的平衡。由此可见，性腺内分泌活动与性心理活动相比，在性动力方面并不占主要的位置。性动力主要受人的感知(视、听、触、嗅、味)、想象、体验、情感、心境以及环境、文化、教育等心理—社会因素的影响。随着心理—社会因素影响的增加和文化模式的逐步建立发展，在各种复杂的心理活动影响下，性行为不完全基于生理本能的需要这一现实越来越明显。临床见到的性功能障碍患者，95%以上是由于心理—社会因素所致，其他多为某些对性兴奋具有抑制作用的药物所致，真正由生理内分泌异常引起者极为少见。我们根据临床资料观察，一个人的性意向从幼年到性成熟的这段时间，主要受社会文化的影响，这样就使每个人建立起自己对性的态度和性满足方式，认识社会对性的限制以及性行为在整个社会中的意义等价值观。

人类性功能的产生与完成需要具备三个基本条件：① 大脑皮层所产生的各种复杂的心理活动及其支配下各组织器官的相互协调作用。② 下丘脑—垂体—性腺

(睾丸、卵巢)等神经体液性调节。③ 健全的生殖器官。具备以上三个条件,人类才能产生正常的性功能与完成正常的性活动过程。

性功能障碍是指性生活过程诸环节中之一个或一个以上的环节功能不全而影响正常性生活的进行。临床中最常见的性功能障碍,男性为阳痿、不射精、早泄等,女性为阴道痉挛、性乐高潮低下、性感缺乏、性淡漠等,这些多为心因性引起。因此,进行心理疏导对提高心理素质,纠正性认识及性行为,改变心理病理状态所引起的性功能障碍可以起到良好的效果。

性功能障碍的疏导原则和医生应具备心理疏导治疗的条件,有如下几点:

1. 收集信息,深入患者心灵深处,掌握患者的心理症结。这是很不容易的。在我国,由于数千年封建伦理道德对性知识的封闭使之神秘化,传统伦理道德观念和习俗的影响,使许多人包括成年人对性缺乏科学认识,甚至有人一生不知什么是夫妻之乐而羞于启齿,避而不谈,忍受着性心身障碍的折磨,长年处于性心理压抑之中而并发各种心身疾病,成为愚昧无知的牺牲品。因此,对一个性功能障碍患者必须作全面深入的调查观察,从而作出正确的诊断。只有这样才能找出正确的治疗方法。这需要做很多艰难细致的咨询工作。

2. 做出区别诊断。通过各种检查,排除器质性病变后,再进一步了解心因性性功能障碍是原发性的还是继发性的。原发性的纯属病态性心理。如果是继发性患者,又要分析可能有哪些原因。例如,对性问题在婚前婚后具有抑郁、焦虑、强迫、恐惧、多疑等状态,性生活过程中注意力不集中或过分集中,特别想生孩子等,都有可能产生继发性性功能障碍;夫妻关系不正常,引起性生活中断,夫妻双方没有感情或感情破裂也可能造成性功能障碍;长期的性自我抑制,性生活的各种纠纷,性认识与性态度错误(认为性行为是肮脏的和低级下流的),认为自己手淫过度,认为自己天生素质差,儿童时期的创伤,特殊性格以及医源性的原因等,也都可能导致性功能障碍。

3. 针对患者的具体情况,制订治疗方案,循序渐进地进行疏导,不断提高患者的心理素质,消除各种性心理障碍因素。例如,对具有性恐惧心理患者,要引导提高夫妻双方对性生活的自然需要,要求夫妻双方在某些疏导过程中共同参加,以使相互了解,密切配合,协调夫妻之间的性意向、性行为、性态度,使之尽可能地一致,加强对性知识的了解,摆脱克服一些旧的性观念的束缚。

4. 通过疏导,要求患者具体掌握性解剖、性生理、性心理、性行为等性的基本知识,学习、了解男女性器官的结构和特点,了解男女性敏感区域的分布和特点,了解男女性行为方式和性交过程。训练性技巧与加强性指导要结合起来进行,使性生活和爱情需要融为一体,达到性心理与性生理活动的统一性。在取得丰富的性知识的基础上,再学一些夫妻正常性生活中的要点及技巧,努力在性行为中相互配合,共同切磋,可以避免生理性的性交疼痛。有些性交痛,可能是阴茎过度压迫阴道壁而产生的，这就需要双方摸索出舒适的体位。如此，性交痛会自然消失。

5. 通过反馈信息不断深入了解患者性心理的内在活动，如性活动频度、迫切性、性交时间、快感体验、夫妻和谐等，让其不断自我评价功能改善状况。要用通俗易懂的语言，尽量做到生动、具体、形象、有的放矢地进行疏通与实际指导，必要时可以图片、模型、幻灯、录像作示范，以达到患者能懂能做为目的。

6. 协调夫妻性生活以外的心理—社会紧张因素。如劝导夫妻之间不要互相指责埋怨，要妥善处理家庭经济与家庭成员之间的矛盾，要提高患者的能动性，使其具有主动认识矛盾、解决矛盾的能力。

7. 注意性生活的环境和身心条件。性生活和谐、幸福对于加深夫妻感情，维系夫妻关系，共建美满幸福的家庭是至关重要的，夫妻应相互体谅，相互适应，共同探索出和谐的性生活方式。有一点应指出的是，夫妻性生活是平等的，性生活时的欣快感、甜蜜感、融会贯通感是互相给予、相互接纳的结果，不存在谁占上风、谁占下风的问题。

8. 对于心因性阳痿的治疗，必须根据"心病要用心药医"的原则，禁用不必要的药物，如激素等。随便用药对患者特别是对青壮年不利，往往使自身激素受到抑制，并在心身障碍等方面形成恶性循环。

第二节 心因性阳痿的心理疏导治疗

心因性阳痿指男子有性要求，平时(包括入睡后)阴茎有正常的勃起，但性交时阴茎不能勃起或勃起不坚，经神经内分泌和体格各方面检查未发现器质性病变者。心因性阳痿是男子性功能障碍中最常见的，也是令患者及其家属十分烦恼的问题。男子的勃起功能是较敏感的，但在外界因素影响下，因过度疲劳及其他原因偶尔出现一次阳痿时，这并非性功能障碍，但如与性格特征、性认识、性态度、性想象、性知识水平等结合起来就有可能导致长期性的功能障碍。对许多男子来说，性功能是自我力量和自尊的重要表现，一旦出现阳痿，给本人所造成的心理压抑与负担往往是无法形容的。阳痿常造成患者的抑郁、内疚和自卑，在不断的心理—社会紧张因素(包括医源性的)的影响下，会形成恶性循环，成为久治不愈的顽疾，其身心之痛苦至深至切。

一、引起心因性阳痿的原因

1. 性知识缺乏

(1) 自幼受不科学的性教育约束。如认为性交是可耻的，是肮脏的，有罪恶感，对性心理发展、性功能形成有抑制意识。

(2) 缺乏性生理、性心理知识，性生理心理不成熟。如认为自己以往的手淫、遗精会导致阳痿而顾虑重重，对自己性能力的怀疑导致性交失败。

（3）性期待导致焦虑而引起性交失败。如新婚之夜性认识不够，性生活无经验，不能随性生活自然过程发展以及受到惊吓等。

2. 性焦虑

（1）性格特征：胆小、内向、腼腆、敏感、多疑、好幻想、自卑、抑郁、性伦理道德观念过强、缺乏自信、未确立男性化的性格、依赖性强、心境长期压抑、对爱情欢乐漠不关心。

（2）偶尔发生一次性生活不满意或性交失败，导致信心不足，恐惧紧张心理加重，悲观失望，造成恶性循环。

（3）性交前心理紧张。如妻子是上司，造成情绪紧张；环境不宁，每次性交前恐惧；妻子任性、怕生育、不合作等，男方心理压抑。例如，一位普通男职员平时性格拘谨，容易紧张，与他的女上司结婚后，出现阳痿，经治疗一直不好，离婚后与他人结婚，性功能则恢复正常。

（4）性交时怕累、怕痛，怕消耗大影响身体，怕自己性功能差，认为自己阴茎发育不良等。

（5）自幼对女性具有惧怕、内疚、崇敬心理。

（6）婚姻勉强、被动，夫妻不和，矛盾心理严重，对妻子怀有敌意、怨恨及恐惧情绪。

（7）性交环境嘈杂或外界干扰多等。例如有一个具备良好条件的男性青年，由于英俊潇洒，对异性很有吸引力，曾与不少异性多次发生性关系。有一次正在性交时，突然有公安人员来查户口叩门，受惊吓，从此出现焦虑性阳痿，长年治疗不愈。

（8）居室条件差，几代同室，卧床不适，响声大等而害羞、紧张等。例如，某男性大学生，出身于农村贫寒家庭，平时性格内向，与一城中干部子女恋爱，发生性关系致使对方怀孕，被校方发现，大学四年级时双双被开除。患者回到农村家乡与父母同居一室，中间仅一帘之隔，在性交过程中，由于竹床发出响声而害羞、紧张，中途出现阳痿，长期治疗不愈。

（9）意外坎坷，工作紧张，过度疲劳、消沉，经济窘迫。

（10）医源性所致。例如医务人员出言不慎，过多的不必要的检查，权威性医院或医生治疗无效等。

二、心因性阳痿的疏导治疗原则

1. 加强性教育。重点让双方都了解阴茎勃起的生理心理原理。一般来说，阴茎勃起的功能不仅受神经反射控制，还受心理、情感等一系列精神因素的影响，有时某些重要的因素也可影响阴茎的勃起，如身体过于疲劳，精神压力过重，早年性创伤等均不同程度地干扰勃起机制。显然，阴茎的勃起不是一种单纯的刺激反应，而是一种精密的、高度复杂的心理调节过程。

从正常男性的生理心理功能看，良好的阴茎勃起功能应该包括：勃起时，阴茎膨大、坚挺，可见皮下血管搏动，且可保持到射精，夜间或清晨勃起并坚硬有力。

心因性阳痿，无论年龄如何，都是一个可逆的过程。阴茎体是由肌肉和结缔组织构成的，有海绵状的三条海绵体。其中，两条称阴茎海绵体，一条称为尿道海绵体，海绵体由筋膜包裹，实际上是一个血窦，一旦充血，便膨胀变硬。球海绵体肌及尿道海绵体肌的兴奋使膨大变硬的阴茎体持续挺举，这两个过程的结合即阴茎勃起。阴茎的勃起是一种神经反射。性刺激首先通过感官（嗅、味、视、听、触）及思维传向大脑皮层，作出评价，引起兴奋，发出信号，这种性兴奋信号直接影响动员下丘脑及皮层下部中枢，并迅速作出反射，通过植物神经将反射信号传至阴茎，使阴茎血管扩张、充血，造成大量血液短时间内流入阴茎，使阴茎海绵体血窦内充满血液而膨胀，导致阴茎体积增大，同时海绵体肌兴奋，强烈的收缩使阴茎耸立、坚挺。由于海绵体内血窦的膨胀，静脉血流受到一定阻滞，也有助于阴茎勃起。当解除了神经刺激作用（射精后或性兴奋中止）之后，阴茎海绵体的动脉收缩，静脉扩张，使流入的血液减少，流出的血液增多，原先储留于海绵体的血液排出，阴茎则又恢复原来的疲软状态。

从阴茎的勃起机制不难看出，性心理活动、神经末梢感受器、神经纤维、脊髓、下丘脑（内分泌）和生殖器官都必须有正常的参与功能，才能完成勃起的反射行为。无论什么原因，只要影响到其中的任何一个环节，特别是大脑高级神经活动（心理的）功能障碍（如心理压抑及恐惧、焦虑、抑郁等）以及脊髓神经的功能障碍，影响神经纤维的传导或生殖器官及其他器质性病变等，都可能会引起阳痿。

2. 纠正无科学依据的性传说的影响。有许多不科学的传说，如“年轻时手淫会导致阳痿”，这种怪论认为“精液是宝中之宝，人的精髓、精液是有限的，一滴精十滴血，年轻时如果手淫过多，房事过频，精液失去过多，到了一定时间阴茎就不顶用了”等等，这种没有任何科学依据的说法是十分有害的。人的任何器官都是一样的，“不用则退”，性器官也是如此。和谐美满的性生活与年龄无关，适度的、良好的性生活能促进人体内分泌功能的正常活动，使下丘脑—垂体—性腺的内分泌调节功能增强，促进神经内分泌功能活跃，长久保持性功能的活力。因此，一个良好心理素质者都不会回避人类最基本的、正常的性行为。

3. 分析病因，耐心疏导，解除心理负担和敌对情绪，削减烦恼和顾虑。根据患者个人的文化程度、性知识水平、年龄、性格特征等，帮助找出致病的主要原因，消除不利因素及病理心理状态，注意科学性趣味性结合，做到理中有趣，以理服人，使患者树立治愈信心，进而达到“因势利导”“不令而行”的心理疏导境界。对一些迷惑不解的心理阻塞问题，要灵活地运用科学的说理、启发、诱导、鼓励、指导、保证、示范等心理治疗方法进行解惑，帮助他们提高性认识和性适应能力，促进性病理心理向性生理心理转化，从而能动地获得治疗效果。

4. 治疗时最好夫妻双方同时参加，以便相互了解，相互配合，获得更好、更满意的性生活。

下面首先介绍一例因夫妻双方缺乏性知识而在新婚之夜导致阳痿的病例。患者长期生活在痛苦之中，经过心理疏导治疗，短期内痊愈，现在性生活和谐美满，生了孩子，家庭十分幸福快乐。为了深入说明问题，我们介绍患者心理转化过程的反馈材料及疏导原则如下。

病情自述

我今年34岁，已结婚3年，因疾病给我们带来了极大的痛苦。

我是个独子，生长在知识分子家庭。严格的家庭教育，使我做事认真严谨，伦理道德观念较强，要求自己以诚实的态度为人处世。但我的性格比较胆小孤僻，好幻想，有一定的虚荣心。我高中毕业后下农村插队10年，返城后在现在单位任调度，工作能力及表现均能令人满意。

我和爱人在同一车间工作，在四个月的恋爱过程中，我们朝夕相处，情投意合，爱情就像一团火，越燃越旺。我们双方都有过多次性冲动，但我们道德观念都很强，她从不让我沾身，我也总是认为第一夜应放在新婚的花烛洞房。

领结婚证书后又过了四个月，我们终于踏上了长途旅行结婚的列车，前往我的父母处。我想到自己是新郎官了，将享受到夫妻之乐，异常兴奋，但又突然出现一些念头，如“害怕性交时阴茎拔不出来”“有的夫妻因男方阳痿而离婚”等。

我们到了父母家后，当晚觉得很疲乏，没有性交就睡觉了。第二天晚上，我们第一次过性生活，当双方生殖器接触时，她突然叫了一声，我一惊阴茎就软了下来，结果性交失败了。以后几个晚上，我们试图完成性交，但效果一次比一次差。我当时觉得身体不佳，心情也不好，心想也许是对当地高原气候不适，回内地可能会好的，结果却使我失望。于是我找了一位名医诊疗，他诊断为“肾阳不足”，拟方“温肾助阳，益肾填精”。在服第三副药时，发生了意外的情况：当天夜里，我肚脐右下侧持续性绞痛直至清晨，两天之后又开始腹泻。在以后的一个月里，我下腹部疼痛，每天大便溏稀达五次之多。医生诊断为这个炎那个炎，几乎被送到手术室动刀子，这给我精神上带来很大的压力。为了治病，三番五次、不分寒暑地前往各大医院求治。虽然不断地吃药打针，从中药到西药，从西医到中医，但我仍然是腹胀便溏，形瘦面黄，头发脱落。尽管我的妻子很贤惠、能干、正派，但长期的病魔也影响了我们之间的感情，她有时泄气地说我“不像个男子汉”“肯定原来就不行”等等。由于长期心情压抑，她的性要求也渐渐冷淡下来，后来她患了甲状腺机能亢进。

常言道：三十而立。而我却感到年方30就进了鬼门关。我心不甘，为了治病，我写信去上海、北京等地咨询，同时十分注意书报杂志上的各种治疗方法，什么饥饿疗法、饮食疗法、睡眠疗法、体育疗法、扭腰功、揉腹及按摩等我都一一试过。我还听信“偏方气死名医”的说法，去寻找游医。我甚至还去寺庙求神拜佛，结果都是水中捞月一场空。我现在怕见到熟人，特别是亲戚朋友，一是我瘦多了，二是我还没有小孩，社会上议论很多，有些人称我为“老病鬼”。我只好深居简出。我的性格也变得急躁和更加孤僻，完全失去了当年的上进心。我知道自己落伍了，非常痛心，无奈疾病缠身，实在是心有余而力不足。

在我走投无路的时候，我从电台广播中了解到这可能是一种心理系统毛病，于是就摸到贵院，见到了热心关怀患者的好医生、好老师。我深受鼓舞，树立了战胜疾病的信心。我一定和医生密切配合，听从医生的指导，按医生的要求去做，治好我的病。

患者的自述表明，患者的“阳痿”与其早年接受的传统教育、伦理道德有关，与其性格和心理素质有关，尤其是首次性交的中止给他带来了心理创伤。我们根据患者的病史自述和对患者的检查，诊断为：① 心因性阳痿；② 慢性结肠炎。同时女方也被诊断患有性淡漠和甲状腺机能亢进等心身疾病。从病史上看，他和他妻子都具有严谨、性道德观念较强的特征，引起双方心身疾病的原因主要是性格缺陷和缺乏性知识。由于长期受各种心理—社会紧张因素的刺激，处于一种紧张焦虑的状态，恐惧心理逐渐加重，形成恶性循环，从而使病情日渐严重。针对上述情况，决定同时对其夫妻进行心理疏导治疗，重点是男方，具体分为两个阶段：首先治疗慢性结肠炎，同时给予性教育。在肠炎消失躯体症状明显好转后，再重点进行性功能障碍的疏导。我们先后共进行了10次疏导治疗，每次1～3小时，两周左右一次，夫妻双方的心身疾病均获痊愈。

第一阶段的疏导内容

1. 使患者认识到性格上的缺陷，认识上的偏见，及其在疾病的发生和发展中的作用和影响。

2. 讲授基本性知识。

3. 告知夫妇双方如何消除压抑心理，自己解放自己，互相帮助和配合。

4. 用个别疏导指出各自存在的问题，提高自我认识，克服互相埋怨。

第一阶段治疗中的反馈摘录

反馈一

医生在百忙之中对我们夫妇进行疏导后，在我们不幸的生活中激起了幸福的浪花。我们相信了科学，看到了希望；我们憧憬着未来，向往着幸福。谢谢医生，给我们补上了这一课。医生和蔼可亲，不厌其烦，热爱工作，关心患者疾苦的崇高精神时刻都在激励着我们。

为什么三年来我跑遍了许多医院，中西医结合，针药并用都没有使病情好转，反而肚子越来越胀，性功能越来越差，人越来越瘦，我一直认为没有找到好药方，现在看来是幼稚可笑的。医生以科学的态度指出我久治不愈的顽疾的症结所在，拨开了我心头的层层乌云，觉得豁然开朗，心里亮堂多了。现在我知道了自己的病根在性格上，如果我再不解放思想，就真的不可救药了。

反馈二

医生科学地分析了我的病，排除了内分泌和生殖系统方面的问题，指出了我们是心身疾病，我认识到这是由于性交不成，精神负担过重，悲观、失望、恐惧的心理接踵而来，从而使自己导致了肠胃功能失调。

我的精神枷锁解脱了，我知道不能单靠药物来治好我的病，更知道世界上没有灵丹妙药能治好心病。医生的谈话无形中给了我很大的安慰和力量，我的精神为之一振，浑身轻松不少。现在我不针灸也不觉得肚子很胀，不像过去那样肚子胀得很难受，但我觉得还不巩固，有时还有胀感，大便还不能成形，不过我尽量不去想它，我认为只要能长期坚持治疗，定能逐渐好转。

反馈三

我从医生身边回来，信心、决心、力量一次比一次大。尤其是腹胀、便溏的症状缓解了，精神轻松愉快多了。现在我首先纠正认识，正确对待自己的病状，冲破了“肾亏”“补肾”等精神罗网。三年来，我一直依赖药物补品治病，许多大医院我是常客，现在却过门而不入了，我的面色比以前要好，体重也增加了。这一切与我把自己的药罐子摔了大概有某种关系吧！

医生指出了我性格上的缺陷，现在我正在努力改变自己的性格，努力提高自己的心理素质和适应能力。我知道性格的改造不是一蹴而就、一朝一夕的事情。我要从现在做起，从点滴做起，把自己的“病”彻底抛开，提高生活的乐趣。一句话，就是放下包袱，轻装上阵。

前段时间，我的头发掉了很多，我很害怕，要是成了秃子多么难看，以至于有时做梦成了秃子，十分恐惧，惊醒后看看自己的头发少不少，这种焦虑不安的心情也严重地摧残着我的身体。现在有了乐观的指导思想，什么头发、头皮我都不去想它、注意它，也不去摸它，更排除了“头发要掉光”的恐惧心理。我从这一点上看到了心理卫生的无穷威力。按照医生的教导应该举一反三，灵活运用，现在我再也不乱吃药了，我很乐观，相信通过医生的悉心疏导，我定能战胜疾病。

反馈四

我这个久病的患者，经过医生耐心细致的疏导治疗，现在腹部不胀，人有劲头，更觉秋高气爽，轻松愉快。我多次来医院，医生都是待我如亲人，耐心地对我疏导，一针见血地指出要治好我的顽疾的灵丹妙药就是心理治疗。在医生那儿,我耳闻目睹,从理论到实践,许许多多治愈的病例都给了我借鉴。这就是科学,就是真理,遵循它定能取得胜利。由此我悟出一点道理,只要我努力地改变自己的性格,轻松、愉快、随和地生活,冷静、正确地对待遇到的困难和挫折,切忌发怒,有了这些,就有了战胜疾病的法宝。我常告诫自己:你没什么大不了的病,不应该那样精神不振,挺起胸来,要有男子汉的气概。现在我尝到了实实在在的甜头,我的自我感觉好多了,体重也增加了。连同事们都这么说,这医生真有神奇的魅力。我听了很高兴,内心里对医生是感激不尽。

我现在认识到,自己所患的是心病,"心病要用心药医",我现在性功能的恢复不如肠功能紊乱的疗效来得快,虽然性生活比原来稍有进步,但还是不能完全成功。我的性兴奋一直受到抑制,缺乏性欲,而夜间睡着时阴茎却勃起有力,真叫人哭笑不得,这说明我的精神负担还没有完全解除。我从不少书上也看到,如摆脱了心理压力,这种病可不治而愈。但首先第一步如何迈,具体的细节譬如夫妻如何配合和谐,怎样使性欲更加旺盛,促使阴茎勃起更加有力来完成性交,万一其他想法出现如何排除,遇到失败如何总结对待?这些我都想了解。也许我的想法太多,不利于治疗,请医生谅解我的性急,三年来我内心许多未与别人说的话,都向医生说了,只有说出来才感到舒畅些。

我妻子对我体现了爱抚和贤惠的美德,她很同情我的不幸,关心我的身体,迫切希望我的病早日治好,能完成生育的任务。我的心情是着急的,但我知道着急也没有用,甚至更贻误治疗。但愿能在医生的悉心疏导下,彻底战胜病魔,为真正的幸福干一杯美酒。

第二阶段的疏导内容

经过第一阶段的治疗,患者的结肠炎基本痊愈,阴茎勃起功能也随之恢复,已能正常性交,但对性生活不能满意。所以在第二阶段,我们根据产生自然性欲障碍的原因,授予患者必要的方法以加强他们夫妻之间性的实践,激发自然地从内心产生的性冲动,重点指出自发的高级情感与良好的心境必须相统一。同时,还对患者进行了性技巧的指导,达到了预期的效果。

第二阶段治疗中的反馈摘录

反馈一

经过医生的教育疏导,我知道了人完成性交必须具备三大基本条件,即生殖系统、内分泌系统和心理上的完全统一。我的生殖系统和内分泌系统都正常,那么剩下的就是心理问题了。医生一定深切地知道性功能障碍的患者是多么有口难言,讳疾忌医,但我还是硬着头皮去许多医院。经检查,我的泌尿生殖系统都是正常的,个别医生也说过我思想上有问题,但具体是什么也说不上。有的医生给我开了激素针药，但都无作用，我的思想问题的症结在哪里，我茫然不知。

现经医生疏导，我认为自己患这个病有内外两方面的原因：从内因方面讲，我平时性格内向，沉默寡言，不合群，而且自命清高，有较强的虚荣心和伦理道德观念。记得还是在我们恋爱的高潮中，女方的姐姐来信告诉我们要抑制双方的灼热之情，不能做出越轨的事，我听了这话觉得好笑，心想这哪用得着你来提醒，我又不是那种不规矩不老实的滑头人，清规戒律我还是有的，做人起码要正派，否则的话给人看不起，戳脊梁。在整个热恋期间，我们都没有出格的举动，以致我们在出去旅行结婚的前一夜，夫妻俩尽管睡在一起却是同床异梦，我也不知怎么搞的，现在想起来真是太"规矩"了。另外，我有时脾气比较急躁，特别是生病以来，常和妻子憋气，我们俩都比较犟，有时为一点小事能一星期互不讲话。我有时甚至用离婚来刺激妻子，因此我们的感情受到了影响，情绪波动很大。作为一个正派贤惠的妻子，她是当之无愧的，为此我也深感内疚。外因方面，由于缺乏性知识和性生活经验，我们的配合不和谐，而她总是说泄气话，这也给我精神造成压力和负担，处于紧张的心理状态。

据此，我想向医生谈谈我的治疗步骤与打算。首先，要对生活充满希望和信心，改变过去孤僻、伦理道德观念过强的性格，使自己能真正轻松起来，特别是遇到不顺心的时候，要沉着冷静地处理，防止肝火太旺。过去我对妻子采取大丈夫的态度，现已基本克服了。我每当发怒时，胃肠道的症状都加剧，这样何苦呢？真是得不偿失。在自己轻松愉快的基础上，和妻子的感情要重新融洽起来。感情的培养要从每件小事做起，使妻子能从内心感到在丈夫身边得到幸福和爱抚。反过来也能影响妻子，使她对我的感情进一步加深，能事事处处体谅照顾我，从而使我们的电网能像过去恋爱期间那样一触即通，能使自己沉浸于幸福的激流之中，尽情地去享受爱的甜蜜与欢快的夫妻之乐。

在现在的性生活中，常因一瞬间的思想不集中而导致遗憾、惋惜和失败，这是否和信心与决心不足有关？

反馈二

"习以治惊，惊者猝然临之，使之习见习闻，则不惊矣。"医生教给我这句话，我已经记熟了。我认真地按照它去做，不断地减轻心理紧张，增强轻松愉快的体验，显然很有效果。在性生活开始时通过几次拥抱、接吻（虽然没有一种真正的自发性快感），阴茎较以前勃起得早些，但硬的程度还不够理想，而从睡眠中醒来阴茎常勃起有力，时间长。今天凌晨我醒来，觉得阴茎勃起有力，有发胀的感觉，随即进行了房事。但在这过程中，由于动作迟缓，进行到一半时我又溃退了。不过在这种朦胧的状态下，缺乏性欲，要真正完成性交是困难的，但我还是在绝境中看到了希望和光明，"习见、习闻，则不惊矣。"以往我看了大量性生活的指导书而不去实践。现在我明白了一个道理，要大胆地去实践。我目前的问题是，要想达到我结婚之前那种灼热的劲头，还需要花多少时间？我很想早点治好我的病，这并不仅仅是想能生个孩子，而且也是对贤惠的妻子表示我的心意。

反馈三

前两次我是在忐忑不安的心情下进行性交，阴茎刚插入阴道后开始有硬的感觉，一会儿就没有了，但也没有软下来，经过摩擦产生快感，随之逐渐增强，于是就泄精了，一阵快感，令人舒畅，这时明显地感觉到阴茎软下来了，就结束了。我总觉得真正的性欲并没有到来，也缺乏那种迫不及待的要求。昨天我躺在床上与妻子接触时阴茎立即就勃起，坚强有力，这时我明显感到自己没有任何思想顾虑，完全轻松自发的，于是我们很容易地进行了性交，经过近一分钟的摩擦才射精。当时我真的愉快极了，我感到我的病治好了，是件了不起的大事。今天我们又成功地进行了性交，这两次我可以说真正尝到了夫妻之乐。现在我感觉到如果阴茎勃起有力，那么插入阴道就毫不费事，如果阴茎软些，就七手八脚地乱了套，看来还是心理问题在作怪。但无论如何，现在与以前相比是截然不同了，为此我感到欣慰。有医生的悉心疏导，加之自己的不懈努力，相信我的疾病一定会痊愈。

反馈四

精神因素在疾病的发展中起着巨大的作用，我这个深受心身疾病多年折磨的人，对这一点有着更深切的体会。心理因素通过自己的大脑而起作用，兴奋、愉快或紧张、恐惧。经过医生的疏导和我几个月来的实践，以及自己能动性的发挥和各种心理紧张因素的排除，我终于摆脱了精神枷锁，自己解放了自己。

回想起来真可笑，自己对于人的生理功能方面的知识知道太少，以至走了不少弯路，产生了本可避免的疾病。以前我由于对性的问题没有清楚的认识，缺少发自内心的感情和动力，甚至还有厌恶心理。在这种心理状态下，要想治愈疾病只是干着急，好比是"守着米缸没饭吃"，常常是阴茎能勃起，但性交时注意力一转移就不行了。通过几次性交成功的实践，我更体会到爱情的结合，情感的交融都需要真正发自内心的激动，而不能像演戏那样做作。性生活时通过真挚的拥抱、接吻、抚摸，发动自己的情感，性欲就会情不自禁地奔放出来，脑子里只知道兴奋、舒适和愉快，而不会有其他杂念。只要接吻、情话不断，阴茎经摩擦快感增强，人就更加兴奋，出现要射精感，这时稍停一下，周而复始，硬度增加，使双方都进入快感，进而出现高潮。现在看来，一切成功与失败都在于自己，而不靠什么灵丹妙药。回头想想，很简单的事情给自己搞复杂化了。大脑这个器官所负担的任务确实不小，我应当好好地保护它，不伤害它，使它指挥更加有力，调度有条不紊。

现在我知道了人的性格是可塑的，只要自己始终保持良好的性格，那么病魔就不易缠身。我认清自己的有利条件：① 身体功能一切正常。② 年纪轻轻，身强力壮。③ 对前景充满信心。现在我的体重增加了10.5千克,这个数字令人兴奋,令人喜悦。它告诉我,只要自己破除迷信,相信科学,勇于实践,科学一定能战胜愚昧,健康一定能完全回到我身上。

现在我总结了经验,确定了以后的任务,就是要加强和妻子的感情,恢复到初恋时一般的火热,难分难解,依依不舍,抛弃各种不利的心理紧张因素。我相信通过自己的不断努力,性生活一定会更加和谐、美满。

下面再介绍一例焦虑性阳痿的治愈过程。

患者,25岁,工人。初诊日期:1988年6月30日。在未婚前与女友同居半年,性功能良好,双方对性生活都很满意。患者有次突然出现焦虑,阴茎不能勃起而与女友分手。在焦虑过程中曾多次出现情绪危机,企图自杀,经疏导治疗后,短期内焦虑消失,性功能恢复正常。

病情自述

我23岁时交了一个女友,第二年5月初我俩的关系发展到如胶似漆的程度,最终有一次我俩都控制不住自己的感情,遂发生了性关系。这以后的半年中,我们性交很频繁,一般都能达到双方满意为止。那时我的阴茎勃起坚硬、持久,时间一般在10～20分钟左右,有时为了延长性交时间,我脑子故意不集中在性交上,而阴茎仍能正常坚挺,不影响性交,最长的达40分钟之久。

半年过去了,有一次我从外面回来,看到女朋友心情特别激动,我就抱她上床欲与之性交,但当我阴茎插入阴道后,马上就软了,大约过了两个来小时,阴茎又能坚挺地勃起,过正常的性生活了。第二天晚上我们在一起时,双方都有性要求,但由于我脑子中老想着昨晚第一次性生活的失败,担心今晚又会出现,结果真的又没能勃起,半个小时之后,在女友的抚爱下,才能勃起进行正常的性交。此后每次性生活就有些不正常了,有时是性交前能勃起,但一进入阴道就软了,有时是进入阴道就不坚挺了。总之,虽能过性生活,但总不能使女友感到满意,但尚能完成射精。

这样的状态持续了3个月左右,起初女友并没怨我,还开导我,劝我,但最终她失望了。我们本来讲好那年要结婚的,无奈只好分手。分手时,我曾对她讲过,我们分手的原因不能对任何人讲(包括父母),因此家人都只认为我们是性格不合才分手的。在此前后,我一直不好意思到医院去看,后来有一次到某市偶然了解到市中医院有男性科,就去看了几次。医生说,我的身体是正常的,关键在于精神,要我树立信心。我也知道自己身体是健康的,从小未生过大病,深信问题是出在精神上。可我不知道怎样才能树立起信心,这一点医生也说不出什么办法,他开了一些补药给我吃,有"还精煎""逍遥丸"等,但吃了未见成效,精神负担并没有消除。有一次我对医生说,如果不能治好阳痿,我会去死的。医生说:"即使治不好阳痿,也不至于就此去死,人活着并不仅仅就为此。"我也认为他说的很对,但他"即使治不好"这一句话在某种程度上给了我刺激，看来医生对我的病也好像没有多大的信心，后来我就一直失望难解。平日我性欲很强烈，我就用手淫来满足要求。手淫习惯我是自15岁起就有的，次数很频繁，一直持续到现在，但我担心会不会是因手淫而引起的性功能早衰。现在每次手淫时，脑子里总还是想着以前曾发生的性生活的失败，所以即使在手淫时，虽能勃起，但不坚硬，尚能完成射精，有快感。现在每当与女友接吻、拥抱时，阴茎都能勃起，但一旦勃起，脑子里就会不由自主地去考虑曾经发生过的阳痿，阴茎很快就软下来或不坚硬了，同时有遗精现象。有时睡眠醒来，或看到电影、小说中的刺激内容，阴茎勃起正常且坚硬。还有这样的情况，不论白天或晚上，只要闲着的时候，会不知不觉地将思想集中在阴茎上，想着自己的性功能不正常，想着结婚以后的结果会怎样，想着自己为什么这样不幸？无法使我不去想，越想越焦虑，越痛苦不安。

我现在的女友是去年开始谈的，是同厂的女工。对我过去的情况，她知道我曾谈过一个，其他事情是不知道的，她自己也曾谈过一个，后来分手了。我与她讲好就要在“五一”结婚的，但考虑到自己的病，没有同意，借故推迟婚期，但拖过了今日，拖不过明日，总有一天要结婚的。我一想起结婚，就害怕得很，害怕由此我们出现感情破裂并离婚，那样社会舆论将会是多大，人们会讥笑我，看不起我。这样对我父母的打击，该有多大。现在我俩双方的父母都希望我们早日成婚，我真不知该怎么办。有时想，这会不会是我与前女友婚前性关系而导致上帝给我的惩罚。越想心里越难过，想想一生所走过的路，幸福的童年，无忧无虑的生活，17岁就参加了工作，多么春风得意，而那时怎么会想到今日之不幸呢？现在每当和女友在一起时，都感到一种内疚的心情：我在欺骗她。我真痛苦极了。

反馈一

通过下午的检查和心理治疗，使我认识到自己的生殖器官是完全正常的。以前的手淫习惯虽是错误的，但对性功能并没有任何影响。今天还看了几位患者的病历，也使我深有感触，那么多的阳痿患者，甚至症状比我严重得多，在您高超的医术下，均能治好，我为什么不能呢？他们能，我一定也能！那些病例，对我确有不少启迪，只要思想负担消除了，一切也就自然解决了。“习以治惊，惊者猝然临之，使之习见、习闻，则不惊矣。”对我有很大的启发和安慰。一切都只要习以为常，就不会发生什么不正常了，即使发生了不正常，也应该不去多虑，就当做没发生过一样，这样自然而然，一切都会好了，一切只要顺其自然，不要把它看得过重，思想放松了，也就好了。

反馈二

使我过意不去、惭愧万分的是，我这么顽固不化，真感到内疚。正像您所说的：

"你的线路、电灯都是好的,可为什么还要担心推上电闸灯会不亮呢?!"我总还是有顾虑,很拘束,我真恨我自己。

我总是要怀疑自己。从前我与女友在一起时,与她拥抱亲吻,确实是出于性的要求而自发的,但只到此为界。有时我与她亲热时,甚至怕引起她的性欲,怕她主动提出过性生活的要求。在她家时,我希望能在她房间里与她单独在一起亲热,但事实上我又尽量回避与她单独相处。与她亲热时,我想能与她合为一体多好,但却又怕与她过分的亲热,我始终处于矛盾之中。

在厂里,每当看到其他青年工人结婚,或去喝朋友的喜酒,我总有一种自卑的心理,自卑自己的无能,羡慕人家才是真正的男子汉。这些自卑感给我带来了很大的痛苦,有时越想越难过。

反馈三

自南京回来后,我不再像以前那样消沉了,我始终相信您对我说的那些话,是啊,我有动力,有实力,那么还怀疑什么呢?南京的模拟试验证明了我是正常的,这一切都坚定了我的信心,心情也愉快了。我与女友一起到人民政府办了结婚登记手续,现在我感到了生活的乐趣,感到了崭新生活已开始。我决心下半年就结婚,但在未婚妻面前还不敢提出和她过性生活,因为怕万一自己不行的话,她会不会嫌弃我。我想起昨晚的情况,我们默默地对视了一会儿之后,紧紧地拥抱在一起,无休止地亲吻,我的阴茎勃起很硬,这时我想应当让她知道这一情况,使她感到今后是能使她满意的,我就让阴茎顶在她的小肚子上,她肯定是能感觉到的,起初她很激动,任我怎样她都更加紧紧地拥抱,但过一会儿她好像害羞似地躲开一点,这时我是多么想和她性交啊,可我马上意识到,如果万一不行就糟了,这样一想,阴茎便也慢慢软缩了。这样的过程,我已重复很多次了。以前,我只要与未婚妻拥抱亲吻,一般都会重复这一过程。

医生的信

××先生:您好!

高兴地看过你的来信,为你心理素质的不断提高而高兴,你是那样的信任我,同时我也要感谢你,因为你满足了我的人生价值观:能为一个患者解除痛苦,为一个不幸的家庭创造幸福。

1. 从来信我看到了你目前的问题是一个"怕"字,这个问题是与你的性格特点分不开的。你仔细想一想,你在性功能方面不但物质基础雄厚,实力强,动力足,这是其他人不能与你相比的,只是由于管理人员的胆小谨慎、犹豫不决,把大好时光浪费了,希望你能轻松、乐观、勇敢、果断、灵活、随便一些。按此方向去努力,你这个管理人员就可以变为管理专家了(指你的心理)。

2. 这个"怕"字是非常可恶的。你要了解,正因为"怕"才给你造成了多大的损失，而且几乎被它逼死(轻生的想法)。实际上，“怕”字在一个实力很强，能分清是非真假的强者面前是不存在的，是虚、假、空的。可你主观地把它当做实、真、有，这样，主、客观认识就不一致了，这也就是你形成“怕”字的根源。另一方面，“怕”字也有脾气，它是“欺软怕硬”的，你进它退，你退它纠缠，有时会逼得你感到无路可走，你应该是有体验的，你吃了它多少苦啊！应该勇敢、果断地与它决裂，与它拼斗，最后的胜利是属于你的。

3. 希望你今后要“少想多做”，轻松愉快地去做，因为你是一个善良忠厚、伦理道德要求较高的青年，你现在可以放松一切了，尤其对性的认识问题，多思多想多虑而不敢做，不去通过实践检验自己，往往会走向反面的，你想想，对吧！我认为你不成问题，你没有“病”，只需要提高心理素质，能再上一层楼，大胆地付诸实践，在自信、自强、自知的基础上不断前进，你随时可以取得全面的胜利。

1988 年 7 月 29 日

反馈四

收到您的来信后，决定还是写信给您，把我这段时间的情况与您说一下。我还是先谈一下昨晚的事。她与我一同来到我的房间，看着她楚楚动人的身影，我马上就有了很强的性欲，我抱起她，抚摸她的手臂、肩头、乳房，热烈地亲吻。我的手一直往下移，一直移到她的小肚子上，一心想与她性交，没有其他的杂念，但我没有继续这样做下去，因为此时我有“怕”的念头闪过。我虽有这些消极的念头，但阴茎还是勃起的，同时也还有很强的性欲要求，我大胆地与她亲吻，但不再摸她的下身，我怕引起她的性欲，怕她主动提出来性交，虽然我知道她是不会主动提出来的，积极与消极的思想同时在我头脑中存在，很难排除这里的矛盾。有时我又想，我为什么会这么奇怪，要把虚、假、空的东西看成真、实、有的呢？感到很可笑。我物质基础雄厚，动力足，实力强，别人是难以相比的，现在我确实该勇敢、果断地与“怕”字决裂了。我现在对于自己性功能的完全恢复正常还是绝对充满信心的。只要您复信给我证实这一点，真的一切都好了，等下次给您的回信，一定一定是好消息。

反馈五

我现在心情很好，虽然还是不敢真正地去实践，但我确实已有了信心，不过我决定在我真正去实践前，求您给我复函证实我没病了，真的好了，正常了，好吗？

另外，我还有一件非常非常担忧的事，我担心您写来的信，会落到我未婚妻的手里，请您复信时，千万不要写性功能、性生活、阴茎这类词句，用其他不会使她怀疑的词句，好吗？

反馈六

您8月24日的来信收到了，我总是处在矛盾和犹豫中无法解脱，至今也没敢去实践一次，我很惭愧和内疚。

我本来是一个准备去走绝路的人，今天能成为一个勇敢去迎接幸福生活的人，这一切都是在您的精心治疗下所取得的。您每次的来信我总是看了一遍又一遍，总感到好似一股暖流直冲心间，给了我力量，悟出我本来就是一个正常的人，我决定在1989年1月25日举行婚礼。我决定在元旦前来一趟南京，但最多只能停上一天。我实在没有办法，无论如何，在收到您的回信后就来一趟南京，这关系到我的一切，乃至生命。

反馈七

从南京回来后，我的心情好多了，我总想您是一个全国著名的心理专家，能保证我的性功能完全是好的，是正常的，那我还有什么可以犹豫的呢？1989年1月25日即将到来，我相信生活是美好的，曙光已展现在眼前。

反馈八

今天是我蜜月之后的第四天了，一个月来我完全是愉快的，一切都是正常的，我感到自己多么幸福啊！我的幸福是您所给予的。

新婚之夜，睡下后，我们都很激动，我思想上虽然还有一点顾虑，但感觉还好。我这次只放进去一点，原因倒不在我，而是她疼痛难忍。她讲：等明晚吧，这些天我们都很辛苦，就早点睡吧！到第二天我再次插入她的阴道，她疼痛地哭了，流了不少血，我紧紧地抱着她，向她道歉，内心为自己找到了一个纯洁、善良的好姑娘做妻子而高兴不已，第三天晚上我就感觉一切都正常了，我完全好了。

现在我才知道，自己以前是多么的愚昧，要把那些虚、假、空的东西当成实、真、有的，自己折磨自己，现在想想，这一切是多么的可笑，实际这一切根本不需要去想，我坚信自己是正常的。

我本来是早准备写信给您，但这一个月来，我与妻子总是形影不离，很难有单独坐下来写信的机会，因为这是绝对不能给她知道的，永远不能。再则，我希望的是进一步证实一个月后，确实好了，再写信给您。现在我一切都正常了，我是多么高兴，感到多么幸福……

第三节　心因性不射精的心理疏导治疗

心因性不射精是指在清醒状态下或性交过程中，能保持阴茎勃起坚硬，性欲强烈，但达不到性高潮，不能在阴道内射精，而在入睡后常常遗精的症状。它是男性不育症的原因之一，在门诊中常可见到。它可分为原发性心因性不射精(即在清醒状态下，从没有过射精)和继发性心因性不射精(即原来性生活正常，后在心理—社会紧张刺激因素影响下而导致不射精)，前者多见，后者较为少见。

1. 心因性不射精的原因(除具有类似于心因性阳痿的部分原因之外)

(1) 暗示与自我暗示。如不少患者认为输精管结扎后不会再射出精液，每次性交时总是暗示自己而导致不射精。

(2) 缺乏性知识，不知对方有什么要求或阴茎插入阴道后不抽动、不摩擦或摩擦不力等。

(3) 婚后因女方有性功能障碍，患者长期处于压抑状态。

(4) 怕自己或对方达不到性高潮，过分地注意射精，致使射精中枢受到抑制。

(5) 夫妻双方不和睦或女方害怕性交疼痛，而限制男方摩擦抽动，或习惯于享受，不给予男方配合。

(6) 自幼受不良习惯的影响，如训练不得法等。例如，有位自幼内向的患者，自青春期有性冲动起，自己开始用两腿夹住阴茎，用力挤压而出现性高潮，达到排精目的，十几年后结婚，阴茎插入阴道后摩擦无快感和高潮，不能射精。另有一位患者，进入青春期有冲动时，用勃起的阴茎贴在自己的腹直肌上运动，通过想象而射精，达到性高潮。结婚后妻子数年不孕，仔细了解才知道为不射精所致。检查患者方知每次性交时，患者处上位，阴茎插入阴道后两侧腹直肌呈痉挛性坚硬收缩，无其他动作，导致无高潮及射精。

(7) 客观因素影响。如居室困难，环境嘈杂，双方工作不同班次等妨碍性活动的因素所致。

(8) 医源性影响，语言暗示、药物等影响。

2. 心因性不射精的心理疏导治疗原则

(1) 大力开展早期性教育，普及性知识，消除性神秘感，对于有的患者不射精系神经末梢兴奋不够者，应加强刺激，同时在达到高潮时转移患者思路，如情话及特殊的愉快性刺激等。

(2) 性生活前双方必须将性心理、性生理及性解剖了解清楚。

(3) 由于不射精可以引起男方性淡漠及女方的反感，特别是渴望有一个孩子的夫妻往往出现焦虑，所以应了解患者性心理过程及不射精的症结所在。根据医生的指导，可采用以下步骤：

① 要求男女双方把性生活的需要融于爱情之中，不要在性交过程中把注意力过分集中在射精方面。

② 妻子须主动应用“性感集中法”，以温柔爱抚让丈夫知道自己身体的感觉，改变非语言交往方式，解除性交心理压力。可在性兴奋和性冲动到极为强烈时再进行

生殖器的接触，当男方有射精感时再将阴茎插入阴道。往往有过一次阴道内射精经历后，即可建立永久性射精。属功能性不射精者只要采取有效的夫妻交往，大多是能够治愈的。

③ 暗示治疗。让患者用某种观念暗示自己，如“我一定能治好……”“现在已有了性兴奋，快感增强了”。性交时随着摩擦频率的增快，想到“舒服……”，集中亲吻、爱抚以增加快感，转移抑制射精的条件反射，促使精液排出，同时享受到真正清醒状态下性高潮的快感体验。

④ 性交时放一些轻柔音乐，使双方心情舒畅，精力充沛，女方情态魅出，配合默契，双方沉湎于神奇浪漫的气氛中，容易形成性高潮，激发射精。

⑤ 改善居室陈旧环境，使空气流通，光线柔和，同时女方的服饰发型得体，易使丈夫受到良好的刺激而产生性兴奋。

(4) 使患者在清醒时体验一次射精的感受，可由女方用手抚摸刺激男方阴茎，引起射精，或用女方上位姿态进行性交，通过女方主动的性刺激使男方达到性高潮而射精。

(5) 如用上述方法不行，可用电振动器按摩阴茎使之达到射精。只要有一次在清醒状态下体验到射精的快感和欣慰时，就会增强信心，并根据体验在性交过程中达到高潮而射精。

根据我们治疗数十例心因性不射精患者的经验，一般均获得良好效果。例如有一位不射精患者，在妻子的主动配合下接受心理疏导治疗，很快恢复了射精功能，并有了可爱的孩子，几年来心身健康，家庭幸福。现将患者的材料摘录于下。

病情自述

我今天 33 岁，一年前结婚。由于婚前工作紧张忙碌，身体一直处于极度疲劳状态，连续一周夜夜遗精。结婚当天，因忙于应酬，深夜一点才入睡，但到半夜又发生了遗精。新婚蜜月中，我们夫妻性生活不顺利，每次我有性欲要求时总不强烈。性交时，阴茎虽能勃起插入阴道，但性欲始终达不到高潮，也无精液射出，不到一会儿，阴茎就萎软下来。经休息片刻，阴茎又能重新勃起，但情况仍然如前。

我身高 1.75 米，体重 74 千克，平时饮食习惯良好。婚后由于求子心切，开始增加营养，把夫妻生活集中在女方月经后 14 天进行。然而使我苦恼的是，上半夜性交时不射精，下半夜睡眠中又发生遗精。妻子认为我生理上有病，劝我到医院去检查。经过泌尿科医生对我生殖系统的检查，只解释为思想过于紧张，方法不对头。

听了泌尿科医生的话后，我在性生活前尽量休息好，性交时思想尽量放松，并在妻子身下垫上枕头，我的感觉比以前舒服些。同时为了使精液射出来，我就用力收缩下腹和下肢肌肉，感到有液体流入了阴道。为此我们双方都感到很高兴。但持续了 3 个月，妻子仍未受孕。

一次性生活后，妻子感到有液体流出体外，用毛巾擦后，才发现不是精液而是小便。我们夫妻都感到非常失望。医生要求做精液检查，但因性交时无法射精，所以也得不到精液。中医认为我是“肾心不足，失于疏泄”，但服中药也不见任何效果。我们夫妻思想负担很重，情绪低落，对看病失去了信心，家庭失去了温暖。好像觉得一切都没意思，夜里常伤心地哭泣。因此迫切希望接受心理疏导治疗。

反馈一

尊敬的医生，您耐心细致，谆谆诱导、深入浅出、百问不厌的认真负责态度使我深受感动。

我第一次遗精时，自己不知是怎么回事，也不敢声张，后来慢慢才清楚。在学生时代，如果一男一女关系比较好，同学们就会议论。我是班级团支部书记，有时不得不找女同学谈话，但一旦发觉有人议论，我就想尽量回避这种事。

在学校中有些女同学对我怀有好感，但我以冷漠的态度，拒人于千里之外。后来我到农村插队劳动，对有关性的知识有所了解，但还有些不相信。这期间，也有女同学对我表示好感，愿意和我交朋友，但我都一一拒绝了。我不愿意谈恋爱，以后有的女同学说我是个冷血动物，不懂得爱情，听后也不生气。

进工厂以后，没多久就有师傅给我介绍对象，我当时工资只有24元，怕自己自尊心受到损害，因而一概不谈。

结果婚事一直拖到三十多岁才办，总算不错，找到了一个称心如意的爱人，然而没想到生活却如此不幸。

反馈二

尊敬的医生，通过多次交谈，您使我明白很多道理。懂得了什么是正确的东西，什么是不正确的东西，纠正了我以前自认为是正确而事实上是不正确的想法。同时使我对自己的整个生理情况有了很好的了解和认识。弄清了病情，更了解了自己，丢掉了原来思想上的一些顾虑和包袱。

我要向您报告一个好消息，我已成功地使精液从体内排出来了。事情的经过是这样的，岳父过生日，我们去吃饭，我喝了一点白酒，看完电视才回家。睡觉前我有一种预感，今晚可能会在夜里梦遗。我怕夜里遗精把床上被子弄脏，就套上避孕套睡觉。夜里几次醒来，感觉阴茎勃起厉害，套子根本不会掉下来。到了早晨5点醒来，阴茎仍旧勃起坚硬，于是我就用手去抚弄它、刺激它。没想到突然有一种非常激动的感觉出现了，好像体内接通了电流，我感到有一种很大的力量在身体内部拼命地要往外冲出来，想克制也克制不了。于是在一阵抖动中，阴茎里终于射出了精液（当时膀胱里的小便很多，我怕是小便冲出来，想克制也克制不了，直到发现阴茎抖动后，我才明白是精液射出来了）。这种幸福感来得是这么快，这么突然，然而又是这么短暂，在完成这一整个过程中，我突然感到一种轻松愉快和幸福的感觉，我多么希望这种幸福的快感能够保持的时间再长一些，那该有多么好啊！

多少年来我第一次获得这种使人感到兴奋、感到高兴的人世间的幸福，当时我无比激动，急忙推醒妻子，让她也为我高兴。为了要继续得到这种幸福的快感，晚上我又做了同样的试验，结果可能是注意力分散，急于求成，失败了，但第二天早晨又试验成功了。这使我更加坚信，一切都会慢慢地好起来的，一切都会恢复正常的。现在还有一个最后的关口，就是能在妻子的阴道内射出精液来。让这种幸福的快感、人世间的夫妻之乐让妻子也能分享，我们要得到应该属于我们的一切。

反馈三

尊敬的医生，我要向您报告一个非常振奋人心的好消息，经过这一阶段的实践，我已获得了成功。

事情的发展正如您讲的那样。当时您说："等你爱人出差回来，你们在一起会获得成功的。"您讲得是那么自信，可我还不敢这么自信。然而事情被您说准了。事情的发生竟是这么地顺利，我终于获得了幸福，享受到了人世间的夫妻之乐。

11 月底，我爱人出差归来，休息几天后，大约在 12 月初的一个晚上，我突然发现自己的阴茎勃起得很坚硬，对性生活的要求很迫切。在妻子同意之后，我将坚硬的阴茎插入阴道，然后在里面慢慢地摩擦，摩擦一会儿后，我稍微地使一下劲，突然我感觉阴茎在阴道内硬得更厉害，好像有一种力量在身体内要迸发出来，浑身的热血像是在沸腾，阴茎此时特别敏感，稍一摩擦就感到有一种说不出的快活、舒服，而且这种舒服与快活很快遍布全身。当时我知道快要射精了，我立即告诉妻子，当她还没弄清楚是怎么回事的时候，我就射精了。当时我很清楚地知道阴茎在阴道内连续抖动了几次，我浑身有一种难以言喻的快感，我软绵绵地压在妻子身上，全身的每块肌肉都在颤抖，那种快活、激动、兴奋的感觉还在持续下去，没有完全消逝。此时妻子问我话，我都不愿意理她，想尽情地享受一下人世间的夫妻之乐。我嘴里连连说："我快活极了！我快活极了！"又过了好一阵子，快感慢慢地消逝了，阴茎也软了，从阴道里退了出来，我才和妻子说话。从这次成功后，我休息了 3 天，第 4 天才过性生活，这次和第一次一样很顺利地成功了。而后第 3 次性生活，与第 2 次性生活只间隔了一天，这次快感没有前两次强烈，也消逝得快。在这之后又隔了 2～3 天，再进行性生活时，快感又和第 1、2 次一样强烈了。现在每隔 3～4 天就非常想过性生活，这大概已成为一个规律了。妻子每次都满足了我的要求。

医生，自从我到您这儿来就诊以后，您就像教一个孩子走路那样，不怕麻烦，一次又一次地启发诱导，您那样细致入微地指导、帮助、纠正我的不正确的看法，经过短短的 3 个月，我开始逐渐有了好转。在此我和妻子一起向您表示感谢。

患者病愈半年后的来信

尊敬的医生，我这是第 3 次向您报喜了，这一次喜讯比以前更有价值，更使人兴奋。曾记得，第1次是用手摩擦射精，取得了感性认识；第2次是性生活成功；这一次是在正常性生活3个月后我妻子怀孕了，到目前已近3个月，今年年底我就可以抱上可爱的孩子了。对我们来说这是何等兴奋和高兴的事啊！和我们在一起工作的同志也都为我们高兴。在短短的半年之中，我得到您的教益和帮助是多么巨大！过去自己不敢想象的事情，现在都已全部实现。

在我妻子怀孕之前，我曾到医院做了一次精液化验，报告证明各方面的机能都是好的：形态正常，活动能力强，数量有1亿5千万个。我妻子在2月底来月经后，到3月底没有来，开始我们也没有注意，后来妻子开始有些反应，这才证实怀孕了。

尊敬的医生，我在您的指导下获得成功之后，加上自己不断地摸索和试验，在性功能方面已经完全恢复正常。我的性欲比以前增强了，性功能也很好。我做过1次试验，在上半夜曾连续3次射精，精液数量不少，每次射精后，阴茎软下来后很快就能恢复，又能勃起，再开始性交，仍能射出精液来。由此可见性功能是完全正常的，性欲也是旺盛的。

尊敬的医生，我深切地感到，万事开头难。只要头一次获得成功后，以后通过自己不断摸索和试验，都会取得成功的。有的夫妻生活在一起，虽然也生儿育女，但性生活的快感却可能一辈子都没有享受过。我虽然也走了一段弯路，但是在您的帮助和指导下，终于获得了成功。事实再一次说明，您所从事的心理疏导工作是非常重要的，也是非常有意义的。

第四节　性欲抑制的心理疏导治疗

一般来说，性欲比阴茎勃起、性交、性高潮和射精等性感受更难以精确地测定和理解。性欲受到神经内分泌和各种心理因素的控制，除了器质性原因之外，真正没有性欲和性感的人是极少的。但是性欲抑制（性欲缺失）作为一种心理障碍在社会人群中和临床上都很多见。造成这种现象的心理—社会因素极为复杂，主要的有：

1. 早年的生活环境和长期教育所形成的较强的伦理道德观念，使得性心理方面的发育受到影响。对性反应的束缚和压抑，被认为是“纯洁”、“作风正派”，视性关系为“肮脏事”而表现被动、羞怯。

2. 性心理创伤。由于性行为粗暴或性交疼痛而造成的恐惧心理，在对婚姻不满或有冲突的情况下被迫过性生活，因婚外性生活而受到挫折等。

3. 缺乏性知识。在新婚之夜由于缺乏必要的性知识而不知所措，导致性交失败，进而担心自己性功能先天不足以及其他不科学的想象和推测，因而产生焦虑、抑郁、绝望等心理。

4. 不适当的居住环境和外界条件的影响和干扰。因居室、床铺安排不当，怕被人看见或听见而提心吊胆等。

5. 强迫、恐怖、社交困难等其他心理障碍的影响。

性抑制患者夫妻间应注意的问题：

1. 夫妻双方必须全力投入做爱过程，互相合作，互相体贴。女方若能采取积极态度，有助于解除男性对性生活成败与否的精神负担，促使双方性生活更加美满。

2. 从男性心理来看，妻子的积极主动最能激发丈夫的性欲，妻子的被动性行为往往会造成丈夫性冷淡。

3. 夫妻能同时达到性高潮是最理想的方式，但毕竟是一种期望。据统计，约有90%以上的夫妻性交时不能同时达到性高潮，一味地追求这种"理想"方式，往往可能导致夫妻一方或双方产生性厌恶。

4. 俊美的外貌和健美的体形固然能激发起情欲和性爱，但对于夫妻来说，情感的产生是多种途径的，如品德、性格、才智的影响等等。而性活动从原始的本能逐渐摆脱出来而演变成感情的产物，有了感情，就必然有美满的性爱。可以说，性爱并不受某种单一的客观因素所制约。

5. 正常性生活，只要夫妻双方都能够承受并从中获得满足，任何次数都可以视为正常的，而不是遵循一周几次或一月几次。

6. 性行为时不一定注意力越集中越好。如果过多地注意用什么姿势、什么动作会使对方有感受等，反而会因过多地关注使精力分散，降低了性快感，以致感受平淡及造成不必要的紧张。只要顺其自然，双方均可获得满意的效果。

7. 保证睡眠充足与心理休息。一日繁忙紧张的工作之后，晚上有时感到筋疲力尽，性兴奋也往往受到抑制，如果勉强进行，势必会影响性兴趣与性生活质量。因此，适当安排、调节性生活，注意性兴奋后适当的休息，避免性生活后疲劳，使双方都取得生理及心理的满足，尊重个人的习惯是完全必要的。

下面介绍一个性欲抑制达8年之久的病例。

病情自述

我今年37岁，妻34岁，结婚至今已有8年，但性生活一直不正常，精神上感到很痛苦。

情况是这样的：我和妻子在同一工厂工作，后经人介绍交上了朋友。在这之前，我曾和本厂另一女子交过朋友，双方都有好感，愿意接近，但由于女方家长的反对，我们不得不停止了交往。我对她一直很有感情，总是忘不了她，并常常拿现在的妻子与她相比，总觉得不如她，因而感到很勉强，感情不是很好。而妻子当时对我却是一见钟情，不肯分手。这样，我们在两年的恋爱期间几经波折，直到结婚前，可以说两人在身体上没有任何接触。婚前我曾想和她分手，但因在一起工作，舆论压力较大，所以心里十分矛盾，在无可奈何的情况下，和她结婚了。

新婚之夜，虽然我们之间的感情不很好，没有什么亲近的表示，但由于本能的驱使，我还是觉得比较冲动，性要求强烈。但由于方法不对头，阴茎勃起后插不进去，其后的两天晚上又试了几次，还是不成功。当时我的思想上疑虑重重，怀疑是否双方都有病？这时，女方来了月经，过后，我就觉得要求不很强烈，即使阴茎能够勃起，也没有性要求了。

此后，我到多家医院泌尿科及中医院治疗，吃了许多中药，但性要求还是不强。医生告诉我可改为立体性交方式，但因妻子反应强烈，感到很疼，我也觉得不舒服，结果也是不了了之，始终没有成功地完成性交。

8年来，我觉得我们之间没有爱情，只是相敬如宾。我几乎没有主动地接近过她，两人在一起时感到无话可说，很拘束。结果每天上班成了解脱，下班回来各做各的事，晚上常常谁也不碰谁，各睡各的觉。有时我的妻子要求比较强烈，我却没有激情，想很勉强地尽义务不行，只能拒绝。妻子常常为此而生气，一气好多天不说话。我认为女人应该温柔、体贴，用温情来唤起我的情欲，而不能强迫，那样我只会很反感。

医生，我以上说的都是真心话，我分析自己的情况，恐怕感情不好占了重要成分。考虑离婚，又觉得一是对不起她，尽管我不爱她，但她对我还是比较好的；二是我们在一个单位工作，一离婚满城风雨，再加上我是党员，科室负责人，社会舆论太大，影响不好，所以几年就这么凑合下来了。平时工作忙还不觉得什么，但到了晚上没事或节假日，内心都是非常痛苦的，再加上亲戚朋友，特别是双方父母十分关心，所以一直敷衍了事，到医院去看病，也不是诚心的，现在闹得我不知怎么办才好。我觉得您可能能帮助我。尽管知道您很忙，不敢抱太大的希望，但还是找了您。当然，就是看不好，我也是很感激您的。

对这个病例，我们采取了双方共同治疗与单独个别疏导相结合的治疗原则。首先，我们与双方个别接触以得到其婚前婚后的各种真实情况，以保证信息不失真。从双方自述中我们看到，他们都具有性格严谨、伦理道德观念强以及缺乏必要的性知识等特点，并且由于长期治疗无效而丧失了信心，都感到非常的痛苦。双方都有离婚的想法，尤其是女方，这种念头已比较坚定，但因惧于舆论的压力而没有表露。

根据病史分析，男方在初婚时性欲正常，因性交屡受挫折而丧失自信心，并造成恶性循环，最终导致了性欲抑制。因此，我们重点帮助他提高性心理素质，克服怕性交失败及内疚的心理，掌握性生活的技巧，对女方表现出爱抚、温存和体贴。在建立起自信心以后，采取双方共同接受疏导，指导他们进行提高性快感的训练。男方接受治疗后主动打电话给妻子，见面后，妻子发现丈夫对自己的态度跟以前大不一样，享受到从未有过的主动的爱抚。这使她绝望的心又恢复了生机，心情豁然开朗，紧张压抑消失了，他们夫妇感情也自然协调了。

共同疏导的重点是改善夫妇关系。在共同治疗时，不讲谁“有病”，而在个别疏导时指出各人问题之所在及应该承担的责任，使之将注意力集中到对方身体上的某些部位，在爱抚、亲昵中忘掉自我，从而解除性压抑，消除以往失败的性生活的阴影，促使其自发性欲的产生，完成性交。

在整个治疗过程中（包括解决夫妇之间的矛盾），要注意语言转换的技巧，加强性教育（包括新婚夫妇的咨询内容），增强信心和夫妻情感，减轻以至消除内疚感，改善不良的自我防卫机制、本人臆想以及无根据的推测等心理状态，指导特殊性接触方式的训练，以产生和增强舒适感，在出现自发的性冲动时，再进行性交。

对这一病例来说，疏导治疗的成功是其性态度和愿望的转变。我们可以从以下的反馈摘要中看到这一点。

反馈一

今天医生让我看了一份病例，很受启发。我和他患的是同一种病，起因和病态大致相似。他在走投无路、濒临绝境时，经医生的启发和诱导，增强了战胜疾病的信心，百折不挠终于“枯木逢春”。这正是目前我要解决的问题。实话说，由于我的病已拖了7～8年，所以目前我是很没有信心的，这次治疗也是抱着一线希望，同时也做好了治不好的精神准备。关键的一点，是我们夫妻关系不融洽，不能谅解和合作，虽然表面上看来还可以，但一进入夫妻性生活就躲得远远的了。当然，分析原因，症结在我身上，我首先要有搞好夫妻关系的愿望，我认为这是解决病症的首要一点。通过医生的帮助，现在我想治好我的病，我想和妻子搞好正常生活，只是希望她能和我配合好，我觉得男女接触和性生活中，女方应含蓄和被动一些，效果才好，而不能对我采取强迫态度。另外，还要制造好的气氛，关系不应搞得很紧张。所以，等我妻子来了以后，希望医生也能对她进行开导。

反馈二

昨天晚上，我和妻子看电影回来已很晚，大约12点钟，妻子已躺下，看上去情绪不太好，可能是前几天我态度比较冷淡的原因吧。这时我想起了医生的话，要努力培养感情，于是我主动去爱抚她，同时觉得阴茎勃起一点，就准备同房。但由于妻子情绪不太好，有些勉强，所以还没插入，就软了下来。事后我想，这可能就是医生所说的还是努力不够吧。尽管失败了，但我的信心仍然十足，我要和妻子从一点一滴做起，努力培养情绪和气氛，丢掉“怕”字和紧张气氛，真正做到“习以治惊”。

反馈三（患者妻写）

医生的两次谈话，使我有了信心，这对于我的丈夫是有启发的。8年了，我丈夫从未有过性要求，可就在前天晚上，他也兴奋起来了，虽然没有成功，但进步是很大的，这与医生的开导是分不开的。我有决心配合丈夫过好这一关，争取早日恢复正常。

反馈四

自从5月31日治疗回来后，我的情况大有好转，首先性欲旺盛，阴茎坚硬时间比较长，随后性交大约有10分钟，但仍没有射精。6月5日早晨，我觉得阴茎又勃起，于是立刻性交，经过大约15～20分钟的摩擦，我觉得像有什么东西要流出，不一会就排泄出来了，很黏，肯定是精液了。我的心情十分高兴，多年来压在心上的一块石头终于落地了。这么多年经过许多名医、大医院而没治好的病，终于被您精心治愈了。我和妻子、父母兄妹以及所有关心着我们的人都真心地感谢您。现在我的性欲更加旺盛，阴茎坚硬的时间长达半个多小时，我真正感到自己是一个男人了。您的治疗又挽救了一个家庭，这也正是我最大的愿望。

反馈五

由于医生的关心及精心治疗，现在我们的性生活已经十分正常了，我妻子已于今天4月份怀孕了，一切情况良好。全家人以及同事、邻居、亲戚都为我们高兴，同时也让我们向您表示衷心的感谢。预产期是明年元月3日，现经各种检查，她和胎儿基本上正常。

反馈六

今天向您报告，我妻子已于12月25日上午生了一个男孩，体重3700克，现在母子都很正常，请您放心。

这几天，我确实沉浸在幸福之中，尽管很忙，但心里很甜，一种当父亲的责任感油然而生……

下面介绍一例因夫妻双方缺乏性知识而导致性欲抑制的病例。

病情自述

我今年27岁，22岁那年，在别人介绍下与我现在的妻子相识，感情很好，不久便结婚了。因我对性方面的知识模模糊糊，不知道该怎样完成性生活，新婚之后的第7天才与妻子发生了第一次性关系，当时只是把阴茎放入了阴道里，没有其他动作，这种情况持续了半个多月。后来一般每星期性交2次，每次持续5～10分钟，但达不到高潮，无精液射出。有一次晚上性交完后休息，半夜2点钟左右，我突然从床上摔了下来，此后我就感觉到阴茎不如以前坚硬了。不久在一次性交中，因用力过大，感到一阵疼痛，发现阴茎有点破裂，心情很不好，从此一直心情苦闷，不再有自发的性生活的要求。我到许多大医院求治过，吃了很多药，未见效，性要求仍不强烈，性生活也完成不好。

病情另述(患者妻)

我今年26岁,结婚近5年了。新婚时,我根本不明白什么是夫妻间的性关系,当时我丈夫对我也没有性的要求。经过努力,我们之间偶尔也有过几次性生活,几乎没有成功过一次。以后两年多几乎没有性要求,在当地七八个医院医治过,都无效。到了年底,单位领导派人同我丈夫去湖南某中医院治疗,病情虽有好转,但还是达不到高潮,不射精,阴茎一放入阴道就软。

到次年10月,我的脾气开始暴躁了,一点事不顺眼就大吵大闹,想闹离婚,其实心里也不愿意离婚。后得知这种病可用心理疏导的方法治疗,所以春节一过,我们就匆匆赶到这儿,请您救救我们吧!

反馈一

我上小学的时候,就很淘气,时常与别的同学打架斗气。记得有一次老师给我们分课桌,把我和一名女同学分在一起,我不高兴,见她老实,从不说话,就觉得别扭,因此天天和她打架。到了中学时,我已对异性有了好感,从故事、小说及电影中,感觉到异性身上有很多有趣的现象,对一些色情电影及下流书籍也乐意看,中学毕业不久便参加了工作。离开学校走上社会使我懂得了很多道理,参加工作后,我严格要求自己,努力学习,积极工作,得到了领导及同事们的好评。后经人介绍,与我的妻子相识,相互之间感情很好,不久便结了婚。在爱情和工作两方面我都很幸运,为此我很高兴,可谁知婚后,缺乏性生活知识,得了这种疾病,虽经多方治疗,但效果不好,这使我非常苦恼。

昨天看完性教育录像后,懂得了许多夫妻间性生活的知识,想起以前的错误想法,真觉得可笑。虽一时还没有明显的反应,但是我不灰心,一定按照你们的吩咐去做,我有勇气把病治好,决不辜负你们对我的一片热心,谢谢!

反馈二

通过几天的学习和你们耐心的帮助,使我真正地明白了人生的价值,认识到自己所患疾病的性质及治疗方向,看到了新的希望,有了新的认识,真正明白和认识了自己的病,认识到自己以前的做法的确是在演戏和捉弄自己,如果自己的思想疙瘩解不开,还是一味固执、焦虑地按以前的想法去做,没有一个良好的心理状态,自己的病是永远不会好的,所以从现在起就要树立信心,鼓足勇气,去掉以前的错误想法,不去想那些无聊的、不愉快的事,保持乐观轻松的心情,我相信会取得一个满意的效果的,一定能战胜自己的疾病。

反馈三(患者妻)

为了配合我丈夫的病早日治好，昨晚我想了许多，感到我不能再对医生隐瞒什么了。

我和丈夫刚结婚时，不懂得起码的性生活知识，也不懂得什么叫感情，后来我渐渐地懂得了一些，就感到我们之间并没有感情。我真是可怜，他也同样。我曾两次提出离婚，但怕社会舆论，也经不起这样的打击，所以一拖再拖。现在看来，他对我并没有感情，他只是喜欢我的外表，我们只是相互尊重，相互照顾，具体地说就是让我吃好、穿好就行了，精神上几乎没有给我一点快乐。

在我们婚后的五年生活中，我曾多次要求他吻我，他不是说我口臭就是找其他理由拒绝我，很少主动摸一摸，我曾有过几次强烈的性要求，只能要求他用手触摸我以求快感，心里却暗暗地流泪，恨他，觉得很厌恶，不舒服，我的性欲也渐渐冷淡下来，甚至有反感。

反馈四

自结婚至现在，我们夫妻性生活始终不好，就千方百计地到处求医。至今，每次性生活前心里总感到厌烦、不安，有紧张感，从上床之前就考虑自己能不能行，总希望找个理由摆脱此事。心里叮嘱自己，只能成功，如果失败了，她又会大哭大闹一番。我们对亲吻也感到厌烦，总认为对方嘴里不干净，也认为对方的生殖器是肮脏的，把性生活看成是一种负担，每次的失败我也很苦恼，恨自己没有用，对不起妻子，发狠下一次一定满足她的要求，可是一到下一次，情况又如从前一样。为此事我们痛不欲生，经常打架、怄气，也影响了我们之间的感情。在我百思不得其解的时候，是你们给我指明了战胜疾病的万向，“心病只能心药治”，再也没有其他的灵丹妙方，我仿佛看到了新的希望，同时也增加了我战胜疾病的勇气。

反馈五

通过近几天耐心地讲解和指导，我从思想上深受启发。昨天晚上我们在休息之前都很想过性生活，通过多次的抚摸、亲吻和拥抱，心里感到很舒服，不知不觉阴茎就勃起来了，虽然硬度还不够，性生活也没有成功，但心里很高兴，这是以前从没有过的感觉。以前每次过性生活，只注重阴茎勃起的程度如何，只注重用手机械地刺激，不注重感情这一重要方面，原因有二：一是自己对“性爱”还没有完全彻底的认识和理解；二是自己的努力程度还不够，还缺乏信心和勇气。今后的主要任务就是要加强同妻子的感情交流，性生活时做到情感的交融要真正发自内心，而不能像演戏那样。

反馈六(患者妻)

经过您耐心细致的疏导,我和我丈夫统一认识,知道怎样培养正确的感情,虽然这一次性生活没有成功,但我们的进步是很大的,我决心与我丈夫密切配合,争取早日治好病。

反馈七

从医院回来后,休息几天就上班了。有一天晚上我翻来覆去睡不着,总考虑这次治病的整个过程,非常激动,同时心里感到很轻松,精神状况也很好。在妻子同意后,我们进行了性交,当时我思想很集中,心里感到很舒畅,一切杂念都抛到一边去了。突然我感觉到一种很大的力量要迸发出来,一种说不出的快活与幸福感,我射精了。事后好一阵子心里总是不能平静。此后情况逐渐良好,每3～4天过一次性生活,每次都很成功。我真正感到自己是一个男子汉,快活极了。

反馈八

这次告诉你们一个振奋人心的好消息,我妻子已怀孕3个月了,年底我们就可抱上可爱的孩子了,我不知道用什么语言向你们表达我们的谢意,是你们给了我第二次生命。现在我和妻子生活得很幸福,工作也比以前进步多了,我一定要珍惜自己幸福的生活,不辜负你们对我们的希望。

反馈九

这次去信告诉你们一个好消息,我妻子今年元旦生了一个可爱的男孩,现已6个月了,体重9公斤,现将我们全家在孩子百天时照的一张“全家福”寄给你们,以表示深深的感谢!

第九章　性偏离的心理疏导治疗

第一节　性偏离及其治疗原则与程序

性偏离又称性变态，是社会上常见的复杂问题。对性偏离的形成和防治的研究是一个涉及多学科的系统工程。

有关性偏离的流行病学资料难以搜集，目前国内外尚无准确的数据。其原因如下：

1. 具有性偏离者，由于多种心理—社会因素不愿自觉就诊，无主动求治愿望。有的认为性偏离是犯罪行为而不是病，或对此迷惑不解，缺乏这方面的科学知识。

2. 医疗措施不得力。由于多种原因，学者对性偏离的临床研究甚少，对这个领域知识也极缺乏，人们对性偏离者颇有偏见，也就使其成为社会上一个敏感的问题。许多医务人员普遍缺乏对性偏离障碍的正确认识，对此缺乏兴趣，怕惹麻烦，故多持消极态度，更不愿多花费时间进行深入研究。为数不多的专业机构由于经费及支持程度等原因，治疗问题很难深入研究，大多只是停留在对症治疗上。

根据南京脑科医院性心理研究室对门诊性偏离者的资料统计，窥阴症、恋物症、露阴症占据前三位，异装症、受虐狂者、易性癖、恋兽癖等略少一些。

由于篇幅有限，本章重点介绍占比例较大的恋物症、窥阴症及露阴症等的有关心理疏导矫正治疗及有关研究情况，以作示范。

研究性心理偏离的形成规律及其预防和治疗方法，为政法部门提供心理医学的科学根据，是当前司法医学研究中的重要课题之一。性偏离行为表现是一个复杂的社会问题，它包括性犯罪行为及病态性心理，还有脑器质性病变等等。只根据犯罪行为臆断，容易混淆性犯罪行为与性心理偏离行为的界限，也就不能做出正确的依法处置。我们对不同类型的性偏离患者进行了心理疏导矫正治疗，获得了较好的近期及随访效果。实践证明，性偏离并非不治之症，加强对这项工作的研究，及时做出区别诊断，加强防治，将为正确执法带来良好影响。

对性偏离的心理疏导治疗过程，是与其形成性病理心理相逆的过程，把患者不适应社会的性偏离心理需要转变成为正常的性心理需要，形成正常的性意识、性意向及性行为。运用疏通引导和破坏病态性心理动力定型的手段作矫正治疗能否获得效果，取决于正常与异常两方面性心理动力的对比和患者调动治疗能动性的深度。这对于患者来说，是一个极为痛苦、复杂的斗争过程，进行治疗工作的医生要付出艰苦的劳动，真正起到主导者的作用。由于性偏离心理所致的违反社会公德的性行为是社会所不容的，因此，患者在社会上往往遭到白眼，令人厌恶，他们大都经历过各种心理挫折，受到指责、歧视、打骂、羞辱甚至法律制裁等，使其平时也处于紧张、焦虑、抑郁、后怕的心理状态；而在病态心理支配下，又丧失自控能力，持久的心理冲突造成了恶性循环，使其性病态心理加重，并形成对社会的冷漠、怀疑、顾虑、自卑、违拗、不信任等心理状态。因此，消除以上的不良心理，帮助患者建立自信心，认识到自己的社会形象可以经过努力加以改变，他们的病态完全有治愈的希望。这里不但需要医生的主导作用和疏导艺术，更重要的是医生能真诚地体贴患者，对治疗倾注全部的精力。一个心身受过严重创伤的性心理异常患者，特别需要医生给予真挚的、多方面的温暖，以逐渐消除其疑惧等心理。这样才能密切配合医生，主动接受疏导，在治疗中产生新的意向。

从激发情感入手，对性偏离的治疗起着重要作用。通过治疗使其逐步认识到病态的性行为对家庭、社会及个人造成的严重后果，认识到性偏离不仅改变了自己及家庭成员在社会中的地位，也给其在生活和精神上带来了巨大的痛苦，从而为此感到悔恨和内疚。伴随着对病态心理认识的提高而引起的这种情感上的认识深化，促进性偏离心理向正常方向转化，从而成为从根本上改变患者性偏离心理及行为的内部动力结构。在良好的心理情境下，激发他们强烈的性道德规范、性责任感。

为了破坏、消除患者难以克服的性病理动力定型，我们利用厌恶条件反射作矫正手段，效果好而方法简单。在矫正过程中我们看到：顽固的性病理观念在幻想、需要的支配下的某种激情状态，可以产生一般生理情况下所不能产生的反应。矫正治疗时，在唤起性病态兴奋的情境中，收缩压可上升 5.33～16.0kPa(40～120毫米汞柱)。

矫正治疗后，部分患者的不正常性欲随之消失，重新建立、适应、巩固性生理心理和性行为的条件，在这一过程中，必须让患者把性动机和性生活方式联系起来加以指导训练，目的在于改变和提高认识性生理心理与性病态心理的情感体验能力，并增强消除病理的性意向的毅力和决心，引导患者建立具有完整的性生理心理及正常性生活的体验。医生应帮助指导进行正常性生活的技巧，促进新的性意向和性动力的唤起，达到性生理心理愿望的满足，让患者真正感受到性爱和性道德的意义，才有利于巩固性生理心理的动力定型。如果不把引导放在重要位置，单纯致力于被动的矫正和促使病态的消失，则容易在某种诱因下出现反复，或因性知识和性行为脱节，长期不能建立和恢复性功能而丧失前进的信心和动力。在引导阶段，既要有计划地指导和训练，又要防止外界的不良刺激和诱因对尚未巩固的正常性心理行为的干扰破坏。因此，必须统一夫妻、家庭、工作单位、公安、司法、街道等社会各方面的认识，通过各方面的有力支持和配合，保证患者始终按照治疗要求去实践。这对建立和巩固性生理心理动力定型和正常的性行为，培养坚强的意志和毅力，都起着决定性的作用。

对于性偏离患者的心理疏导治疗的具体程序可以分为疏通、矫正、引导三个治疗阶段。

1. 疏通阶段：这一阶段的主要任务是，消除患者紧张、戒备的心理，以建立起对医生的足够的信任和亲密的感情，激发求治愿望，同时提高患者对疾病的认识，树立治愈的信心。

由于这类患者的性行为违反社会规范，他们往往受到社会的指责、歧视以至受到法律制裁等，表现为心理挫折，处世冷漠，自卑，怀疑，不相信会有人对他们真正同情。因此，要得到他们真正的信任，真实地反映内在的心理活动，绝非易事。这就需要医生的感情真挚，态度诚恳，语言亲切，给患者多方面的关怀和体贴，使之感到温暖，对医生日益信赖，愿意把难以启齿的性偏离行为和任何人都不知道的内在心理活动真实而毫无保留地谈出来。这一过程，实际上是患者自我认识、自我分析的过程，也是医生心理咨询的过程。要让患者认识到什么是正常的性心理，什么是病态的性心理。同时，通过对病史的深入回忆，帮助患者深化感情，认清病态行为给家庭、社会和个人造成的严重危害，并对此感到痛苦和悔恨，激发起强烈的求治愿望。同时，通过种种事实和典型病例，使患者相信这种病是可以治好的，相信社会对他的看法是可以改变的，相信他完全可以像常人一样地工作和生活。一旦患者树立了治愈信心并积极配合医生的工作，准确地、全面地提供病史资料，这就为第二阶段的治疗打下了基础。

2. 矫正阶段：患者由于顽固的病态性心理不易消失，往往对病态性行为难以自控。在疏通阶段之后，我们利用厌恶条件反射的手段进行矫正治疗。具体的做法是：首先测定其血压、脉搏、呼吸等生理指标作基线，在治疗过程中，每隔10分钟测定1次。用唤起患者性心理病态兴奋的对象以及物体、图片等作刺激物。刺激物按不同的病型进行选择。在患者被诱入情境时，可见其血压突然升高，呼吸、脉搏加快，此时注射阿扑吗啡，初次剂量为2.5～5毫克。注射后10分钟左右，患者感到头晕，继而出现恶心、呕吐。这时让患者尽可能地回想以往的病态心理出现满足时的各种情境和体验，尽量把其性偏离行为与极为不适的恶心、呕吐的体验结合起来。多数患者反映，不但感到对刺激物和病态性行为不愿看、不愿想、不愿做，而且也对以往的兴奋情境想不起来，有模模糊糊的感觉，同时出现面色苍白、全身大汗、疲倦嗜睡。此时仍要促使患者继续想下去、做下去，提醒他不能入睡。这样患者一看到一想到当时的情境就会一阵恶心呕吐，一直到药物作用消失为止。血压、脉搏、呼吸回到基线水平后，让他睡眠15～30分钟，唤醒后叫他讲述整个治疗过程的心理感受，对照生理检查记录。每次治疗2小时左右。治疗结束后，在一定时间内，到引起性偏离发作的环境内作现场锻炼，考察效果。同时，让患者将治疗前后的心理体验作出对比，详细写出反馈材料。矫正治疗，1～2 周巩固 1 次，一般 1～3 次后，恶性条件反射即形成，其病态性心理可基本消失。

3. 引导阶段：根据个案具体情况进行引导。在病态心理消失后，患者恢复了羞耻感，往往有自卑、抑郁等心理。这时医生要在各方面给予支持和帮助，成为他们的精神支持者，随时消除他们心头出现的阴影，并做好家庭、社会的解释工作，消除患者顾虑，要引导他们进行正常的人际交往，在社会活动中锻炼改造性格，发挥才能，提高社会责任感。同时，要进一步加强性教育，包括性科学知识和正常性行为规范，以通俗易懂的语言配合幻灯、模型、录像等，让他们对人类正常的性活动有完整的概念和正确的认识。对已婚者，要求夫妇双方一起参加交谈，让对方了解患者在性生活中的弱点，如被动、逃避、压抑心理等。要求对方主动配合，丰富性生活的内容与技巧，让患者逐步地适应，达到性心理满足。在患者性生理功能未建立前，不要急于进行性交活动，以免因失败而引起焦虑等负性情绪加重。对这种患者，应鼓励加强夫妻间的非性交的爱抚和肉体亲近，促进情感交流，不断进行性生理心理与性病理心理的情感体验对比。如果能被动地适应并逐渐增强愉快体验，则可进一步过渡到性交活动。对未婚者如恋物症、窥阴症等，由于他们的性心理活动只停留在某些原始的局部视觉或想象阶段，或是对某些物品及生殖系统解剖的好奇心等，除重点进行性教育和消除抑郁、自卑心理外，在条件许可时，要鼓励他们谈恋爱，并取得对方的关怀和体贴，从正常的爱情中获得温暖和动力，逐步建立正常的性心理。在此应重复强调，在引导阶段，既要有计划地引导和训练患者适应、建立、巩固正常的性心理，又要防止外界不良刺激的干扰。因此，必须统一社会各有关方面的认识，通过各方面的有力支持，保证患者始终按照治疗要求去实践。

第二节　异装症的心理疏导治疗

性心理病态，是指患者的性兴趣主要指向异性以外的对象，并进行一些与性交无关的性行为，而对正常的性活动都不能感到心理满足。异性装扮癖，就是性心理病态的一种类型。异装症患者以穿着异性服装为表现，并以此来达到自我性欲的满足。患者常在儿童期和青春期开始出现病态，心理上可能伴有焦虑和犯罪的感觉。他们没有人际关系的障碍，病态局限于性感范围之内，对正常的异性刺激缺乏性的兴奋，却进行一些与性交无关，无害于他人而达到性满足的性行为。比如，他们常常在无人的场合或夜晚将自己按异性化妆起来，在镜子前自我欣赏，以达到性心理上的满足。这些特点与正常的服装穿戴变化显然是不同的，与流氓犯罪也是有区别的。

例如，有位 34 岁的男性患者，平时忠厚、老实、胆小、工作认真、自尊心强，其祖母有精神病史。他自幼听母亲讲“当你还在娘胎时，很多人说你是女孩，因为你父亲特别喜欢女孩”。出生 6 个月以后，其父病故，其母改嫁，继父对他十分喜爱。他在 12

岁时对异性出现向往,有一次同一男孩偶然爬看女厕所,随即产生好奇心理,并伴有生理反应。初中毕业后参加工作,一方面迫切要求上进,另一方面又担心自己会因追求女性而被抓到派出所,于是幻想如能像皇宫里的太监一样割除睾丸,就会产生女性的仪态及容貌。此时,他突然产生一种特别的性兴奋并感到愉快。此后,他不时穿着女装单独进入女厕所,学女子下蹲解小便的动作,自感心情舒畅。17 岁时被抓,由单位带回教育。为了让人了解他并不是个道德败坏的人,他尽量不与异性接触,但又适得其反,晚上经常梦见自己改变性别,成为温柔善良的女性,又往往因进女厕所而被打、被抓、被批斗继而惊醒。结婚以后,生有一男一女。但他性生活被动,总认为"老天让我作男人,真是丢人。与其在社会上丢人,给家庭和单位丢脸,还不如离开人间。"有时他正抱着小孩玩耍,会突然放下孩子,穿上妻子的衣服,学着女人的姿态,来到公共厕所做女子小便的动作。这样,他多次被抓,拘留、劳教,但处罚以后毫无改变,反而更趋严重。由于频繁发作,产生抑郁情绪,企图自杀。他的继父与岳父都因他而气得脑出血死亡。妻子在他劳改期间曾想提出离婚,但看到他老实,不像个坏人,内心十分犹豫、痛苦。1983 年,当他最后一次被抓时,派出所和居委会做了一件很正确的决定,送到医院检查。结果诊断为:性心理偏离——异性装扮症。

从这位患者的详细病史来看,他的家族中有精神病史,童年时知道父亲喜欢女孩,青春期性发育时因与同学爬女厕所被处罚,心理上受到刺激,再加上自幼胆小拘泥,于是在性心理发展中形成自我谴责、自我压抑和自我约束的心理,并逐渐形成性心理病理惰性兴奋灶。每当情绪低落或精神处于逆境时,这个性心理病理兴奋灶就扩散,并出现病态行为发作。

他在发作时有以下特点:发作前紧张不安,伴有强制性冲动,想穿妻子衣服去女厕所模仿女人小便,并立即付诸行动。这种冲动一旦出现,自感难以抵抗和克制。当这种冲动行为受到阻止时,即表现为更加紧张不安、激动、发脾气等。每次发作后,自感紧张心理得到缓解,性心理得到满足,但没有真正的性欲满足感。这种性行为冲动的表现,在正常人看来是非常可笑的,他本人也难以理解为什么一定要这样做,对正常的性生活无愉快的感觉,性功能极弱。

治疗时,医生对他做了行为观察和生理指标测量。当他看到自己身穿女装在女厕所学女子小便的照片时,突然出现血压急剧上升,心率、呼吸加快以及瞳孔扩大等生理变化。在心理疏导矫正治疗前,患者对治疗有抵触,缺乏社会责任感和羞耻感。经疏导矫正治疗后,其无意识的愿望性满足感渐渐淡漠,进而感到厌恶,并积极求治,社会责任感和羞耻感也逐渐增强,最终病态心理完全消失。这位病友经我们随访 21 年,情况良好。前三年按医嘱定期做巩固治疗,恢复正常后,经过向单位有关部门做工作,患者以前的病态行为得到了理解,恢复了原来的技术工作。由于他忠厚老实,工作积极、认真、刻苦,深得同事及领导的信任,每年都被评为先进工作者,病愈七年后又被选入工会的领导班子中。他对生活更是充满信心，不断优化自己，两个孩子均进入了大学。当北京文采音像公司的记者向他作录像采访时，他毫不犹豫，以现身说法将自己的体会向群众宣传说："有病不可怕，就怕不能认识到，希望有我这样同类疾病的病友早日向心理医生求治，以免耽误终身，对国对家都造成伤害……"

这里，笔者想起一篇报道：《女鬼之谜》。梗概如下：一年夏天，公安派出所接到一群众报案，是夜，在公路上看到一个赤身裸体的女人，脸色发白，披头散发，直挺挺地站着。派出所对此进行了调查，但附近居民中既无女精神患者，也没有寻短见的女人，这是一个谜！次年一个夏天的晚上10点左右，有两个青年农民骑车回家，在同一地点，隐约看见路旁有个披头散发的人影，走近一看，是个女人，脸色苍白，上身仅戴着胸罩，下身围着粉红色绸裙子，脚穿大红色绣花布鞋。这"女人"见有人走近，撒腿就跑。他们认为这"女人"遭人侮辱，害羞逃走。他们继续向前骑去，看到不远处有一慌张的男人，推断是这个男人侮辱妇女后逃跑，即将他抓获。只见此人脸上涂得像戏台上的美女，白粉打底，桃红抹面，唇涂口红，脚穿红鞋，将其外衣一掀，露出女人的假发、粉红绸裙、两个用海绵缝制的假乳房和一个胸罩。经查明，此人是某厂副厂长，今年夏天先后五次以同样手段，耍流氓恐吓群众，被判劳改3年。我们追踪了解情况时，案卷上已注明其自杀身亡了。

从这两个案例看，由于社会上缺乏性科学知识，前者虽经历了各种磨难及痛苦，但最终从心理病态中解放了出来，并获得了真正的人生幸福，后者的最终归宿则是一场悲剧。由此分析，对后者的认识与处理，从精神医学、司法医学等角度来看，应深入地做好调查研究。

在性偏离者中，有人平时工作很好，为人忠厚老实，性格内向，有的可能是学者或行政领导，但有了性偏离，他们心里都很痛苦，但又无法摆脱对病态心理的追求。以异装症为例，他们平时都表现很好，而对自己的妻子及异性性生活均兴趣索然。在发作时，可不顾一切装扮自己来自我欣赏、满足，一旦他们的行为败露，在社会上就会受到极大的歧视及各种制裁，从此身败名裂，往往导致自杀。他们极希望医生及心理学家帮助他们摆脱这种怪异的性心理的折磨，赢得真正的人生乐趣与生机。

第三节　恋物症的心理疏导治疗

恋物症也是一种性心理病态。患者对正常的性生活不感兴趣，而把性的意向转向一些物品，并从这些物品上得到性心理的满足。这对一般人来说感到不可思议，但社会上确实有不少人因为此病而感到痛苦和烦恼。

恋物症者一般具有以下特征：以获得或欣赏某些物品作为引起性心理兴奋的唯一方式，并由此感到性心理满足，至于这些物品属于何人则无关紧要。恋物症以男性较多见，患者选择的物品多为女性的内衣、内裤、乳罩、月经带、发卡、项链和丝袜等。为了得到所需要的物品，患者有时会失去自制力，不顾一切地去偷窃。在没有到手之前，往往感到焦虑和紧张不安。

我们性心理研究室对 92 例恋物症临床观察的资料表明：

初次发病年龄 11～28 岁，平均 25.2 岁；文化程度：初中 32%，高中 51%，大学 20%；职业：学生 41%，工人 33%，公安 7%，军人 7%，教师 5%，其他占 7%。

性格特征：性格内向者 100%，平时胆小易紧张者 91.3%，怕与异性交往者 85.8%，思想守旧狭隘、宽厚老实者 94.5%，病前学习、工作良好者 95.3%。

早年家庭结构：单亲家庭者（包括寄养、父母离异或常年分居者）52%，健全家庭者 48%。

早年家庭教育方式：慈母严父型 52%，溺爱型 45.6%，放任型 4.2%，民主型 2.1%。

早年性教育状况：92 例均缺乏性教育，儿童期对异性物品有神秘感 94.3%，青春期好性幻想 98.4%，有手淫习惯的 100%。

实验室观察：对裸体异性乳房、生殖器无性兴奋反应或反应轻微者 96%，无反应者 4%，对所恋物品性冲动强烈者 100%。

恋物种类及类型：① 单一型：恋脚者 3 人，恋鞋者 5 人，恋丝袜者 4 人，共占 13%；② 复合型：80 人，占 87%（常见所恋物品依次为胸罩、三角裤头、月经带、内衣裤、袜子、项链等）。

获得物品后的处理情况：① 收藏者 72 人，占 78%，不收藏者 16 人，占 17%；② 性满足方式：抚摸为主者 2 人，闻嗅者 18 人，以视为主（反复看）者 15 人，三种均有者 40 人。

首次恋物诱发因素：工作、人际关系受挫 51%，恋爱受挫 13%，性刺激读物 8.7%，超强生活事件 12%，长期病休在家者 3.3%，无明显诱因者 8%。

发作前、中、后的心理状态：发作前情绪低沉、焦虑不安者 95.7%，发作中有难以控制的冲动伴紧张兴奋者 100%，发作后后悔、自责、担心者 100%。

婚姻及性生活适应状况：已婚者 28 人（30%），其中所谓性生活正常者或性欲强烈者 6 人（占已婚的 21.4%），对正常性生活无兴趣者 18 人（占 64.3%），性功能障碍（阳痿、早泄）4 人（14.3%）。

社会及法律干预情况：被拘留者 31.5%，劳教及判刑者 30%，行政处分者 31.5%，其中两次以上被拘留、劳教、判刑的占 66%（38 人），6 人（7%）被家人发现。

法律及社会干预后心理状况：情绪低落、抑郁、焦虑者 95%，情绪危机者 8.7%，恋物倾向增强者 98%。

恋物行为暴露后亲友及家人的心理反应：均表现为起初感到惊讶、不相信，继而气愤、责骂，担心再犯。

求治态度：均为被动(100%)。

治疗及随访情况：本组患者均接受过心理疏导及矫正心理治疗，近期疗效均达到了症状缓解，后对其中46例进行了3～10年(平均5.7年)的长期随访调查，其中32人已组成家庭，婚后适应良好，12人病愈继续自学成才，获得了大专及大专以上文凭。

恋物症患者由于性心理的反常，常会给自己带来许多不幸，感到自己在社会上十分孤立而极为痛苦。由于患者对“偷窃行为”已无法控制，一旦得逞，虽然性心理上得到满足，但又因憎恨自己这种行为而产生自责、悔恨、抑郁、痛苦和自卑等心理冲突。随着“偷窃”次数增多，形成恶性循环，心理压力越来越重。其中不少患者被以“偷窃罪”或“流氓罪”逮捕，但在受处分或劳教后并无“悔改之意”，一到社会上又故伎重演。因此，政法机关在对这类“犯人”定罪前，有必要请精神科医生进行检查和判断。

下面介绍两个病例。

病例一

男，22岁。7、8岁时正值“文化大革命”期间，父亲因历史问题被揪斗，他被同学骂为“狗崽子”“小反革命”，受到歧视，儿童正常的心理发展受到严重压抑，形成了孤僻、胆小、拘谨而自尊心极强的性格特征。进入青春期后，班上一位比他年龄大的男同学经常在他面前谈到两性间的问题，他第一次听到了有关“月经”的事。班上一些女同学有时不上体育课，他在脑中便隐隐约约地和“月经”二字联系起来，引起他的好奇心和神秘感。20岁时，一位女同学主动与他谈恋爱，由于他自幼性格拘泥，两年中两人相敬如宾，连互相握手都不曾有过。有一次在女友家，女友将自己的短裤与他的衣服放在一起洗，受到女友母亲的斥责，这使他疑惑不解。接着学校又发生了一起女生短裤被窃的事，更加重了他的好奇心和神秘感。他想：“女友的短裤究竟有什么秘密呢?”但又不敢去问别人。不久，女友的母亲以他家无房为由，阻止两人继续恋爱，使他精神上受到打击而极为苦闷。之后有一天，他路过某女工宿舍区，看到晒在外面的女子内衣、内裤，心中突然产生一种莫名其妙的冲动，不由自主地拿走了两条女三角内裤，心中随即有一种既紧张又满足的感觉。自此，他每当走过那里时，就不由自主地寻找晒着的女子内衣、内裤，一旦看见就极度紧张，心跳加快，大脑中想法极为模糊，在弄不清为什么的情况下就顺手取走短裤、胸罩、月经带等，一旦拿到就心满意足。他自己后来说：“每次未得到这些东西，心里就焦急，紧张不安，不可克制地会往那个方向走。事后也不清楚当时为何这样干，只觉得拿到后心理上就感到满足了，但随后又自责、悔恨、痛苦。”患者也曾写过许多自我警告书，发誓以后不再干了。然而，誓言并没有起作用，最后一次，明明有一个妇女在晒刚洗好的衣服，但他却视而不见，拿了就走，终于被人抓住。根据他的主动交代，从他的抽屉里找出数十件短裤、乳罩、月经带，以及他自己写的“决心书”“自我警告书”等。在一份“自我警告书”上，他写道：“你是一个共青团员、大学生、人民教师，对事业对理想有热烈的追求，你讨厌庸俗，有崇高的道德标准，怎么会干这种可耻的事呢？这些东西对你究竟有什么用处呢？你为什么如此愚蠢？难道你不知道这是违法的吗？这样下去，你的一切会付之东流！”

从上述对这位患者的病态分析中可以看出，恋物症与犯流氓罪、偷窃罪是不同的。第一，患者平时品行良好，无流氓行为和道德败坏的表现。例如这位患者自幼胆小拘谨，自我要求高；成年后，伦理道德观念强，一直得到周围同事的好评，品学兼优。第二，患者得到性心理的满足，不是从正常的性活动中取得，而仅仅从特定的“物品”中获取。患者与异性的接触并无愉快的体验，患者被抓后，他的女友去看望他，为感化他，握着他的手问：“你觉得是握着我的手舒服，还是去拿那些东西舒服呢？你不觉得我们手握手像是血流在一起息息相通吗？”他回答：“我感到我们两人的手是一样的，没有什么特别感觉。相反，我在看到或拿到女人短裤的一瞬间，却得到难以描述的满足。”第三，患者发作前有明显的紧张性、焦虑性冲动，以致失去自控，竟会当着人的面去“偷窃”，而“偷窃”的这些物品对他是既不能变卖又无使用价值的。发作以后又对自己的行为悔恨、抑郁和痛苦。

这个青年在接受心理疏导治疗中，医生发现他对正常的性心理和性活动的认识极为幼稚、模糊，情绪非常抑郁，有轻生意念。经过疏导交谈，他对自己的病情及性知识有了一定的认识，树立了治愈疾病的信心，但还不能自我控制上述行为。当医生在他面前出示女性内衣内裤时，他的面色突然潮红，出现紧张性兴奋，讲话含糊，全身出汗。测其生理指标，血压急剧上升，心跳和呼吸加快，瞳孔扩大。医生对他进行了厌恶矫正治疗，矫正后再出示原物，他已无上述行为和生理指标的改变。接着对他进一步加强性教育，使他建立正常的性心理过程，病情很快治愈。治愈后随访12年，一切良好，他自学本科毕业后，在工作中取得突出的成绩，被评为优秀工作者和青年突击手，婚后有一个孩子，性生活和谐美满，家庭幸福。

病例二

男，30岁，医生。

病情自述

我出身于一个农民家庭，在充满母爱的环境中长大，性格内向孤僻。上学以后，学习认真，成绩不错，对自己的要求严格，爱听表扬的话，虚荣心较强，不太合群，和女生交往很少。直到二十岁时，对性知识一无所知。记得有一年秋天，我从睡梦中惊醒，发现阴部有黏黏糊糊的东西，当时不知所措，不知得了什么毛病，又不敢对别人讲，此后梦中常出现类似的情况，后来听说这叫做“遗精”，心中才踏实一些。因一向不和女性接触,也不了解女性的生理特征。

高中毕业后的第四年,我考入高校,学习医疗专业,对性知识有了一定的了解,对女性的生殖器官也有了一定了解。在校时遗精较频,每月4～5次,又羞于看病,自己服药又无效。上了临床课,才发现自己的包皮过长,为了清洁,就常将包皮翻过来清洗污垢,有一次翻时,觉得很舒服,于是常玩弄阴茎寻求刺激,很快阴茎膨大并射出精液,而这种快感又从未体会过,就这样染上了手淫的习惯,伴随着遗精交替进行。

在上学期间,因对女性有一种潜意识的渴望,开始对晒在外面的女性的裤头有了好感,但从来不敢去摸一下,只不过是想多看几眼。工作以后,为了克服手淫的恶习,在一次晚上值夜班时,我自行切除了包皮,以后既戒除了手淫,又不再遗精,精力也充沛起来。由于性格内向,多愁善感,稍有不顺心的事就心烦意乱,又不愿参加集体活动,和同科室的女医生、护士也不多交往,加上无什么爱好,平时对女人的内衣、内裤有一种好感,对人家晒在外面的女三角裤头总要多看几眼,有时还想去摸一下,但碍于环境压力和自我控制,一直不敢走到这一步。

工作以后的第三年和一名女工结了婚,婚前双方都十分保守,不敢越雷池一步。女方对性知识一无所知,新婚之夜很紧张,导致初次性交失败,但后来有了调整,蜜月中一日一次或两次,感到快感很好。有时我先上床,看着妻子一件件地脱掉外衣,同房前都是我先将她的裤头脱下,然后拿在手上玩弄一下,有时还要用鼻子嗅一下,她以为我和她闹着玩的,一直也未介意,我们的感情很好,性生活总的来说还是正常的。有段时间女方不能满足,我又买了有关的书来看,按照上面所讲的方法去做,结果性交的质量大有提高,女方也满足了许多。然而我对于女性的胸罩、裤头还是抱有兴趣。有了小孩之后,晚上没时间出去,对裤头的兴趣暂时压抑下来,白天见了也只是多看几眼。

三年以前,我作为赴日进修的预备生到上海某大学进修日语一年。前半年学习任务繁重,我的情绪较稳定。可是学到一半时,来了通知,培训的计划取消了。突然的打击,使我十分失望和沮丧,情绪低落,学习的热情也随之降低。虽坚持学习,但只是为了一张结业证书而已。在结业前两个月,有一天晚自习后,我独自回宿舍,途经一幢女生宿舍楼,当我看到衣架上晾有各种各样的女生的裤头,心情十分紧张,多年对裤头的好感涌上心头,禁不住冲上去摸一把,顿时有一种说不出的舒服感。此后,我常独自晚上去那儿摸女性裤头,但又不敢把它们拿回去,因为住的是集体宿舍,怕被人看到,但过后又责备自己干这种事,行为无聊,见不得人,决心改掉这种病态的心理。决心易下,做起来却十分困难。回想起以前和妻子过性生活前,看到她的阴部有白带,或看到女患者的阴户有白带就有恶心感,可是对粘在女人裤头上的分泌物却有好感,在性生活前常常主动去脱妻子的裤头,先玩一会,再闻一下那上面的气味,性兴奋可以迅速加快,进入高潮期也明显。有一次我在蒸洗间洗衣服,看到女洗澡间的脸盆架上有一条女人的脏裤头,裤裆处粘了很多分泌物,于是就把它拿到厕所里,闻着上面的味,特别兴奋,一边闻,一边手淫,直到出现快感射精为止。兴奋以后,就把该裤头扔到厕所里。后来常常想去拿脏裤头,但因为女生宿舍有门卫而未得逞。此后对晒在外面的女裤头更加注意,特别是裤裆的褪色处,摸上去感觉比较硬,闻了有某种气味(后来经比较是肥皂味),虽然想拿回去好好地玩一玩,但又怕被同宿舍的人看到,不敢偷走。

进修完回家以后,情绪有所缓解,加上夫妻团聚,性交正常,一度对女性裤头的热望有所降低,然而好景不长,有两件事给了我极大的打击。一是出国进修的名额,在我即将离境前被别人顶替了;二是升职称时,有一门课稍有疏忽,中级职称未被批准。两件事压下来,我的情绪一落千丈,对女人裤头的兴趣又提高了。我怕出事,想方设法控制自己,尽量不一个人独自外出,每当出现那种欲念时,总找事来打岔。我也买了有关书籍,如《性科学咨询》等来看,但上面仅指出这是一种性变态的表现,并没有具体的矫正方法,常常在痛苦的心境中胡思乱想,受尽了折磨。

去年我被院方派到省城进修泌尿外科,本来情绪就很差,到这里以后,看到这里的条件差,进修生多,床位少,周转慢,半年下来没上过几次手术台,连看别人做手术的机会也很少,平时又不准回家,心里感到很压抑,尤其是一个人在宿舍或节假日时出现焦虑,看到女性裤头就心慌,想去拿又不敢拿,过后又常常责备自己,“你是一名医生,在检查女患者时没有胡思乱想,为什么对女人的裤头那么感兴趣呢?”再说自己又是预备党员,如果被人发现了,后果将不堪设想。所以我一直控制自己千万不能去拿。这种矛盾的心理造成我常常失眠,体重下降,精神不振,终于,不该发生的事发生了。

今年元旦晚上,我去参加一个联欢会,因为没有心情,就提前回家,一个人走到某大学校园,在经过女生宿舍楼前时,看到绳子上晾着不少女生内裤,马上走上前去,看看摸摸,心里愉快极了,处于高度兴奋之中,想拿上一两条内裤,最后进入了一种不能控制的无意识的状态,要是能全拿走该有多好,可是最有价值的不就是裤裆的那一块吗?于是掏出钥匙链上的小剪刀,剪了几条内裤下面的一小块,将碎片抓在手中,然后闻闻,有一种欣慰感,心潮澎湃,血液上涌,好像比同妻子过性生活还要愉快。就在这时,被三名保安看到了,我就将裤裆小片放入口袋,但还是被查出。在保卫科,他们让我跪在地上,不时对我拳打脚踢,当时我恨自己,这是应得的报应,又想到这种行为的后果,将会终止进修,甚至拘留,无法向组织和家人交代,从此以后就永远抬不起头来。半小时后,进修学校的领导将我带回,并令保卫科检查我的宿舍,未发现其他东西。第二天领导找我谈话,指出错误的严重性。我一夜未眠,不思饭食,后悔不已。但事已发生,无法挽回,我已走到了绝望的境地。给我带来希望的是领导认真考察了我的表现后,认为这是一种病态。经心理医生的鉴定,是一种性偏离——恋物症。从爱护、关心和同情的角度出发,领导对我作了妥善的处理,赔偿女大学生的裤头,罚款50元,并介绍著名的心理医生为我做治疗,这使我又看到了生的希望，我决心配合医生，从速治好我的病。

反馈一

我学医以后发现自己的心理十分糟糕，感情脆弱，性格内向，经不起挫折，在一定的环境下就出现那些不良的行为，但直到心理治疗时，我才认识到自己错误行为的严重性，不仅影响社会，也毁了我自己。虽然行为不是针对某个特定的女性，但损害了他人的利益，有愧于医生的职业道德。以前我曾做过许多努力克服这些毛病，可是一旦环境合适或心情不好，就控制不住。那件事发生以后，领导和医生们以善意的态度给我指出了解除病态的出路，使我认识到这种行为的危害性，增强了我配合医生彻底改变这种行为的信心。

我的性心理常常处于矛盾之中，有时集中于物，即女人的裤头、胸罩，有时也对性交很有兴趣。新婚那阵，每日一次，有时几次，快感明显，但同房前，都是我脱下她的裤头，拿在手中玩弄一阵，有时还用鼻子闻一下，以激起性兴奋。可是环境一改变，病情就出现了，外出学习期间受到挫折，情绪不定，夫妻相聚少，对物的好感就增加了，性兴奋点就转移到裤头上，没有人的时候，摸一下、闻一下，有一种舒服感。

反馈二

自我出事之后，思想包袱很重，自卑感也很重，有绝望的感觉，医生的关心与同情给我带来了莫大的安慰。医生要求我一定反映真实情况及准确的信息、心理活动，以便选择最佳的治疗方法，早日治愈。

在对待人和裤头的问题上，我以往有模糊的认识，现在看来对裤头的兴趣更大。比如看到一张裸体女人照片，我几乎没有什么感觉，当看到一条女三角裤时，就出现一阵兴奋，心跳和呼吸也增强了。在平时，我看到女性的生殖器时，一般也没有性兴奋，无论是爱人还是女患者，我都从不胡思乱想，但对女性的内衣、胸罩、内裤有好感，这些东西是谁的无关紧要。在白天，我主要是通过视觉幻想多看几眼，如果是晚上，一个人单独待着时就要上去摸一下或闻一下，由此会感到一瞬间性心理上的满足，有时可出现阴茎勃起，但无射精。看患者或妻子的白带有恶心感，而对粘在裤头上的白带有好感。性生活前脱妻子的裤头，玩一下，闻一闻，性兴奋就能迅速地增强，进入性高潮也明显。在校园里用剪刀去剪裤头底下那一块，那一瞬间摸一下、闻一下已不能满足。

领导及医生对我的满腔热情、体贴、关心，使我又进一步认识到这种行为对个人、家庭、社会造成的严重后果，我一定积极配合治疗。

反馈三

经过医生的几次心理疏导，我对性偏离的心理行为有了进一步的认识，放下了思想包袱。

第一次矫正治疗时,我心里很紧张,但想到医生是那么热情,利用休息时间为我治疗,心理趋于平静。通过2个小时的治疗,我一想到裤头或以往对裤头的兴趣,心里就难受。第二天我去上班,看到晒在路边的女性内衣、内裤,再没有以往那种快感了,一想就要恶心。我明白这仅仅是一个开头,还要经得起时间的考验。

反馈四

这一个月来,我觉得以往的病态性心理基本消失了。这次回家过了一个愉快的春节。夜深人静的时候,想想以往发生的事,总觉得无脸见人,自卑,有时难以入睡。

在一般情况下,已没有以往那种不正常的性观念。当路旁的女性内衣、内裤映入眼帘时,也不愿多看,不再想去摸和闻了,随即会想到出事的情景和治疗的过程,对裤头已产生了一种厌恶感,这是医生的治疗在起作用。

回家后,自我感觉性生活也充实多了。我原来担心对以往喜欢的刺激物产生反感会影响性生活而出现心因性阳痿,结果证明这种想法是多余的。在春节休假期间,妻子很热情,性交前我一直没有碰她的内裤,而通过接吻、抚摸等动作唤起自己的性意向和性动力,很快出现了性兴奋,性交出现了高潮,体验到性生活的乐趣,优于以往由物引起的性心理满足,对人性兴奋的比重明显地比物性兴奋增加了,性生活完全起了变化。

通过五年随访,患者与妻子性生活一切正常,恋物行为没有再出现过。偶尔在情绪低落时有一闪而过的念头,自己随时提醒自己,又要犯病了,很快能调节自己的心理。在妻子及领导的帮助下,病人不断提高心理素质及业务水平,在工作中挑起了重担,并且获得了省级科技进步奖。

第四节　露阴症和窥阴症的心理疏导治疗

一、露阴症

露阴症又名阴部裸露癖,是指男性将自己的生殖器(阴茎)在公共场所或其他场所向异性裸露展示的行为。露阴行为除露阴症者外也有部分脑器质性病变并发露阴行为,因此,应加以鉴别。

露阴症是一种性心理偏离。我们的临床资料表明,多数患者属于内向性格,不善与异性交往,他们正常的性功能极差。该病常阵发性发作,发作前焦虑不安,到处游逛,有的在大众场所,大街小巷,有的躲在固定的黑暗角落,公路旁等,寻找机会,看到异性走过便解开裤子,掏出阴茎向异性展示、抖动,他们不图谋接触伤害对方,而是从对方的厌恶、咒骂或惊叫中,获得性心理的满足。也有一部分躲在固定场合,如楼梯黑暗处或较密的树林里，看着异性（常常不分老少）进行手淫。也有的企图通过频露阴茎、展示自己的性器官，让异性看到阴茎富有性感，获取"具有男子汉气概"的心理满足。这些人在发作时，情境越紧张，越想到有被抓的危险，他们的性兴奋就越强烈而不能自抑，因而很容易被抓获，当做流氓处理，受到体罚或送公安局处理。然而，这种行为因违反社会规范而被判刑，送去劳教，刑满后不但达不到应有效果，反而大多数行为表现会加重。根据我们心理疏导治疗室所接待的 54 例露阴患者来看，除 8 名具有脑器质性改变者需以脑外科及药物治疗外，其余 46 例诊断为露阴症，经疏导矫正治疗，均获得了明显的疗效。从中看出，发现患者并及时治疗是唯一有效的途径，不仅挽救了患者及家庭，也给社会带来安宁。

病例一

男，20 岁。由于家庭影响，自幼胆小，怕见生人，性格内向。因父母工作流动，上中学时寄住在亲戚家，关系相处得不好，逐渐养成固执、孤僻的性格，怕别人议论自己，对人冷淡，情绪低落且多愁善感。上高中时有一种孤独感，学习注意力难以集中。对女性有一种想靠近的念头，虽尽力克制，也不能丢掉，常常坐立不安，心神不定，站着发愣。后在人多的地方或商店里，当着众多女性的面掏出生殖器并射精。经拘留处理后，厌世绝望，心情沉重，对其他事物不感兴趣，但露阴的欲望并没有减轻。虽然想控制自己，但还是忍不住。后来又发生同样的事情，再次被抓，在露阴时，心跳剧烈，对自己行为的感觉模糊，有一种快感、满足感。在被人发现抓住后，才有些清醒，随后就烦恼起来。他母亲认为他平时忠厚老实，品德良好，见女性害羞，因而对其行为难以理解，就带他来院治疗。经脑电图等各种检查，均正常，诊断为露阴症。作心理治疗痊愈后，随访四年，一切情况良好。

病例二

男，24 岁，电工，初中文化。

病情自述

我是一个从事家电维修工作的工人，结婚已有两个月，夫妻关系很好。我俩和父母住在一起，生活条件一般，我对自己的工作很喜欢，干得比较好，业务技术能力比较强，平时喜欢买一些有关电子技术方面的书看。由于少年时代不喜欢和很多人一起玩，性格孤僻，平时见了生人就脸红。进入青春期后，看到女性就心跳、脸红，不敢正视女性，更不能做到与女性的正常交往，这给我后来的生活蒙上了阴影。

我虽然刚结婚，但在半年前就和妻子过性生活，每周有 2～3 次，大多数的情况下我比较被动，原因是我对性交不太感兴趣。一年以前我一直在外地的一个电器维修门市工作，因为当时工作比较忙，店内人员也多，所以几乎无心想有关性方面的事。

到了晚上，想到性方面的要求，便在睡前进行手淫，以获得性的满足。后来从外地调回，在一个街道的门市部工作，店内只有两个人，有时只有我一个人看店。生意清淡时，常常盯着街上行走的异性，心里有一种说不出的快乐。有时见到时髦漂亮的女性就情不自禁地把生殖器掏出来，对准走过去的异性抖几下，并希望对方能注意自己。在露出阴部时，心里很乱，对自己的行为在感觉上很模糊，我在露阴时并不想和异性发生性行为，没有占有对方的想法。

有一次我在店内对一个年轻女性露阴，她报告了警察，说我对她耍流氓，后来派出所对我进行了处理。当时我感到非常难过，觉得做了错事，没脸见人，下决心不再犯了，可是事后不到几星期，又心血来潮，做了同样的事。以后又有几次被派出所叫去处理。做了这种事，一旦被人发现报告后，才清醒过来。一方面想干，干过之后有一种满足感，事后又觉得这样做不对，更怕犯法，以后就担心起来，心事重重。

在每次露阴前，我心情很激动，要求露阴的愿望十分强烈，但我都极力地控制自己，可脑子里是一片模糊和空白，两耳嗡嗡作响，后脑似乎有一阵阵的抽动。我每次事后都非常苦恼，多次想自杀。我想我作为一个新时代的青年，还没有为社会作出一点贡献，就染上了这个恶习，我对不起抚养我长大的父母，对不起我贤惠的妻子，对不起所有关心、帮助我的亲人。自从有了这种恶习，我性格变得更加急躁、更加孤僻，完全没有了以前的上进心。

反馈材料

尊敬的鲁主任，您在百忙之中抽出时间，为我这个远道而来的患者治病，使我深受感动。您耐心、热情的讲解与劝导，使我增强了战胜疾病的信心，懂得了什么是正确的想法，什么是错误的想法，认识到我以前自以为正确的东西事实上是不正确的，同时使我对自己的整个生理情况有了很好的了解和认识，使我弄清了病因，丢掉了错误的思想和包袱。

我在未治疗前，由于从一些书上看到有关性生活过频会影响双方的身体，会使男方记忆力减退，双方容易得病等等内容，所以平时我即使有性要求，也节制起来。时间长了，性的压抑感化作了在异性面前露阴而达到满足的一种怪病，每次发病我都极力控制，不去往那上面想，但都是徒劳，平时只要一见到异性就阴茎勃起，却没有任何性交的念头。

通过您几次对我的疏导治疗，我明白了露阴的危害性和可怕性，懂得了夫妻之间性生活的深刻含义，知道该如何把性爱转移到自己的妻子身上，以及性交的次数并不会对身体有何影响等。

通过矫正治疗，现在只要想到把裤子脱下，生殖器外露，顿时有一种厌恶的感觉，产生了以前从未有过的羞耻感和内疚感。

从医院回来已有半年多了，我的心情一直很好，对从前那些恶习有了很好的抑制能力,这些变化甚至使我自己也感到十分吃惊,想不到一个在病魔下痛不欲生,对自己感到悲观失望的人,完全变成了一个新人!

记得我随父母第一次踏进医院心理室的时候,完全是抱着一种侥幸的心理,不相信自己的病是可以治愈的,可是在您的精心疏导和耐心启发下,我逐渐提高了对疾病的认识,认识到我所患的病的起因、本质及其危害性。现在我对外面过往甚至来店的女性,再没有露阴的想法,心情平静。和妻子的性生活正常,主动性也提高了。

我已彻底地告别了过去,开始了全新的生活。

二、窥阴症

是性心理病态的一种偏好。许多都是成年人。他们对正常的性生活比较冷漠,无大兴趣,对窥伺女厕所却有强烈的、不可抑制的欲望,呈阵发性发作,多在情绪低沉,心境痛苦,遇到心理逆境时出现。发作前若有阻力抑制其欲望及行动时,会出现明显的焦虑不安情绪。平时他们性格内向,见异性有害羞感,很少与异性交往。在进入情景时,窥伺女阴的欲望强烈,往往冒险潜入或闯进女厕所,有的在男厕所挖个小洞或在男女厕所粪便相通水沟内观看阴部倒影,也有的用小镜子反照女阴部。往往不分老少,只要听到女厕小便声就会激动兴奋,难以自制,不顾一切,原来特别爱清洁及有身份的人,往往弄得粪便遍体或是头脸污浊。窥伺时性兴奋较强,有勃起,事后手淫。被窥伺者往往可能不知,多被旁人发现。部分窥阴者是在傍晚灯光黑暗时去窥伺,在一阵紧张激动,获得性心理的满足后才达到目的。有时具体,有时什么东西也看不清楚。窥阴者都不直接侵害对方人身,由于行为违反一般的道德规范,常受到社会的制裁及刑事处罚。根据我们对 74 例窥阴症患者心理疏导矫正治疗的近期与远期效果看,只要患者能自觉地与医生配合,保持长期联系,反复的可能性就极小。他们多数病愈后,在工作、生活中取得了很大的成绩。

下面介绍一例窥阴症治愈后随访 12 年,一直正常的病例。

男性,36 岁,大学体育教师。

病情自述

在我的记忆里,有几件事是深刻难忘的,这影响到我整个性心理的成长。记得7、8 岁的时候,我不在父母身边,由姑母抚养,一天夜里,突然醒来,发现自己的手竟放在姑母的阴部,以后我在夜里多次去摸她的下阴处。

13 岁时我上中学,有 3 件事对我的影响很大。其一,在上初二时,有次学校的体育课是爬绳,我在爬的时候,因双腿用力夹绳奋力上爬,不料引起下身的阵阵快感,因为是第一次有这种感觉,印象极深。其二,在我家后院有个厕所,一般是男人用,一次见到邻居家的女人也蹲在那儿上厕所,当时我一阵紧张,转身就跑,可心情却异常的激动,阴茎突然地勃起,于是就模仿爬绳夹腿的动作获得快感。从此我总希望有女人再到这儿来上厕所。其三，和我住一院的还有另一户人家。往日两家关系和睦，有一年的夏天，我午睡起来，发现家里没人，就跑到邻居家去，突然从窗户里看到他家的女人在洗澡，此时正好站起来，全身一丝不挂，见到这情景，我心里紧张极了，阴茎迅速地勃起，转身回家模仿爬绳夹腿的动作获得快感。从此我特别希望看到女人赤身裸体的场面，有时还主动地到处寻找。有时想起这两件事，心情也激动，阴茎勃起，同样以夹腿的动作，获得快感。

上高中时，父母不在身边，我跟着亲戚过。每当有性要求时，就模仿夹腿动作获得快感，逐渐地，这种方法已不能满足要求，于是以手淫代替，从此养成了手淫的习惯。

上大学以后，手淫的习惯仍保留着，时常回忆少年时代的那几件事，一想起来就激动和兴奋，常常隐隐地想看女人洗澡或大小便。

大学毕业后，我住在一个游泳池的旁边，每年夏天晚上，游泳池开放，我经常站在窗口向女更衣室看，因为更衣室上面的窗户少了几块玻璃，能清楚地看到女人们穿衣、脱衣，以及赤身裸体的情况。每当见此，心情激动，阴茎勃起，一边看，一边手淫，满足性要求，这样的情况持续了好几年。

26岁的时候，我结婚了，因妻子工作在外地，两地分居，性生活不能正常进行，手淫的习惯一直没有改，想看女人洗澡，看女人大小便的动机经常出现，只是没有机会而已。后来妻子怀孕及分娩，更没有性生活可过。因此，想看女人洗澡的欲望越来越迫切。那年的夏天，我去厨房(那时厨房和卫生间是两家公用的)。发现门关着，原来是邻居家的少妇在厨房洗澡，我情不自禁地走到后窗口看她洗澡，不料被人发现，搞得非常难堪。虽然我编出借口抵赖过去，但我妻子把我数落一顿。我自己也暗暗发誓以后再也不干了。可是一年以后，这种事仍然发生。每到晚上，我就在周围乱转，听动静，看哪家有洗澡的水声，我就想办法偷看。听到洗澡声和女人小便声，就好似着了魔，非看不可。和以前不一样的是，看时阴茎不勃起，只是觉得痒丝丝的，看完以后觉得心里得到了一种满足，非常舒坦。孩子稍大一点，每到浴室洗澡，都是妻子带去，我护送，观察女浴室有什么地方可以窥见女人的裸体。在一个五月的晚上，我到这个浴室准备看女人洗澡时，被人家怀疑，我做贼心虚，扭头就跑，被人抓住，打得鼻青眼肿，伤势严重，还被送到保卫科，因没有事实，被放了回来。我觉得没脸见人，跑到外地亲戚家养伤，谎称工伤。原打算伤好后，去看看父亲，然后了此一生，不料妻子正好从外地回来探亲，见无人在家到处打电话找我，我不得不回来。单位的领导教育我，妻子也教育我，我十分后悔，痛哭流涕，保证不再犯，可是想看的欲望却没有减少。

结婚几年后，妻子调回，分居两地的生活结束了，可是我想看女人洗澡的念头仍未减。夏天我跑到别人家的窗子边准备看人家洗澡，结果被洗澡的人发现喊起来。妻子知道后，十分地痛心，我也觉得对不起她，对不起这个家，但改也改不掉，于是就服毒自杀，被救了过来。虽然又一次下决心，可是第二年又重蹈覆辙。

后来我搬进了楼房，机会少了，可每到夏天晚上我就专门搜索对面楼的窗户，寻觅女人洗澡，或赤身裸体的情境。这已成为习惯，妻子一见就提醒我，但我总觉得这是生活中不可缺少的内容。有时我借些裸体画看，每当看时，心情激荡，阴部作痒，有时还吻一下。在公路上，看到那些体态丰满、乳房较大的女性，心中总会有一种异样的感觉。

我已是四十岁的人了，对看女人洗澡的欲念却和青年时代一样的旺盛，终于导致了进派出所受处理。

去年5月的一个晚上，我途经一处浴室，听见水声，又顿起想看一看的念头，在窗前我跳起想看，因里面还有一层，看不见，但却被工作人员发现，扭送到派出所，给了一个警告处分，并报告了单位。单位对我进行了教育，作了停职的处理，我瞒住妻子。我虽又作了保证，痛改前非，决不再犯，可是半年以后，我上一公厕，见男女便道相通，并听到女厕靠墙有排便声，就在靠隔墙的蹲位上，拿出小镜子，想利用反射光看看那女人的阴部，此时早已把半年前的保证放到了脑后，不料被人发现，又被送派出所，单位将我领回处理。至此，前途、家庭算完了，也将殃及已长大成人的女儿。我一错再错，想改、愿改、决心改，就是改不了。就在我听候处理的日子里，时常还出现想去看看的念头。

我是一个事业心很强的人，遇此打击，对我的震动很大，然而这能解决什么问题呢？恐怕无尽头地反复干下去，已成必然，除了医生能拯救我的灵魂，其他均是死路一条。

反馈一

第一次治疗以后，我强迫自己回忆以前看女人洗澡及看女人上厕所的事。并到厕所去，检验一下效果，自己好像不感兴趣，提不起兴趣。我又回忆曾经看过的女人的阴部，也提不起兴趣，心情平静、淡漠，和以前不一样，我非常高兴，我真诚地感谢鲁主任的精心治疗与疏导，拯救了我的灵魂。

反馈二

今天，单位给我的处理下来了，将调动我的工作，我的心情十分沮丧。我爱自己从事的专业，不愿丢弃，我恨死了我的毛病，现在唯一的愿望，就是彻底治好这个病。

反馈三

治疗已过去好多天了，我一人在家想检验一下治疗效果，但不想去，没有曾经的那种迫切的要求，也提不起兴趣。对此，我很高兴，对未来我又多了一线希望。

反馈四

治疗已有二十几天了。这期间，想去看女人洗澡或排便的念头从未出现过，在回忆往事时，出现了两次性兴奋，但一晃即逝，让我自己评价，觉得效果很好，基本上消灭了“犯罪”的动机，对前景开始乐观了，也充满了信心。

为了实地检验，我有意到过去曾经去过的厕所，重复过去的过程，发现想看的念头油然而生，心情也开始激动，但想到可怕的后果，毅然地离开，我已能自我控制了。

性交的欲望不强，和以前差不多，10 天一次，要求不迫切。

反馈五

时隔一个月以后我进行了第二次治疗，兴奋的程度大大降低了。经过半个月的检验，没有再想去看女厕所或女浴室的念头，日常生活很踏实，不像以前整天无所适从。另一感觉是性交的欲望减弱。

反馈六

两个月以来，我各方面的情况很好，情绪稳定，没有那种罪恶的邪念，精神轻松，生活愉快。我正全力以赴投入工作，以挽回影响。性生活也很正常，每周一次，感觉愉快、圆满。我非常高兴，衷心感谢鲁主任为我脱胎换骨。

反馈七

九个月来我思想上几乎没有坏念头产生，偶有出现，但马上就能用理智去制止，一晃即逝，不像以前整天想去看，而且不能控制。现在生活也很充实，见到电影或电视里的裸体画面，既不激动，也不联想，也没有性兴奋。

反馈八

一年了，我现在已完全获得了新生，我珍惜鲁主任给了我第二次生命，不然，我的现在与未来都不堪设想。

12 年后，该患者的爱人特意来看医生，讲述患者一直情况良好，工作成绩优异，被评为国家级裁判员，女儿已大学毕业，家庭幸福美满，特来向医生报告及感谢！

第十章　情绪危机及精神障碍恢复期的心理疏导治疗

第一节　情绪危机的心理疏导治疗

一、概述

危机,指对心理或生理的超强刺激及对个体承受能力超负荷的事件。其特点如下:

1. 个体有不同于平时的心理体验,往往有行为、生活变化,但不构成任何一种精神障碍。

2. 有明确的诱发因素。

3. 持续时间短,不超过几周,且来去匆匆。

4. 个体面临着新的困难,突出表现为以往应付方式的失败。

情绪危机是由自我意识的烦恼和苦闷达到濒临绝境、走投无路的状态时所产生的恐惧心理;是对现实感到绝望,失去一切信心而采取的最后一种自我保护手段。情绪危机一般在两种情况时发生:一为人生的特殊阶段,即青春期、老年期等;二为遇到特殊意外事件,如亲人的死亡,突如其来的天灾人祸等。人们所出现的情绪危机,多数是由高度激情状态引起的应激反应。出现情绪危机时,人的理智受到抑制,不能正确评价自己行为的意义和后果,自我控制能力减弱。这时,如缺乏一定的外界阻力及约束,极容易导致意外事件或犯罪的发生。

二、诱发情绪危机的因素

常见的诱发情绪危机的心理—社会威胁性因素有(以年龄层次划分):

青少年:成绩不良,考试失败,恋爱或婚姻挫折等。

成年人:家庭内部矛盾,夫妻关系危机,经济困难,职业问题,

身体原因或事业失败等。

老年人:家庭不和,生病,孤独,失去精神支柱(特别是失去配偶的孤独和生病的痛苦)等。据统计,65 岁以上失去配偶者比有配偶者的自杀事件多 3 倍。

另外还有众多的环境因素,如社会环境剧变,道德信念崩溃,家庭缺陷,缺乏温

暖，丧失配偶或失去亲人，缺乏母爱或父爱，过分溺爱，约束太严，父母情绪极不稳定及丧失权威性，失去尊严，养育态度苛求等。

在以上的心理一社会环境因素诱发下易使性格脆弱、固执、自尊心及伦理道德观念特别强的人丧失“自我动力”，“精神能源”枯竭而产生自卑心理、无力感及精神萎靡不振，这就是一种心理障碍。因情绪危机而导致自杀的，以青少年及老年人为最多。自杀是指“让自已死”的行为。由心理障碍引起的自杀与在意识欠清的情况下或受精神障碍态支配的自杀(如幻觉妄想中的自杀等)有根本区别。

在美国，每天大约有100人自杀，自杀是导致个体死亡的第十大原因。在中国，每年自杀身亡者高达11～12万，自杀未遂者则达上百万，而自杀更是年轻人死亡的首要原因。

平时生活事件中的情绪危机者是很多的，如果不及时对这种心理障碍者进行心理疏导抢救，往往会造成不良的后果。因此，除正确地处理好偶发事件外，对那些具有情绪危机萌芽者做周密的观察和适当的心理疏导，稳定他们的情绪，预防和消除激情下意外事故的发生是很重要的。情绪危机的发生很大程度上取决于过去的历史及当事人的动机需要、文化教养、性格特征、成长经历等，一般表现如下：

1. 当事人突然陷入极端悲痛、愤怒、绝望的心理状态之中，可出现短时间(5—10分钟)的意识蒙胧，呼吸急促，颞、颈部血管紧张，面色苍白或潮红，手颤，声音粗哑，昏厥等生理危机现象。

2. 在急性或威胁性信息面前埋怨、悔恨、愤怒、目瞪口呆或者否认事实，半信半疑甚至自言自语，也可能出现幻觉或假性幻觉，如感觉到威胁性事件形象反映在头脑中。

3. 出现不顾一切、丧失理智的表现，自控能力明显下降，出现激动、兴奋、躁动、敌意或冲动攻击行为；也可能极度抑郁、伤心，出现自伤、自杀或伤害他人等心理危机现象。

对上述诸类情况，均需采用适当的紧急抢救措施，尽快地消除危机状态。心理疏导疗法是预防和医治心理危机及自杀的有效方法。我们在临床上发现，自杀及情绪危机与他们的心理特征有密切联系。例如，适应不良者往往具有软弱和不成熟的性格，不切实际地自我要求过高，欲望难以满足但又无自知之明，忍耐性差，所以容易产生自杀的念头。对出现情绪危机者，要尽早进行心理疏导治疗，使危机者真正认识到自已的片面性、激越性、偏执的观念及认识，通过心理疏导稳定他们的情绪，提高他们辨别是非真假的能力，从而提高他们的认识水平。

三、情绪危机的救护方法

情绪危机者，采取以下心理救护方法可助自己一臂之力：

1. 向亲友倾诉。最能使人心身健康的预防药就是朋友的忠言和规谏。因此，主动向亲朋好友倾诉内心的痛苦，能获得很大的心理安慰。

2. 不妨痛哭一场。遭遇到大的不幸或委屈时，痛哭是有效的心理救护措施之一。它能使不良的情绪得以发泄和分流，哭后心情会畅快很多。

3. 暂时离开原来的环境。避免触景生情，转换环境有助于摆脱痛苦，恢复心理平衡。

4. 注意心理补偿。把注意力集中到工作、学习中去，或把潜力转移到能够做好的事情上，以获得心理上的补偿和满足。

5. 求助于心理疏导。心理疏导被誉为“温柔的精神按摩”，通过心理医生的劝导、启发、安慰和教育，能使当事者的认识、情感，意志、态度、行为等发生良性变化。

四、情绪危机的心理疏导原则及程序

对于情绪危机者，其心理疏导的一般原则是：

注意巩固当事人的生活信念，不断破坏其心理上旧的“动力定型”。对自杀、自伤、伤人及其他事件未遂者，要进一步研究了解，预防再度出现危机。不过，疏导时应注意：

1. 在情绪危机中，说教、责怪和教条是无益的，只有根据事实，有依据地分析并指出出路才可。

2. 对平时有躯体或心理疾病者，在加强心理疏导的过程中同时应给予有效、适量的药物治疗，促进患者尽快进入深睡眠状态，进行神经系统的休息，避免过度疲劳和衰竭。

对于情绪危机者，一般的疏导程序是：

1. 转移现场。强制敌对者迅速分开，隔离当事者。在安静、安全的环境中，在乎时其心目中最有威望者(如亲友、同事)1～3 人陪伴下，由医生做心理疏导。

2. 对出现心理生理危机现象者，应在 24 小时内，进行抢救处理。

3. 稳定情绪。情绪危机者处于大脑皮层的负诱导状态下，极强的兴奋灶被抑制圈包围，很难接受外界的信息，拒绝接受他人的疏导与帮助，往往不能以理相答，必须强迫他坐下休息，稳定情绪，平息激情与躁动。首先让其尽量充分发泄出来，听其倾吐一切，努力缓解已产生的绝望情绪。在听其倾诉的过程中，要注意应用非语言的交流，如紧紧地握住他的手，轻轻抚摸其头发，同情地坐在其身边等。要抓住各种易于被其接受的观点和有利的因素，进行疏通引导，如请其亲友对某一问题表态，统一认识，产生共鸣，使之尽快摆脱心理逆境。情绪危机者所信赖的人际关系，可为激情和意外事件提供一种缓冲。比较亲近的人们，除可给予较直接的劝慰和心理上的帮助、支持外，还可使其在这些人面前能充分地倾吐内心的痛苦。应向情绪危机者提出警告，说明继续激情的危险和严重后果，有时可用威严的词语促使其平静下来，以缓解其情绪危机。有时情绪危机者休息片刻就能恢复理智和觉醒。引导情绪危机者转入理智内省情境的良好时机是由医患双方反馈性内省力所创造的，只要能使情绪危机者稍加平静，就可能避免激情的危险，对防止激情意外事件（自杀、犯罪等）有重大意义。

4. 面对现实进行心理疏导工作。要以坦诚的态度，实事求是地帮助分析现实问题，避免对方猜测怀疑。不能空洞地劝慰，更不能敷衍搪塞。要根据个案的具体情况和特点给予不同的启发和支持，使其由应激反应的激情状态逐渐过渡到承认和适应现实的正常心理状态。要讲清道理，指明方向，找出补救的方法，以使其冷静、平顺地接受。要从心理上帮助本人适应意外事件的后果，使其认识到心理健康和保重身体的重要性，引导他们将注意力由已过去的事情上转移到其他方面。

5. 如果当事者抱有敌意和采取攻击行动，应采取适当回避的态度，尽可能地忍耐、克制，让其他人员先去进行缓解工作。同时，也不能忽视当事者家属的惊惧、紧张心理状态，对他们也要做心理疏导，使其心情放松，以免造成不良的后果。在当事人情绪稍平静后，再去进行心理疏导，疏导过程中要始终保持谨慎、耐心、温和的态度，提高当事人的情绪境界，因为庸俗的情绪往往是造成不良心境的基础。这里根据不同类型的情绪危机者的特点，介绍几个实例。

病例一

在急性强烈精神创伤下出现的不可控制的暴发性情绪危机。

某大学应届毕业生，男性，学习成绩好，为班干部。平时性格内向，虚荣心强，温顺，多愁善感。因一个月前开始准备研究生考试而精神非常紧张，怕考不取而被人看不起。来院就诊前一天，由于父母吵嘴，使他了解到父亲过去的生活腐化问题，因此出现急性激情状态：要到父亲单位说明父亲乱搞男女关系，母亲受压，要解放母亲；要到法院去告父亲；要杀死父亲，然后自杀。他手持菜刀寻找父亲，双手发抖，声音嘶哑，全身大汗。全家极度恐怖，请邻居帮忙将他强制送来医院急诊。当他知道自己被送到精神障碍院时，又出现病理性激情，认为是父亲对自己的陷害，想给他扣上精神障碍的帽子，父亲好逃脱罪责。这时，他身上带有氰化钾，要自杀，表现极度兴奋躁动，大声喊叫，冲动自伤。医生将他与外界隔离，与他单独交谈了2个小时，其激情状态逐渐减轻。在医生的劝解帮助下，他服了中量镇静剂。经过长达两昼夜的心理疏导治疗，从关心他的一切做起，直到他主动倾吐出连日来心灵深处几件使他极不愉快的事件，自杀危机状态解除，终于从口袋里掏出了氰化钾交给医生，经短时间的休息后恢复了实习工作。毕业后，他被分配到某研究所工作。他与医生建立了友谊，经常取得医生的心理帮助，二十多年来，家庭幸福，事业有成，现已成为著名的研究员。

病例二

有自杀企图，但处于徘徊的矛盾心理状态中而出现的情绪危机。

某厂汽车技术工人，女性，32 岁。由 7 岁的独子伴来，因焦虑失眠就诊。她表现情绪低沉、无力，烦躁不安。在医生对她进行劝说安慰并了解其原因时，患者突然处于激情状态，大声怒吼，冲动地将自己上衣撕破，要打医生，认为医生是故意刺激她，问这问那。她要的只是安眠药，死了算了。经多方劝阻无效，后强迫将患者安排到较安静的环境中，单独与她交谈、解释，并说明“医生要了解你的真实情况，正是同情你，为了进一步帮助你，是对你认真负责的表现。你辱骂并要打医生，而这些医生都毫无怨言……”这时患者痛哭流涕地讲出了她内心深处的痛苦，因为离婚，自己想要自杀，但丢不下可爱的孩子，却又觉得活不下去。她认识到刚才对医生的态度错了，冷静下来，要求当面向医生道歉，并请医生给自己治疗下去。

病例三、四均为遭受了严重心理创伤或委屈而无力自拔，出现了情绪危机。

病例三

某大学秘书，男，40 岁。一个月前亲自处理了系里一位因病从四楼跳下自杀的老师的后事，出现情绪危机前一周，因将系里教师业余任课费用经大家讨论后发给各位教师而受到全校通报批评，自己感到十分委屈，出现失眠，拒食，讲话紊乱，要求领导将他调到四楼工作，并要妻子把孩子教育好，自己“要去劳改了”。两天后出现阵发性激情躁动和严重的自杀行为；跳楼、撞头、在床上勒脖子，日夜冲动，每天有 5、6 个人看守他。他拒绝到精神障碍院看病，经初诊作心理疏导治疗，配合镇静药物，情绪逐渐稳定。后与校领导研究，妥善处理了不恰当的处分，帮他消除了有关的心理一社会刺激因素，此后逐渐恢复正常，随访至今，一切良好，现为某大学教授。

病例四

某律师，男性，37 岁。性格严谨拘泥，优柔寡断，自尊心强而又敏感多虑，幼时爱读描写爱情忠贞的小说，并向往这种美好的爱情。成年后特别重视自己的婚姻问题，但由于父母包办，在领结婚证的那天才仔细看清女方，感到其相貌、身材、性格都不合自己的意，但又不好意思反悔，只得硬着头皮登记、结婚，打掉牙齿往肚里咽。他深感这是自投泥潭，于是悲观、绝望，情绪恶劣，结婚后两个月就服药自杀未遂。从此失眠、头昏，再不敢见别人结婚的场面，也不敢看爱情小说和电影，性格变得极其古怪、冷漠。多年来一直闹离婚，多次起诉到法院，但女方至死不离，一提离婚就头痛得直打滚。每看到妻子痛苦的样子，再想到两个可爱的孩子，他的心就软下来。但事情一过，不由自主地又想离婚。夫妻俩一直在这种互相摧残中艰难度日。但他们从不打架，外人反认为他们关系挺好。他迫切需要爱，但在这个家庭里，他从未体验过什么是温情。后来在工作中,他遇到一位丧夫的女子,交往以后,互相倾心,感情迅速发展,变得难舍难分,念念不忘。他对带有对方手迹和气息的一纸一物皆视若珍品。但他的职业又使他清楚地知道,如此下去,等待他的将是身败名裂等难以预料的痛苦。为了扑灭这种爱的炽火,他们曾理智地商定,多想对方的缺点,慢慢降温,直到断绝来往。或是促她快快结婚,一了百了,但这一切都无济于事。结婚不成,情又无法断,还要应付不爱的妻子,承担受众人指责的风险。这一切交织在一起,使他陷入了走投无路的境地。这时他从报纸上看到了介绍心理疏导的文章,他带着一线希望前来,决定如果没有效果,就让自己死在千里之外的异土他乡。经过心理疏导,他的情绪缓解,平安返回。后在给医生的来信中说:"这次治疗,收效很大,深感在关键时刻,是医生帮助了我,启发诱导了我,使我走出困境,为我指出了一条坚定而光明的路,这条路的前方是我及全家人的平安!走这条路需下很大的决心,尤其需要'理智'二字,而心理疏导真正解决了我的'理智'问题。"

第二节 精神障碍恢复期的心理疏导治疗

一、概述

精神障碍(包括精神分裂症及躁狂抑郁症等)的治疗主要包括两个阶段:

1. 在急性期由于患者无自知力及判断力,时常受幻觉妄想等精神症状支配,很难与医生及他人合作,应以药物治疗为主,心理治疗为辅。

2. 当患者进入恢复期,必须加强心理治疗。以心理治疗为主,药物治疗为辅,提高患者对疾病的认识,循序渐进地提高患者的心理素质及自我认识的能力。

因为社会上普遍缺乏心理卫生知识,大多数人很难以科学的态度来认识及看待精神障碍,因此,患者进入恢复期后不免会出现自卑、悲观、羞惭及自责等,并且常怕见人。特别是一些虚荣心较强的人会产生学习、事业、生活及人际关系等一切都完了的悲观情绪及想法,进而出现意外或自杀现象,也可能因此而引起精神障碍复发,给家庭、社会带来很大困难。为了防止病情复发,保持患者的身心健康,在精神障碍恢复期应大力开展心理疏导治疗工作,使患者尽早回到社会实践中去。当进入康复期后,为提高患者自信心,勇敢地接受严峻的社会现实的考验,首先要求患者加强科学的自我认识及自身的防御能力,适应与病前相比更为艰难的社会环境,一边工作一边接受心理疏导治疗,不断提高心理素质,来适应较困难的社会环境。如果在此关键时期能及时、正确地做好康复培训,往往患者能不断提高心理素质,调动自身能动性,顺利克服各种心理及社会因素带来的困难。否则,心理素质仍停留在较低的水平,必然增加适应难度,在得不到心理帮助的情况下,他们不可能自然地提高心理素质,而只能在恶性循环中越陷越深。

遗憾的是，目前我国精神障碍康复事业还停留在一个较低的水平，许多大的专科医院，包括教学医院，省、市级医院，基本上还没有开展起来。长期以来，不少临床医生因存在着精神障碍原因不明，无法对患者进行指导的消极想法，强调康复要靠吃几年药等陈旧的观念。以此来预防复发显然是非常片面的。

精神障碍的治愈率在医疗领域中是比较高的，因其特殊性，在病情缓解后，患者的神经系统是很虚弱的，在各种有害因素的影响下，往往导致复发。所以精神障碍康复后复发率较高，例如，精神分裂症患者急性期后1年复发率约4成左右，往往在多次复发的过程中拖延了病期，使患者长期脱离社会，出现社会功能障碍及人格改变等后果。为此，加强精神障碍康复期工作，防止病情再发是精神卫生工作者、患者、家属以及社会各方面共同关注的问题。根据国内的统计资料表明，50～90年代精神障碍复发率和再住院率，以及精神障碍康复期的自杀率均呈阶梯式上升趋势。

据国内报告，80％以上的精神分裂症复发前有明显的心理—社会因素，70％以上具有弱性性格特征。因此，预防精神障碍复发的主要任务是：提高神经系统的能力，加强机体的防御力量。在精神障碍恢复期进行系统的心理疏导治疗和心理卫生宣传教育，帮助患者及其家属、单位掌握同疾病作斗争的策略和方法，这对于提高患者对各种心理—社会紧张刺激因素的适应能力，进一步巩固疗效并防止复发，是不可缺少的措施。

精神障碍康复期是指当急性精神症状得到控制，部分自知力及判断力恢复后，即进入了康复期，这时患者好像大梦初醒，不可避免地对病前病后要做一番反思，康复得越好可能反思得越多。如因患精神障碍而自卑，由此产生的不良心理及消极情绪，对学习、工作、前途、名誉、婚姻的忧虑，以及服药后的副反应等一系列现实社会因素及残留的一些神经症症状等。

在患者精神障碍急性康复期过后神经系统较虚弱的情况下，若遇到有害的心理—社会紧张因素的刺激，往往会因难以承受而导致精神障碍的复发。特别是那些原来心理素质极差、性格偏移较大的患者，往往心理会濒临绝境，这也是康复期患者自杀的主要原因。

近年来，我国的精神康复医学逐渐发展，也引起了有关领导部门的重视，但精神康复医学这门专业性很强的学科，在我国目前仍附属于社会精神科中，尚未成为一门系统的医学专业。这里简要阐述精神障碍康复期的任务：

1. 精神康复医学的任务是康复诊断评价，估计预后，制订康复长期目标，以及对精神残缺等慢性精神障碍患者重点训练，使其社会功能得以康复。

2. 从精神障碍整体治疗观点看，应以辩证观点施治，就是说在精神障碍急性期以药物及其他治疗为主，心理治疗为辅。一旦进入康复期，以心理治疗为主，药物治疗为辅，以适应康复期发展的需要。

3. 对于已达到基本康复，通过心理疏导治疗，提高了心理素质及防御能力的患者，要尽早地恢复其社会功能，接受社会实践的考验，边治疗(心理及药物)边工作，边提高心理素质(继续接受心理疏导治疗)，以巩固其信心，在社会实践检验中认识完善自己，适应社会环境，不断提高心理适应的水平。

目前，由于心理卫生知识在社会上不普及，人们对于精神障碍存在着各种各样的错误看法。有的认为精神障碍神秘可怕，有的则把它当做思想问题，因而对患者歧视、冷淡，甚至加以嘲笑、讥讽、虐待和打击。不少患者也认为自己得了精神障碍是可耻的事，在病愈后产生自卑、悲观等不良心理。这些都是促使复发的重要因素。例如，一位精神分裂症患者在经过三次反复后说："我是某大学一名助教，前些年患精神障碍，治愈后不久就参加了工作。但由于对精神障碍知识的缺乏，总认为自己低人一等，自卑怕羞，使自己陷于孤立。由于长期的苦闷而导致第二次、第三次发病……"，另一位患者说："我是一个有25年工龄的工厂女工，曾得过不少次劳模和先进工作者称号，后来患了精神障碍，病愈回家后受尽了人格上的不平等待遇。我丈夫虚荣心强，认为我患了精神障碍，他的面子上很不光彩，从而对我态度言语都非常冷淡，有些同事也指着我喊'神经'，对我提出的合理化建议，车间理也不理……为此，我悲观苦闷而想自杀，在出院不到一个月又发病了。"因此，积极开展精神障碍恢复期的心理疏导工作和社会性的心理卫生宣传教育，纠正对精神障碍者的偏见，是极为必要的。要认识到精神障碍和其他躯体疾病一样，是一种客观存在，是由于大脑机能紊乱所造成的，并没有什么可卑之处。通过心理疏导治疗，帮助患者认识并改造性格缺陷，纠正其对客观事物的错误认识和态度，面对现实，充分调动能动性，适应和改造环境，认识矛盾和解决矛盾。另外，还要帮助治愈出院患者安排适宜的环境，努力消除各种消极因素，做好医院、家属、单位、患者的工作，这是防止精神障碍复发的综合性医疗措施。

对精神障碍者的心理疏导治疗工作，应从患者来院就诊时做起。如与患者建立良好的关系，在病情的不同阶段，对患者进行安慰、劝说、鼓励，以取得患者的信任与合作；在恢复期做好系统的心理疏导治疗；出院后，定期接受疏导，进一步提高认识，通过具体的生活和工作实践，不断提高患者适应社会的能力，能动地处理和解决心理—社会矛盾，不断提高其心理素质，对于缓解病情和防止复发，都具有特别重要的意义。

二、精神障碍恢复期的心理疏导治疗原则

对精神障碍的心理疏导治疗原则是：根据患者的实际情况，从心理—社会因素的角度，研究如何调动患者、家属、单位和医务人员的能动性，以降低复发率。

根据以上原则，按照恢复期患者的共同特点制订方案，以集体心理治疗为主，同时，针对各个患者的特殊问题给予个别心理治疗。治疗内容要通俗易懂，多举实例，可配以模型和图画，使患者易于接受、理解和记忆。

对精神障碍者的主要疏导内容为：

1. 帮助患者正确认识精神障碍的科学实质。精神障碍是大脑功能障碍，与其他脏器有病的实质是一样的。只是因为各脏器的功能不同，表现的病状也不同罢了。由于精神功能瞬息万变等特殊性，往往使人迷惑不解，对精神障碍状产生各种错误的认识。在当前人们尚缺乏心理卫生知识的情况下，要求患者在病情恢复后，一定要对疾病有一个科学的认识，否则，就会产生疑虑、自悲，而增加有害于自身的心理——社会紧张因素，在恢复期患者能以乐观的态度对待一切事物，认真总结过去生病的经验教训，充分利用一切积极因素去适应环境和改造环境，消除各种发病因素，对于巩固疗效、防止再发，促进心身健康，就有了可靠的保障。

2. 要患者注意改造性格缺陷。我们从病例资料中发现，70%以上的精神分裂症患者具有内向、趋于弱型的性格特征，即胆小、孤僻、积极性差、依赖性强、好幻想、敏感多疑等。具有这种性格的人在遇到社会不良刺激时，往往会紧张不安，造成神经系统负担过重。应当如何去改造性格呢？俗话说：江山易改，禀性难移。改造性格是一个长期、艰苦的过程，我们不能掉以轻心；同时，性格又是人们在各种教育环境中逐渐形成的，具有可塑性，是可以改造的。因此，如果能对自己的性格有一个充分、全面的认识，加强锻炼，培养主动认识和解决矛盾的能力，不断向开朗、乐观、冷静、沉着、积极的方向转化，就能收到良好的效果。当然，改造性格不可能一下子来个大转弯，而是要坚持锻炼，日积月累，在遇到逆境时，不忘提醒一下自己，把事情看淡一些，让自己放松一些。

3. 劝导患者不脱离社会实践，尽早恢复工作。在健康恢复后，应尽早地、愉快地走上工作岗位，这样能开阔心境，从社会实践中得到精神寄托，增强信心和勇气，也就达到了精神(大脑)的休息。倘若躲在家里，每天闲着无聊，胡思乱想，不但达不到休息的目的，反而会加重精神负担。应根据自己用药的剂量及副反应的大小，逐渐增加工作量、延长工作时间，以感到轻松、愉快为度。总之，如果能够根据自己的情况，客观地去做一切，就更有利于心身健康的恢复。

4. 患者恢复期用药，应在医生指导下逐渐减少剂量，不要自行断药。因为长时间大剂量地用药已使神经系统适应，突然断药会引起失眠等不适反应。

5. 要患者注意保持良好的睡眠。睡眠是恢复神经系统功能的重要方式，也是检验一个人情绪稳定与否的明显标志。一般恢复期服用维持剂量药物时，睡眠较正常情况稍多一点；如果出现失眠，首先要自己设法解脱，必要时晚上加一点药，待睡眠好转后再减下来。

6. 培养患者乐观愉快的情绪。消极悲观的情绪对神经系统健康具有极大的危害，而乐观愉快的情绪则是保障神经系统健康的重要条件。培养多样化的兴趣，有助于消除紧张情绪，是精神休息的良好方式。要保持有规律的生活，这对于促进神经系统的健康具有重要意义。

7. 感染、中毒、外伤及其他疾病对神经系统会产生危害，因此患者要注意日常卫生，防止传染病和其他各种伤病的发生，保障神经系统的健康。同时，节制生育对于保持和恢复精神健康也具有重要意义。

8. 防止复发必须发挥患者自己的主观能动性，要制定与疾病作斗争的措施和方法，积极主动地去维护自己神经系统的健康。

9. 出院后，患者应与精神障碍防治机构保持密切的联系。

以上内容要反复讲述，使患者牢记。

在每次对精神障碍者的集体心理治疗讲座结束后，要召开家属座谈会，邀请患者监护人及单位来人座谈。座谈会的主要内容为：① 家属和单位的积极配合对防止精神障碍复发的重要意义；② 怎样科学地认识精神障碍；③ 怎样正确地与患者相处；④ 患者出院后怎样对其进行帮助，以防止复发；⑤ 患者出院后劳动就业的妥善安排问题；⑥ 出院后怎样与医院保持密切联系。

医生讲解后由家属及单位来人自由发言，结合患者的具体情况提出问题，由医生进行解答。我们的经验是，家属及单位来人发言都一致认为医院召开这样的座谈会是非常必要的，增加了精神障碍方面的知识，不再会对患者束手无策。例如有一位大学教授在发言中说："自从我唯一的女儿患了精神障碍后，严重地影响了我的工作和家庭生活，由于我省，家里人缺乏有关知识，对于怎样处理精神障碍者的关系问题，实在是无从下手。每次患者回家后都是无原则地迁就她，百依百顺，就怕她生气，什么事都不给她讲。因此，她在病好后认为家里人对她的态度变了，因而感到苦闷，并一发再发……今天我能参加这样一个座谈会，心里很激动。为了使家属和有关方面进一步正确了解和对待精神障碍者，并使他们不再受到轻视和凌辱，召开这样的会是非常必要的，我建议院方将这些宝贵的知识向广大群众进一步宣传推广，这对防止精神障碍复发，会起到很好的效果。"

南京脑科医院对出院后经过恢复期，心理疏导治疗的 234 例(甲组)和同期未经心理疏导治疗的 312 例(乙组)精神分裂症患者进行了 3 年随访。甲组中有回访结果者 194 例，回访率 82.9%，其中出院时病情痊愈者 114 例，显著进步者 66 例，进步者 14 例。在痊愈者中复发 24 例，占 21.5%；显著进步者中，36 例达到痊愈，20 例维持原状，10 例症状加重。乙组 312 例出院时均为痊愈，有随访者 67 例，回访率 22%，其中有 30 例复发，复发率为 45%。两组经统计学处理，与未经心理疏导的乙组相比，甲组的复发率明显降低。由此可见，在精神障碍恢复期加强心理疏导治疗和对家属等进行心理卫生的宣传教育工作，从主、客观两个方面为出院后的患者创造有利于心身健康的条件，是防止复发的重要一环。尤其是近年来，年轻的精神障碍恢复期患者中，在自知力恢复后，由于缺乏精神卫生知识而产生自卑、抑郁，丧失生活信心和勇气，进而产生轻生念头者有增多的趋势。所以，加强心理疏导治疗工作，提高其心理素质，是巩固疗效、防止发生意外的重要措施。

例 一女大学生，因逐渐表现沉默，无故不上学，对周围事物漠不关心而入院，诊断为精神分裂症。经治疗后，病情痊愈出院。出院后，她感到曾得过精神病，一切都完了。出院后第10天就服药自杀，经抢救脱险后再次入院。精神症状主要是自卑、多疑，认为得精神病可耻，同学们都很幸福，而自己却全完了。经过系统的心理卫生讲座和个别心理疏导治疗，同时对家属做好宣传指导工作，使患者的敏感多疑、自卑心理逐渐改变。第二次出院后，她乐观愉快，继续学习。她在信中对医生说："我一定听医生的话，使自己永远健康。我要用事实证明，患过精神分裂症的人也一样能正常地工作和生活。"大学毕业后，从事电子计算机研究工作。"文化大革命"期间，虽然家里遭受到各种冲击，她始终能够正确对待，病情没有波动。后来调入教育系统，被评为特级教师。随访至2014年，家庭美满幸福。